U0312852

碳减排
基础及实务应用

谢剑锋 等◎编著

经济日报出版社

图书在版编目（CIP）数据

碳减排基础及实务应用 / 谢剑锋等编著 . -- 北京：
经济日报出版社 , 2022.4
ISBN 978-7-5196-1066-1

Ⅰ.①碳… Ⅱ.①谢… Ⅲ.①二氧化碳－减量－排气
－研究－中国Ⅳ.① X511

中国版本图书馆 CIP 数据核字 (2022) 第 047928 号

碳减排基础及实务应用

作　者	谢剑锋 等
责任编辑	陈礼滟
责任校对	温 海
出版发行	经济日报出版社
地　址	北京市西城区白纸坊东街 2 号 A 座综合楼 710（邮政编码 :100054）
电　话	010-63567684（总编室）
	010-63584556（财经编辑部）
	010-63567687（企业与企业家史编辑部）
	010-63567683（经济与管理学术编辑部）
	010-63538621 63567692（发行部）
网　址	www.edpbook.com.cn
E - mail	edpbook@126.com
经　销	全国新华书店
印　刷	中国电影出版社印刷厂
开　本	787×1092 毫米　1/16
印　张	28.5
字　数	498 千字
版　次	2022 年 5 月第 1 版
印　次	2022 年 5 月第 1 次印刷
书　号	ISBN 978-7-5196-1066-1
定　价	85.00 元

本书编写组

主　　　　编：谢剑锋

副　主　编：刘力敏　　韩永辉　　王　辉

主要编著人员：吴伟鹏　　柴彦霄　　刘家豪　　赵志勇

　　　　　　　于　娜　　吴海云　　张　亮

参加编著人员：王晓楠　　王秀芝　　潘本锋　　刘明华

　　　　　　　朱永磊　　侯冬利　　卢昶雨　　牛利民

　　　　　　　郑子和　　刘英敏　　刘翠棉　　王永刚

　　　　　　　谢　诃　　张　晶　　刘馨岳

序 | PREFACE

　　碳达峰、碳中和是当今世界最热门的话题之一。2020年9月22日，在第七十五届联合国大会上，习近平总书记向世界宣布中国将提高国家自主贡献力度，采取更有力的政策和措施，二氧化碳排放力争2030年前实现碳达峰，努力争取2060年前实现碳中和。这是中国在全面建成小康社会，为实现中华民族伟大复兴而奋斗拼搏的重要节点，统筹国内国际两个大局而做出的重大战略决策。不仅体现了中国对可持续发展的深刻认知和创新、协调、绿色、开放、共享的新发展理念，还体现了中国为构建人类命运共同体的大国担当，也从一个侧面回答了生态文明建设的若干重大理论和实践问题。这一庄严承诺，再次彰显了中国坚定不移应对气候变化、推动绿色低碳循环发展的努力和决心。

　　回顾20世纪七十年代以来，人类在环境保护的道路上走过了半个世纪的风雨历程，对生态环境问题的认识不断深化，走可持续发展道路的信念已深入人心。1972年联合国举行第一次人类环境会议，通过了《联合国人类环境会议宣言》，从此开启了环境保护的先河。1992年联合国召开环境与发展大会，通过了《里约环境与发展宣言》《21世纪议程》等文件，并开放签署了《联合国气候变化框架公约》，成为人类生态文明发展新的里程碑。正是基于对环境污染、生态破坏、气候变暖、资源过度消耗等全球性重大问题的深刻认知，中国从20世纪70年代开始，把节约资源和保护环境确立为基本国策，把可持续发展确立为国家战略，坚持不懈开展污染防治攻坚和生态环境建设，在控制环境污染、改善环境质量等方面取得了举世瞩目的成就。

然而，中国作为全世界第一人口大国、第一制造业大国，是全世界最大的化石能源生产消费国，也是目前全世界最大的温室气体排放国，我们在能源安全、环境安全、生态建设等方面的压力依然巨大。碳达峰、碳中和目标的确立，为我们指明了方向。从中华民族永续发展的根本大计出发，加快推进全社会绿色转型发展，全面实施可持续发展战略，是我们建设生态文明的唯一选择和必然要求。

碳达峰、碳中和是一项艰巨复杂的系统工程，也是一项政策性、技术性、社会性很强的工作。实现这一目标，必须以习近平生态文明思想为指导，完整准确全面贯彻新发展理念，把节能减污降碳协同推进的理念和行动贯穿于经济社会发展全过程和各方面。同时，也需要不断加强科技支撑，提高全民科学素养，动员全社会力量积极参与。《碳减排基础及实务应用》的编著出版，为推动碳达峰、碳中和科学知识的普及应用增添了力量。

本书主编谢剑锋研究员长期从事环境管理、环境监测、环境宣传教育等工作，曾参加多项国家、地方的环境政策法规制定和科技项目研究，参与了20多部环境保护图书的策划和编著，积累了扎实的理论基础和丰富的实践经验。碳达峰、碳中和工作启动以来，谢剑锋研究员及其专家团队做了深入调研，收集查阅了大量文献资料。对全球应对气候变化的发展历程、理论成果和实践经验进行了系统总结和分析，对中国温室气体减排管理的法规、政策、理论和技术发展做了比较全面的研究和梳理，编著了《碳减排基础及实务应用》一书。

这是一部立足实践、服务实践、指导实践，具有一定理论内涵又兼具实用性、科普性的工具书。全书以我国碳减排的制度框架和发展历程为主线，对碳达峰、碳中和的背景，碳减排管理制度和技术路径，应对气候变化国际合作以及气候变化基本知识均做了比较全面系统的阐述。从内容上打通了学科、领域、部门和行业的业务界限，涵盖了当前碳达峰、碳中和工作的各个主要领域。

2022年3月18日

曲格平，1930年6月生于山东肥城，历任中国常驻联合国环境规划署首席代表，国家环境保护局首任局长，全国人大常务委员会委员，全国人大环境与资源委员会主任委员，中华环境保护基金会创始人。

前 言 | FOREWORD

自1972年第一次人类环境会议至今，人类在环境保护的道路上已经走过了整整半个世纪。从关注环境公害和生态破坏，到积极应对全球气候危机，我们对人与自然关系的认识不断深化，对环境与发展问题的反思也逐步成熟，经济、社会、环境协调发展的理念正深入人心。2020年，在第七十五届联合国大会上，习近平总书记向世界宣布，中国将提高国家自主贡献力度，采取更有力的政策和措施，力争2030年前实现碳达峰，努力争取2060年前实现碳中和。这一庄严承诺，展示了中国在全球治理中积极履行国际义务的大国担当，彰显了中国坚定不移走可持续发展道路的决心和信心。

"双碳"目标的提出，是我国经济社会发展中具有里程碑意义的重大战略决策，不仅会对中国未来的发展道路、发展模式产生重大而深远的影响，而且也将推动环境保护事业在方向目标、发展动力和工作格局等方面的重大变革。如何准确全面把握生态文明的思想内涵，如何深入贯彻创新、协调、绿色、开放、共享的新发展理念，如何把应对气候变化等生态环境问题融入经济社会的全过程和各个方面，如何加快形成节约资源和保护环境的产业结构、生产方式、生活方式、空间格局，是一个全新的课题和艰巨的任务。

在全社会热议碳达峰、碳中和的形势下，我们深切地感受到，生态环境保护事业又迎来了一次新的发展机遇和挑战。由于碳达峰、碳中和涉及自然科学、社会科学、人文科学的方方面面，涵盖了资源利用、环境保护、能源安全、生态建设等诸多领域，在推动这项工作的过程中，离不开各行各业的协同努力，离不开各领域各学科的科技支撑，离不开全民科学素养的提高和碳减排专业知识的普及。我们作为长期从事环境管理、研究或教学的环保工作者，也深知自己的责任和使命。

在学习研究过程中，我们发现，无论是普通民众还是有关部门或相关行业的工作人员，对碳达峰、碳中和的关注度和热情都很高，但对相关知识的掌握和对相关问题的理解还存在一些空白和误区。对气候与气候变化、温室气体与温室效应、碳源与碳汇等许多概念和内在联系的认识比较模糊，对温室气体清单、碳排放权交易、碳核算与碳核查、碳评价、碳监测的目的、意义、实施和管理要求也存在诸多困惑和疑虑。同时，我们还发现，由于碳达峰、碳中和涉及的学科领域和管理部门十分广泛，大量的科学知识、研究成果和管理制度分散在不同的教材书籍、政策文件或科技文献中，很难找到一套比较全面系统的学习研究资料。

为此，我们在深入调研的同时，收集了数百部法规、标准、指南、技术规范等，查阅了国内外上千份科技文献。从气候变化的基础知识入手，对国内外应对气候变化的发展历程、温室气体减排控制的研究成果和实践经验进行了系统总结和分析，对中国温室气体减排管理的政策法规、制度框架、工作机制以及发展前景做了比较全面的研究和梳理，编著了《碳减排基础及实务应用》一书。全书以我国碳减排的管理制度和技术体系为主线，围绕碳减排的实践和应用，对碳达峰碳中和的时代背景、碳减排的目标任务和技术路径、碳减排管理的政策法规以及气候变化基本知识均做了比较全面系统的阐述，对当前工作中存在的问题和一些前沿性试点工作也做了介绍和分析。

全书共分六篇21章，由谢剑锋负责全书的策划统筹和内容审核。其中，第一篇气候变化与国际履约由刘家豪、谢剑锋、柴彦霄、刘力敏等编写；第二篇碳排放权交易由韩永辉、王秀芝、刘馨岳、郑子和等编写；第三篇碳核查由赵志勇、韩永辉、于娜、吴伟鹏、刘家豪等编写；第四篇碳排放评价由刘力敏、吴海云、张亮、谢剑锋等编写；第五篇碳监测由吴伟鹏、谢剑锋、王辉、刘明华等编写；第六篇碳捕集、利用与封存由柴彦霄、刘力敏、吴伟鹏、朱永磊等编写。书中部分图片由邓佳、王亚京等提供。

本书编著的初衷是从推动碳达峰、碳中和工作实际出发，突出实用性，兼顾理论性，普及科学知识，服务于碳减排工作实践。我们期待着这本书能够为关心环境保护事业、关注碳达峰、碳中和工作的广大科技工作者、管理人员和高校师生的研究学习提供参考，能够为碳达峰、碳中和工作做出积极贡献。

在编写过程中，生态环境部宣教司刘友宾司长给予了热情鼓励和指导，得到了中国环境监测总站罗海江、徐怡珊、师耀龙以及生态环境部卫星中心赵少华等专家的精心指导，还得到中国环境报社郭薇、艾铁鹰、赵兴等大力支持和帮助，在此真诚致谢。由于碳减排是一项新兴的发展中的知识体系，许多理论观点、技术方法、管理制度尚在发展完善中，因此在内容的选取和论点的阐述方面颇费思量。同时，限于本书作者水平有限，虽反复增删数易其稿，但难免有错误遗漏之处，敬请读者批评指正。

本书编写组
2022年3月

目 录 | CONTENTS

第一篇　**气候变化与国际履约**

第二篇 碳排放权交易

第三篇 碳核查

第四篇　碳排放评价

第五篇

碳监测

第六篇 **碳捕集、利用与封存**

第一篇
气候变化与国际履约

第一章

气候与气候变化

当今人类社会面临着人口、粮食、能源、资源和环境五大问题。由于人类活动过多排放温室气体引起的、以全球变暖为主要特征的全球气候变化，严重影响人类健康、粮食安全、环境安全、能源资源可持续利用等诸多领域，是全人类面临的最大威胁，应对气候变化是世界各国共同面临的重大议题。自2020年以来，全球正在经历新冠肺炎"大流行"，虽然目前我们还无法全面掌握造成这场疫情的原因和结果，但它带给我们的重要启示是，如果不给予气候变化更多的关注和行动，努力减少碳排放，那么我们所要承担的灾难性后果和损失将无法估量。

尽管在科学上关于碳排放与气候变化的研究依然存在诸多的不确定性，但多方面的研究结果和各国的探索实践一致表明，人类社会向绿色发展、低碳发展转型必然是我们的不二选择。只要我们积极行动起来，人类有充分的智慧和技术条件可以有效减少温室气体的排放，并在相应的时间内实现"碳达峰""碳中和"，逐步实现全球性的净零排放。围绕气候与气候变化的一场全球性的绿色低碳革命已经拉开帷幕！

第一节 基本概念

碳达峰、碳中和是当今世界最热门的话题，包括中国在内的世界很多国家都宣布了碳达峰、碳中和的时间表，地方政府、各个行业和企业也都在研究制订相关措施，以便在承诺的时间内实现碳减排目标，应对人类社会面临的气候危机。为了更加深入全面地理解气候及其变化规律和特征，根据世界气象组织（World Meteorological Organization, WMO）、联合国政府间气候变化专门委员会（Intergovernmental Panel on Climate Change, IPCC）等的定义，现简要介绍一些与碳减排密切相关的基本概念。

一、气候

气候是指一个地区在一段较长时期里的平均气象状况及变化特征。与天气不同，它具有一定的稳定性。一个标准气候计算时间为30年。气候以冷、暖、干、湿这些特征来衡量，通常由某一时期的平均值和离差值表征。平均值的升降，表明气候平均状态的变化；离差值增大，表明气候状态不稳定性增加，气候异常愈明显。

通常，以气温、降水、自然植被等为指标，将全球气候类型主要划分为12种，分别为高山山地气候、温带大陆性气候、温带季风气候、寒带气候、温带海洋性气候、亚寒带针叶林气候、地中海气候、亚热带季风气候、热带季风气候、热带雨林气候、热带草原气候和热带沙漠气候。不同的气候特征是纬度位置（阳光直射与斜射）、大气环流、海陆位置（季风）、地形地势和洋流等因素综合影响的结果。

二、气候变化

气候变化是指在全球范围内，气候平均状态统计学意义上的巨大改变或者持续较长一段时间（典型的为30年或更长）的气候变动。气候变化的原因可能是自然的内部进程，或是外部强迫，或者是人为地持续对大气组成成分和土地利用的改变。气候变化的重要表现是温度变化、降水量变化、日照时数变化、极端气候事件变化，其直接后果是全球气候变暖、酸雨、臭氧层破坏等。

三、温室气体

温室气体是指大气中能吸收地面反射的长波辐射和重新释放出红外辐射的一些气体，可分为两类：一类是能在对流层均匀混合的，如二氧化碳、甲烷、氧化亚氮和氟氯烃等；另一类是在对流层不能均匀混合的，如非甲烷总烃。造成混合状态不同的原因是因为这些温室气体在大气中的寿命有差异，即在大气中的平均存留时间不同。寿命长的，容易混合的温室气体，在地球对流层任意流动，其温室效应具有全球特征。而寿命短的不容易混合的温室气体其温室效应只在局地上空停留，具有区域性特征。二氧化碳可在对流层任意流动，寿命长，不易分解，具有累积效应。因而，具有全球年度特征且排放量约占温室气体总量的75%，远大于其他温室气体的排放量。

《京都议定书》规定的有二氧化碳（CO_2）、甲烷（CH_4）、氧化亚氮（N_2O）、氢氟碳化物（HFCs）、全氟化碳（PFCs）和六氟化硫（SF_6）。《京都议定书多哈修正案》将三氟化氮（NF_3）纳入管控范围，使受管控的温室气体达到7种。我们常说的低碳、碳减排等术语中的碳，是二氧化碳的简称，实际上指的是温室气体。因为温室气体种类很多，各种温室气体对气候变化的影响不同，为便于比较，采用二氧化碳对气候的影响为基准，根据各种温室气体对气候变化的影响大小折算成当量的二氧化碳（即二氧化碳当量）。

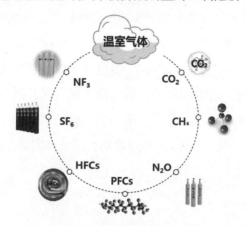

图1-1 地球大气中主要的温室气体

四、温室效应

地球上空被大气包围着，就像个椭圆形的温室。温室效应是大气保温效应的俗称，是指大气能使太阳短波辐射到达地面，但地表受热后向外放出的大量长波热辐射线被大气吸收，使地表与低层大气温度增高的一种现象。因其作用和机理类似于农作物保护地栽培的温室大棚，故名温室效应。温室效应的直接影响为全球变暖。

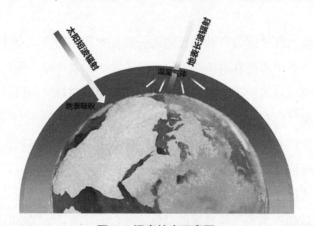

图1-2 温室效应示意图

五、碳源

在温室气体碳排放中，碳源是指向大气中释放碳的过程、活动或机制。碳源是自然界和人类社会向地球大气环境排放碳的本源，既存在于自然界中的海洋、土壤、岩石与生物体内，同时在工业生产、人类生活等活动中也会产生。

减少碳源的必要手段是控制二氧化碳等温室气体的排放量。碳源主要分为能源及转换工业、工业过程、农业、土地使用的变化和林业、废弃物、溶剂使用及其他共7部分。

六、碳汇

碳汇一般是指从空气中清除二氧化碳的过程、活动和机制。碳汇是自然界中碳的寄存载体，主要通过植树造林、森林管理、植被恢复等措施，利用植物光合作用吸收大气中的二氧化碳，并将其固定在植被和土壤中，从而减少大气中温室气体的浓度。生态碳汇主要包括森林碳汇和草地碳汇以及耕地碳汇、土壤碳汇、湿地碳汇、海洋碳汇等。此外，通过人工技术增加碳汇的主要途径有采用固碳技术，实现碳封存，包括物理固碳、化学固碳、生物固碳等技术。

七、碳排放

碳排放是关于温室气体排放的一个总称，分为自然界碳排放和人类活动碳排放。自然界的碳排放是地球上碳循环的一部分，是碳元素在生物圈、岩石圈、水圈及大气圈等中的循环交换过程。人类活动碳排放指人类在生产、生活活动中排放碳的过程，主要是由矿物能源燃烧后将碳元素释放出来并排放到大气中，碳排放累积打破了碳循环的平衡。人类生产活动过程中向外界排放CO_2等温室气体，主要包括矿物质开采、燃料燃烧、工业生产、农业生产、交通运输、日常生活等。评价碳排放量有六个基本要素：单位能源消费二氧化碳排放量（能源碳集约度）、单位GDP能源消费量（能源强度）、单位GDP二氧化碳排放量（碳强度）、人均GDP、人口的总量与结构、人均二氧化碳排放量。

八、碳减排

根据碳排放的来源，实现碳减排的主要路径包括：

第一，大力推进能源转型。调整能源结构，大力发展风能、太阳能、生物质能等可再生能源和新能源。

第二，加快产业结构优化升级。通过技术进一步降低碳强度，提升绿色产业比重，开发节能环保、清洁生产技术。

第三，提高能源效率。深化工业、建筑、交通等领域和公共机构节能，大幅提升能源利用效率。

第四，提升生态系统碳汇能力。大力发展吸收碳汇项目，开展国土绿化，加强生态保护修复，有效发挥草原、绿地、湖泊、湿地等自然生态系统的固碳能力。

九、碳达峰

碳达峰是指二氧化碳排放总量在某一个时期达到历史最高值，之后逐步降低的峰值，是二氧化碳排放量由增长转向下降的拐点。碳达峰表面上是约束碳排放强度问题，而本质是能源转型和生态环境保护问题。碳达峰是碳中和实现的前提，碳达峰的时间和峰值高低会直接影响碳中和目标实现的难易程度。按照《巴黎协定》的要求，全球各国具有共同推动应对气候变化的责任，各个国家都要提出自己的自主贡献目标，因此就有了碳达峰和碳中和的目标。2020年9月，我国在联合国大会上向世界宣布了力争于2030年前实现碳达峰、努力争取2060年前实现碳中和的目标。

十、碳中和

碳中和是指一个国家和地区通过产业结构调整和能源体系优化，调控二氧化碳排放总量，最终实现二氧化碳在人类社会与自然环境内的产销平衡，一般来说是通过坚持节能减排战略、发展绿色低碳经济、增强森林碳汇等途径将人类社会产生的

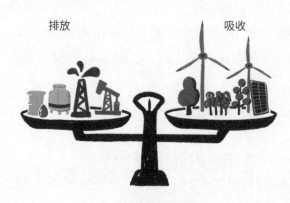

图1-3 碳中和示意图

二氧化碳全部抵消掉，构建一个"零碳社会"。

碳中和是碳达峰的最终目的，碳达峰是碳中和实现的前提。实现碳中和是一个循序渐进的过程，第一步是让碳排放总量不再增长，达到峰值，即碳达峰，第二步是在达峰后，碳排放总量逐步下降，在一定的经济发展水平下，使得排放量等于吸收量，实现"净零排放"，即碳中和。碳中和是为中国经济社会发展开创的一条兼具环境效益、经济效益和社会效益的新的发展路径，是实现经济社会低碳转型和进步的里程碑。

第二节 气候变化简史

气候变化的时间尺度从月、季、年际、年代际，一直到数以万年计的冰期和间冰期，冷暖干湿交替出现，呈波浪式发展。气候变化可以是周期性的，也可以是非周期性的。据科学研究，地球形成距今已有40亿～46亿年，地球气候处于不断的变化之中。地质年代的变化与气候变化紧密相关，研究地球气候的变迁一般用地质年代来描述地球历史事件。地质年代表（见表1-1）为我们展示了地球的发展演变过程，也反映了地球气候的变化。地球气候史通常分为地质时期气候、历史时期气候和近现代气候三个阶段。

表1-1 地质年代表

宙	代	纪	世	距今大约年代（百万年）	主要生物演化
显生宙	新生代	第四纪	全新世	现代 0.01	人类时代 现代植物
			更新世	2.4	
		第三纪	上新世	5.3	哺乳动物
			中新世	23	
			断新世	36.5	被子植物
			始新世	53	
			古新世	65	

宙	代	纪	世	距今大约年代（百万年）	主要生物演化
显生宙	中生代	白垩纪	晚		爬行动物
			中		
			早	135	
		侏罗纪	晚		
			中		
			早		裸子植物
		三叠纪	晚	205	
			中		
			早		
	古生代	二叠纪	晚	250	两栖动物
			中		
			早		
		石炭纪	晚	290	
			中		
			早		蕨类
		泥盆纪	晚	355	
			中		
			早		鱼
		志留纪	晚	410	
			中		
			早		蕨类
		奥陶纪	晚	438	
			中		
			早		
		寒武纪	晚	510	
			中		
			早	570	无脊椎动物
元古宙	元古代	震旦纪			
				800	
太古宙	太古代			2500	古老的菌藻类
				4000	

一、地质时期的气候变化

地质时期的气候变化以冰期、间冰期交替出现为特点，时间尺度在10万年以上。气候变化幅度很大，温度振幅为10～15℃。各种时间尺度的冰期和间冰期相互交替，其中最近的三次大冰期为震旦纪大冰期、石炭纪—二叠纪大冰期和第四纪大冰期，在三次大冰期之间为温暖的大间冰期气候。气候变化相应地影响着生态系统、自然环境等的巨大变迁。地质时期的气候体现了大气、海洋、大陆、冰雪和生物圈等组成的自然气候系统的总体变化。

（一）震旦纪大冰期气候

距今约6亿年，也就是地质史上的元古代末期，地球上出现了前所未有的寒冷气候，这是地球史上的第一次大冰期，延续了1亿年之久。大冰期影响的范围有亚洲的中国、印度、俄罗斯亚洲部分、欧洲的西北部、北美洲的五大湖区、非洲的中部、南部、大洋洲的澳大利亚中南部等，几乎遍及世界五大洲。冰川影响所及，几乎是寸草不生，自然界呈现一派空寂冷漠的景象。但根据地质调查，在中国华北、东北地区发现了大量只有在气候温暖干燥的环境下才能形成的石膏层。这表明，在世界规模的震旦纪大冰期，也存在小范围的温暖地区，在持久的寒冷时期也有相对短暂的温暖时期。

图1-4 新疆乌鲁木齐一号冰川遗迹　　　　　　　　（邓佳　摄）

（二）寒武纪—石炭纪大间冰期

距今大约5亿多年前，地球进入了一个新的历时3亿年以上的大间冰期。这次大间冰期的地球气候显著变暖，冰川向极地和高山退缩，范围广阔。而石炭纪则是这次大间冰期的极盛阶段。在石炭纪，地球上有一条明显的气候干燥带，这条干燥带从美国北部起，经英国和斯堪的纳维亚半岛到俄罗斯中部，再往东到格罗德草原。这条东西向干燥带的南北两侧，如北面的乌拉尔、北哈萨克斯坦、西伯利亚地区，南面的美国南部、西欧、乌克兰、北高加索、小亚细亚、中国北部和东北地区，当时都是属于温暖湿润气候带，为孕育大森林提供了适宜的环境。那时，在广阔的滨海平原上生长着树高三四十米、树干直径一二米的高大乔木，葱郁而茂密。今天世界上许多品质好、储量大的煤田（如欧洲的萨尔煤油、顿涅茨煤田和南极洲的南维多利亚大煤田等）都是那个时代森林的化身。现今在美国、西欧、乌克兰、俄罗斯以及中国北方地区所发现和正在开采的大煤田，也是昔日大森林存在的明证。据统计，石炭纪形成的煤炭资源占世界煤炭总储量的一半以上，故有"成煤纪"之称。

图1-5 寒武纪—石炭纪时期的主要生物

（三）石炭纪—二叠纪大冰期

从距今3亿年到距今2.3亿年为止，地球又发生了第二次大冰期。这次大冰期始于石炭纪末期，止于二叠纪中期，大约延续了1亿年。根据动植物化石和冰碛层的分析发现，这次大冰期主要影响了南半球，被称为"南半球的冰期"。而在北半球，当时的气候相对来说较为温暖，松、柏、杉、银杏等裸子植物开始得到发展。在这次大冰期的后期——二叠纪，中国南部地区非但不冷，反而相当炎热潮湿，比如已发现的大量二叠纪珊瑚礁就是明证。此外，在中南半岛、马来半岛以及欧洲南部等地区，同样是炎热而潮湿的气候，在这些地区还发现了二叠纪煤层。

（四）三叠纪—第三纪大间冰期

二叠纪大冰期过后，全球气温不断升高，最后形成了地球有史以来最为炎热的地质时代。这个时代从距今2.3亿年到距今7000万年为止，经历了大约1.6亿年的历史。即使在地球南、北极地区的气候也是相当温暖湿润，呈现着森林密布的亚热带景象。在这次大间冰期的早期，大陆性气候显著，干燥带迅速扩大，北美、欧洲和中国的红土沉积范围广阔，说明当时气候炎热、氧化剧烈。三叠纪以后的侏罗纪和白垩纪，正处于海洋范围扩大、海平面上升的"海进时期"，因而使大陆性气候减弱，海洋性气候增强，陆地气候向温暖、湿润转变。当时，暖海生物珊瑚生长旺盛、分布很广、曾达到很高的纬度。侏罗纪和白垩纪的陆生动物以爬行动物为主，爬行类的恐龙和它的同类以地球"主人"的姿态占据了陆、海、空，称王称霸。因此该时代又称为"恐龙时代"。

白垩纪末期地球气候趋向干燥，干燥气候带不断扩展，沙漠开始出现。著名的帕米尔高原和昆仑山地区的沙漠和半沙漠就是在这个时期形成的，性喜气候温和湿润的恐龙也是在这个时期逐渐灭绝的，只有鳄、龟、蛇、蜥蜴等体型较小的爬行动物繁衍至今。白垩纪之后的第三纪气候又开始变得温暖湿润，暖温带的北界扩展到了北极圈。如现今布满冰雪的格陵兰岛当时生长着松树、云杉、白杨、樟树、榛树和葡萄等温带树种和水果；伏尔加河流域曾生长过棕榈和其他常绿阔叶乔木；乌克兰一带的气候则与现在的泰国、老挝的热带气候相似。地球呈现出一幅百花盛开、百鸟争鸣的艳丽景象。第三纪末期，世界气温普遍下降，整个北半球喜热植物逐渐南退。

（五）第四纪大冰期

从距今7000万年前开始，地球又进入了一个崭新的时代，发生了震撼全球的喜马拉雅造山运动，汪洋变成了陆地，从而使全球地形大为改观。喜马拉雅古海已变成了世界上最雄伟的山脉，青藏高原从低平的准平原变为世界最高的大高原。各大山系的重新隆起，塔里木、准噶尔等盆地的出现，黄土高原、内蒙古草原和西部荒漠、东部平原的产生，以及季风的形成等，都与这次构造运动息息相关。如今，喜马拉雅造山运动并未完结，它的势头依然十分强劲。到距今300万年的第四纪，终于出现了一直持续至今的大冰川期——第四纪大冰期，也是地球史上已知的第三次大冰期。第四纪大冰期的全球性冰川活动约从距今200万年前开始直到现在，是地质史上距今最近的一次大冰期。现在，我们的地球仍处于第四纪大冰期中的亚冰期与间冰期之间。

亚冰期气温比现代气温平均约低8～12℃，高纬度地区为冰川覆盖，如最大的一次亚冰期（里斯冰期），世界大陆有2/10～3/10的面积为冰川所覆盖。当时北半球有三个主要大陆冰川中心：斯堪的纳维亚冰川中心，其冰流曾南伸到北纬51°左右；格陵兰冰川中心，其冰流也曾南伸到北纬38°左右；西伯利亚冰川中心，冰层分布于北纬60°～70°之间，有时可达北纬50°附近的贝加尔湖。冰川扩张，气候带南迁，生物群落也随之南移。里斯冰期北方动物南迁，在克里木的旧石器时代（距今25万年以前）地层中曾发现过北极狐和北极鹿的化石。

两个亚冰期之间的亚间冰期，气候比现代温暖。原覆盖在中纬度的冰盖消失了，退缩到极地区域，甚至极地的冰盖也消失了；气候带北移，生物群落也随之北移，如北冰洋沿岸也有虎、麝香牛等喜热动物群活动，喜暖植物可一直分布到北极圈。大约在1万年以前大理（武木）亚冰期消退，北半球各大陆的气候带分布和气候条件，基本上形成了现代气候的特点。

图1-6 四川海螺沟冰川遗迹　　　　　　　　　（邓佳　摄）

二、历史时期的气候变化

在大理亚冰期最近一次副冰期结束后约1万年的时期，称为冰后期，即第四纪全新世。这是人类历史发展的重要时期。进入人类历史以来，气候仍然有波动，气温的升降起伏相当频繁，只是变化的幅度较小而已。实质上，这是地质时期气候冷暖交替变化的继续。

历史时期地表经历的最重大事件是气候变化、地壳运动与人为活动对自然的冲击。其中，气候变化导致冰川、冻土、动植物、土壤、水资源、沙漠和海平面等变化，并引发了一系列的自然灾害，如旱涝、泥石流、滑坡、地面沉陷、地下水面升降和森林火灾等，这是研究自然与人为活动合力对自然环境冲击效应的最好的天然超级实验室。

历史时期气候的变化主要根据植被演替，冰川末端、冻土边界和林线位置高度变化，海（湖）面升降，冰岩中$\delta^{18}O$及其尘土含量，树木^{14}C及稳定同位素，树木年轮、物候记录和考古历史资料等的研究推断，其中以植物（孢粉）演替推断气候变化的方法应用最广。1876年，挪威植物学家A.Blytt根据北欧沼泽沉积物中植物孢粉演替，把北欧全新世气候变化划分为:北极期（严寒）、前北方期（干冷）、北方期（干暖）、大西洋期（湿暖）、亚北方期（干暖）、亚大西洋期（凉湿）和现代（干凉），这是地球历史上研究最详细的一个时段。

历史时期气候变化按其特征可分为3个阶段:

早期升温阶段（距今1万年—距今7500年）包括北极期、前北方期和北方期，冰期过后气候开始波动升温，由干冷向干暖转化，但仍较寒冷。

中期高温阶段（距今7500年—距今5000年）主要是大西洋期，又称气候适宜期。此时全球气候湿暖，年均气温比现在高3℃，降水显著增加，全球冰川冻土萎缩，海平面显著上升，阔叶森林扩大，其大气环流结构具有间冰期特征。这是人类已经历过的最近的一次全球高温期。

晚期降温阶段（距今5000年—公元19世纪）此时期气候发展是波动降温，有1～2℃的全球性寒暖气候波动。这一时段的次级气候变化阶段如下:

距今2700年—距今2400年，年均气温下降约2℃，各地冰川冻土有所发展，林、雪线下降。

公元900年—1300年，年均气温比现在高约1～2℃，称为"小气候适宜期"或"中世纪暖期"。气候温和、降水增加，农业、建筑、贸易有所发展。但北极浮冰融化，林、雪线上升，泥石流和森林火灾增多。

公元1550年—1850年，年均气温比现在低2℃左右，称为"现代小冰期"。现代小冰期大气环流结构具有冰期特点，对全球现代冰川冻土发展扩大有重要的影响。林、雪线明显下降，并不时发生江河湖海水面封冻，风暴频繁，风沙、滑坡、山崩增多，农业歉收等。如1608年冬季英国大量牲畜被冻死，1789年冬季欧洲几乎所有的河流都冰封冻结，中国的京杭大运河北京段的封冻时间比现在长50天左右。直到19世纪后半期，冰川才开始后撤。

三、近现代气候变化

近一二百年，由于积累了大量较为精确的气象资料，人们对这段时间气候变化的了解超过前两个时期，气候变化仍然是以冷暖转换和干湿交替为主要特征。20世纪以来，现代小冰期结束，进入现代升温阶段，虽仍有冷暖波动，但整体呈现升温趋势。

从19世纪末到20世纪40年代，全球气温增暖现象在北极最为突出，1919—1928年间的巴伦支海的水面温度比1912—1918年时高出8℃，巴伦支海出现了许多以前根本没有出现过的喜热性鱼类。这种增暖现象到20世纪40年代达到顶点，此后世界气候有变冷现象，以北极为中心的60°N以北，气温越来越冷；20世纪60年代至70年代，高纬地区气候变冷的趋势更加显著，例如1968年冬，原来隔海相望的冰岛和格陵兰岛，竟被冰块连接起来，发生了北极熊从格陵兰踏冰走到冰岛的罕见现象。

20世纪70年代至80年代，全球气候又开始趋暖，1980年以后，增温趋势继续加强。1970年以来的50年是过去2000年以来最暖的50年，1901—2018年全球平均海平面上升了0.2米，上升速度超过过去3000年中任何一个世纪，2019年全球二氧化碳浓度为410.5ppm，创历史新高。气候异常不断出现，旱、涝、风、雪、泥石流和森林火灾此起彼伏，海平面上升威胁着沿岸城市。全球变暖对整个气候系统的影响是过去几个世纪甚至几千年来前所未有的。

从一个不断受陨星撞击、火山肆虐的火球，到布满海洋、森林和山脉为数百万种生物提供繁衍生息乐园的星球，地球气候经历了翻天覆地的变化。在最近的20亿年内，地球的气候在寒冷的"冰室"时期和炎热的"温室"时期间变换。

图1-7 祁连山自然保护区　　　　　　　　　（刘家豪 摄）

第三节 2020年气候状况

1993年，世界气象组织发布首份气候状况报告，敲响了全球气候变化警钟。至今已发布的28份报告全面总结了全球气候状况、变化趋势及其影响，这些报告共同指向一个明显的特征：陆地和海洋温度显著升高，海平面上升、海冰和冰川融化以及降水型式变化等。《2020年全球气候状况》显示，2020年全球气温达到了近千年以来最高值，大气中CO_2浓度达到了300多万年来的最高值，与气候相关的高影响事件发生的频率和强度显著增加，地球已处于"气候临界点"的关键转折期。

一、全球气候变化指标

全球气候变化指标用于反映气候变化状况及其主要影响，包括全球平均地表温度、全球海洋热含量、海洋酸化状况、冰川质量平衡、北极和南极海冰范围、全球CO_2含量和全球平均海平面等。

（一）温度

全球变暖趋势仍在持续。2016年年初出现了异常强烈的厄尔尼诺（具有升温效应的事件），是有记录以来迄今最暖的年份。2020年尽管厄尔尼诺现象较弱，且到9

月下旬发生了具有降温效应的拉尼娜事件，但该年份的温暖程度仍与2016年相当。地处北极的俄罗斯维尔霍扬斯克镇的温度达到了38.0℃，这是北极圈北部地区记录到的最高温度。同年全球平均温度比工业化前水平（1850—1900年平均值）高出1.2℃左右。2011—2020年，是有记录以来最暖的十年。1850—2020年全球平均温度距平见图1-8。

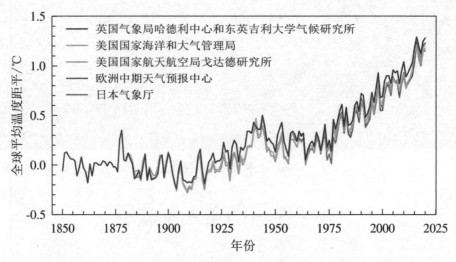

图1-8 1850—2020年全球平均温度距平（相对于1850—1900年平均值）

陆地方面，大部分陆地区域的温度高于长期均值（1981—2010年），包括美国西南部、南美洲的北部和西部地区、中美洲大部分地区以及欧亚大陆的大部分地区。小部分陆地区域低于长期均值，包括加拿大西部、巴西大部分区域、印度北部以及澳大利亚东南部。海洋方面，热带大西洋和印度洋的部分海域异常温暖；太平洋的海面温度距平呈现拉尼娜特征，赤道太平洋东部的海表水温低于平均温度，周边为高于平均温度的马蹄形水域带，最显著的是东北太平洋以及沿着从日本到巴布亚新几内亚的太平洋西部边缘。

（二）温室气体

2019年，温室气体中CO_2、CH_4、N_2O浓度分别为410.5ppm、1877ppb、332.0ppb，分别为工业化前水平的148%、260%、123%。2020年，CO_2、CH_4、N_2O的浓度持续升高，全球二氧化碳浓度已超过410ppm，预计在2021年有可能达到或超过414ppm。2020年夏威夷莫纳罗亚观测站的大气二氧化碳浓度创下历史纪录，突破了415ppm。根据联合国环境规划署的信息，新冠肺炎疫情导致的经济衰退暂时造成当前碳排放量下降，但对大气温室气体浓度没有明显影响。

（三）平流层臭氧

平流层臭氧对太阳紫外线有阻挡作用，如一把保护伞保护地球上的生物生存繁衍。20世纪，氟氯烃等氟氯碳化物作为制冷剂大量使用，释放的氯和溴可直接损耗臭氧，破坏臭氧层。1985年英国南极考察队在南纬60°地区观测发现巨大的臭氧层空洞，意味着有更多的有害辐射到达地球，特别是在澳大利亚、新西兰和福克兰群岛等南半球区域。臭氧洞的大小和深度的变化很大程度上取决于气象条件和温室气体排放。

2020年，南极出现了自40年前开展臭氧层监测以来持续时间最长、最深的臭氧洞。臭氧洞面积在9月20日达到了2480万平方公里，为2020年最大值，臭氧洞面积接近了2006年观测到的最大值（2960万平方公里），比2019年最大值超出840万平方公里。这一异常深且持续时间长的臭氧洞是由强烈且稳定的极地涡旋以及平流层极低温度所驱动的。2020年3月，北极平流层极地涡旋强烈，在极地平流层云中触发化学过程，导致臭氧消耗，异常的大气条件导致北极臭氧浓度降到记录低点。

（四）海洋

海洋是气候系统重要的组成部分，覆盖了约2/3的地球表面，是地球表面最大的储热体。海流是地球表面最大的热能传送带，海洋与空气之间的气体交换对高、低纬度间的热量输送和交换、调节全球热量分布有重要影响，通过海洋热量、海平面变化、海洋热浪、海洋酸化程度、脱氧状况等因素影响全球气候变化。

1. 海洋热含量

热能在地球内部积聚，构成了地球内动力的能量基础。海洋储存了大量被温室气体捕获的多余热量。海洋热含量（Oceanic Heat Content, OHC）可作为地球系统中这种热量累积的量度。2019年，全球海洋0～2000米深度层持续升温，海洋热含量为有记录以来最高水平，2020年延续了这一趋势（图1-9）。过去十年海洋变暖速度高于长期平均水平，这表明海洋在不断吸收温室气体捕获的热量，使海洋升温，导致海水热膨胀加剧海平面上升。

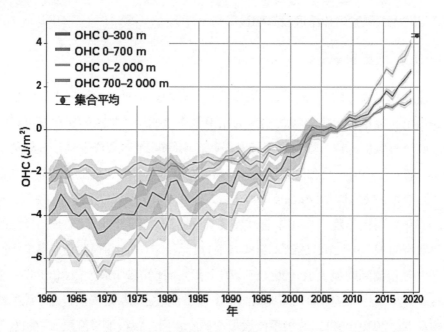

图1-9 1960—2019年全球海洋热含量距平（相对于2005—2017年长期均值）

注：标准偏差用阴影表示。

2. 海平面

全球平均海平面在2020年继续上升，自1993年以来，全球平均海平面上升速度达3.3 ± 0.3 mm/年，部分原因是格陵兰冰盖和南极冰盖加速融化。在区域尺度上，海平面继续不均匀地上升。区域海平面是以海洋热含量变化为主导。1993—2020年期间，在南半球出现了最强的上升趋势，包括马达加斯加以东的印度洋、新西兰以东的太平洋，以及南美洲拉普拉塔以东的南大西洋；而在北极等地区，因陆地融冰的淡水流入导致的盐度变化是海平面上升的重要原因。在北半球由于热带太平洋的拉尼娜事件，改变了降雨分布，将水团从海洋转至热带陆地江河流域，出现了海平面上升减缓的趋势。

3. 海洋热浪

海洋热浪（Marine Heatwave，MHW）是指海水异常温暖的特殊现象，会导致海洋系统发生剧烈变化。自1982年有卫星记录以来，海洋热浪的强度在全球近2/3的海洋中都有所增加，1987—2016年间，年均海洋热浪天数比1925—1954年间增加

50%以上。2020年，除了格陵兰以南的大西洋以及东部赤道太平洋，超过80%的海域至少经历了一次海洋热浪。2020年6月—12月，在北极拉普捷夫海经历了一次极端海洋热浪事件，海冰覆盖面积创历史新低。而在东北太平洋，一场始于2013年，持续至今的海洋热浪已造成美国西海岸大量的海洋生物物种死亡，包括海雀、海狮和须鲸，以及有史以来最大的海鸟死亡事件。

4. 海洋酸化

空气中的CO_2溶于海水后形成碳酸，使海水的pH值下降，出现海洋酸化的现象，使其吸收大气中CO_2的能力降低，削弱了海洋减缓气候变化的能力。在过去40年里，海洋每年吸收约23%人为排放到大气中的CO_2，全球公海表面的pH值一直在下降（图1-10）。北极是全球对气候变化最敏感的地区，也是海洋酸化最严重的地区。过去20年来，西北冰洋出现大范围的酸化水体并以每年1.5%的速率增长，比太平洋或者大西洋所观测到的结果要快2倍以上，预测到21世纪中叶酸化水体将覆盖整个北冰洋。

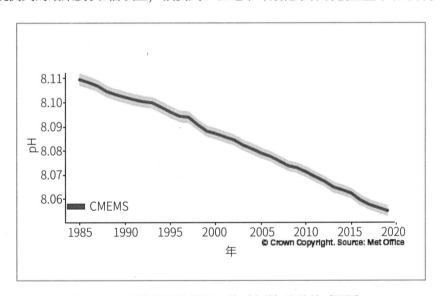

图1-10 全球海洋平均表面pH值（实线）和偏差（阴影）

5. 海洋脱氧

海洋脱氧是海洋中氧气含量下降的现象。随着温度的上升，溶解在水中的氧气减少，海洋脱氧情况越来越严重。自1950年以来，开阔海洋的氧气含量已减少了0.5%～3%，海洋中的低氧水域正在扩大。全球沿海海洋的缺氧地点数量增加，反映出全球富营养化的上升趋势。赤潮是海水富营养化的标志之一，2018年夏季持续到

2019年初，美国坦帕湾遭遇严重赤潮，藻华的恶性蔓延摧毁了佛罗里达州200公里的海岸线，超过1800吨死亡的海洋生物被冲上海滩，死亡数量创新纪录。

（五）冰冻圈

冻土与冰川、冰盖、积雪、海冰等一起构成了冰冻圈，储存有全球77%的淡水资源，是全球水循环的重要组成部分。冰冻圈可提供气候变化的关键指标，包括海冰范围、冰川质量平衡以及格陵兰和南极冰盖的质量平衡。

1. 海冰

自20世纪80年代中期以来，北极气温的升高速度至少是全球平均水平的两倍。2020年，西伯利亚北极圈以北地区的创纪录高温引发了东西伯利亚和拉普捷夫海的海冰加速融化，并一直持续至7月份。在9月下旬，拉普捷夫海和东西伯利亚海重新冻结的速度缓慢，这可能是由于自6月下旬提前后退以来海洋上层累积的热量所致。2020年7月和10月观测到创纪录低的海冰覆盖面积，最低值达374万平方公里，这是有记录以来第二次缩减到不足400万平方公里。2020年2月的南极海冰范围是年度最小值，约为270万平方公里，反映出从2017年3月创纪录的208万平方公里的最小海冰范围逐渐扩展。

2. 冰川

冰川是极地或高山地区地表上多年存在并具有沿地面运动状态的天然冰体，在世界两极和两极至赤道带的高山均有分布，大约有2900多万平方公里，覆盖着大陆11%

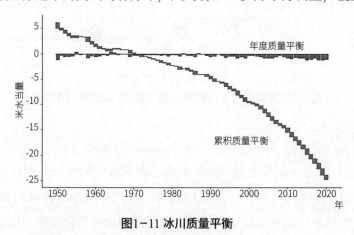

图1-11 冰川质量平衡

注：年度质量变化以米水当量（m w.e.）表示，相当于吨/平方米（1000 kg/ m²）。

的面积。温度、降水和入射太阳辐射等的变化及其他因素（例如底部光滑度变化或冰架支撑损失）等对冰川有直接影响。根据世界冰川监测服务中心（图1-11）的数据，冰川质量损失有明显的加速趋势。在2018/2019年，长期观测的40个冰川发生了1.18米水当量（m w.e.）的冰损失，接近于2017/2018年创纪录的损失。在2019/2020年，冰损失为0.98米水当量。在过去20年里，北美冰川的质量持续损失，2015—2019年期间比2000—2004年期间几乎翻了一番。

3. 冰盖

冰盖是陆地冰的主体，当前仅存的冰盖为南极冰盖和格陵兰（位于北极地区）冰盖。南极冰盖面积约1400万平方千米，占全球陆地总面积8.3%，平均冰厚约2100米，冰储量约3000万立方千米，相当于全球海平面56.6米的变化量。格陵兰冰盖当前面积约184万平方千米，占全球陆地总面积1.2%，平均冰厚约1600米，冰储量约300万立方千米，相当于全球海平面7.4米的变化量。

2020年格陵兰冰盖质量继续损失，据卫星观测，冰山崩解持续发生，2019年9月—2020年8月，格陵兰冰盖的冰损失约为1520亿吨，主要是表面融化和冰川动力导致的损失。自20世纪90年代末以来，南极冰盖呈现出明显的质量损失趋势，主要是由于西南极洲和南极半岛的冰川流速增加。南极洲冰川流速加快的主要驱动因素是边缘冰架的海底融化加剧，次要驱动因素是南极半岛局部表面融化导致了冰架突然崩塌。

（六）降水

2020年，北美洲、非洲、西南亚和东南亚受季风影响地区的年降水总量和日极端总量异常升高，发生大面积洪涝灾害。而南美洲内陆，尤其是阿根廷北部、巴拉圭和巴西西部边境地区以及非洲南部的开普省，降水量极低，发生持续性特大干旱灾害。在中国，1961—2020年平均年降水量呈增加趋势，平均每10年增加5.1毫米，年平均降水日数显著减少，累计暴雨日数显著增加，平均每10年增加3.8%，极端强降水事件呈增多趋势。

二、影响短期气候变化的因素

大气和海洋有很强的耦合关系。通过海气交界面能量、质量和动量的交换，海气相互作用对气候的形成及变化具有重要影响。WMO发布的《全球季节性气候最新通报》（GSCU），将大气环流和大洋流异常列为短期气候变化的驱动因素，例如北方涛动、南方涛动、北极涛动和印度洋偶极子等。厄尔尼诺-南方涛动和北极涛动等气象现象导致了全球不同地区的短期气候变化事件。

（一）厄尔尼诺/拉尼娜

厄尔尼诺/拉尼娜现象指的是热带太平洋海表温度异常上升/下降的著名气候现象。厄尔尼诺（西班牙语：El Niño，原意为圣婴）是秘鲁、厄瓜多尔一带的渔民用以称呼一种异常气候现象的名词，主要指太平洋东部和中部的海水温度异常持续升高，气候模式发生变化。在赤道太平洋东岸地区，由干燥少雨变为多雨，引发洪涝灾害；而赤道太平洋西岸地区由湿润多雨变为干燥少雨。

厄尔尼诺暖流破坏了南太平洋的正常大洋洋流环流圈，进而打乱了全球气压带和风带的原有分布规律性，引起全球范围内的大气环流异常，导致规模较大、范围较广的灾害性天气肆虐，如干旱、洪水、低温冷害等。厄尔尼诺是一种周期性的现象，大约每隔7年出现一次，它是全球性气候异常的一个方面。国家气候中心的资料显示，自1950年以来，全球共发生过两次强厄尔尼诺事件，分别为1982到1983年以及1997到1998年，以最近的1997到1998年强厄尔尼诺事件为例，至少造成2万人死亡，全球经济损失高达340多亿美元，期间全球许多国家都发生了严重的旱涝灾害，导致全球粮食减产20%左右。因此，提前防范，减少损害，尤为重要。

拉尼娜（西班牙语：La Niña，原意为圣女）是指赤道附近东太平洋水温异常持续下降的一种现象，是厄尔尼诺现象的反相，也称为"反厄尔尼诺"或"冷事件"，同时也伴随着全球性气候混乱，总是出现在厄尔尼诺现象之后。拉尼娜现象发生时，太平洋东部海水温度下降，出现干旱，而太平洋西部海水温度上升，降水量比正常年份明显偏多。从1950年，全球共发生了16次拉尼娜事件。按照强度级别，分为弱、中等强度、强事件。历史上仅出现过1次强拉尼娜事件，时间从1988年5月开始持续到次年5月。拉尼娜现象出现时，我国易出现冷冬热夏、南旱北涝现象，登陆我国的热带气旋个数比常年多。

拉尼娜现象常与厄尔尼诺现象交替出现，在厄尔尼诺之后经常接着发生拉尼娜，同样拉尼娜后也会接着发生厄尔尼诺。但从1950年以来的记录来看，厄尔尼诺发生频率要高于拉尼娜。拉尼娜现象在当前全球气候变暖背景下频率趋缓，强度趋于变弱。特别是在90年代，1991年到1995年曾连续发生了三次厄尔尼诺，但中间没有发生拉尼娜。

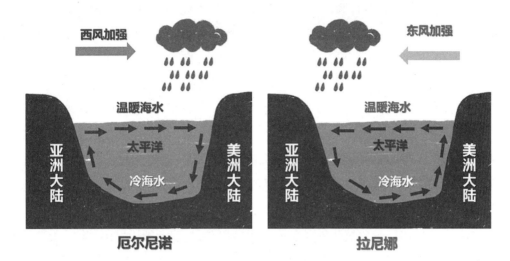

图1-12 厄尔尼诺/拉尼娜成因示意图

（二）南方涛动、北方涛动

南、北方涛动是南、北太平洋东西向的海平面气压反相振荡的现象。厄尔尼诺-南方涛动（El Niño-Southern Oscillation, ENSO）是东太平洋赤道区域海面温度和西太平洋赤道区域的海面上气压的变动，是低纬度的海-气相互作用，在海洋方面表现为厄尔尼诺-拉尼娜的转变，在大气方面表现为南方涛动，南方涛动与东太平洋和秘鲁沿岸的海温关系密切。

北方涛动（Northern Oscillation, NO）是北太平洋东部和西部之间海平面气压距平反相振荡的现象，即当东北太平洋气压升高时，西北太平洋气压降低，反之亦然。由于它与南方涛动（SO）对称且位于赤道以北，故称为北方涛动。研究表明，北方涛动在北太平洋大气环流年际变化中占有头等重要的地位，它不仅与赤道太平洋地区的海温、降水和平均垂直环流有密切联系，而且还同北半球中高纬度的大气环流和气候有关。北方涛动的年际变化最主要的振荡周期为3～4年，其次还存在2年、5～6年和9年左右的振荡周期。在3～4年频带，它与南方涛动发生强烈偶合，此偶合现象，可能是造成东赤道太平洋海温年际变化在全球热带中为最大的重要原因。

（三）北极涛动

北极涛动（Arctic Oscillation, AO）指北半球中纬度地区（约北纬45度）与北极地区气压形势变化的一种现象，是代表北极地区大气环流的重要气候指数。简单言之就是北极地区气压升高，将冷空气从北极向四周挤散，形成南下的寒潮。

北极涛动可分为正位相和负位相，通常北极极地中心为低气压控制，有着极冷的空气，并被周围的高气压包围着，这种"南高北低"的态势称为北极涛动正位相。反之，则为负位相。当北极涛动位于正位相时，冷空气都被限制在极地范围，因此人们会感觉冬天也不那么冷。当北极涛动位于负位相时，北极极地中心逐渐被高气压控制，之前一直限制在极地范围的冷空气就被排挤南下，"南低北高"导致寒流出现，从而影响北半球中高纬度地区气温。北极涛动正位相正值越大代表极地更冷，北极涡旋强大而稳定；负位相负值越大则代表极地和低纬间气团交换频繁，冷空气易向南侵袭。

2009—2012年，受北极涛动负位相异常的影响，全球出现大范围寒潮天气。寒流和暴风雪强烈侵袭北半球，众多国家交通瘫痪，美国东北部佛蒙特州出现了83cm降雪，打破了历史纪录。中国黑龙江漠河、内蒙古呼伦贝尔等地出现持续十多天的−40℃低温天气。

（四）南极涛动

南极涛动（Antarctic Oscillation，AAO）是南半球中纬度和高纬度两个大气环状活动带之间大气质量变化的一种全球尺度的"跷跷板"结构。南极涛动反映了南半球中高纬大气环流反位相的变化及质量交换的实质，南极涛动强，表示南半球绕极低压加深和中高纬西风加强弱，反之亦然。近年的研究表明南极涛动是一个重要的气候因子，能够影响东亚的冬春气候和我国北方的沙尘频次以及华北、长江中下游的夏季降水。北极涛动和南极涛动都是调节全球中高纬度年际气候变率的主要因子。

三、气候变化重大事件

气候变化是增加极端天气事件频率的重要原因之一，由温室气体排放引起的气候变化使得高温天气发生的可能性至少增加了150倍。极端气象事件，例如大雨、大雪、干旱、热浪、寒潮以及风暴等，通常会带来天气和气候最直接最剧烈的影响，并导致或加剧其他气象灾害。2020年北大西洋飓风季异常活跃，亚洲、非洲、欧洲、美洲、大洋洲都出现了极端天气，飓风、极端热浪、大旱及野火造成了数百亿美元的经济损失及大量人员伤亡。

（一）洪水

2020年，非洲和亚洲大部分地区发生暴雨和大范围洪水。暴雨和洪水影响了萨赫勒和大非洲之角大部分地区，引发沙漠蝗虫灾害。印度次大陆及周边地区、中国、韩国、日本以及东南亚部分地区在这一年不同时期降水量均异常偏高。印度经历了自1994年以来最潮湿的两个季风季节之一，6月至9月的全国平均降雨量比长期均值高9%，大雨、洪水和滑坡也影响周边国家。在季风季节期间，印度、巴基斯坦、尼泊尔、孟加拉国、阿富汗和缅甸有2000多人死亡，其中包括8月下旬阿富汗发生与骤洪相关的145人死亡，以及7月上旬大雨之后缅甸发生与矿山塌方相关的166人死亡。

在季风季节，中国长江流域持续的高降雨量也导致了大洪水。在8月中旬，三峡大坝遭遇了自其建成以来最大的洪峰，达到75000 m^3/s。7月，日本西部部分地区受到了严重洪水的影响。10月和11月，东南亚部分地区发生了大洪水，接连的热带气旋和低气压加剧了伴随东北季风而来的大雨，受灾最重的地区在越南中部。

（二）热浪、干旱和火灾

热浪是2015—2019年期间最致命的气象灾害，影响了所有大陆，导致许多国家创下新的气温纪录，并伴有前所未有的火灾，尤其是在欧洲、北美、澳大利亚、亚马逊雨林和北极地区。2020年，在西伯利亚北极的广大地区的气温较以往平均水平高出3℃多，维尔霍扬斯克镇的气温达到创纪录的38℃，随之而来的是长时间的大范围火灾（大范围旱情、极弱的夏季季风、异常闪电等也是火灾的促成因素）。在美国，夏末和秋季发生了有记录以来最大的火灾，造成了过去20年来美国国内最大过火面积。8月16日，加利福尼亚死亡谷气温达到54.4℃，这是至少过去80年以来全球已知的最高温度。在加勒比地区，4月和9月发生了大型热浪事件。年初，澳大利亚打破了其高温纪录，其中彭里斯气温达48.9℃，是悉尼西部澳大利亚大都市区观测到的最高温度。

严重干旱影响了南美洲内陆许多地区，其中受灾最重的是阿根廷北部、巴拉圭和巴西西部边境地区，这些国家的农业损失均超过30亿美元。干旱引起的最严重的火灾发生在巴西西部的潘塔纳尔湿地。长期干旱在非洲南部部分地区持续。

（三）极端寒冷和降雪

2019/2020年加拿大纽芬兰省发生最严重的暴风雪，降雪量为76.2厘米，日降雪量创下纪录，阵风达到126公里/小时。美国科罗拉多州的丹佛地区出现了38.3℃的9月最高温度，随后第三天出现了大范围的降雪，变化幅度之大实属罕见。在俄克拉荷马州，一场破坏性的冰风暴导致大半个城市停电数日。8月初，澳大利亚塔斯马尼亚州出现了自1921年以来最异常的低海拔降雪和创纪录的最低温度。12月，显著的寒冷天气影响了亚洲东部的部分地区，由于源自西伯利亚的冷空气穿过相对温暖的日本海水域，日本部分地区出现了极端降雪，日本海本州创下72小时的降雪纪录，导致交通瘫痪。在欧洲北部，连续降雪导致积雪异常厚重，芬兰局部地区积雪在4月中旬达到了127厘米的创纪录深度，极端寒冷的天气使融雪延迟，积雪持续到6月，随着融雪又引发了洪水。

（四）热带气旋

热带气旋是发生在热带或副热带洋面上的低压涡旋，是一种强大而深厚的热带天气系统，可见于西太平洋及其临近海域（台风）、大西洋和东北太平洋（飓风）以及印度洋和南太平洋。

热带气旋常见于夏秋两季，其生命周期可大致分为生成、发展、成熟、消亡4个阶段，其强度按中心风速被分为多个等级，在观测上表现为庞大的涡旋状直展云系。成熟期的热带气旋拥有暴风眼、眼墙、螺旋雨带等宏观结构，其直径在100至2000 km之间，中心最大风速超过30m/s，中心气压可降低至960 hPa左右，在垂直方向可伸展至对流层顶部。未登陆的热带气旋可能维持2至4周直到脱离热带海域，登陆的热带气旋通常在登陆后48小时内快速消亡。

热带气旋的产生机制尚未完全探明，按历史统计，温暖的大洋洋面、初始扰动、较弱的垂直风切变和一定强度的Beta效应是热带气旋生成的必要条件。在动力学方面，第二类条件性不稳定（CISK）理论能够较好地解释热带气旋的生成和维持，全球变暖也被认为与热带气旋的生成频率有关。

热带气旋按等级共分为六个等级：热带低压、热带风暴、强热带风暴、台风、强台风、超强台风。以热带风暴为例，其中心附近持续风力为63～87公里/小时，风力达到烈风程度，是所有自然灾害中最具破坏力的。2020年，全球热带气旋的数量高于平均水平，被国际气象组织命名的热带风暴出现了98次，北大西洋飓风季共生成30个命名风暴，登陆美国的风暴数量达到创纪录的12个。对美国影响最严重的是飓风"劳拉"，它达到了4级强度，导致了大范围的风浪和风暴潮破坏，还造成海地和多米尼加共和国发生大范围洪水灾害。

（五）温带气旋

温带气旋，又称为"温带低气压"或"锋面气旋"，是活跃在温带中高纬度地区的一种近似椭圆形的斜压性气旋。

温带气旋不同于热带气旋。从结构上讲，是一种冷心系统，即温带气旋的中心气压低于四周，且具有冷中心性质。其出现伴随着锋面（温度、湿度等物理性质不同的冷气团和暖气团的交界面），热带气旋则为正压、无锋面的暖心系统；从尺度上讲，温带气旋尺度一般较热带气旋大，直径可达几百乃至数千公里。

温带气旋伴随着锋面而出现，同一锋面上有时会接连形成2~5个温带气旋，自西向东依次移动前进，称为"气旋族"。温带气旋靠西风带提供的斜压来运行和加强，一年四季都可能出现，陆地和海洋上均能生成。温带气旋从生成、发展到消亡整个生命史一般为2~6天。温带气旋主要按照成因分成3类：西风性、寒带性和热带性。我国近海的温带气旋根据发源地的不同分为4类，分别为蒙古气旋、黄河气旋、江淮气旋和东海气旋。

温带气旋是由大气的水平温度梯度——南北两个纬度之间的平均温度差而产生的。这种温度梯度和大气中的水分在大气中产生一定的能量，可以为天气事件提供动力。研究显示，全球气温上升，特别是北极地区的气温上升，正在重新分配大气中的能量，具体表现为：更多的能量用于雷暴和其他局部对流过程，而更少的能量用于夏季温带气旋。温带气旋沿着锋面产生迅速的温度和湿度变化，可以带来多云、小阵雨、大阵风、雷暴等各种天气状况。2020年因温带气旋造成损失最严重的极端事件之一是"德雷科"雷暴（陆地飓风），该雷暴形成于美国内布拉斯加州的东部，之后向东进发，沿途受温暖潮湿天气的影响，其风力逐渐增强，横扫6个州，以130~160公里/小时（秒速35~45米）的风速对沿途造成很大破坏，夹带的降雨或冰雹等又加重了破坏，引起洪灾，不少建筑物、农田、交通线路、汽车被淹。

四、气候变化的风险和影响

气候变化事件对人类健康与安全、基础设施和生物多样性等产生影响，从而对经济、社会构成风险（图1-13）。风险大小取决于气候相关危害、人类和自然系统的脆弱性、暴露程度和适应能力。

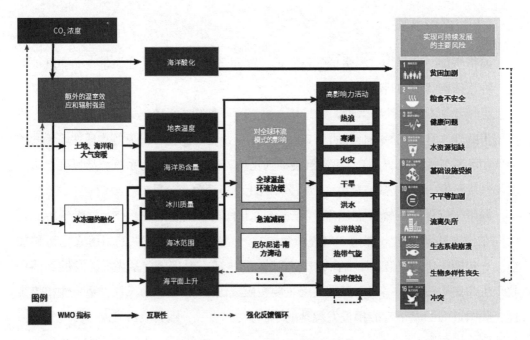

图1-13 气候变化的风险和影响

（一）健康风险日益增大

健康影响包括高温造成的相关疾病和死亡，强风暴和洪水造成的意外伤亡，气候变化引起的病菌快速传播，空气污染加剧的心血管和呼吸系统疾病，以及人类流离失所带来的生存压力和精神创伤。

1. 极端高温危险

根据世界卫生组织的数据和分析，自1980年以来，与高温有关的疾病或死亡总体风险一直在稳步上升，目前全球约30%的人口生活在每年至少有20天可能导致死亡的高温气候条件之下。在人口老龄化、城市化、城市热岛效应等的情况下，极端高温条件对人类健康系统和卫生系统造成越来越大的损害。2019年，夏季严重热浪事件在日本造成了100多人死亡，另有18000人住院治疗，这给卫生系统带来了巨大负担；在欧洲，热浪期间受影响地区共出现1462例非正常死亡（平均死亡率增加了9.2%）。2020年印度受到热浪侵袭，部分地区气温升至50℃，高温天气导致的死亡人数达上千人。

2. 疾病传播

如果说新冠病毒是一场短暂、剧烈、突如其来的急性病，那么气候变化就是一场持久、深远、不可逆转的慢性病。气候变化对疾病的影响，一是温度升高导致冰川消融，释放出原本处在休眠状态的古老病毒和细菌，人类生存环境将面临重大威胁；二是气候变化引发次生灾害，暴雨和伴随而来的洪水为各种流行病暴发创造了有利条件。

气候演变改变了媒介生物空间分布，对疾病传播产生重要影响。例如自1950年以来的气候条件变化使伊蚊更容易传播登革热病毒，登革热发病率急剧上升，全球约有一半的人口面临着被传染的风险。气候变化还可通过各种渠道对发病率产生影响。中国气象局国家气候中心的科研人员通过研究北京地区疫情最为严峻的逐日气象要素资料与SARS传播及发作状况，提出温度、湿度、紫外线强度等气象条件对SARS病毒的传播具有直接影响。

（二）粮食危机

气候变化导致的温度和降水变化以及极端天气，使得全球粮食生产受到前所未有的挑战。IPCC发布的《气候变化与陆地》的特别报告中指出，1981—2010年，全球玉米、小麦和大豆的平均产量在气候变化的影响下已经分别减少了4.1%，1.8%和4.5%。近几十年来，由于极端天气事件，全球平均每年损失约10%的谷物产量。研究人员预测到2050年，如果不采取有效的适应措施，气候变化将导致全球粮食产能下降5%～30%。2019年2—5月，云南发生严重的冬春连旱，5月之后长江中下游地区又发生了历史罕见的夏秋冬连旱，这场罕见的旱灾共造成浙江、安徽、江西、河南、湖北、湖南6省67个市（自治州）387个县（市、区）农作物受灾，面积达到331万公顷，其中绝收47.5万公顷。气候变化会影响作物的营养价值，极端气候还会影响粮食运输和供应链，这些因素都让粮食安全的形势更加严峻。

缺乏农业灌溉条件、主要依靠自然降雨的地区，是气候变化威胁下格外脆弱的地带，对粮食产生的冲击更为严重。干旱地区有30亿居民，占全球人口的38%，主要集中在南亚、撒哈拉以南的非洲和拉丁美洲。IPCC预测，在未来全球变暖1.5℃、2℃及3℃的情况下，生活在干旱地区并面临用水压力和栖息地退化等风险的人口预计分别达到9.51亿、11.5亿和12.9亿人。农业生产力下降，粮食价格变化和极端天气事件增加的结合会加剧这部分旱地人口的贫困。

（三）流离失所

被迫流离失所是气候变化最具破坏性的影响之一。气候变化导致的生产生活环境不再适宜人类生存，推动跨境和国家内部的大规模人口迁移。英国扶贫慈善组织乐施会发布报告指出，2010—2019年，气候引发的灾难每年迫使约2000万人离开家园——相当于每2秒钟就有1人背井离乡。报告指出，贫穷的国家和地区、发展中岛国、赤道地区受影响最大。中低收入国家（如索马里、印度）人口因极端天气灾害而流离失所的可能性是美国等高收入国家的四倍以上。2020年上半年，主要受气候灾难的影响，大约980万人流离失所，主要集中在南亚、东南亚以及非洲之角地区。莫桑比克在接连遭受飓风侵袭和战乱的双重影响下，已迫使73万人逃离；巴西亚马逊地区因洪水导致超过4万的人无家可归。气候变化间接导致地区冲突、难民等政治问题更加严峻。在阿富汗，由于气温升高的干旱加剧了40年战争的影响，加剧了这个拥有350多万国内流离失所者的国家的粮食短缺状况。

（四）基础设施受损

气候变化对基础设施的影响越来越大，如公路和铁路、发电厂、工业、供水、学校和医院的基础设施等。例如，极端天气导致的洪水、滑坡、泥石流、雪崩等影响着交通基础设施结构及安全运营。极端暴雨洪水冲毁路基桥梁，地下水位下降导致铁路和公路设施结构沉降，冻土融化造成"冻土带"的铁路和公路设施结构破坏等。2020年7月中旬以来，河南省强降雨过程对全省交通运输基础设施造成严重损毁，高速公路遭水毁2639处，149个收费站、98对服务区被积水淹；普通干线公路遭水毁6553段、断行95处，农村公路阻断3852条，航运设施受损351处，道路运输场站受损52个，在建高速公路项目遭水毁受损1255处，郑州、新乡、鹤壁、安阳等市道路运输、公共交通、出租汽车不同程度受影响。经初步统计，造成直接损失约109亿元。

（五）生态系统崩溃

气候变化的影响是多尺度、全方位、多层次的。气候变化的影响超越了国界，危及包括人类自身的所有的生灵，它会引起气候带北移、全球降水量重新分布、冰川和冻土融化、海平面上升，从而直接影响全球水资源分布、植被分布、生态系统的结构和土壤发育等，并最终影响到生物物种的多样性。自然生态系统由于适应能力有限，容易受到严重的、甚至不可恢复的破坏。正面临这种危险的系统包括：冰川、珊瑚礁

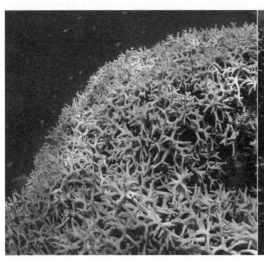

图1-14　生态环境破坏，大堡礁珊瑚白化前后

（来源：联合国新闻网）

岛、红树林、热带雨林、极地和高山生态系统、草原湿地、残余天然草地和海岸带生态系统等。随着气候变化频率和幅度的增加，遭受破坏的自然生态系统在数目和地理范围上都有所增加。

气候变化导致的物种灭绝风险将会比地球历史上5次严重的物种灭绝还要大规模。珊瑚礁是受气候变化威胁最大的海洋生态系统，特别是海洋升温和酸化的威胁。当全球气温升高1.5℃时，珊瑚礁覆盖率将会下降到10%～30%；升温2℃时，会下降到1%以下。2015—2016年珊瑚白化事件是有记录以来最严重的，全球范围内损失了大片有价值的珊瑚。令人担忧的是，由于全球变暖导致的海洋温度上升，这些全球白化事件正变得越来越频繁。

2020年的气候变化状况让我们对当前气候形势有了更为清晰的了解，有利于我们把握未来方向、采取行动。全球当前的发展模式在迄今为止的数百万年间为人类带来了繁荣，但同时也给全球气候系统和生物多样性带来了一系列问题，损害了经济社会可持续发展的基础。为了改变这一现状，我们必须在能源、资源、生产和消费以及城市化等一系列关键的人类活动领域做出改变。

第四节　低碳发展成为全球共识

气候变化对人类生产、生活造成的诸多冲击，让我们付出了沉重的代价。在惨痛的教训面前，人类不得不对既往的发展道路、发展模式做出深刻的反思。低碳发展是可持续发展战略的重要组成部分，也是可持续发展的必由之路，对于世界各国而言，低碳发展的意义不仅仅体现在对气候变化的应对上，还具有影响各国实力和竞争力的经济意义和社会意义。在低碳发展的世界浪潮中，谁先掌握低碳技术、低碳品牌与低碳标准，形成较低成本的低碳产业，生产出被消费者认可的低碳产品，谁就能够抢占新的国际竞争制高点，拥有新的国际竞争优势，形成长时期的国际可持续核心竞争力。

一、全球碳排放现状与格局

（一）碳排放总量持续上升

20世纪70年代至今，全球碳排放与全球经济发展基本呈现出正相关关系，随着全球经济发展，碳排放总量和人均排放量均有大幅增长。从排放总量和增速来看，全球碳排放量与经济总量呈现同步上升趋势，但增速近年来有所放缓。经济总量与碳排放同步增长的原因是经济增长加大了各经济部门对电力、石油等能源的需求，电力生产、石油、天然气等化石能源的使用都会产生大量碳排放。而经济衰退时期，能源使用量下滑，碳排放量也同样出现阶段性下滑，如2008年经济危机、2020年新冠肺炎疫情，都带来了阶段性的碳排放量下降。2018年全球碳排放量达到了历史最高值340.5亿吨，是1965年的3倍。从人均碳排放量来看，全球人均碳排放量和全球碳排放量基本呈现出相同的变化趋势，在波动中逐渐增长。2018年，全球人均碳排放量增长到了4.42吨/人，较1971年增长了20%。随着各国纷纷采取措施控制碳排放，碳排放增速开始放缓，直到2019年全球碳排放增长率已接近0。

（二）亚洲地区碳排放快速增长

从区域结构来看，亚洲在中国、日本以及东南亚等国家经济增长的驱动下碳排放量快速增加，北美、欧洲的碳排放量普遍下降，而大洋洲、非洲、南极洲碳排放量极小。

从区域碳排放总量来看，亚洲碳排放量远超其他区域。主要原因是二战后很多亚洲国家开始进行大规模经济建设，随着中国、日本、韩国、印度等国家的经济快速发展，对能源、工业产品等的需求剧增，带动了碳排放量的快速增长。亚洲的碳排放量在1985年超过北美洲，在1992年超越欧洲成为世界第一大碳排放地区，碳排放量从1965年的16.46亿吨增长到2019年的202.42亿吨，增长超过11倍。而北美、欧洲从2008年前后开始逐渐减少。

从区域碳排放增速来看，亚洲增速开始进入下行通道，欧洲、北美洲已经保持在负值。亚洲在2011年以前除个别年份外都保持着高增速，随着各国逐渐重视碳排放问题，2011年以后增速进入下行阶段。而欧洲国家在1990年以后碳排放增速大多保持在负值，北美洲在2007年后出现负增长。

（三）电力和热力行业碳排放居首

从排放结构看，电力和热力生产活动、制造产业与建筑业、交通运输业是碳排放的最主要来源，可以预见这些领域是未来减排的关键点。

电力和热力生产活动是全球主要的碳排放来源。目前供电行业依然以煤炭、石油、天然气等化石燃料燃烧作为最主要的发电方式，供热产业也以化石燃料作为主要能源，而化石燃料燃烧会带来大量碳排放。2018年，全球主要电力、热力生产活动产生的碳排放达到了139.8亿吨，占全球当年碳排放量的41.7%。

交通运输产业是全球第二大碳排放来源。目前陆上交通、航空、航海依然以燃油作为最主要的动力来源，对燃油的高需求也会带来大量碳排放。此外，制造产业与建筑业是另一个主要的碳排放来源。钢铁冶炼、化工制造、采矿、建筑等行业对能源需求量大，生产过程中的原材料分解与转化也会带来碳排放。

就中国而言，随着国民经济的快速发展，对能源的需求不断增长，电力和热生产活动已经成为第一大碳排放来源，且占比有增加趋势。在制造产业与建筑业方面，碳排放在工业化不断深化的过程中快速上升，在2011年左右达到峰值，是第二大碳排放来源。随着我国产业结构优化调整，第二产业比重走低，制造产业与建筑业碳排放总量开始下降，占比逐渐降低。此外，交通运输业作为第三大排放来源，占比平缓提升。上述碳排放量较大的电力、供热、制造业、建筑业、交通运输业等领域成为控制碳排放的重点。

（四）全球减排行动加速

面对碳排放快速增长带来的威胁，世界各国采取了立法、政策宣示等措施开展减排行动。目前已有超过130个国家和地区提出了"零碳"或"碳中和"的气候目标。截至2020年，全球已经有53个国家实现了碳达峰（表1-2），已有2个国家实现碳中和（表1-3）。

表1-2不同国家和地区碳达峰时间表

实现/预计碳达峰时间	国家名称
1990年前	阿塞拜疆、白俄罗斯、保加利亚、克罗地亚、格鲁吉亚、捷克、爱沙尼亚、德国、匈牙利、哈萨克斯坦、拉脱维亚、摩尔多瓦、挪威、罗马尼亚、苏联加盟共和国、塞尔维亚、斯洛伐克、塔吉克斯坦、乌克兰
1990—2000年	法国、立陶宛、卢森堡、黑山共和国、英国、波兰、瑞典、芬兰、比利时、丹麦、荷兰、哥斯达黎加、摩纳哥、瑞士
2000—2010年	爱尔兰、密克罗尼西亚、奥地利、巴西、葡萄牙、澳大利亚、加拿大、希腊、意大利、西班牙、美国、圣马力诺、塞浦路斯、冰岛、列支敦士登、斯洛文尼亚
2010—2020年	日本、马耳他、新西兰、韩国
2030年	中国、马绍尔群岛、墨西哥、新加坡

表1-3 部分制定碳中和目标的国家和地区及其时间表

承诺类型	具体国家和地区（规划时间）
已实现	不丹、苏里南
已立法	瑞典（2045）、英国（2050）、法国（2050）、丹麦（2050）、新西兰（2050）、匈牙利（2050）
立法中	韩国（2050）、欧盟（2050）、西班牙（2050）、智利（2050）、斐济（2050）、加拿大（2050）
政策宣示	乌拉圭（2030）、芬兰（2035）、奥地利（2040）、冰岛（2040）、美国加州（2045）、德国（2050）、瑞士（2050）、挪威（2050）、爱尔兰（2050）、葡萄牙（2050）、哥斯达黎加（2050）、斯洛文尼亚（2050）、马绍尔群岛（2050）、南非（2050）、日本（2050）、中国（2060）、新加坡（本世纪下半叶尽早）、中国香港（2050）

（五）碳减排未来面临挑战

尽管减排行动已经取得了一定成就，但在能源结构、碳汇技术发展、各国对减排重视程度不同等因素影响下，全球减排问题依然面临着严峻挑战。

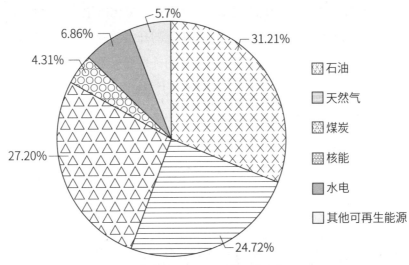

图1-15 2020年全球各类一次能源消耗结构

一是世界能源产业布局和产业结构有待优化和深入调整。目前世界能源消耗依然以燃烧产生大量碳排放的化石能源为主，2020年石油、天然气、煤炭三者消耗占比达到全球一次能源消耗总量的83%左右（图1-15），在短时间内大幅度调整能源结构、降低化石能源占比、提升可再生能源比例面临巨大困难。

二是碳捕集技术处于初期阶段。目前碳捕集技术的研究开发不够成熟，还没有出现大规模商用的标志性项目，且成本较高、发展缓慢，没有突破性进展，对碳减排贡献度有限。

三是世界各国减排强度不同、减排能力存在差异。当前由于世界各国的发展阶段不同，采取的减排措施力度也不同。英国、日本、欧盟、韩国、美国加州通过了应对气候变化的专项法律，但法律实施力度尚未明了；部分国家采取了政策宣誓，但缺乏实施的政策文件；更多国家并没有出台有实际效用的减排措施。另外，国家之间经济发展水平、资源禀赋、技术发展程度不同，减排的能力也存在差异，可再生能源少、技术水平较弱的国家难以有效减排。

二、低碳发展的科学认知

（一）科学共识

学术界对全球变暖的研究已有近200年历史。全球变暖的学术研究始于1827年，法国科学家Fourier认为大气与温室的玻璃有相同的作用。自1957年科学家首次在美国夏威夷和南极站直接测量二氧化碳浓度以来，大气中二氧化碳浓度持续增加。而全球气温在20世纪40年代出现短暂上升后，五六十年代却开始缓慢下降，但70年代又迅速回升。这一时期，科学界对全球变暖和温室气体的关系充满争议。直到1998年，宾夕法尼亚大学古气候学家迈克尔·曼恩重建了1000年的气候史，用一条"曲棍球杆"曲线（图1-16）展示了人类活动与气候变暖的关系，成为学术研究的主流观点。

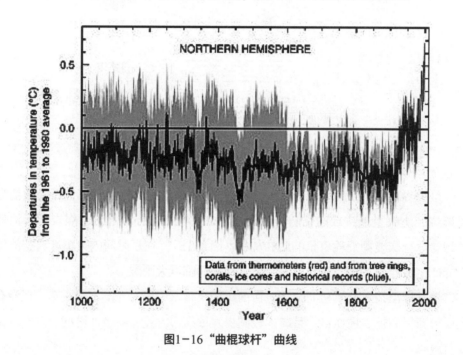

图1-16 "曲棍球杆"曲线

如今，观测数据显示，全球气温呈现出明显的波动上升趋势，并与二氧化碳浓度呈现高度正相关关系。全球变暖已成为不争的事实，80%以上的主流科学家支持全球变暖，并致力于研究全球变暖对人类社会的影响，只有少数科学家仍坚持相反的观点。

（二）民众共识

与科学家注重严谨的逻辑分析和翔实的数据支持不同，民众对全球变暖的认知更多源自自身的感受，这种感受又与所处的地理环境和社会经济发展水平紧密相关。民众感受与科学研究相结合，对全球变暖有了更加深刻的认识，减少温室气体排放，减缓全球变暖成为共识。

欧洲民众是最先意识到全球变暖的危害并积极采取行动的群体。欧洲以岛国和沿海城市为主，海平面上升直接威胁到大多数人的生存。当全球变暖学说得到越来越多主流科学家的支持，欧洲民众特别是年轻一代对未来的生存环境非常担忧，而近年来频发的极端天气进一步强化了这种忧患意识。美国拥有丰富的油气资源和发达的石油工业，为居民提供廉价能源，美国人也养成了高能耗的生活方式。另一方面，美国与欧洲一样已经完成了工业化，普通民众很关注气候变化对未来生活环境的影响，应对气候变化问题将成为美国主流民意。

在中国，积极在国民教育体系中开展包括气候变化和绿色发展在内的生态文明教育，向社会公众普及气候变化知识，各界民众积极参与"全国节能宣传周""全国低碳日""世界环境日"等活动，树立绿色发展理念，倡导"低碳生活方式""低碳社会""低碳发展"。从2009年开始，生态环境部连续在多个城市开展"全民低碳行动"，践行绿色低碳生活正在成为全社会共建美丽中国的自觉行动，自2013年开始，中国每年举行"全国低碳日"活动，至今已举办9次，绿色低碳理念深入人心，低碳行动走进了千家万户。

2021年1月发布的《家庭低碳生活与低碳消费行为调研报告》显示，公众对于"低碳"这个名词的熟悉度和认同度都很高，谈及低碳生活的意义，41%的受访者认为低碳可以"减少浪费"，33%的人认为低碳有助于"可持续发展"，32%认为它可以减少空气污染。同时，也有33%的受访者提到低碳使自己的生活更健康，另有25%认为

图1-17 倡导绿色出行　　　　　　　　　　　　　　（王亚京 摄）

低碳使生活回归简单，让生活更愉悦。这体现了公众既能够从"责任"和"利他"的角度看待低碳行动，又开始建立"低碳"和"高品质生活"之间的关联。同时，报告也注意到公众对于低碳生活有着比较深层次的思考，比如31%的受访者希望学习在生活中如何更好地辨识低碳产品。

（三）国家共识

低碳发展是一种以低耗能、低污染、低排放为特征的可持续发展模式，对经济和社会的可持续发展具有重要意义。实现绿色低碳转型，各国政府要制定清晰明确的目标和鼓励性经济金融政策，向市场和社会传递清晰的信号，建立稳定的预期，发挥公共资金杠杆作用。企业要主动布局新产业、创新新业态、开发新产品，应用新技术。低碳发展是可持续发展的内在要求，发展低碳经济有利于实现人与自然和谐相处。

截至2021年初，已有127个国家和地区，占全球二氧化碳排放65%以上和世界经济70%以上，都做出了碳中和承诺，应对全球变暖问题已在政治层面达成共识。2021年5月6日，德国宣布将实现碳中和的时间从2050年提前至2045年，并提出了更严格的减排目标，这是因为德国联邦宪法法院判定此前的减排目标对后代不公平。中国作为最大的发展中国家，提出了2030年碳达峰、2060年碳中和的"双碳"目标。基于以上事实基础，低碳发展及其目标是基于科学认知的全球共识。

第二章

气候变化国际公约

近半个世纪以来，国际社会纷纷采取行动积极应对气候变化。1992年通过的《联合国气候变化框架公约》，确立了国际合作应对气候变化的基本框架；1997年，达成的《京都议定书》，促进了工业化国家低碳转型的进程，2015年通过的《巴黎协定》，正式确定了2100年全球温升控制在明显低于2℃且尽可能争取1.5℃的奋斗目标，从2018年开始，各国积极行动，纷纷作出碳中和承诺。在这个过程中，一系列具有历史意义的国际公约让我们看到了全世界人民应对气候变化的决心和行动，气候变化的全球治理体系逐步形成。

第一节 联合国气候变化框架公约

为了整合全球之力共同应对气候危机，1992年，联合国大会正式通过《联合国气候变化框架公约》（United Nations Framework Convention on Climate Change，UNFCCC），提出将大气中温室气体的浓度维持在一个稳定水平，降低人类生产活动对气候系统的干扰的倡议。这是世界上第一个应对全球气候变暖的国际公约，也是国际社会在应对全球气候变化问题上进行国际合作的一个基本框架。

一、历史背景

1853年，欧洲国家代表在比利时布鲁塞尔召开了第一次国际海洋气象会议。这次会议是首次国际性的气象大会，也是业务气象学和海洋学的国际合作和协调的先驱。20年后的1873年9月，第一次国际气象大会在奥地利维也纳举行，与会代表发起并成立了国际气象组织（International Meteorological Organization，IMO）。国际气象组织是一个非政府组织，从创立到二战结束一直致力于促进国际间气象合作，促进开展协调观测并实现仪器标准化。第一次国际气象大会为各国提供了国际协调的天气观测理念的架构。这种协调合作重要性的第一个主要范例不久便出现了，在第一个国际极地年（1882—1883年）的背景下，奥地利、美国、加拿大、法国、芬兰、德国、荷兰、挪威、俄国、瑞典等12个国家联合开展了13次北极考察和2次南极考察，观测极地地区的地磁、极光、气象等地球物理现象，并在北极、南极各建立并运行了12个和2个观测站。第一个国际极地年开创了国际科学界大协作的先例，也开辟了极地考察的科学时代，标志着气象研究国际合作时期的开始。

1947年9月，在华盛顿召开的各国气象局局长会议上，各国通过了《世界气象公约（草案）》。1950年3月23日该公约生效，国际气象组织（IMO）改名为世界气象组织（WMO）。1951年3月19日在巴黎举行世界气象组织第一届大会，正式建立机构。同年12月，成为联合国的一个专门机构。世界气象组织旨在为全世界合作建立网络，以进行气象、水文和其他地球物理观测，并建立提供气象服务和进行观测的各种中心，促进建立和维持可迅速交换情报及有关资料的系统，推进在航空、航运、水事问题、农业和其他人类活动领域中的应用。

随着科学家们逐渐深入了解地球大气系统，认识到如果人类对温室气体的排放不加以限制而任其发展，那么全球气候变暖对人类来说将是弊大、利小，甚至可能带来灾难性的后果，这些结论引起了政治家的关注。1979年在瑞士日内瓦召开的第一次世界气候大会上，气候变化第一次作为一个受到国际社会关注的问题被列入大会主要议题。80年代后期，国际上召开了一系列有政府首脑出席的高层次国际会议，研讨了全球气候变暖的问题和对策。这标志着气候变化问题已由科学研究阶段上升到了各国政府的议事日程。1988年联合国政府间气候变化专门委员会（IPCC）成立，该组织专门负责评估气候变化状况及其影响等，并于1990年首次发布了评估报告，明确提出持续的人为温室气体排放将导致气候变化的观点。

1990年12月21日联合国大会作出了"为人类的现代和未来而保护气候"的决议，决定设立气候变化政府间谈判委员会（INC/FCCC，The Intergovernmental Negotiating Committee for a Framework Convention on Climate Change），负责制定气候变化框架公约并组织谈判，这标志着气候变化问题进入了全面推进阶段。1992年5月22日，联合国气候变化政府间谈判委员会就气候变化问题达成了《联合国气候变化框架公约》。

1992年6月4日，联合国在巴西里约热内卢召开了环境与发展大会，对《联合国气候变化框架公约》进行了开放签字，57个国家签署了《联合国气候变化框架公约》，并于1994年3月生效，奠定了应对气候变化国际合作的法律基础，是具有权威性、普遍性、全面性的国际框架。

二、主要内容

《联合国气候变化框架公约》核心内容包括四部分。

（一）确立应对气候变化的最终目标

公约第2条规定，"本公约以及缔约方会议可能通过的任何法律文书的最终目标是：将大气温室气体的浓度稳定在防止气候系统受到危险的人为干扰的水平上。这一水平应当在足以使生态系统能够可持续进行的时间范围内实现"。

（二）确立国际合作应对气候变化的基本原则

主要包括"共同但有区别的责任"原则、公平原则、各自能力原则和可持续发展原则等。"共同但有区别的责任"的原则是公约的核心原则，即发达国家率先减排，并向发展中国家提供资金技术支持。发展中国家在得到发达国家资金技术的支持下，采取措施减缓或适应气候变化。这一原则在历次气候大会上均为决议的形成提供依据。

（三）明确发达国家应承担率先减排和向发展中国家提供资金、技术支持的义务

公约附件一：国家缔约方（发达国家和经济转型国家）应率先减排，附件二：国家（发达国家）应向发展中国家提供资金和技术，帮助发展中国家应对气候变化。附件一与附件二缔约方见（表1-4）。

表1-4　公约附件一与附件二缔约方

分类	缔约方
附件一	澳大利亚、欧洲共同体、奥地利、爱沙尼亚、白俄罗斯、芬兰、比利时、法国、保加利亚、德国、加拿大、希腊、捷克斯洛伐克、匈牙利、丹麦、冰岛、爱尔兰、罗马尼亚、意大利、俄罗斯联邦、日本、西班牙、拉脱维亚、瑞典、立陶宛、瑞士、卢森堡、土耳其、荷兰、乌克兰、新西兰、大不列颠及北爱尔兰联合王国、挪威、美利坚合众国、波兰、葡萄牙、正在朝市场经济过渡的国家
附件二	澳大利亚、日本、奥地利、卢森堡、比利时、荷兰、加拿大、新西兰、丹麦、挪威、欧洲共同体、葡萄牙、芬兰、西班牙、法国、瑞典、德国、瑞士、希腊、土耳其、冰岛、大不列颠及北爱尔兰联合王国、爱尔兰、美利坚合众国、意大利

（四）承认发展中国家有消除贫困、发展经济的优先需要

公约承认发展中国家的人均排放仍相对较低，因此在全球排放中所占的份额将增加，经济和社会发展以及消除贫困是发展中国家首要和压倒一切的优先任务。

三、历次会议的重要议程

自1994年《联合国气候变化框架公约》生效以来，联合国气候变化大会从1995年起每年举行，就公约延伸问题展开谈判，以确立具有法律约束力的温室气体排放限制目标，并确定执行机制。签署公约的国家被称为缔约方，欧盟作为一个整体也是公约的一个缔约方。公约的常设秘书处设在德国的波恩。公约的缔约方最初有157个，期间各国陆续加入，作为温室气体排放大国的美国于2021年2月加入，缔约方国家和地区升至197个。

缔约方会议（Conference of the Parties，COP）是公约的最高决策机构。截至2021年缔约方大会已经举行了26次。其中5次会议取得重要成果，分别是：第3次通过《京都议定书》，第13次确立"巴厘路线图"，第17次启动"德班平台"，第18次通过《京都议定书》修正案，第21次通过《巴黎协定》。

由于参与气候变化谈判各方利益诉求存在较大差异，利益博弈激烈复杂，谈判进程艰难曲折。各方代表要针对众多问题展开谈判，很多问题相互关联，一个问题遇阻便导致谈判难以推进。在当前技术经济条件下，各个国家都将碳排放作为发展权，特别是在清洁能源和低碳技术尚未发生实质突破的情况下，减少碳排放在一定程度上意味着牺牲经济利益和社会福利，在碳减排和发展权两者之间面临取舍，甚至会成为国际争端的导火索。在世界范围内，拖延国际气候谈判和全球气候治理的现象虽有存在，但共同应对气候变化的愿景是相同的。

表1-5列出了迄今为止的26次会议的主要议题和标志性成果。

表1-5 《联合国气候变化框架公约》缔约方会议主要内容

缔约方会议	时间	地点	重要事项
COP1	1995年	德国柏林	通过工业化国家和发展中国家《共同履行公约的决定》
COP2	1996年	瑞士日内瓦	争取通过法律减少工业化国家温室气体排放量
COP3	1997年	日本东京	通过《京都议定书》

续表

缔约方会议	时间	地点	重要事项
COP4	1998年	阿根廷布宜诺斯艾利斯	制定落实《京都议定书》的工作计划
COP5	1999年	德国波恩	通过《京都议定书》时间表
COP6	2000年	荷兰海牙	未达成预期协议；2001年美国退出《京都议定书》
COP7	2001年	摩洛哥马拉喀什	通过《马拉喀什协定》
COP8	2002年	印度新德里	通过《德里宣言》
COP9	2003年	意大利米兰	未取得实质性进展，没有发表宣言/声明文件
COP10	2004年	阿根廷布宜诺斯艾利斯	谈判进展困难，其中资金机制谈判最艰难
COP11	2005年	加拿大蒙特利尔	通过双轨路线的"蒙特利尔路线图"
COP12	2006年	肯尼亚内罗毕	达成"内罗毕工作计划"
COP13	2007年	印度尼西亚巴厘岛	通过"巴厘路线图"
COP14	2008年	波兰波兹南	正式启动2009年气候谈判进程
COP15	2009年	丹麦哥本哈根	发表《哥本哈根协议》
COP16	2010年	墨西哥坎昆	确保2011年谈判按照"巴厘路线图"的双轨方式进行
COP17	2011年	南非德班	实施《京都议定书》第二承诺期并启动绿色气候基金；大会期间，加拿大退出《京都议定书》
COP18	2012年	卡塔尔多哈	通过《京都议定书多哈修正案》
COP19	2013年	波兰华沙	发达国家再次承认应出资支持发展中国家应对气候变化
COP20	2014年	秘鲁利马	细化2015年巴黎大会协议的各项要素，为提出协议草案奠定基础
COP21	2015年	法国巴黎	通过《巴黎协定》
COP22	2016年	摩洛哥马拉喀什	落实《巴黎协定》的规划安排
COP23	2017年	德国波恩	商讨《巴黎协定》的实施细则，为2018年完成《巴黎协定》实施细则的谈判奠定基础
COP24	2018年	波兰卡托维茨	《巴黎协定》实施细则谈判，对如何统一计算温室气体排放达成一致

缔约方会议	时间	地点	重要事项
COP25	2019年	西班牙马德里	通过"智利·马德里行动时刻"决议
COP26	2021年	英国格拉斯哥	发表《格拉斯哥气候公约》；大会期间，中美发布《中美关于在21世纪20年代强化气候行动的格拉斯哥联合宣言》

第二节 京都议定书

为推动《联合国气候变化框架公约》实施，1997年在日本京都召开的第三次缔约方大会上通过了旨在限制发达国家温室气体排放量以应对全球气候变化的国际法律文书——《京都议定书》。作为人类历史上第一个具有法律约束力的减排文件，《京都议定书》规定缔约方国家（主要为发达国家）在第一承诺期（2008年至2012年）内应在1990年水平基础上减少温室气体排放量5.2%，并且分别为各国或国家集团制定了减排指标，具有里程碑意义。

一、历史背景

1995年3月，在德国首都柏林举行的第一次气候大会（COP1）是一次开创性的多边会议，通过了《柏林授权书》等文件。文件认为，《联合国气候变化框架公约》所规定的义务不充分，应立即开始就2000年后应该采取何种适当的行动来保护气候进行磋商，以期最迟于1997年签订一项对缔约方有约束力的保护气候议定书，要明确规定在一定期限内发达国家所应限制和减少的温室气体排放量。

1997年，在日本京都举行的第3次缔约方大会（COP3）上，《京都议定书》诞生了。工业化国家根据该文件作出了减少碳排放的强制性承诺，承认发达国家对气候危机负有最大责任，要求发达国家从2005年开始减少碳排放，发展中国家从2012年开始承担碳减排义务。

2007年在印度尼西亚巴厘岛举行了第13次缔约方大会，这次会议主要议题是《京都议定书》第一承诺期在2012年到期后如何进一步降低温室气体的排放，即所谓"后京都"问题。大会通过了"巴厘路线图"，致力于在2009年年底前完成《京都议定书》

第一承诺期到期后全球应对气候变化新安排的谈判并签署有关协议。

2009年12月,《联合国气候变化框架公约》第15次缔约方会议在丹麦哥本哈根举行。大会发表了不具法律约束力的《哥本哈根协议》,决定延续"巴厘路线图"的谈判进程,并在2010年底完成相关工作。《哥本哈根协议》坚守了《联合国气候变化框架公约》及《京都议定书》的原则,强调了发达国家与发展中国家在气候变化问题上"共同而有区别的责任",维护了应对气候变化"双轨制"谈判底线,敦促发达国家强制减排以及向发展中国家提供资金和技术支持,提出建立帮助发展中国家减缓和适应气候变化的绿色气候基金。

2010年在墨西哥坎昆召开了第16次缔约方会议,会议明确了2011年谈判按照"巴厘路线图"的双轨方式继续进行。2011年在南非德班举行的第17次缔约方会议决定实施《京都议定书》第二承诺期并启动绿色气候基金,但在德班大会期间,加拿大宣布正式退出《京都议定书》。

2012年在卡塔尔多哈举行的第18次缔约方会议通过了包含部分发达国家第二承诺期量化减限排指标的《京都议定书多哈修正案》,延续了《京都议定书》的减排模式,实现了第一承诺期和第二承诺期法律上的无缝链接。多哈会议确定第二承诺期为期8年,规定了《联合国气候变化框架公约》附件一所列缔约方的量化减排指标,使其整体温室气体排放量在2013年至2020年承诺期内比1990年水平至少减少18%。

二、《京都议定书》的生效过程

《京都议定书》的生效条件是,在占1990年全球温室气体排放量55%以上的至少55个国家和地区批准之后,才能成为具有法律约束力的国际公约。

《京都议定书》的生效经历了艰难复杂的过程,从《京都议定书》通过到签署生效,风风雨雨经历了7年的时间。美国曾于1998年签署了《京都议定书》,但2001年3月,布什政府以"减少温室气体排放将会影响美国经济发展"和"发展中国家也应该承担减排和限排温室气体的义务"为借口,宣布拒绝批准《京都议定书》。加拿大于2011年宣布正式退出《京都议定书》,而不加入第二承诺期的日本、新西兰等国,拒绝接受提高减排力度和透明度方面的要求,气候资金、绿色技术转让等谈判的进展受到影响,导致后《京都议定书》阶段的气候谈判形势更加严峻。

中国积极履行国际义务,于1998年5月签署并于2002年8月核准了《京都议定书》。2005年2月16日,《京都议定书》正式生效。这是人类历史上首次以法规的形式

限制温室气体排放。

三、主要内容

《京都议定书》内容主要包括：

（1）明确了减排责任。《联合国气候变化框架公约》附件一国家，整体在2008年至2012年间应将其年均温室气体排放总量在1990年基础上至少减少5.2%。欧盟27个成员国、澳大利亚、挪威、瑞士、乌克兰等37个发达国家缔约方和一个国家集团（欧盟）参加了第二承诺期，整体在2013年至2020年承诺期内将温室气体的全部排放量从1990年水平至少减少18%。

（2）界定了温室气体种类。《京都议定书》规定的有二氧化碳（CO_2）、甲烷（CH_4）、氧化亚氮（N_2O）、氢氟碳化物（HFCs）、全氟化碳（PFCs）和六氟化硫（SF_6）。《京都议定书多哈修正案》将三氟化氮（NF_3）纳入管控范围，使受管控的温室气体达到7种。

（3）补充了履约机制。发达国家可采取"排放贸易""共同履行""清洁发展机制"三种"灵活履约机制"作为完成减排义务的补充手段。

（4）明确了减排方式。为了促进各国完成温室气体减排目标，《京都议定书》允许采取以下4种减排方式：

1）两个发达国家之间可以进行排放额度买卖的"排放权交易"，即难以完成削减任务的国家，可以花钱从超额完成任务的国家买进超出的额度。

2）以"净排放量"计算温室气体排放量，即从本国实际排放量中扣除森林所吸收的二氧化碳的数量。

3）可以采用绿色开发机制，促使发达国家和发展中国家共同减排温室气体。

4）可以采用"集团方式"，即欧盟内部的许多国家可视为一个整体，采取有的国家削减、有的国家增加的方法，在总体上完成减排任务。

第三节　巴黎协定

《巴黎协定》是继《联合国气候变化框架公约》和《京都议定书》之后，人类历史上应对气候变化的第三个里程碑式的国际法律文本，成为近年来气候变化多边进程的最重要成果。这份史上第一份覆盖近200个国家和地区的全球减排协定，标志着全球应对气候变化迈出了历史性的重要一步。该协定对2020年后全球应对气候变化的行动作出了框架性安排，明确了全球低碳转型方向。

一、历史背景

2011年，第17次气候变化缔约方会议在南非德班举行。这次大会同意把《京都议定书》的法律效力再延长5年。同时，大会决定设立"加强行动德班平台特设工作组"，负责制定适用于所有缔约方的议定书、其他法律文书或具有法律约束力的成果。在德班会议上，确定全球环境基金为《公约》下金融机制的操作实体，成立基金董事会。同时决定发达国家应在2010年至2012年间出资300亿美元，快速启动绿色气候基金，2013至2020年每年出资1000亿美元帮助发展中国家积极应对气候变化。德班会议还决定，相关谈判需于2015年结束，谈判成果将自2020年起开始实施。

2015年11月，第21次气候变化缔约方大会在法国巴黎举行，150多个国家领导人出席大会，最终达成《巴黎协定》，对2020年后应对气候变化国际机制做出安排，标志着全球应对气候变化进入新阶段。2016年11月4日《巴黎协定》正式生效。中国于2016年4月签署并于2016年9月批准《巴黎协定》。截至2021年7月，《巴黎协定》签署方达195个，缔约方达191个。

二、主要内容

《巴黎协定》主要内容包括：

（1）确定长期目标。重申2℃的全球温升控制目标，同时提出要努力实现1.5℃的目标，并且提出在21世纪下半叶实现温室气体人为排放与清除之间的平衡。

（2）倡导国家自主贡献。各国应制定、通报并保持其"国家自主贡献"，通报频率是每五年一次。新的贡献应比上一次贡献有所加强，并反映该国可实现的最大力度。

（3）共同而有区别的责任。要求发达国家继续提出全经济范围绝对量减排目标，鼓励发展中国家根据自身国情逐步向全经济范围绝对量减排或限排目标迈进。

（4）加强资金支持。明确发达国家要继续向发展中国家提供资金支持，鼓励其他国家在自愿基础上出资。

（5）建立"强化"的透明度框架。要求各缔约国的各类信息是透明真实的，在全球盘点时能够真正分析出减排目标的完成程度。在强化透明框架的过程中，充分考虑缔约方国家不同的能力状况，避免对缔约方造成不当负担。

（6）定期开展全球盘点。引入"以全球盘点为核心，以5年为周期"的机制，2023年起，每5年对全球行动总体进行一次盘点，总结全球减排进展及各国国家自主决定贡献（INDC）目标与实现全球长期目标排放情景间的差距，实现全球应对气候变化长期目标。

《巴黎协定》在《公约》的基础上，确立了一个相对松散、灵活的应对气候变化国际体系，是在总结《公约》和《京都议定书》20多年来的经验教训后，国际气候治理体系自然演化的结果，凝聚了政治家、谈判代表、智库的心血和智慧。《巴黎协定》不仅仅是2020年到2030年全球气候治理机制的代名词，它更重要的启示是，实现全球绿色低碳、气候适应和可持续发展不再是遥远将来的议题，而是当下人类最核心利益之所在。

巴黎大会达成的《巴黎协定》（Paris Climate Agreement）把减排等目标放在了不具法律约束力的大会决定里，虽然不尽如人意，还有许多工作未完待续。但从最终达成的协定文本中，我们可以清楚看到各方努力的结果：由小岛国和欧盟支持的1.5℃之内升温目标被作为努力方向确定下来；由中国坚持的敦促发达国家提高其资金支持水平、"制定切实的路线图"等内容被写入决议，确保发达国家2020年前每年为发展中国家应对气候变化提供1000亿美元资金支持的承诺不至于流于形式；联合国及一些发达国家和地区所关注的定期盘点机制将于2023年启动，以后每五年一次，也体现了新兴市场国家的减排意愿。

正如中国气候变化事务特别代表解振华在巴黎大会闭幕会议的发言，"一分纲领，九分落实。协定已经谈成，下一步的关键任务是落实"。《巴黎协定》的生效和最终落实，还需对相关条款进行细化，这也是各缔约方需要通过后续会议去进一步解决的问题。应对气候变化不只需要目标，更需落实，世界低碳能源转型的长征才刚刚开始。

近半个世纪的国际气候谈判进程中，《联合国气候变化框架公约》《京都议定书》"巴厘路线图"《哥本哈根协议》《巴黎协定》等国际性公约和文件陆续出台，从文件到落实行动的进展面临诸多困难和挑战，但人类仍在曲折中前行。

几十年的时间，在人类历史长河中只是一瞬，但是对于应对全球气候变化而言是具有划时代意义的历史节点，也是人类在拯救自我生存环境之路上加速前进的重要历史阶段！

第三章

中国的气候政策与行动

中国是最大的发展中国家，也是全球第一碳排放大国，人口众多，能源资源匮乏，生态环境脆弱，尚未完成工业化和城镇化的历史任务，区域发展很不平衡，面临着加快发展、改善民生的重任。同时，中国是最易受气候变化不利影响的国家之一，全球气候变化已对中国经济社会可持续发展构成重大挑战。中国政府秉持人类命运共同体的理念，将应对气候变化融入经济社会发展全局战略，不断开拓创新，强化减排行动，走出一条符合国情的温室气体减排道路。

第一节 中国的气候政策

1992年6月，联合国在里约热内卢召开环境与发展大会，通过了以可持续发展为核心的《里约环境与发展宣言》《21世纪议程》等文件。1994年，中国改革开放进入关键时期，中国政府克服自身经济、社会发展等方面的困难，扛起一个负责任大国的历史使命，制定和发布了《中国21世纪议程——中国21世纪人口、环境与发展白皮书》。1996年首次将可持续发展作为经济社会发展的重要指导方针和战略目标，制定和实施了一系列促进可持续发展的经济技术政策。自此，中国政府把积极应对气候变化等环境与资源问题作为关系经济社会发展全局的重大议题，纳入经济社会发展中长期规划。

中国在"十一五""十二五""十三五"先后制定了一系列应对气候变化、推动低碳发展方面的政策性文件，相关重要文件详见表1-6。这些文件对中国应对气候变化工作目标、指导思想、基本立场等方面进行了明确规定。"十四五"是中国深入打好污染防治攻坚战、持续改善生态环境质量的关键五年，也是实现中国2030年前碳达峰的关键期和窗口期，减污和降碳均面临着艰巨的任务。这一时期的战略以实现减污降碳协同增效为总抓手，以改善生态环境质量为核心，统筹污染治理、生态保护和应对气候变化，以更高标准打好蓝天、碧水、净土保卫战，以高水平保护推动高质量发展、创造高品质生活，努力建设人与自然和谐共生的美丽中国。在应对气候变化方面，重点任务包括二氧化碳排放达峰行动、全国碳市场建设、能源结构低碳转型、重点领域低碳行动、推行低碳生产生活方式、加强应对气候变化国际合作等。

表1-6 中国主要气候政策发展历程

时间	事件	主要内容
2006年	《"十一五"规划纲要》	建立"资源节约型，环境友好型社会" 单位GDP能源消耗下降20%
2007年	《中国应对气候变化国家方案》	明确应对气候变化基本原则、具体目标、重点领域、政策措施和步骤 完善应对气候变化工作机制
2009年	《关于积极应对气候变化的决议》	把加强应对气候变化的相关立法作为形成和完善中国特色社会主义法律体系的一项重要任务，纳入立法工作议程
2009年	哥本哈根气候大会上，中国政府首次提出碳减排的国际承诺	争取到2020年单位GDP的CO_2排放量比2005年下降40%～45% 非化石能源占一次能源消费的比重达到15%左右 森林面积、蓄积量比2005年增加4000万公顷、13亿立方米
2011年	《"十二五"规划纲要》	确立绿色、低碳发展的政策导向 以节能减排为重点，健全激励与约束机制 加快构建资源节约、环境友好的生产方式和消费模式
2011年	《"十二五"温室气体排放工作方案》	碳排放强度下降17%
2015年	《"十三五"规划纲要》	绿色发展与创新、协调、开放、共享等发展理念共同构成五大发展理念
2017年	党的十九大指出，人与自然是生命共同体	加快生态文明体制改革 建立健全绿色、低碳、循环发展的经济体系 启动全国碳排放交易体系，稳步推进全国碳排放权交易市场建设
2019年	"基础四国"气候变化部长级会议	中国、印度、巴西、南非围绕多边进程形势、COP25预期成果、四国合作以及南南合作等主题达成共识

续表

时间	事件	主要内容
2020年	第七十五届联合国大会一般性辩论上，中国政府的国际承诺	提高国家自主贡献力度，采取更加有力的政策和措施力争2030年前实现碳达峰，努力争取2060年前实现碳中和
2020年	气候雄心峰会上，中国政府的国际承诺	到2030年单位GDP二氧化碳排放比2005年下降65%以上 非化石能源占一次能源消费比重达到25%左右 森林蓄积量比2005年增加60亿立方米 风电、太阳能发电总装机容量达到12亿千瓦以上
2020年	《新时代的中国能源发展白皮书》	提出新时代的中国能源发展贯彻"四个革命、一个合作"能源安全新战略
2021年	《生物多样性公约》COP15领导人峰会上，中国政府的国际承诺	将陆续发布重点领域和行业碳达峰实施方案和支撑保障措施 构建起碳达峰、碳中和"1+N"政策体系
2021年	《国务院关于加快建立健全绿色低碳循环发展经济体系的指导意见》	健全绿色低碳循环发展的生产、流通、消费体系 加快基础设施绿色升级 构建市场导向的绿色技术创新体系、法律法规政策体系
2021年	《中国国民经济和社会发展第十四个五年规划和2035年远景目标纲要》	单位GDP能源消耗和CO_2排放分别降低13.5%、18% 森林覆盖率提高到24.1%
2021年	《中国应对气候变化的政策与行动》白皮书	介绍中国应对气候变化进展，分享中国应对气候变化实践和经验
2021年	《关于完整准确全面贯彻新发展理念做好碳达峰碳中和工作的意见》《2030年前碳达峰行动方案》	重点实施"碳达峰十大行动"：能源绿色低碳转型行动，节能降碳增效行动，工业领域，城乡建设达峰行动，交通运输绿色低碳行动，循环经济助力降碳行动，绿色低碳科技创新行动，碳汇能力巩固提升行动，绿色低碳全民行动，各地区梯次有序碳达峰行动

第二节 应对气候变化的成就

一、经济发展与减污降碳协同效应凸显

2020年中国碳排放强度比2015年下降18.8%，超额完成"十三五"约束性目标，比2005年下降48.4%，超额完成了中国向国际社会承诺的到2020年下降40%～45%的目标，累计少排放二氧化碳约58亿吨，基本扭转了二氧化碳排放快速增长的局面（图1-18）。与此同时，经济实现跨越式发展，2020年GDP比2005年增长超4倍。"十三五"规划纲要确定的生态环境约束性指标均圆满超额完成。其中，全国地级及以上城市优良天数比率为87%（目标84.5%）；$PM_{2.5}$未达标地级及以上城市平均浓度相比2015年下降28.8%（目标18%）；全国地表水优良水质断面比例提高到83.4%（目标70%）；劣V类水体比例下降到0.6%（目标5%）；二氧化硫、氮氧化物、化学需氧量、氨氮排放量和单位GDP二氧化碳排放指标，均在完成"十三五"目标基础上继续保持下降。

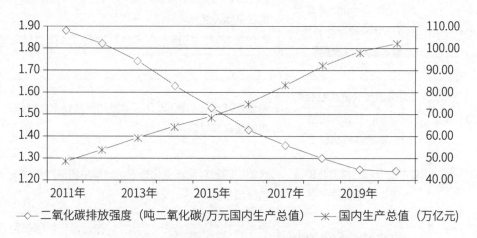

图1-18 2011—2020年中国二氧化碳排放强度和国内生产总值

二、能源生产和消费革命取得显著成效

非化石能源快速发展。初步核算，2020年中国非化石能源占能源消费总量比重提高到15.9%，比2005年大幅提升了8.5个百分点；中国非化石能源发电装机总规模

达到9.8亿千瓦，占总装机的比重达到44.7%，其中，风电、光伏、水电、生物质发电、核电装机容量分别达到2.8亿千瓦、2.5亿千瓦、3.7亿千瓦、2952万千瓦、4989万千瓦，光伏和风电装机容量较2005年分别增加了3000多倍和200多倍（图1-19）。非化石能源发电量达到2.6万亿千瓦时，占全社会用电量的比重达到1/3以上。

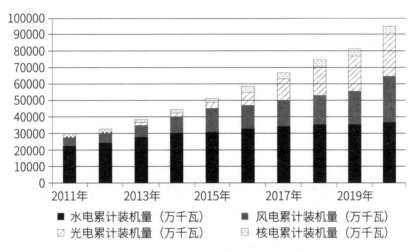

图1-19 2011—2020年中国非化石能源发电装机容量

能耗强度显著降低。中国是全球能耗强度降低最快的国家之一，初步核算，2011年至2020年中国能耗强度累计下降28.7%（图1-20）。"十三五"期间，中国以年均2.8%的能源消费量增长支撑了年均5.7%的经济增长，节约能源占同时期全球节能量的一半左右。中国煤电机组供电煤耗持续保持世界先进水平，截至2020年底，中国达到超低排放水平的煤电机组约9.5亿千瓦，节能改造规模超过8亿千瓦，火电厂平均供电煤耗降至305.8克/千瓦时（以标准煤计，下同），较2010年下降超过27克/千瓦时。据测算，供电能耗降低使2020年火电行业相比2010年减少二氧化碳排放3.7亿吨。2016年至2020年，中国发布强制性能耗限额标准16项，实现年节能量7700万吨标准煤，相当于减排二氧化碳1.48亿吨；发布强制性产品设备能效标准26项，实现年节电量490亿千瓦时。

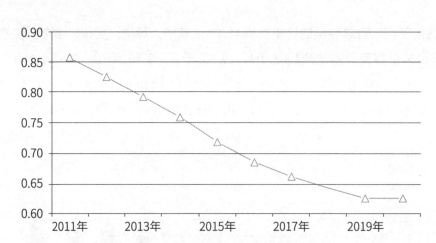

图1-20 2011—2020年中国能耗强度

能源消费结构向清洁低碳加速转化。为应对化石能源燃烧所带来的环境污染和气候变化问题，中国严控煤炭消费，煤炭消费占比持续明显下降。2020年中国能源消费总量控制在50亿吨标准煤以内，煤炭占能源消费总量比重由2005年的72.4%下降至2020年的56.8%（图1-21）。中国超额完成"十三五"煤炭去产能、淘汰煤电落后产能目标任务，累计淘汰煤电落后产能4500万千瓦以上。实施气代煤、电代煤（简称"双代煤"）是中国推进北方地区清洁取暖、深化京津冀大气污染防治的决策部署。截至2020年底，中国北方地区冬季清洁取暖率已提升到60%以上，京津冀及周边地区、汾渭平原累计完成散煤替代2500万户左右，削减散煤约5000万吨，据测算，相当于少排放二氧化碳约9200万吨。

图1-21 2011—2020年中国煤炭消费量占能源消费总量比例

能源发展有力支持脱贫攻坚。通过合理开发利用贫困地区能源资源，有效提升了贫困地区自身"造血"能力，为贫困地区经济发展增添新动能。中国累计建成超过2600万千瓦光伏扶贫电站，成千上万座"阳光银行"遍布贫困农村地区，惠及约6万个贫困村、415万贫困户，形成了光伏与农业融合发展的创新模式。

三、产业低碳化为绿色发展提供新动能

产业结构进一步优化。2020年中国第三产业增加值占GDP比重达到54.5%，比2015年提高3.7个百分点，高于第二产业16.7个百分点。节能环保等战略性新兴产业快速壮大并逐步成为支柱产业，高技术制造业增加值占规模以上工业增加值比重为15.1%。"十三五"期间，中国高耗能项目产能扩张得到有效控制，石化、化工、钢铁等重点行业转型升级加速，提前两年完成"十三五"化解钢铁过剩产能1.5亿吨上限目标任务，全面取缔"地条钢"产能1亿多吨。据测算，截至2020年，中国单位工业增加值二氧化碳排放量比2015年下降约22%。2020年主要资源产出率比2015年提高约26%，废钢、废纸累计利用量分别达到约2.6亿吨、5490万吨，再生有色金属产量达到1450万吨。

新能源产业蓬勃发展。随着新一轮科技革命和产业变革孕育兴起，新能源汽车产业正进入加速发展的新阶段。中国新能源汽车生产和销售规模连续6年位居全球第一，截至2021年6月，新能源汽车保有量已达603万辆（图1-22）。中国风电、光伏发电设备制造形成了全球最完整的产业链，技术水平和制造规模居世界前列，新型储能产业链日趋完善，技术路线多元化发展，为全球能源清洁低碳转型提供了重要保障。截至2020年底，中国多晶硅、光伏电池、光伏组件等产品产量占全球总产量份额均位居全球第一，连续8年成为全球最大新增光伏市场；光伏产品出口到200多个国家及地区，降低了全球清洁能源使用成本；新型储能装机规模约330万千瓦，位居全球第一。

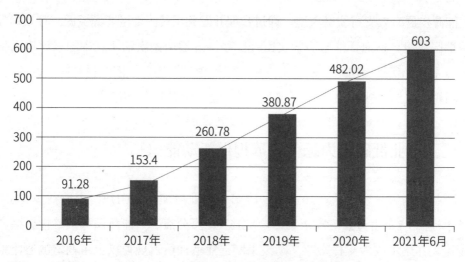

图1-22 中国新能源汽车保有量（单位：万辆）

绿色节能建筑跨越式增长。截至2020年底，城镇新建绿色建筑占当年新建建筑比例高达77%，累计建成绿色建筑面积超过66亿平方米，累计建成节能建筑面积超过238亿平方米，节能建筑占城镇民用建筑面积比例超过63%。"十三五"期间，城镇新建建筑节能标准进一步提高，完成既有居住建筑节能改造面积5.14亿平方米，公共建筑节能改造面积1.85亿平方米，可再生能源替代民用建筑常规能源消耗比重达到6%。

绿色交通体系日益完善。综合运输网络不断完善，大宗货物运输"公转铁""公转水"、江海直达运输、多式联运发展持续推进；铁路货运量占全社会货运量比例较2017年增长近2个百分点，水路货运量较2010年增加了38.27亿吨，集装箱铁水联运量"十三五"期间年均增长超过23%。城市低碳交通系统建设成效显著，截至2020年底，31个省（区、市）中有87个城市开展了国家公交都市建设，43个城市开通运营城市轨道交通。"十三五"期间城市公共交通累计完成客运量超4270亿人次，城市公共交通机动化出行分担率稳步提高。

四、生态系统碳汇能力明显提高

从20世纪70年代以来，中国政府为改善生态环境，启动了"三北"防护林工程，并将该工程列为国家经济建设的重要项目，此后又相继开展了太行山绿化工程、辽河流域防护林体系建设工程、黄河中游防护林体系建设工程、淮河太湖流域防护林体系建设工程、长江中上游防护林体系建设工程、珠江流域防护林体系建设工程、沿海防护林体系建设工程等。这些工程在改善生态环境的同时，有效地发挥了森林、草原、湿地、海洋等的固碳作用。此外，各地还广泛开展了山水林田湖草生态保护修复工程，促进自然生态系统质量的整体改善。2010年至2020年，中国实施退耕还林还草约720万公顷。

中国是全球森林资源增长最多和人工造林面积最大的国家。"十三五"期间，累计完成造林3633万公顷、森林抚育4246万公顷。截止到2020年底，全国森林面积达2.2亿公顷，森林蓄积量超175亿立方米，这两个指标连续30多年保持"双增长"。全国森林覆盖率达到23.04%，草原综合植被覆盖度达到56.1%，湿地保护率达到50%以上，森林植被碳储备量91.86亿吨，森林在减缓和适应气候变化中有特殊地位，发挥着不可替代的作用。

在防沙治沙、自然保护区建设等方面，"十三五"期间，中国累计完成防沙治沙任务1097.8万公顷，完成石漠化治理面积165万公顷，新增水土流失综合治理面积31万平方公里，塞罕坝、库布齐等创造了一个个"荒漠变绿洲"的绿色传奇；修复退化湿地46.74万公顷，新增湿地面积20.26万公顷。截至2020年底，中国建立了国家级自然保护区474处，面积超过国土面积的十分之一，累计建成高标准农田5333万公顷，整治修复岸线1200公里，滨海湿地2.3万公顷，生态系统碳汇功能得到有效保护；2021年10月，我国第一批国家公园正式公布，三江源国家公园、大熊猫国家公园、东北虎豹国家公园、海南热带雨林国家公园、武夷山国家公园等五大国家公园的保护面积达23万平方公里，涵盖近30%的陆域国家重点保护野生动植物种类，自然资源和自然生态系统得到有效保护。

五、绿色低碳生活成为新风尚

践行绿色生活已成为建设美丽中国的必要前提，也正在成为全社会共建美丽中国的自觉行动。中国长期开展"全国节能宣传周""全国低碳日""世界环境日"等活动，向社会公众普及气候变化知识，积极在国民教育体系中突出包括气候变化和绿色发展在内的生态文明教育，组织开展面向社会的应对气候变化培训。"美丽中国，我是行动者"活动在中国大地上如火如荼地展开。以公交、地铁为主的城市公共交通日出行量超过2亿人次，骑行、步行等城市慢行系统建设稳步推进，绿色、低碳出行理念深入人心。从"光盘行动"、反对餐饮浪费、节水节纸、节电节能，到环保装修、拒绝过度包装、告别一次性用品，"绿色低碳节俭风"吹进千家万户，简约适度、绿色低碳、文明健康的生活方式成为社会新风尚。

第三节 应对气候变化的中国智慧

一、牢固树立共同体意识

坚持共建人类命运共同体。地球是人类唯一赖以生存的家园，面对全球气候挑战，人类是一荣俱荣、一损俱损的命运共同体，没有哪个国家能独善其身。世界各国应该加强团结、推进合作，携手共建人类命运共同体。这是各国人民的共同期待，也是中国为人类发展提供的新方案。

坚持共建人与自然生命共同体。人类进入工业文明时代以来，在创造巨大物质财富的同时，人与自然深层次矛盾日益凸显，当前的新冠肺炎疫情更是触发了对人与自然关系的深刻反思。大自然孕育抚养了人类，人类应该以自然为根，尊重自然、顺应自然、保护自然。中国站在对人类文明负责的高度，积极应对气候变化，构建人与自然生命共同体，推动形成人与自然和谐共生新格局。

二、贯彻新发展理念

理念是行动的先导。立足新发展阶段，中国秉持创新、协调、绿色、开放、共享的新发展理念，加快构建新发展格局。在新发展理念中，绿色发展是永续发展的必要条件和人民对美好生活追求的重要体现，也是应对气候变化问题的重要遵循。绿水青山就是金山银山，保护生态环境就是保护生产力，改善生态环境就是发展生产力。应对气候变化代表了全球绿色低碳转型的大方向。中国摒弃损害甚至破坏生态环境的发展模式，顺应当代科技革命和产业变革趋势，抓住绿色转型带来的巨大发展机遇，以创新为驱动，大力推进经济、能源、产业结构转型升级，推动实现绿色复苏发展，让良好生态环境成为经济社会可持续发展的支撑。

三、减污降碳协同增效

二氧化碳和常规污染物的排放具有同源性，大部分来自化石能源的燃烧和利用。控制化石能源利用和碳排放对经济结构、能源结构、交通运输结构和生产生活方式都将产生深远的影响，有利于倒逼和推动经济结构绿色转型，助推高质量发展；有利于减缓气候变化带来的不利影响，减少对人民生命财产和经济社会造成的损失；有利于推动污染源头治理，实现降碳与污染物减排、改善生态环境质量协同增效；有利于促进生物多样性保护，提升生态系统服务功能。中国把握污染防治和气候治理的整体性，以结构调整、布局优化为重点，以政策协同、机制创新为手段，推动减污降碳协同增效一体谋划、一体部署、一体推进、一体考核，协同推进环境效益、气候效益、经济效益多赢，走出一条符合国情的温室气体减排道路。

第四节 构建人类命运共同体的责任担当

把一个清洁美丽的世界留给子孙后代，需要国际社会共同努力。无论国际形势如何变化，中国将重信守诺，坚定不移坚持多边主义，与各方一道推动《联合国气候变化框架公约》及其《巴黎协定》的全面、平衡、有效、持续实施，脚踏实地落实国家自主贡献目标，强化温室气体排放控制，为推动构建人类命运共同体作出更大努力和贡献，让人类生活的地球家园更加美好。

中国是全球气候治理的重要参与者，是《联合国气候变化框架公约》最早缔约方之一，全程参与了IPCC六次评估报告编写和机构改革等活动，148位中国专家先后成为其工作组报告、特别报告和方法学报告的作者。

一、引领发展中国家应对气候变化

2007年，中国制定并公布了《中国应对气候变化国家方案》，全面阐述了中国气候变化的现状和应对气候变化的努力，气候变化对中国的影响和挑战，中国应对气候变化的指导思想、原则与目标，相关政策和措施等。这是中国第一部应对气候变化的综合政策性文件，也是发展中国家颁布的第一部应对气候变化的国家方案，为其他发展中国家气候治理提供依据。这一方案对"巴厘路线图"的出台起到重要作用。

同年，国务院成立了国家应对气候变化领导小组，负责研究确定国家应对气候变化的重大战略、方针和对策，协调解决应对气候变化工作中的重大问题。随着2018年国务院机构改革，相关职能由国家发展改革委员会调整到生态环境部，具体负责国内气候变化相关活动的统一协调和管理。省级生态环境部门具体负责所辖省内气候变化相关活动的管理。

为推动温室气体排放管理的标准化工作，全国碳排放管理标准化技术委员会于2014年7月成立，主要负责我国碳排放管理领域的国家标准制修订工作、相关国际组织在国内的标准技术归口及其他相关的标准化工作。

二、宣布自主减排行动目标

据联合国环境规划署发布的数据，2019年温室气体排放量是140亿吨二氧化碳当量，占全球总排放量的26.7%，但人均排放量和历史排放量并不高。2019年中国人均排放量在G20国家中位居第10，是美国的一半；中国历史排放量（1751—2017年）占全球的12.7%，是美国的一半，也远低于欧盟28国的22%。

中国政府于2009年11月首次提出具体温室气体减排目标，即到2020年，中国单位国内生产总值（GDP）二氧化碳排放量比2005年下降40%～45%，并将约束性指标纳入国民经济和社会发展中长期规划中，并在2009年12月的哥本哈根大会上又重申了这一重大减排战略目标，这是中国政府首次正式对外宣布控制温室气体排放的行动目标。

在哥本哈根大会上，中国提出了今后应对气候变化的具体措施：一是加强节能、提高能效，争取到2020年单位GDP的CO_2排放比2005年有显著的下降；二是大力发展可再生能源和核能，争取2020年非化石能源占一次能源消费的比重达到15%左右；三是大力增加森林碳汇，争取到2020年森林面积比2005年增加4000万公顷，森林蓄积量比2005年增加13亿立方米；四是大力发展绿色经济，积极发展低碳经济和循环经济，研发和推广气候友好技术。

2015年6月，中国向《联合国气候变化框架公约》秘书处提交了《强化应对气候变化行动——中国国家自主贡献》，是最早提交国家自主贡献方案的发展中国家。中国提出到2030年单位国内生产总值二氧化碳排放比2005年下降60%～65%等目标。这不仅是中国作为公约缔约方的规定动作，也是为实现公约目标所能作出的最大努力。

中国政府始终认为，节能减排是世界的需要，也是中国自身发展的需要，本着为人类负责、对国民负责的高度，积极寻求减低碳排放、发展低碳经济之路。世界自然基金会等18个非政府组织发布的报告指出，中国的气候变化行动目标已超过其"公平份额"。促进全球气候治理，符合中国发展内在要求，自主贡献承诺体现出中国为实现《公约》目标所能作出的最大努力，得到了各方的一致赞赏。

三、做出碳达峰、碳中和庄严承诺

国家自主贡献，是各缔约方根据自身国情和发展阶段确定的应对气候变化行动目标。在2020年第七十五届联合国大会上，习近平主席向世界宣布中国将提高国家自主贡献力度，采取更有力的政策和措施，力争2030年前实现碳达峰，努力争取2060年前实现碳中和。同年，习近平主席再次强调中国自主贡献的系列新举措，承诺到2030年单位国内生产总值二氧化碳排放比2005年下降65%以上，非化石能源占一次能源消费比重达到25%左右，森林蓄积量比2005年增加60亿立方米，风电、太阳能发电总装机容量达到12亿千瓦以上。2021年9月，习近平主席出席第七十六届联合国大会一般性辩论时提出，中国将大力支持发展中国家能源绿色低碳发展，不再新建境外煤电项目，展现了中国负责任大国的责任担当。

2021年9月22日中共中央、国务院发布《关于完整准确全面贯彻新发展理念做好碳达峰碳中和工作的意见》，10月24日国务院印发《2030年前碳达峰行动方案》。提出到2025年，绿色低碳循环发展的经济体系初步形成，重点行业能源利用效率大幅提升。单位国内生产总值能耗比2020年下降13.5%；单位国内生产总值二氧化碳排放比2020年下降18%；非化石能源消费比重达到20%左右；森林覆盖率达到24.1%，森林蓄积量达到180亿立方米，为实现碳达峰、碳中和奠定坚实基础。到2030年，经济社会发展全面绿色转型取得显著成效，重点耗能行业能源利用效率达到国际先进水平。单位国内生产总值能耗大幅下降；单位国内生产总值二氧化碳排放比2005年下降65%以上；非化石能源消费比重达到25%左右，风电、太阳能发电总装机容量达到12亿千瓦以上；森林覆盖率达到25%左右，森林蓄积量达到190亿立方米，二氧化碳排放量达到峰值并实现稳中有降。到2060年，绿色低碳循环发展的经济体系和清洁低碳安全高效的能源体系全面建立，能源利用效率达到国际先进水平，非化石能源消费比重达到80%以上，碳中和目标顺利实现，生态文明建设取得丰硕成果，开创人与自然和谐共生新境界。

作为高度依赖化石能源的世界第二大经济体，中国要在10年内实现碳达峰就意味着必须加速产业结构、能源结构和发展模式的转型。中国由碳达峰走向碳中和只有短短30年，比发达国家完成这一转变缩短了30～40年，任重道远，需要付出艰苦卓绝的努力。

四、积极推进绿色"一带一路"

绿色"一带一路"建设是中国向世界贡献的国际合作平台，对全球气候治理实践发挥着积极的引领作用。2017年中国发布的《关于推进绿色"一带一路"的建设意见》，阐述了绿色"一带一路"建设的重要意义、总体要求、主要任务，提出用3～5年时间，建成务实高效的生态环保合作交流体系、支撑与服务平台和产业技术合作基地，制定落实一系列生态环境风险防范政策和措施；用5～10年时间，建成较为完善的生态环保服务、支撑、保障体系，实施一批重要生态环保项目，并取得良好效果。指导意见从加强交流和宣传、保障投资活动生态环境安全、搭建绿色合作平台、完善政策措施、发挥地方优势等方面作出了详细安排。

2019年中国发起成立"一带一路"绿色发展国际联盟，截至2020年底已有来自40多个国家的150多个合作伙伴加入，中国向近40个国家赠送节能和新能源产品、设备，帮助有关国家发射气象卫星。中国政府实施的"绿色丝路使者计划"，已累计为来自120多个国家的近1500名环境官员、科研和技术人员提供培训。中国设立了南南合作援助基金，利用基金帮助发展中国家应对气候变化。中国与英国相关机构共同发布了《"一带一路"绿色投资原则》，参与的全球大型金融机构已达39家，共同承诺要在"一带一路"沿线国家和地区加大绿色投资力度。中国应对气候变化南南合作的领域日益广阔，成果丰硕。

问题与思考

1. 简述我国"双碳"目标提出的背景和意义。
2. 应对气候变化最具影响力的国际条约有哪些？
3. 气候变化的主要不利影响有哪些？
4. 碳汇的主要形式有哪些？
5. 简述中国在应对气候变化中采取的主要对策及其成效。

第二篇

碳排放权交易

第四章

碳排放权交易概述

碳排放权交易是为控制和减少温室气体排放、推动绿色低碳发展所采用的市场机制，是落实二氧化碳排放达峰目标与碳中和愿景的重要政策工具。联合国政府间气候变化专门委员会通过艰难谈判，于1992年5月9日通过《联合国气候变化框架公约》（UNFCCC，以下简称《公约》）。1997年12月于日本京都通过了《公约》的第一个附加协议，即《京都议定书》。《京都议定书》把市场机制作为解决二氧化碳为代表的温室气体减排问题的新路径，即把碳排放权作为一种商品，从而形成了碳排放权的交易。碳排放权成了一种特殊商品。

第一节 碳排放权交易概念

一、碳排放权

根据《碳排放权交易管理办法（试行）》，碳排放是指煤炭、石油、天然气等化石能源燃烧活动和工业生产过程以及土地利用变化与林业等活动产生的温室气体排放，也包括因使用外购的电力和热力等所导致的温室气体排放。碳排放权是指分配给重点排放单位的规定时期内的碳排放额度。根据全球共同应对气候变化达成的温室气体排放控制目标或相关法律要求，一个国家、地区或单位在限定时期内可以合法排放一定额度的温室气体权利，通常也称为"配额"。

二、二氧化碳当量

二氧化碳当量是指一种用来比较不同温室气体排放量的量度单位。根据联合国政府间气候变化专门委员会（IPCC）第四次评估报告，不同温室气体对地球温室效应增强的贡献度不同，其中二氧化碳贡献最大，是人类活动产生温室效应的主要气体，为了统一度量整体的温室效应增强程度，采用二氧化碳当量作为度量温室效应增强程度的基本单位。

三、碳排放配额

是政府分配给重点排放单位指定时期内的碳排放额度，是碳排放权的凭证和载体。1个单位碳排放配额相当于向大气排放1t的二氧化碳当量。

四、国家核证自愿减排量（CCER）

是指对我国境内可再生能源、林业碳汇、甲烷利用等项目的温室气体减排效果进行量化核证，并在国家温室气体自愿减排交易注册登记系统中登记的温室气体减排量。英文全称"Chinese Certified Emission Reduction"，简称"CCER"。

五、碳排放权交易

一般指交易主体按照一定的规则办法开展的碳排放配额和国家核证自愿减排量的交易活动，也称为"总量控制与排放交易"机制，简称"限额—交易"机制，即在一定管辖区域内，确定一定时限内的碳排放配额总量，并将总量以配额的形式分配到个体或组织，使其拥有合法的碳排放权利，并允许这种权利像商品一样在交易市场的参与者之间进行交易，确保碳实际排放不超过限定的排放总量（或以其他补充交易标的物进行抵消），以成本效益最优的方式实现碳排放控制目标。

六、碳市场

温室气体交易以二氧化碳当量作为基本单位，其交易市场称为"碳排放权交易市场"，通常简称为"碳市场"。

七、碳排放权交易产品

我国碳排放权交易产品初期主要有两种类型，分别为碳排放配额和国家核证自愿减排量（CCER）。国家根据发展需要，适时增加其他交易产品，包括碳远期、碳掉

期、碳期权、碳租赁、碳债券、碳资产证券化和碳基金等碳金融产品和衍生工具。

八、碳排放权交易及相关活动

包括碳排放配额分配和清缴，碳排放权登记、交易、结算，温室气体排放报告与核查等活动，以及对前述活动的监督管理。

九、温室气体重点排放单位

全国碳排放权交易市场覆盖行业内年度温室气体排放量达到2.6万t二氧化碳当量及以上的企业或者其他经济组织。

十、全国碳排放权注册登记机构和交易机构

国务院生态环境主管部门提出全国碳排放权注册登记机构和全国碳排放权交易机构组建方案，报国务院批准。全国碳排放权注册登记机构和全国碳排放权交易机构负责建设全国碳排放权注册登记和交易系统，记录碳排放配额的持有、变更、清缴、注销等信息，提供结算服务，组织开展全国碳排放权集中统一交易。全国碳排放权注册登记系统记录的信息是判断碳排放配额归属的最终依据。

第二节 碳排放权交易基本原理

碳排放权交易的基本方式是，合同的一方通过支付另一方获得温室气体减排额，买方可以将购得的减排额用于减缓温室效应，从而实现减排的目标。在《公约》规定的温室气体中，氢氟碳化物（HFCs）、全氟碳化物（PFCs）及六氟化硫（SF_6）3种气体造成的温室效应能力最强，但对全球升温的贡献百分比来说，二氧化碳贡献最大。因此，温室气体交易以二氧化碳当量作为基本单位，统称为"碳排放权交易"，其交易市场称为"碳排放权交易市场"（Carbon Market），通常简称为"碳市场"。

一、碳排放权交易的原理

（一）科斯定理

科斯定理（Coase Theorem）是由罗纳德·科斯（Ronald Coase）提出的一种观点，认为在某些条件下，经济的外部性或者说非效率可以通过当事人的谈判而得到纠正，从而达到社会效益最大化。

关于科斯定理，比较流行的说法是：只要财产权是明确的，并且交易成本为零或者很小，那么，无论在开始时将财产权赋予谁，都不影响资源配置效率，市场均衡的最终结果都是有效率的，实现资源配置的帕累托最优。

帕累托最优是指资源分配的一种理想状态，假定固有的一群人和可分配的资源，从一种分配状态到另一种状态的变化中，在没有使任何人境况变坏的前提下，使得至少一个人变得更好。帕累托是意大利社会学家、经济学家，在20世纪初从经济学理论出发探讨资源配置效率问题，提出了著名的"帕累托最适度"理论。

（二）外部性理论

该理论由马歇尔提出，经庇古等学者深入研究后形成的外部性理论，为环境经济学的建立和发展奠定了理论基础。经济活动的外部性是指被排除在市场作用的机制之外的经济活动的副产品或副作用，主要指未被反映在产品价格上的那部分经济活动的副作用，分为外部经济性和外部不经济性两个方面：外部经济性又称正面的、积极的或有益的外部性；外部不经济性又称为负面的、消极的、有害的外部性。

温室气体排放是具有典型外部不经济性的企业行为，温室气体造成的全球气候变化带来的负经济效应并未完全转移至温室气体排放方的企业决策中。同时，随着全球对气候变化逐渐重视，企业受到政府与民众的压力逐渐增大，但由于缺乏足够的经济激励，企业减排的外部经济性无法实现经济收益，难以实现自主自愿减排。

（三）比较优势理论

根据李嘉图比较优势理论，每个国家不一定要生产各种商品，应集中力量生产那些利益较大或不利较小的商品，然后通过国际交换，在资本和劳动力不变的情况下，生产总量将增加，如此形成的国际分工对贸易各国都有利。如同某种商品的生产成本一样，在温室气体减排方面，各国的减排成本也会有所不同，而且不同的行业减排成本也不相同。这样，减排成本低的国家或行业就具有比较优势，而减排成本高的国家或行业就具有比较劣势。

（四）产权经济学

碳排放权交易市场以产权经济学的基本原理为理论基础，具体的交易方式是国家环境管理部门确定全国的碳排放权总量，分配给各个企业使用。经过这一过程，明确了各个企业所拥有的排放权具有的产权界限，使碳排放空间这一公共物品私有化，从而使市场在其中可以发挥作用，各企业可以根据自己的实际情况决定是否进行转让和进入市场交易等操作，提高碳排放权市场的效率，进而达到控制污染和实现经济效率的目标。

不同企业由于所处国家、行业或是技术、管理方式上存在着的差异，他们实现温室气体减排的成本是不同的。碳排放权交易市场的运行就是鼓励减排成本低的企业超额减排，将其所获得的剩余碳配额或温室气体减排量通过交易的方式出售给减排成本高的企业，从而帮助减排成本高的企业实现设定的减排目标，并有效降低实现目标的减排成本。如图2-1所示。

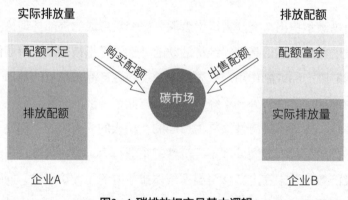

图2-1 碳排放权交易基本逻辑

碳排放权交易市场的实际运作过程涉及一系列复杂的机制设计、规则制定、执行手段等系统性问题，但通过对其基本原理的简明剖析可以清楚地了解到，碳排放权交易作为一种市场机制的减排方式，将能够低成本、高效率地实现温室气体排放权的有效配置，达成总量控制和公共资源合理化利用的履约目标。

碳排放权交易实现过程举例

企业A和企业B原来每年排放210t CO_2，而获得的配额为200t CO_2。第一年年末，企业A加强节能管理，仅排放180t CO_2，从而在碳排放权交易市场上拥有了自由出售剩余配额的权利。反观企业B，因为提高了产品产量，又因节能技术花费过高而未加以使用，最终排放了220t CO_2。因而，企业B需要从市场上购买配额，而企业A的剩余配额可以满足企业B的需求，使这一交易得以实现。最终的效果是，两家企业的CO_2排放总和未超出400t的配额限制，完成了既定目标。

通过数据示例可以进一步说明碳排放权交易与传统设定排放标准方式相比如何减少履约成本。

首先考虑面临统一排放标准时的履约情况。为减少排放，达到标准要求，假设企业A每减排1t CO_2需要花费成本1000元，而企业B对应需要花费3000元。这两家企业可以是同一母公司下的不同子公司、同一行业但不归属同一母公司的公司或是完全不同行业的公司。在传统的设定同一排放标准的管制方式下，要实现20tCO_2的减排（两家企业各承担10t的减排任务）。企业A、B的成本分别为10000元和30000元，社会减排总成本则为40000元。

很显然，如果强化企业A的减排标准而放宽企业B的减排标准，在实现相同减排目标的同时能够有效降低社会总体履约成本。例如，若允许企业B多排放10t CO_2（即无须承担减排任务），那么可以节省30000元；与此同时，企业A多减排10t CO_2（即承担所有20t CO_2的减排任务），对应的成本增加10000元。最终，在到达既定减排效果的前提下.企业A、B的成本分别为20000元和0元，社会减排总成本能够降低到20000元。

通过什么手段使得企业A愿意多减排而企业B愿意承担企业A额外减排的部分成本呢？答案就在于如何合理分配所节省20000元社会总成本。通过碳排放权交易市场在企业间进行交易是一条较为有效的途径。现在再假设1t CO_2排放配额的市场价格为2000元，企业A继续减排10t,使其总排放量低于排放标准的规定，并把剩余配额出售给企业B，获利20000元，而这部分的减排成本仅为10000元。对于企业B，不需要花费减排10t CO_2的30000元成本，而只需要花费20000元就可从企业A处购买到所需配额。这样，在两家企业之间恰好完全分配了社会总成本节省下来的20000元。

二、碳排放权交易的机制

(一) 强制碳排放权交易市场机制

为达到《联合国气候变化框架公约》全球温室气体减量的最终目的，前述的法律架构约定了3种减排机制：清洁发展机制（Clean Development Mechanism, CDM）、联合履行机制（Joint Implementation, JI）和国际排放贸易机制（Emissions Trading, ET）。

清洁发展机制（CDM）：发达国家通过提供资金和技术的方式，与发展中国家开展项目级的合作，通过项目所实现的"核证自愿减排量"（Certified Emmissions Reduction, CER），用于发达国家缔约方完成在议定书第3条下的承诺。

联合履行机制（JI）：发达国家之间通过项目级的合作，其所实现的减排单位，可以转让给另一发达国家缔约方，但是同时必须在转让方的"分配数量"（Assigned Amount Units, AAU）配额上扣减相应的额度。

国际排放贸易机制（ET）：一个发达国家，将其超额完成减排义务的指标，以贸易的方式转让给另外一个未能完成减排义务的发达国家，并同时从转让方的允许排放限额上扣减相应的转让额度。该机制属于基于配额型的交易。

这3种都允许联合国气候变化框架公约缔约方国与国之间进行减排单位的转让或获得，但具体的规则与作用有所不同。

《京都议定书》第十二条规范的"清洁发展机制"针对附件一国家（发达国家）与非附件一国家（发展中国家）之间在清洁发展机制登记处（CDM Registry）的减排单位转让，旨在使非附件一国家在可持续发展的前提下进行减排，并从中获益；同时协助附件一国家透过清洁发展机制项目活动获得"核证自愿减排量（CER）"专用于清洁发展机制，以降低履行《联合国气候变化框架公约》承诺的成本。清洁发展机制详细规定于第17/Cp.7号决议"执行《京都议定书》第十二条确定的清洁发展机制的方式和程序"。

《京都议定书》第六条规范的"联合履行机制"，系附件一国家之间在"监督委员会"（Supervisory Committee）监督下，进行减排单位核证与转让或获得，所使用的减排单位为"排放减量单位"（Emission Reduction Unit, ERU）。联合履行详细规定于第16/Cp.7号决定"执行《京都议定书》第六条的指南"。

《京都议定书》第十七条规范的"国际排放贸易机制"，则是在附件一国家的国家登记处（National Registry）之间，进行包括"排放减量单位""核证自愿减排量""分配数量单位"（Assigned Amount Unit, AAUs）、"清除单位"（Removal

Unit, RMUs) 等减排单位核证的转让或获得。"排放交易"详细规定于第18/Cp.7号决议"《京都议定书》第十七条的排放量贸易的方式、规则和指南"。自2007年起,"排放交易"将在"国际交易日志"(International Transaction Log, ITL, 各种减排单位核证的交易所) 机制下进行。

清洁发展机制（CDM）项目案例

1. 甘肃黑河水电开发股份有限公司CDM项目

甘肃黑河水电开发股份有限公司成功运作了中国第一个水电CDM项目——张掖小孤山水电站,直接带动了甘肃全省乃至全国的CDM建设风潮。2005年6月,黑河水电与世行签订了十年期的《减排抵消额购买协议》,小孤山水电站年减排二氧化碳30万t,十年总收益1350万美元。以目前价格来看,小孤山水电站二氧化碳减排量价格偏低,只相当于市场价格的1/3左右,但这是历史条件造成的,那个时候根本还未形成碳市场,世行为中国CDM的发展提供了一个模板。

2. 山东省东岳化工集团CDM项目

2005年10月,我国最大的氟利昂制造公司山东省东岳化工集团与日本最大的钢铁公司新日铁和三菱商事合作,展开温室气体排放权交易业务。当时预计到2012年年底,这两家公司将获得5 500万t二氧化碳当量的排放量,此项目涉及温室气体排放权的规模每年将达到1 000万t,是当时全世界最大的温室气体排放项目。

3. 大唐与俄罗斯天然气CDM项目

2010年10月19日,大唐集团所属的中国水利电力物资有限公司与俄罗斯天然气集团市场与贸易公司(Gazprom Marketing&Trading)在北京环境交易所举行"六整三期风电CDM项目减排量购买协议书签字仪式"。该项目于2010年2月22日在联合国注册成功,年减排量达到4.8万t,预计到2013年前累计产生减排13万t,为企业带来碳排放权交易收益1000余万人民币。

（二）自愿碳排放权交易市场机制

自愿碳排放权交易市场机制(Voluntary Emission Reduction, VER): 在以上具有法律效力的碳排放权交易市场之外,自愿碳排放权交易市场也是一种利用市场机制降低企业减排成本的碳排放权交易市场。

自愿减排市场最先起源于一些团体或个人自愿抵消其温室气体排放而向减排项目的所有方（项目业主）购买减排指标的行为。对项目业主而言，自愿减排市场为那些前期开发成本过高或其他原因而无法进入CDM开发的碳减排项目提供了途径；而对买家而言，自愿减排市场为其消除碳足迹、实现自身的碳中和提供了方便而且经济的途径。

自愿碳排放权交易市场是对强制碳排放权交易市场的补充，当项目符合CDM标准但由于某些原因不能按照联合国气候变化框架CDM执行委员会（EB）或国家主管部门（NDRC）对CDM项目的要求进行开发和销售的情况下，可以考虑申报VER，获得额外补偿收益。VER项目比CDM项目减少了部分审批的环节，节省了部分费用、时间和精力，提高了开发的成功率，降低了开发的风险，同时，减排量的交易价格也比CDM项目要低，但开发周期要短得多。

三、碳排放权交易的形态

根据以上三种机制，碳排放权交易被区分为配额型交易和项目型交易两种形态。

配额型交易（Allowance-based Transactions）：指总量控制下所产生的减排单位的交易，如欧盟的欧盟排放权交易制的"欧盟排放配额"（European Union Allowances，EUAs）交易，主要是被《京都议定书》减排的国家之间超额减排量的交易，通常是现货交易。

项目型交易（Project-based Transactions）：指因进行减排项目所产生的减排单位的交易，如清洁发展机制下的"核证自愿减排量"、联合履行机制下的"排放减量单位"，主要是透过国与国合作的排减计划产生的减排量交易，通常以期货方式预先买卖。受排放配额限制的国家或企业，可以通过购买这种减排单位来调整其所面临的排放约束，这类交易主要涉及具体项目的开发。

第三节 碳排放权交易国内外进展

碳排放权交易是实现"碳达峰"与"碳中和"目标的核心政策工具之一，但当前全球并未形成统一的碳排放权交易市场。根据资料显示，2020年全球碳排放权交易市场交易总量增长了近20%，成交量约107亿t二氧化碳当量，成交额达到2290亿欧元，已超过2017年的5倍，这标志着全球碳排放权交易市场已连续四年创纪录增长。

其中，欧盟是碳排放权交易市场的领跑者，2020年欧洲碳排放权交易市场规模为80.96亿t二氧化碳当量，成交额达到2013.57亿欧元，约占全球碳排放权交易市场份额的88%。中国碳排放权交易市场快速发展，2021年7月，中国宣布全国碳排放权交易市场上线交易正式启动，覆盖约45亿t二氧化碳排放量，意味着中国的碳排放权交易市场一经启动就将成为全球覆盖温室气体排放量规模最大的碳市场。

一、国际进展

碳排放权交易起源于排污权交易理论，20世纪60年代由美国经济学家戴尔斯提出，并首先被美国环保局（USEPA）用于大气污染源（如二氧化硫排放等）及河流污染源管理。随后德国、英国、澳大利亚等国家相继实行了排污权交易。20世纪末，气候变化问题成为焦点。1997年全球100多个国家签署了《京都议定书》，该条约规定了发达国家的减排义务，同时提出3种灵活的减排机制，碳排放权交易是其中之一。自《京都议定书》生效后，碳排放权交易体系发展迅速，各国及地区开始纷纷建立区域内的碳排放权交易体系以实现碳减排承诺的目标，2005—2015年，遍布四大洲的17个碳排放权交易体系已建成。截至2021年1月，全球共有24个正在运行的碳排放权交易体系，其所处区域的GDP总量约占全球总量的54%，人口约占全球人口的1/3左右，覆盖了16%的温室气体排放。此外，还有8个碳排放权交易体系即将开始运营。

目前，还未形成全球范围内统一的碳排放权交易市场，但不同碳排放权交易市场之间开始尝试进行链接。在欧洲，欧盟碳排放权交易市场已成为全球规模最大的碳排放权交易市场，是碳排放权交易体系的领跑者。在北美洲，尽管美国是排污权交易的先行者，但由于政治因素一直未形成统一的碳排放权交易体系。当前是多个区域性质的碳排放权交易体系并存的状态，且覆盖范围较小。在亚洲，韩国是东亚地区第一个启动全国统一碳排放权交易市场的国家，启动后发展迅速，已成为目前世界第二大国家级碳排放权交易市场。在大洋洲，作为较早尝试碳排放权交易市场的澳大利亚当前已基本退出碳排放权交易舞台，仅剩新西兰碳排放权交易体系在"放养"较长时间后已回归稳步发展。2014年，美国加州碳排放权交易市场与加拿大魁北克碳排放权交易市场成功对接，随后2018年其又与加拿大安大略碳排放权交易市场进行了对接。2016年，日本东京碳排放权交易系统成功与埼玉县的碳排放权交易系统进行联接。2020年，欧盟碳排放权交易市场已与瑞士碳排放权交易市场进行了对接。

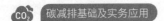

表2-1 全球主要碳排放权交易市场建设进程

年份	碳排放交易市场建设进程
1997	《京都议定书》签订 减排市场体系建立（芝加哥） 新南威尔士交易系统启动
2002	英国和东京交易系统启动
2003	芝加哥气候交易所建立 新南威尔士温室气体减排计划（GGAS）成立
2005	《京都议定书》生效 欧盟碳排放市场正式建立
2007	挪威、冰岛等加入欧盟碳排放市场
2008	瑞士、新西兰碳排放权交易市场建立 日本进行碳排放权交易市场试点
2009	区域温室气体倡议（RGGI）
2010	日本东京都政府建立碳排放权交易市场
2011	日本埼玉县进行碳排放权交易
2012	澳大利亚建立碳排放权交易市场
2013	美国、加拿大魁北克等多地建立碳排放权交易市场
2014	中国开始试点碳排放权交易
2015	《巴黎协定》签订 韩国碳排放权交易市场建立
2021	中国全国性碳排放权交易市场建立

（一）欧盟碳排放权交易体系

1.基本情况

欧盟碳排放交易体系（EU-ETS）是世界上最大的碳排放交易市场，于2005年开始挂牌交易。在该体系下，所有欧盟碳排放配额均在欧盟登记簿（Union Registry）进行统一登记。欧盟于2013年10月正式批准了《欧盟温室气体排放交易指令》，意味着EU-ETS成为世界上第一个在公共法律框架下运行的碳排放交易体系。

目前，EU-ETS覆盖所有欧盟国家以及冰岛、列支敦士登和挪威（欧洲经济区-欧洲自由贸易联盟国家），限制电力部门和制造业以及在这些国家/地区之间运营的航空公司的约10000个装置的排放，约占欧盟温室气体排放量的40%，贡献了全球约80%的交易额。

2. 运行机制

EU-ETS属于总量交易，即在污染物排放总量不超过允许排放量或逐年降低的前提下，内部各排放源可通过货币交换的方式相互调剂排放量，实现减少排放、保护环境的目的。

具体而言，欧盟各成员国根据欧盟委员会颁布的规则，为本国设置一个排放量的上限,确定纳入排放交易体系的产业和企业，并向这些企业分配一定数量的排放许可权——欧盟碳配额（EUA）。如果企业能够使其实际排放量小于分配到的排放许可量，那么它就可以将剩余的EUA放到排放市场上出售，获取利润；反之，它就必须到市场上购买EUA，否则将会受到重罚。

3. 历史发展

欧盟碳排放权交易机制随着4个实施阶段的推进逐步完善，且达到了促进市场主体减少碳排放的目的。

第一阶段（2005—2007年）：此时纳入碳交易体系的公司包括发电厂和内燃机规模超过20MW的企业（危废处置和城市生活垃圾处置设施除外），以及炼油厂、焦炉、钢铁厂、水泥、玻璃、石灰、陶瓷、制浆和纸生产等各类工业企业。这一阶段为碳排放交易的试验性阶段，此阶段的温室气体仅局限在排放量占比最大的二氧化碳。配额分配上，采用自下而上的方式来确定，即欧盟成员国制定国家分配计划（NAP）经过欧盟委员会审查后，配额被分配到各个部门和企业。配额的分配采用拍卖方式和免费发放相结合，以免费发放为主。由于配额供给过度，配额价格曾一度逼近0欧元/t。

第二阶段（2008—2012年）：是实现欧盟各成员国在《京都议定书》中全面减排承诺的关键期。2012年控排单位引入航空公司，同时交易体系也扩展到了冰岛、列支敦士登和挪威。配额分配方式与第一阶段一致，配额免费分配比例约90%；配额总量略有下降，但恰逢全球金融危机和欧债危机，经济发展承压，能源相关行业产出减少，配额需求急剧下滑，交易价格并无明显好转。

第三阶段（2013—2020 年）：纳入碳捕捉和储存设施、石化产品生产、化工产品生产、有色金属和黑色金属冶炼等单位。第三阶段欧盟对碳排放额度的确定方法进行改革，取消国家分配计划，实行欧盟范围内统一的排放总量控制；自 2013 年开始逐年减少 1.74% 的碳排放上限以确保 2020 年温室气体排放比 1990年降低 20% 以上，而在配额的发放上，逐渐以拍卖替代免费发放，整体来看拍卖配额比例约 57%，其中：

电力行业：要求完全实行拍卖获取额度（电网建设落后或能源结构单一的8个东欧国家的电力行业配额分配可从免费逐渐过渡到拍卖，2020 年时全部通过拍卖方式获得）；

制造部门：2013年约 80%的配额为免费获得，至2020年降低至30%；并将在2030 降低至 0%（直接供暖部门除外）；

航空部门：15%的配额为拍卖获取，82%为免费获取，剩余3%为储备部分。2020年1月，欧盟碳排放权交易市场与瑞士碳排放权交易市场建立可进行跨市场交易的联系。

第四阶段（2021—2030 年）：2021年配额上限为15.72亿t二氧化碳当量，且按2.2%的线性上限减少系数每年递减，且上限将在2030年以后继续下降。配额拍卖比例将会提升至57%。此外，欧盟碳排放权交易市场于 2019年初建立了市场稳定储备（The market stability reserve，MSR）来平衡市场供需，应对未来可能出现的市场冲击，MSR 机制的推行减少了初始拍卖的配额数量，对于稳定碳交易价格具备重要作用。当碳排放权交易市场中流通的配额量超过 8.33 亿t之后，将每年从未来即将推出的拍卖份额中提取相当于当前流通总量的12%的份额到 MSR 中（其中，2019—2023年间该比例暂时提高至 24%）。

（二）韩国碳排放权交易体系

韩国作为世界第十大经济体，是经合组织（OECD）工业化国家中第七大温室气体排放国。在2009年召开的哥本哈根气候大会上，韩国承诺将在2020年完成温室气体排放水平比BAU（Business As Usual）情境下减少30%的减排目标。为达到这一目标，韩国从2009年起一直推进全国碳排放权交易市场建设，直到2015年1月正式开始交易。韩国在2020年宣布了到2050年实现净零排放的长期目标，预计将在未来几年宣布新的气候政策框架，为实现这一目标铺平道路。

韩国碳排放权交易市场交易分三个阶段进行，分别是阶段一（2015—2017年）、阶段二（2018—2020年）和阶段三（2021—2025年）。韩国于2021年开始其国家碳排放权交易市场的第三阶段。在这一阶段，实行了更加严格的排放上限，更新了配额分配规则，并允许金融中介以及其他第三方机构参与二级市场。第三阶段的拍卖比例也提高到10%，同时减少了所允许的抵消额度。三个阶段的配额分配从免费过渡到以免费分配为主、有偿拍卖为辅的方式。

韩国碳排放权交易市场最初覆盖了八大行业：钢铁、水泥、石油化工、炼油、能源、建筑、废弃物处理和航空业。在这八大行业中的企业只要满足以下两个条件之一就会被纳入碳排放权交易中：企业总排放高于每年12.5万t二氧化碳当量；或单一业务场所年温室气体排放量达到2.5万t。

2021年，这一碳排放权交易体系的覆盖范围将扩大到建筑业和大型运输公司，纳入685家控排企业，2021—2025年期间排放规模6.09亿t二氧化碳当量/年，占全国温室气体排放总量的73.5%。每个阶段具体的配额分配方式及总量见表2-2。

表2-2 韩国碳排放权交易市场不同发展阶段配额分配情况表

发展阶段	起止时间	配额分配方式	配额总量（以二氧化碳当量计）/Mt
阶段一	2015—2017年	100%免费分配	2015年:540.1 2016年:560.7 2017年:585.5
阶段二	2018—2020年	97%免费分配 3%有偿拍卖	2018年:601 2019年:587.6 2020年:545.1
阶段三	2021—2025年	少于90%免费分配 大于10%有偿拍卖	2021年: 589.3 2022年: 589.3 2023年: 589.3 2024年: 567.1 2025年: 567.1 以上数据不含储备量

（三）新西兰碳排放权交易体系

新西兰碳排放权交易体系历史悠久，是继澳大利亚碳税被废除、澳大利亚全国碳排放权交易市场计划未按原计划运营后，大洋洲保留的唯一的强制性碳排放权交易市场。

基于《2002年应对气候变化法》（2001年通过，并于2008年、2011年、2012年、2020年进行过修订）法律框架下的新西兰碳排放权交易体系自2008年开始运营，是目前为止覆盖行业范围最广的碳排放权交易市场，覆盖了电力、工业、国内航空、交通、建筑、废弃物、林业、农业（当前农业仅需要报告排放数据，不需要履行减排义务）等行业，且纳入控排的门槛较低，总控排气体总量占温室气体总排放的51%左右。新西兰最新承诺，在2030年之前将排放量与2005年相比减少30%，并在2019年年底将2050年碳中和目标纳入《零碳法案》中，具体为非农业领域2050年实现碳中和，农业领域（生物甲烷）到2030年排放量在2017年水平上降低10%，到2050年降低24%～47%。

尽管较早开始运营碳排放权交易市场，新西兰的减排效果并不明显。从总量上看，新西兰不属于碳排放大国，但人均排放量较大、高于中国，同时温室气体排放一直处于上升趋势，2019年排放相比1990年增加了46%。从排放来源上看，新西兰近一半的温室气体排放来源于农业，其中35%来源于生物甲烷，主要原因在于新西兰是羊毛与乳制品出口大国。乳制品出口占其出口总额的20%，牛和羊的存栏量分别为1000万头和2800万只，这也是新西兰的减排目标将甲烷减排进行单独设计的原因。

新西兰碳排放权交易市场于2019年开始进行变革，以改善其机制设计和市场运营，并更好支撑新西兰的减排目标。其一，在碳配额总量上，新西兰碳排放权交易市场最初对国内碳配额总量并未进行限制，2020年通过的《应对气候变化修正法案》（针对排放权交易改革）首次提出碳配额总量控制（2021—2025年）；其二，在配额分配方式上，新西兰碳排放权交易市场以往通过免费分配或固定价格卖出的方式分配初始配额，但在2021年3月引入拍卖机制，同时政府选择新西兰交易所以及欧洲能源交易所来开发和运营一级市场拍卖服务。此外，法案制定了逐渐降低免费分配比例的时间表，将减少对工业部门免费分配的比例，具体为2021—2030年期间以每年1%的速度逐步降低，2031—2040年间降低速率增加到2%，2041—2050年间增加到3%；其三，在排放大户农业减排上，之前农业仅需报告碳排放数据并未实际履行减排责任，但新法规表明计划于2025年将农业排放纳入碳定价机制；其四，在抵消机制上，一开始新西兰碳排放权交易市场对接《京都议定书》下的碳排放权交易市场且抵消比例并未设置上限，但于2015年6月后禁止国际碳信用额度的抵消，未来新西兰政府将考虑在一定程度上开启抵消机制并重新规划抵消机制下的规则。

（四）北美地区碳排放权交易体系

北美地区碳排放交易，主要包括区域温室气体减排行动、美国加利福尼亚州和加拿大魁北克省等区域性碳排放交易体系。

1. 区域温室气体减排行动（RGGI）

2005年，美国东北部10个州共同签署应对气候变化协议，建设美国首个强制性碳排放权交易体系。其减排目标：2018年电力行业二氧化碳排放量比2009年减少10%，2020年比2005年削减50%，2030年比2020年削减30%。配额初始分配以拍卖为主，占配额总量90%以上，拍卖收入主要用于能源效率提升、可再生能源技术、消费者补贴、减排和适应项目等。2020年RGGI拍卖底价为2.32美元，全年拍卖总量6498万t，成交均价6.4美元/t。

2. 美国加利福尼亚州碳排放交易体系

2013年1月，美国加利福亚尼州碳排放权交易体系启动，并于2014年与加拿大魁北克碳排放权交易市场连接。加州碳排放权交易体系主要分三个履约期：2013—2014年为第一期，覆盖了发电、工业排放源，年度上限约1.6亿t二氧化碳当量，占排放总量的35%左右；2015—2017年为第二期，增加了交通燃料、天然气销售业等部门，排放上限增加至3.95亿t二氧化碳当量，占比上升至80%左右；2018—2020年为第三期，各年度排放上限分别为3.58亿、3.46亿、3.34亿t二氧化碳当量，覆盖了约80%的温室气体排放和500多个企业。根据国际碳行动伙伴组织（ICAP）《全球碳排放权交易市场进展：2021年度报告执行摘要》等统计，2020年加州配额拍卖底价16.68美元，年度拍卖总量达2.15亿t，成交均价为17.14美元/t。

3. 加拿大魁北克碳排放权交易体系

2013年1月，加拿大魁北克碳排放权交易体系正式运行，覆盖化石燃料燃烧、电力、建筑、交通和工业等多个行业的多种温室气体。与加州碳排放权交易体系相似，魁北克碳排放权交易体系也已实施三个履约期，2020年度配额总量约0.55亿t二氧化碳当量，占排放总量的80%～85%。

2013年9月，美国加州与加拿大魁北克签署《加州空气资源委员会与魁北克政府关于协调和融合消减温室气体的碳排放交易体系合作协议》，为合作提供总体性框架和指导，构建咨询委员会监督和协调双方市场，约定双方碳排放权交易市场于2014年实现对接合作，并于2014年11月进行了第一联合拍卖。美国加州与加拿大魁北克虽属不同的交易体系，但均加入西部气候倡议（WCI），具有相似的减排目标、控排部门和范围、配额拍卖规则和价格控制机制等，兼容度较高。

图2-2统计了全球主要碳排放权交易市场的碳排放权交易价格走势。上半部分显示2010年至2020年全球主要碳市场中一级市场（*）和二级市场（**）的价格走势。下半部分显示的是这些碳市场在2020年的配额价格指数。2020年初，所有价格的指数均被设置为100，其他日期的值表示价格相对于该基准期的变化。右侧显示的价格为每日二级市场价格的年平均值。

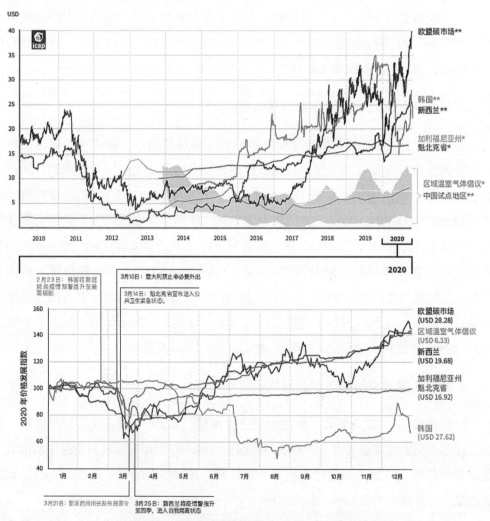

图2-2 全球主要碳排放权交易市场交易价格

注：引自国际碳行动伙伴组织（ICAP）《全球碳排放权交易市场进展：2021年度报告执行摘要》。

二、国内进展

中国政府十分重视碳排放权交易的建立和实施，包括党的十八大报告、十九大报告、《国民经济和社会发展第十二个五年规划纲要》《"十二五"节能减排综合性工作方案》《"十三五"节能减排综合性工作方案》《国家应对气候变化战略规划2014—2020年》等多项党和国家政府工作方案及计划中都对碳排放权交易的建设工作做出明确的部署及要求，2011年启动试点工作，2021年全国碳排放权交易市场全面启动。根据生态环境部数据显示，中国碳排放权交易市场覆盖排放量超过40亿t，将成为全球覆盖温室气体排放量规模最大的碳排放权交易市场。

（一）区域试点碳排放权交易市场

为落实国家"十二五"规划纲要提出的"逐步建立碳排放权交易市场"的任务要求，2011年，国家发展改革委选择北京、天津、上海、重庆、湖北、广东及深圳7个省（市）开展试点碳排放交易市场建设，希望从试点入手，探索建立碳交易机制，为全国碳排放权交易市场的建立奠定一个良好的基础。

2013年，深圳碳排放权交易试点率先启动，随后上海、北京、广东、天津、湖北及重庆等6个试点也在2013年底至2014年上半年陆续启动，覆盖了电力、钢铁、水泥20多个行业近3000家重点排放单位。7个试点省（市）在碳交易试点建设中积极探索，稳步推进制度设计、能力建设、人员培训等各方面工作，并取得了初步成效，形成了较为全面完整的碳交易制度体系。截至2021年9月，7个试点碳市场累计配额成交量4.95亿t二氧化碳当量，成交额约119.78亿元。试点碳市场重点排放单位履约率保持较高水平，市场覆盖范围内碳排放总量和强度保持双降趋势。

我国的试点碳排放权交易市场由两大部分组成，碳排放配额交易市场和核证自愿减排量（CCER）市场。各试点市场在实际交易中呈现出不同特点。表2-3统计了2020年各试点碳排放权交易市场配额的成交情况。无论从总成交量还是总成交额上来看，广东和湖北碳排放权交易市场都遥遥领先于其他试点地区，市场交易较为活跃；北京、重庆、福建等试点地区的市场规模则较小。

表2-3 2020年试点地区碳配额交易情况

试点地区	总成交量/万t	总成交额/万元	成交均价/（元/t）
深圳	124	2 464	20
上海	184	7 354	40
北京	104	9 507	92
广东	3 211	81 961	26
天津	574	14 865	26
湖北	1 428	39 557	28
重庆	16	348	21
福建	99	1 719	17

2012年6月，国家发展改革委印发了《温室气体自愿减排交易管理暂行办法》，对国内温室气体自愿减排项目等5个事项实施备案管理。因在施行中也存在着温室气体自愿减排交易量小、个别项目不够规范等问题，国家发展改革委于2017年3月14日印发公告，宣布暂缓受理温室气体自愿减排交易方法学、项目、减排量、审定与核证机构、交易机构备案申请，并开始组织修订新的《温室气体自愿减排交易管理暂行办法》。截至2021年9月，自愿减排交易累计成交量超过3.34亿t二氧化碳当量，成交额逾29.51亿元，国家核证自愿减排量（CCER）已被用于碳排放权交易试点市场配额清缴抵消或公益性注销，有效促进了能源结构优化和生态保护补偿。

试点碳市场陆续开始上线交易，有效促进了试点省、市企业温室气体减排，强化了社会各界低碳发展的意识，也为全国碳市场建设摸索了制度，锻炼了人才，积累了经验，奠定了基础。

（二）全国碳排放权交易市场

全国碳排放权交易市场是利用市场化机制以较低成本控制温室气体排放、推动绿色低碳发展的一项重大制度创新，是落实我国国家自主贡献目标、碳中和愿景的重要核心政策工具。碳市场可将温室气体控排责任压实到企业，利用市场机制发现合理碳价，引导碳排放资源的优化配置。

以试点为基础，全国碳排放权交易市场自2017年底开始筹备。2017年12月，国家发展改革委（原气候变化主管部门）印发了《全国碳排放权交易市场建设方案（发电行业）》，标志着中国碳排放交易体系完成了总体设计并正式启动，将发电行业作为首批纳入行业，率先启动碳排放权交易。根据方案，全国碳排放权交易市场建设包括三个阶段，如表2-4所示。

表2-4　中国碳排放权交易市场建设进程

建设阶段	内容
基础建设期（2018年）	完成中国全国统一的数据报送系统、注册登记系统和交易系统建设；深入开展能力建设，提升各类主体参与能力和管理水平；开展碳排放权交易市场管理制度建设
模拟运行期（2019年）	开展发电行业配额模拟交易，全面检验市场各要素环节的有效性和可靠性，强化市场风险预警与防控机制，完善碳排放权交易市场管理制度和支撑体系
深化完善期（2020年—）	在发电行业交易主体间开展配额现货交易。交易仅以履约（履行减排义务）为目的，履约部分的配额予以注销，剩余配额可跨履约期转让、交易；在发电行业碳排放权交易市场稳定运行的前提下，逐步扩大市场覆盖范围，丰富交易品种和交易方式。创造条件，尽早将国家核证自愿减排量纳入全国碳排放权交易市场

持续推进全国碳市场制度体系建设。在2018年政府机构职能调整中，气候变化职能由国家发展改革委转到生态环境部，我国碳排放权交易市场进入了新的持续推进时期。2020年12月，生态环境部发布了《2019—2020年全国碳排放权交易配额总量设定与分配实施方案（发电行业）》和《纳入2019—2020年全国碳排放权交易配额管理的重点排放单位名单》。发电行业的碳排放强度远高于其他行业，全国碳排放权交易市场建设仍以发电行业为突破口，率先开展全国范围内的碳排放权交易，公布了纳入配额管理的2225家重点排放单位名单，实现了发电行业重点排放单位的全覆盖。2021年1月，生态环境部正式发布《碳排放权交易管理办法（试行）》，自2月1日起启动施行，全国碳排放权交易市场发电行业第一个履约周期正式启动。这标志着酝酿10年之久的全国碳排放权交易市场终于"开门营业"。按照要求，某单位年度温室气体排放量达到2.6万t二氧化碳当量，折合能源消费量约1万t标准煤，即被列为温室气体重点排放单位，应当控制温室气体排放，报告碳排放数据，清缴碳排放配额，公开交易等信息并接受监管。

启动全国碳市场上线交易。全国碳排放权交易系统落地上海，注册登记系统设在湖北武汉。2021年2月26日至27日，生态环境部部长黄润秋赴湖北省、上海市调研碳排放权交易市场建设工作时表示全国碳排放权交易市场建设已经到了最关键阶段，要确保2021年6月底前启动上线交易。2021年7月16日,全国碳排放权交易市场上线交易启动仪式以视频连线形式举行,中共中央政治局常委、国务院副总理韩正在北京主会场出席仪式,并宣布全国碳排放权交易市场上线交易正式启动。纳入发电行业重点排放单位2162家,覆盖约45亿t二氧化碳排放量,是全球规模最大的碳市场。截至2021年10月,全国碳市场碳排放配额累计成交量约2020.2万t,累计成交金额约9.08亿元,市场运行总体平稳有序。交易情况及价格见表2-5、表2-6。

表2-5 全国碳市场交易分类型情况(截至2021年10月)

交易方式	成交量/万t	成交额/万元	均价/(元/t)	交易天数
挂牌协议	603.82	30 759.93	50.94	69
大宗协议	1 416.38	60 055.57	42.40	16
总计	2 020.20	90 815.50	44.95	69

数据来源:湖北碳排放权交易中心、上海环境能源交易所。

表2-6 挂牌协议交易与大宗协议交易平均交易价格对比表

日期	挂牌协议交易		大宗协议交易		平均交易价格/(元/t)	
	成交量/t	成交额/元	成交量/t	成交额/元	挂牌协议	大宗协议
2021-07-21	11 000	6 092 830	100 000	5 292 000	54.40	52.92
2021-07-28	72 747	3 819 063	800 000	32 784 000	52.50	40.98
2021-08-09	3 010	160 483	279 856	14 100 694	53.32	50.39
2021-08-16	10	510	500 000	25 750 000	51.00	51.50
2021-08-20	8 000	392 000	900 000	37 350 000	49.00	41.50
2021-08-25	35 210	1 677 280	250 000	11 493 000	47.64	45.97
2021-08-27	101	4 554	205 000	9 020 000	45.09	44.00
2021-09-29	31 768	1 329 268	580 000	23 830 000	41.84	41.09
2021-09-30	71 024	2 997 656	8 403 359	351 159 741	42.21	41.79

资料来源:上海环境能源交易所。

第四节　主要政策法规

为了规范碳排放权交易，加强对温室气体排放的控制和管理，推动实现二氧化碳排放达峰目标和碳中和愿景，自2011年我国启动碳排放权交易试点工作以来，在探索和实践中不断完善，构建了从碳排放配额分配、排放核查、交易到履约清算全链条的制度规则，形成了具有中国特色的碳排放权交易体系，有力促进了经济社会发展向绿色低碳转型。表2-7列出了我国2011年以来出台的碳排放权交易方面的主要政策法规。

表2-7　碳排放权交易主要政策法规

文件名称	发布时间	发布机构
清洁发展机制项目运行管理办法（修订）	2011年8月	国家发展改革委
关于开展碳排放权交易试点工作的通知	2011年10月	国家发展改革委
温室气体自愿减排交易管理暂行办法	2012年6月	国家发展改革委
温室气体资源减排项目审定与核证指南	2012年10月	国家发展改革委
首批10个行业企业温室气体排放核算方法与报告指南（试行）	2013年10月	国家发展改革委
第二批4个行业企业温室气体排放核算方法与报告指南（试行）	2014年12月	国家发展改革委
碳排放权交易管理暂行办法	2014年12月	国家发展改革委
第三批10个行业企业温室气体排放核算方法与报告指南（试行）	2015年7月	国家发展改革委
关于落实全国碳排放权交易市场建设有关工作安排的通知	2015年11月	国家发展改革委
关于切实做好全国碳排放权交易市场启动重点工作的通知	2016年1月	国家发展改革委
关于进一步规范报送全国碳排放权交易市场拟纳入企业名单的通知	2016年5月	国家发展改革委
全国碳排放权交易市场建设方案（发电行业）	2017年12月	国家发展改革委
关于做好2018年度碳排放报告与核查及排放监测计划制定工作的通知	2019年4月	生态环境部
关于做好全国碳排放权交易市场发电行业重点排放单位名单和相关材料报送工作的通知	2019年5月	生态环境部
碳排放权交易管理办法（试行）	2020年12月	生态环境部
2019—2020年全国碳排放权交易配额总量设定与分配实施方案（发电行业）	2020年12月	生态环境部

续表

文件名称	发布时间	发布机构
纳入2019—2020年全国碳排放权交易配额管理的重点排放单位名单	2020年12月	生态环境部
2018年度减排项目中国区域电网基准线排放因子	2020年12月	生态环境部
2019年度减排项目中国区域电网基准线排放因子	2020年12月	生态环境部
碳排放权交易管理暂行条例（草案修改稿）	2021年3月	生态环境部
企业温室气体排放报告核查指南（试行）	2021年3月	生态环境部
碳排放权登记管理规则（试行）	2021年5月	生态环境部
碳排放权交易管理规则（试行）	2021年5月	生态环境部
碳排放权结算管理规则（试行）	2021年5月	生态环境部
关于做好全国碳排放权交易市场第一个履约周期碳排放配额清缴工作的通知	2021年10月	生态环境部
关于做好全国碳排放权交易市场数据质量监督管理相关工作的通知	2021年10月	生态环境部
企业温室气体排放核算方法与报告指南 发电设施（2022年修订版）	2022年3月	生态环境部

第五章

碳排放权交易管理

第一节 碳排放权交易流程

一、交易流程

碳排放权交易的基本流程包括碳排放配额分配、温室气体排放报告、排放核查、配额交易和履约清算等5个环节（见图2-3）。

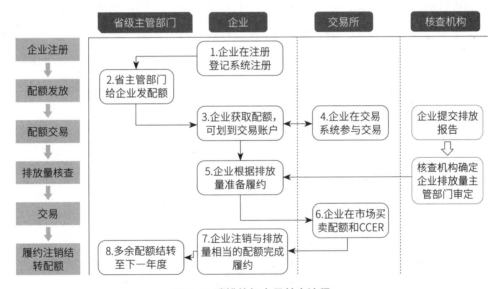

图2-3 碳排放权交易基本流程

注：引自天津排污权交易所。

碳排放配额分配：省级生态环境主管部门根据生态环境部制定的碳排放配额总量确定与分配方案，向本行政区域内的重点排放单位分配规定年度的碳排放配额，并书面通知重点排放单位。重点排放单位在全国碳排放权注册登记系统开立账户，进行相关业务操作。

温室气体排放报告：重点排放单位根据生态环境部制定的温室气体排放核算与报

告技术规范，编制该单位上一年度的温室气体排放报告，载明排放量，并于每年3月31日前报生产经营场所所在地的省级生态环境主管部门。

排放核查：省级生态环境主管部门组织开展对重点排放单位温室气体排放报告的核查，也可以通过政府购买服务的方式委托技术服务机构提供核查服务。核查结果应当作为重点排放单位碳排放配额清缴依据。

配额交易：重点排放单位在获得配额后通过碳排放权交易平台进行配额交易。

履约清算：重点排放单位在规定时间上缴其经核查的上年度排放总量相等的配额量，用于抵消上年度碳排放量。

二、CCER产生和交易流程

国家核证自愿减排量（CCER）是根据国家发展改革委颁布的《温室气体自愿减排交易管理暂行办法》开发成功的核证自愿减排项目所产生的减排量。

国家对温室气体自愿减排交易采取备案管理。参与自愿减排交易的项目，在国家主管部门备案和登记，项目产生的减排量在国家主管部门备案和登记，并在经国家主管部门备案的交易机构内交易。交易完成后，用于抵消碳排放的减排量在国家登记簿中予以注销。CCER产生和交易流程如图2-4所示。

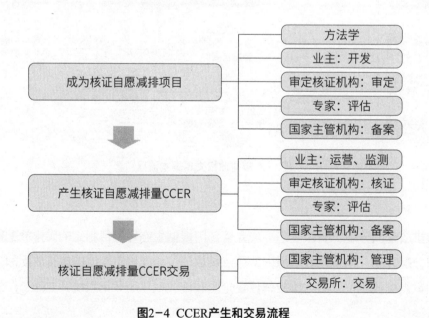

图2-4 CCER产生和交易流程

注：引自天津排放权交易所。

三、自愿减排量产生和交易流程

自愿减排量是由具有温室气体减排效果的项目，按照行业通行或普遍认可的方法学，对项目的减排原理、基准线情形、减排量、监测方法等进行论述，再经由独立第三方进行审定和/或核证的项目所产生的减排量，以二氧化碳当量计。

与核证自愿减排量不同的是，自愿减排项目和自愿减排量无需经国家主管部门登记备案，可以选择行业指定或买卖双方均认可的交易平台进行登记、注册、交易、核销等流程。自愿减排量产生和交易流程如图2－5所示。

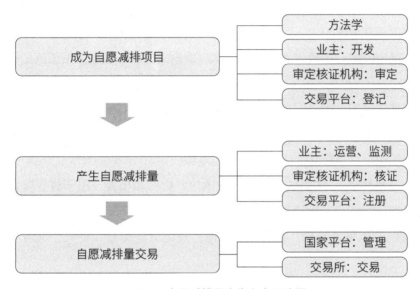

图2-5 自愿减排量产生和交易流程

注：引自天津排放权交易所。

第二节　碳排放配额分配与登记

碳排放配额是重点排放单位碳排放权的凭证和载体，由生态环境部门按照确定的方法进行分配。碳排放配额分配以免费分配为主，也可以根据国家有关要求适时引入有偿分配。碳排放配额确定后，重点排放单位应当在全国碳排放权注册登记系统开立登记账户，该账户用于记录全国碳排放权的持有、变更、清缴和注销等信息。注册登记系统记录的信息是判断碳排放配额归属的最终依据。

一、碳排放配额分配

（一）配额总量确定与分配程序

第一，制定方案。生态环境部根据国家温室气体排放控制要求，综合考虑经济增长、产业结构调整、能源结构优化、大气污染物排放协同控制等因素，制定碳排放配额总量确定与分配方案。2020年12月29日，生态环境部印发了《2019—2020年全国碳排放权交易配额总量设定与分配实施方案（发电行业）》。

第二，配额分配。省级生态环境主管部门根据生态环境部制定的碳排放配额总量确定与分配方案，向本行政区域内的重点排放单位分配规定年度的碳排放配额。碳排放配额分配以免费分配为主，可以根据国家有关要求适时引入有偿分配。

第三，确定配额。省级生态环境主管部门确定碳排放配额后，书面通知重点排放单位。

第四，异议处理。重点排放单位对分配的碳排放配额有异议的，自接到通知之日起7个工作日内向分配配额的省级生态环境主管部门申请复核；省级生态环境主管部门自接到复核申请之日起10个工作日内作出复核决定。

第五，自愿注销。国家鼓励重点排放单位、机构和个人，出于减少温室气体排放等公益目的自愿注销其所持有的碳排放配额。自愿注销的碳排放配额，在国家碳排放配额总量中予以等量核减，不再进行分配、登记或者交易。相关注销情况向社会公开。

（二）发电行业碳排放配额分配

发电行业碳排放配额是指重点排放单位拥有的发电机组产生的二氧化碳排放限额，包括化石燃料消费产生的直接二氧化碳排放和净购入电力所产生的间接二氧化碳排放。对不同类别机组所规定的单位供电（热）量的碳排放限值，简称为碳排放基准值。

省级生态环境主管部门根据配额计算方法及预分配流程，按机组2018年度供电（热）量的70%，通过全国碳排放权注册登记结算系统（以下简称注登系统）向本行政区域内的重点排放单位预分配2019—2020年的配额。在完成2019和2020年度碳排放数据核查后，按机组2019和2020年实际供电（热）量对配额进行最终核定。核定的最终配额量与预分配的配额量不一致的，以最终核定的配额量为准，通过注登系统实行多退少补。

目前，对2019—2020年配额实行全部免费分配，并采用基准法核算重点排放单位所拥有机组的配额量。重点排放单位的配额量为其所拥有各类机组配额量的总和。

1. 纳入配额管理的单位和机组类别

纳入配额管理的重点排放单位名单。根据发电行业（含其他行业自备电厂）2013—2019年任一年排放达到2.6万吨二氧化碳当量（综合能源消费量约1万t标准煤）及以上的企业或者其他经济组织的碳排放核查结果，筛选确定纳入2019—2020年全国碳排放权交易市场配额管理的重点排放单位名单，并实行名录管理。

纳入配额管理的机组类别。包括纯凝发电机组和热电联产机组，自备电厂参照执行，不具备发电能力的纯供热设施不在分配范围之内。纳入2019—2020年配额管理的发电机组包括300MW等级以上常规燃煤机组，300MW等级及以下常规燃煤机组，燃煤矸石、煤泥、水煤浆等非常规燃煤机组（含燃煤循环流化床机组）和燃气机组4个类别，对不同类别的机组设定相应碳排放基准值，按机组类别进行配额分配。各类机组的判定标准详见表2-8。对于使用非自产可燃性气体等燃料（包括完整履约年度内混烧自产二次能源热量占比不超过10%的情况）生产电力（包括热电联产）的机组、完整履约年度内掺烧生物质（含垃圾、污泥等）热量年均占比不超过10%的生产电力（包括热电联产）机组，其机组类别按照主要燃料确定。对于纯生物质发电机组、特殊燃料发电机组、仅使用自产资源发电机组、满足本方案要求的掺烧发电机组以及其他特殊发电机组暂不纳入2019—2020年配额管理（详见表2-9）。

表2-8 纳入配额管理的机组判定标准

机组分类	判定标准
300MW等级以上常规燃煤机组	以烟煤、褐煤、无烟煤等常规电煤为主体燃料且额定功率不低于400MW的发电机组
300MW等级及以下常规燃煤机组	以烟煤、褐煤、无烟煤等常规电煤为主体燃料且额定功率低于400MW的发电机组
燃煤矸石、煤泥、水煤浆等非常规燃煤机组（含燃煤循环流化床机组）	以煤矸石、煤泥、水煤浆等非常规电煤为主体燃料（完整履约年度内，非常规燃料热量年均 占比应超过50%）的发电机组（含燃煤循环流化床机组）
燃气机组	以天然气为主体燃料（完整履约年度内，其他掺烧燃料热量年均占比不超过10%）的发电机组

注：1. 合并填报机组按照最不利原则判定机组类别。

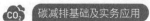

2. 完整履约年度内，掺烧生物质（含垃圾、污泥等）热量年均占比不超过10%的化石燃料机组，按照主体燃料判定机组类别。

3. 完整履约年度内，混烧化石燃料（包括混烧自产二次能源热量年均占比不超过10%）的发电机组，按照主体燃料判定机组类别。

表2-9 暂不纳入配额管理的机组判定标准

机组类型	判定标准
生物质发电机组	1.纯生物质发电机组（含垃圾、污泥焚烧发电机组）
掺烧发电机组	2.生物质掺烧化石燃料机组完整履约年度内，掺烧化石燃料且生物质（含垃圾、污泥）燃料热量年均占比高于50%的发电机组（含垃圾、污泥焚烧发电机组） 3.化石燃料掺烧生物质（含垃圾、污泥）机组：完整履约年度内，掺烧生物质（含垃圾、污泥等）热量年均占比超过10%且不高于50%的化石燃料机组 4.化石燃料掺烧自产二次能源机组完整履约年度内，混烧自产二次能源热量年均占比超过10%的化石燃料燃烧发电机组
特殊燃料发电机组	5.仅使用煤层气（煤矿瓦斯）、兰炭尾气、炭黑尾气、焦炉煤气（荒煤气）、高炉煤气、转炉煤气、石油伴生气、油页岩、油砂、可燃冰等特殊化石燃料的发电机组
使用自产资源发电机组	6.仅使用自产废气、尾气、煤气的发电机组
其他特殊发电机组	7.燃煤锅炉改造形成的燃气机组（直接改为燃气轮机的情形除外） 8.燃油机组、整体煤气化联合循环发电（IGCC）机组、内燃机组

表2-10 2019—2020年各类别机组碳排放基准值

机组类别	机组类别范围	供电基准值/[t/（MW·h）]	供热基准值/（t/GJ）
I	300MW等级以上常规燃煤机组	0.877	0.126
II	300MW等级及以下常规燃煤机组	0.979	0.126
III	燃煤矸石、水煤浆等非常规燃煤机组（含燃煤循环流化床机组）	1.146	0.126
IV	燃气机组	0.392	0.059

2.燃煤机组碳排放配额分配方法

（1）配额计算方法

燃煤机组的CO_2排放配额计算公式如下：

$$A = A_e + A_h$$

式中：A为机组CO_2配额总量，t；A_e为机组供电CO_2配额量，t；A_h为机组供热CO_2配额量，t。

机组供电CO_2配额A_e计算方法：

$$A_e = Q_e \times B_e \times F_l \times F_r \times F_f$$

式中：Q_e为机组供电量，$MW \cdot h$；B_e为机组所属类别的供电基准值，t/（$MW \cdot h$）；F_l为机组冷却方式修正系数，凝汽器的冷却方式为水冷时$F_l=1$，凝汽器的冷却方式为空冷时$F_l=1.05$；F_r为机组供热量修正系数，燃煤机组$F_r=1-0.22\times$供热比；F_f为机组负荷（出力）系数修正系数。

参考《常规燃煤发电机组单位产品能源消耗限额》（GB 21258-2017）做法，常规燃煤纯凝发电机组负荷（出力）系数修正系数按照表2-11选取，其他类别机组负荷（出力）系数修正系数为1。

表2-11 常规燃煤纯凝发电机组负荷（出力）系数修正系数

统计期机组负荷（出力）系数F	修正系数
$F \geq 85\%$	1.0
$80\% \leq F < 85\%$	$1 + 0.0014 \times (85-100F)$
$75 \leq F < 80\%$	$1.007 + 0.0016 \times (80-100F)$
$F < 75\%$	$1.015^{(16-20F)}$

机组供热CO_2配额A_h计算方法：

$$A_h = Q_h \times B_h$$

式中：Q_h为机组供热量，GJ；B_h为机组所属类别的供热基准值，t/GJ。

（2）配额预分配与核定

燃煤纯凝发电机组配额预分配与核定步骤如表2-12所示。

表2-12 燃煤纯凝发电机组配额预分配与核定步骤

步骤		实施内容
预分配	第一步	核实2018年机组凝汽器的冷却方式（空冷还是水冷）、负荷系数和2018年供电量（MW·h）数据
	第二步	按机组2018年供电量的70%，乘以机组所属类别的供电基准值、冷却方式修正系数、供热量修正系数（实际取值为1）和负荷系数修正系数，计算得到机组供电预分配的配额量
配额核定	第一步	核实2019—2020年机组凝汽器的冷却方式（空冷还是水冷）、负荷系数和2019—2020年实际供电量（MW·h）数据
	第二步	按机组2019—2020年的实际供电量，乘以机组所属类别的供电基准值、冷却方式修正系数、供热量修正系数（实际取值为1）和负荷系数修正系数，核定机组配额量
	第三步	最终核定的配额量与预分配的配额量不一致的，以最终核定的配额量为准，多退少补

燃煤热电联产机组配额预分配与核定步骤如表2-13所示。

表2-13 燃煤热电联产机组配额预分配与核定步骤

步骤		实施内容
预分配	第一步	核实2018年机组凝汽器的冷却方式（空冷还是水冷）和2018年的供热比、供电量（MW·h）、供热量（GJ）数据
	第二步	按机组2018年度供电量的70%，乘以机组所属类别的供电基准值、冷却方式修正系数、供热量修正系数和负荷系数修正系数（实际取值为1），计算得到机组供电预分配的配额量
	第三步	按机组2018年度供热量的70%，乘以机组所属类别供热基准值，计算得到机组供热预分配的配额量
	第四步	将第二步和第三步的计算结果加总，得到机组预分配的配额量
配额核定	第一步	核实机组2019—2020年凝汽器的冷却方式（空冷还是水冷）和2019—2020年实际的供热比、供电量（MW·h）、供热量（GJ）数据
	第二步	按机组2019—2020年的实际供电量，乘以机组所属类别的供电基准值、冷却方式修正系数和供热量修正系数，核定机组供电配额量

续表

步骤		实施内容
配额核定	第三步	按机组2019—2020年的实际供热量,乘以机组所属类别的供热基准值,核定机组供热配额量
	第四步	将第二步和第三步的核定结果加总,得到核定的机组配额量
	第五步	核定的最终配额量与预分配的配额量不一致的,以最终核定的配额量为准,多退少补

3. 燃气机组碳排放配合分配方法

（1）配额计算方法

燃气机组的CO_2排放配额计算公式与燃煤机组的CO_2排放配额计算公式相同,其中$A_e = Q_e \times B_e \times F_r$,$F_r = 1 - 0.6 \times$供热比。

（2）配额预分配和核定

燃气纯凝发电机组配额预分配与核定步骤如表2-14所示。

表2-14 燃气纯凝发电机组配额预分配与核定步骤

步骤		实施内容
预分配	第一步	核实机组2018年度的供电量（MW·h）数据
	第二步	按机组2018年度供电量的70%,乘以燃气机组供电基准值、供热量修正系数（实际取值为1）,计算得到机组预分配的配额量
配额核定	第一步	核实机组2019—2020年实际的供电量数据
	第二步	按机组实际供电量,乘以燃气机组供电基准值、供热量修正系数（实际取值为1）,核定机组配额量
	第三步	核定的最终配额量与预分配的配额量不一致的,以最终核定的配额量为准,多退少补

燃气热电联产机组配额预分配与核定步骤如表2-15所示。

表2-15 燃气热电联产机组配额预分配与核定步骤

步骤		实施内容
预分配	第一步	核实机组2018年度的供热比、供电量（MW·h）、供热量（GJ）数据
	第二步	按机组2018年度供电量的70%,乘以机组供电基准值、供热量修正系数,计算得到机组供电预分配的配额量

步骤		实施内容
预分配	第三步	按机组2018年度供热量的70%，乘以燃气机组供热基准值，计算得到机组供热预分配的配额量
	第四步	将第二步和第三步的计算结果加总得到机组的预分配的配额量
配额核定	第一步	核实机组2019—2020年的供热比、供电量（MW·h）、供热量（GJ）数据
	第二步	按机组2019—2020年实际的供电量，乘以燃气机组供电基准值、供热量修正系数，核定机组供电配额量
	第三步	按机组2019—2020年的实际供热量，乘以燃气机组供 热基准值，核定机组供热配额量
	第四步	将第二步和第三步的计算结果加总，得到机组最终配额量
	第五步	核定的最终配额量与预分配的配额量不一致的，以最终核定的配额量为准，多退少补

4.重点排放单位合并、分立与关停情况的处理

纳入全国碳排放权交易市场配额管理的重点排放单位发生合并、分立、关停或迁出其生产经营场所所在省级行政区域的，应在作出决议之日起30日内报其生产经营场所所在地省级生态环境主管部门核定，核定处理方式如表2-16所示。

表2-16 重点排放单位合并、分立、关停或迁出情形处理方式

情形	处理方式
合并	由合并后存续或新设的重点排放单位承继配额，并履行清缴义务。合并后的碳排放边界为重点排放单位在合并前各自碳排放边界之和；重点排放单位和未纳入配额管理的经济组织合并的，由合并后存续或新设的重点排放单位承继配额，并履行清缴义务
分立	明确分立后各重点排放单位的碳排放边界及配额量，并报其生产经营场所所在地省级生态环境主管部门确定
关停或搬迁	重点排放单位关停或迁出原所在省级行政区域的，应在作出决议之日起30日内报告迁出地及迁入地省级生态环境主管部门；关停或迁出前一年度产生的二氧化碳排放，由关停单位所在地或迁出地省级生态环境主管部门开展核查、配额分配、交易及履约管理工作；如重点排放单位关停或迁出后不再存续，2019—2020年剩余配额由其生产经营场所所在地省级生态环境主管部门收回，2020年后不再对其发放配额

5. 其他说明

（1）地方碳排放权交易市场重点排放单位。对已参加地方碳排放权交易市场2019年度配额分配但未参加2020年度配额分配的重点排放单位，暂不要求参加全国碳排放权交易市场2019年度的配额分配和清缴；对已参加地方碳排放权交易市场2019年度和2020年度配额分配的重点排放单位，暂不要求其参加全国碳排放权交易市场2019年度和2020年度的配额分配和清缴；本方案印发后，地方碳排放权交易市场不再向纳入全国碳排放权交易市场的重点排放单位发放配额。

（2）不予发放及收回免费配额情形。重点排放单位的机组有以下情形之一的不予发放配额，已经发放配额的重点排放单位经核查后有以下情形之一的，则按规定收回相关配额：第一，违反国家和所在省（区、市）有关规定建设的；第二，根据国家和所在省（区、市）有关文件要求应关未关的；第三，未依法申领排污许可证，或者未如期提交排污许可证执行报告的。

二、碳排放权登记管理

（一）账号管理

重点排放单位应当在全国碳排放权注册登记系统开立账户，进行相关业务操作。注册登记机构依照申请为登记主体在注册登记系统中开立登记账户，该账户用于记录全国碳排放权的持有、变更、清缴和注销等信息。

每个登记主体只能开立一个登记账户。登记主体以本人或者本单位名义申请开立登记账户，不得冒用他人或者其他单位名义或者使用虚假证件开立登记账户。

1. 开立登记账户

登记主体申请开立登记账户时，应当根据注册登记机构有关规定提供申请材料，并确保相关申请材料真实、准确、完整、有效。委托他人或者其他单位代办的，还应当提供授权委托书等证明委托事项的必要材料。材料中应当包括登记主体基本信息、联系信息以及相关证明材料等。

注册登记机构在收到开户申请后，对登记主体提交相关材料进行形式审核，材料审核通过后5个工作日内完成账户开立并通知登记主体。注册登记机构应当妥善保存登记的原始凭证及有关文件和资料，保存期限不得少于20年，并进行凭证电子化管理。

登记主体应当妥善保管登记账户的用户名和密码等信息。登记主体登记账户下发生的一切活动均视为其本人或者本单位行为。

2. 变更登记账户

登记主体下列信息发生变化时，应当及时向注册登记机构提交信息变更证明材料，办理登记账户信息变更手续：

（1）登记主体名称或者姓名；

（2）营业执照，有效身份证明文件类型、号码及有效期；

（3）法律法规、部门规章等规定的其他事项。

注册登记机构在完成信息变更材料审核后5个工作日内完成账户信息变更并通知登记主体。

联系电话、邮箱、通信地址等联系信息发生变化的，登记主体应当及时通过注册登记系统在登记账户中予以更新。

3. 注销登记账户

发生下列情形的，登记主体或者依法承继其权利义务的主体应当提交相关申请材料，申请注销登记账户：

（1）法人以及非法人组织登记主体因合并、分立、依法被解散或者破产等原因导致主体资格丧失；

（2）自然人登记主体死亡；

（3）法律法规、部门规章等规定的其他情况。

登记主体申请注销登记账户时，应当了结其相关业务。申请注销登记账户期间和登记账户注销后，登记主体无法使用该账户进行交易等相关操作。

4. 限制使用

发现登记账户营业执照、有效身份证明文件与实际情况不符，或者发生变化且未按要求及时办理登记账户信息变更手续的，注册登记机构应当对有关不合格账户采取限制使用等措施，其中涉及交易活动的应当及时通知交易机构。

登记主体如对限制使用措施有异议，可以在措施生效后15个工作日内向注册登记机构申请复核；注册登记机构应当在收到复核申请后10个工作日内予以书面回复。

5. 解除限制

对已采取限制使用等措施的不合格账户，登记主体申请恢复使用的，应当向注册登记机构申请办理账户规范手续。能够规范为合格账户的，注册登记机构应当解除限制使用措施。

（二）登记

1. 初始分配登记

注册登记机构根据生态环境部制定的碳排放配额分配方案和省级生态环境主管部门确定的配额分配结果，为登记主体办理初始分配登记。

2. 交易及清缴登记

注册登记机构应当根据交易机构提供的成交结果办理交易登记，根据经省级重点排放单位可以使用符合生态环境部规定的国家核证自愿减排量抵消配额清缴结果办理清缴登记。

3. 抵消登记

重点排放单位可以使用符合生态环境部规定的国家核证自愿减排量抵消配额清缴。用于清缴部分的国家核证自愿减排量应当在国家温室气体自愿减排交易注册登记系统注销，并由重点排放单位向注册登记机构提交有关注销证明材料。注册登记机构核验相关材料后，按照生态环境部相关规定办理抵消登记。

4. 变更登记

（1）登记主体出于减少温室气体排放等公益目的自愿注销其所持有的碳排放配额，注册登记机构应当为其办理变更登记，并出具相关证明。

（2）碳排放配额以承继、强制执行等方式转让的，登记主体或者依法承继其权利义务的主体应当向注册登记机构提供有效的证明文件，注册登记机构审核后办理变更登记。

（3）司法机关要求冻结登记主体碳排放配额的，注册登记机构应当予以配合；涉及司法扣划的，注册登记机构应当根据人民法院的生效裁判，对涉及登记主体被扣划部分的碳排放配额进行核验，配合办理变更登记并公告。

（4）重点排放单位发生合并、分立等情形需要变更单位名称、碳排放配额等事项的，应当报经所在地省级生态环境主管部门审核后，向全国碳排放权注册登记机构申请变更登记。全国碳排放权注册登记机构应当通过全国碳排放权注册登记系统进行变更登记，并向社会公开。

登记主体可以通过注册登记系统查询碳排放配额持有数量和持有状态等信息。

第三节 碳排放权交易与结算

全国碳排放权交易遵循公开、公平、公正和诚实信用的原则，重点排放单位及符合交易规则规定的机构和个人通过全国碳排放权交易系统进行碳排放权交易。交易结束后，注册登记机构应当根据交易系统的成交结果，通过注册登记系统进行碳排放配额与资金的逐笔全额清算和统一交收。完成清算后，注册登记机构应当将结果反馈给交易机构。

一、碳排放权交易

（一）交易产品

碳排放权交易主体为重点排放单位及符合交易规则规定的机构和个人。交易产品初期为碳排放配额和国家核证自愿减排量，适时增加其他交易产品。

1. 碳排放配额

碳排放配额，指重点排放单位产生的温室气体排放限额，是政府分配的碳排放权凭证和载体，是参与碳排放权交易的单位和个人依法所得，可用于交易和控排企业温室气体排放量抵扣的指标。1个单位配额代表持有的控排企业被允许向大气中排放1t二氧化碳当量的温室气体的权利，是碳交易的主要标的物。

2. 国家核证自愿减排量（CCER）

CCER主要涉及风电、光伏、生物质等可再生能源企业（水电、核电企业不参与），所涉企业可能并未纳入碳排放权交易市场。但是通过开展减排项目，并经国家主管部门审批，可再生能源企业可以依靠项目取得一定的CCER并在碳排放权交易市场上交易。

为鼓励各行业企业积极减排，CCER抵消排放的使用比例存在上限规定，根据《碳排放权交易管理办法（试行）》（生态环境部令第19号），用于抵消的CCER不得超过应清缴碳排放配额的5%。

3. 其他交易产品

其他交易产品主要为碳金融产品。碳金融产品是指建立在碳排放权交易的基础上，服务于减少温室气体排放或者增加碳汇能力的商业活动，以碳配额和碳信用等碳排放权益为媒介或标的的资金融通活动载体。根据证监会发布的《碳金融产品》（JR/T 0244-2022），碳金融产品分为三类：一是碳市场融资工具，碳市场融资工具是指以碳资产为标的进行各类资金融通的碳金融产品，包括但不限于碳债券、碳资产抵质押融资、碳资产回购、碳资产托管等；二是碳市场交易工具，即碳金融衍生品，是指在碳排放权交易基础上，以碳配额和碳信用为标的的金融合约，包括但不限于碳远期、碳期货、碳期权、碳掉期、碳借贷等；三是碳市场支持工具，是指为碳资产的开发管理和市场交易等活动提供量化服务、风险管理及产品开发的金融产品，包括但不限于碳指数、碳保险、碳基金等。

（二）交易方式

全国碳排放权交易应当通过全国碳排放权交易系统进行，可采取协议转让、单向竞价或者其他符合规定的方式，如表2-17所示。

表2-17 交易方式

交易方式		说明
协议转让	挂牌协议交易	交易主体通过交易系统提交卖出或者买入挂牌申报，意向受让方或者出让方对挂牌申报进行协商并确认成交的交易方式
	大宗协议交易	交易双方通过交易系统进行报价、询价并确认成交的交易方式
单向竞价		交易主体向交易机构提出卖出或买入申请，交易机构发布竞价公告，多个意向受让方或者出让方按照规定报价，在约定时间内通过交易系统成交的交易方式

在交易过程中存在如下限制条件，如表2-18所示。

表2-18 交易限制条件

限制条件	限制内容
交易前提	交易主体参与全国碳排放权交易，应当在交易机构开立实名交易账户，取得交易编码，并在注册登记机构和结算银行分别开立登记账户和资金账户；每个交易主体只能开设一个交易账户
计价单位	以"每t二氧化碳当量价格"为计价单位
最小变动计量	买卖申报量的最小变动计量为1t二氧化碳当量，申报价格的最小变动计量为0.01元人民币
交易的数量	交易机构应当对不同交易方式的单笔买卖最小申报数量及最大申报数量进行设定，并可以根据市场风险状况进行调整；单笔买卖申报数量的设定和调整，由交易机构公布后报生态环境部备案；交易主体申报卖出交易产品的数量，不得超出其交易账户内可交易数量；交易主体申报买入交易产品的相应资金，不得超出其交易账户内的可用资金

（三）交易生效

1. 系统接受买卖申报后即生效

碳排放配额买卖的申报被交易系统接受后即刻生效，并在当日交易时间内有效，交易主体交易账户内相应的资金和交易产品即被锁定。未成交的买卖申报可以撤销。

已买入的交易产品当日内不得再次卖出。卖出交易产品的资金可以用于该交易日内的交易。

2. 买卖申报在交易系统成交后，交易即告成立

符合规则达成的交易于成立时即生效，买卖双方应当承认交易结果，履行清算交收义务。碳排放配额的清算交收业务，由注册登记机构根据交易机构提供的成交结果按规定办理。

交易机构应建立在每个交易日发布碳排放配额交易行情等公开信息，定期编制并发布反映市场成交情况的各类报表。

交易主体可以通过交易机构获取交易凭证及其他相关记录。

（四）风险管理

生态环境部作为全国碳排放权交易市场的监管部门，可以根据维护全国碳排放

权交易市场健康发展的需要建立市场调节保护机制。当交易价格出现异常波动触发调节保护机制时，生态环境部可以采取公开市场操作、调节国家核证自愿减排量使用方式等措施，进行必要的市场调节。交易机构应建立风险管理制度，并报生态环境部备案。

风险管理措施包括涨跌幅限制制度、最大持仓量限制制度、大户报告制度、风险警示制度、结算风险准备金制度、异常交易监控制度、重大交易临时限制措施，如表2-19所示。

表2-19 风险管理措施

风险管理措施	说明
涨跌幅限制制度	交易机构设定不同交易方式的涨跌幅比例，可以根据市场风险状况对涨跌幅比例进行调整
最大持仓量限制制度	交易机构对交易主体的最大持仓量进行实时监控，交易主体交易产品持仓量不得超过交易机构规定的限额。同时，交易机构可以根据市场风险状况，对最大持仓量限额进行调整
大户报告制度	交易主体的持仓量达到交易机构规定的大户报告标准的，交易主体应向交易机构报告
风险警示制度	当交易主体碳排放配额、资金持仓量变化波动较大，交易主体的碳排放配额被法院冻结、扣划等其他违反国家法律、行政法规和部门规章规定的情况出现时，注册登记机构可以要求交易主体报告情况、发布书面警示和风险警示公告、限制交易等措施，警示和化解风险
结算风险准备金制度	注册登记机构、交易机构应当建立结算风险准备金制度，用于维护碳排放权交易市场正常运转提供财务担保或者弥补因违约交收、技术故障、操作失误、不可抗力等不可预见风险造成的损失。风险准备金应当单独核算，专户存储
异常交易监控制度	交易主体违反规则或者交易机构业务规则、对市场正在产生或者将产生重大影响的，交易机构可以对该交易主体采取临时措施：限制资金或者交易产品的划转和交易；限制相关账户使用
重大交易临时限制措施	因不可抗力、不可归责于交易机构的重大技术故障等原因导致部分或者全部交易无法正常进行的，交易机构可以采取暂停交易措施。交易机构采取暂停交易、恢复交易等措施时，应当予以公告，并向生态环境部报告

（五）争议处理

交易主体之间发生有关全国碳排放权交易的纠纷，可以自行协商解决，也可以向交易机构提出调解申请，还可以依法向仲裁机构申请仲裁或者向人民法院提起诉讼。申请交易机构调解的当事人，应当提出书面调解申请。交易机构的调解意见，经当事人确认并在调解意见书上签章后生效。

交易机构与交易主体之间发生有关全国碳排放权交易的纠纷，可以自行协商解决，也可以依法向仲裁机构申请仲裁或者向人民法院提起诉讼。

交易机构和交易主体，或者交易主体间发生交易纠纷的，当事人均应当记录有关情况，以备查阅。交易纠纷影响正常交易的，交易机构应当及时采取止损措施。

（六）信息管理

交易机构应建立信息披露与管理制度，并报生态环境部备案。交易机构应当在每个交易日发布碳排放配额交易行情等公开信息，定期编制并发布反映市场成交情况的各类报表。交易机构应当妥善保存交易相关的原始凭证及有关文件和资料，保存期限不得少于20年。

二、碳排放权结算

（一）资金结算账户管理

注册登记机构应当选择符合条件的商业银行作为结算银行，并在结算银行开立交易结算资金专用账户，用于存放各交易主体的交易资金和相关款项。

（二）结算方式

在当日交易结束后，注册登记机构应当根据交易系统的成交结果，按照货银对付的原则，以每个交易主体为结算单位，通过注册登记系统进行碳排放配额与资金的逐笔全额清算和统一交收。

当日完成清算后，注册登记机构应当将结果反馈给交易机构。交易主体应当及时核对当日结算结果，对结算结果有异议的，应在下一交易日开市前，以书面形式向注册登记机构提出。

经双方确认无误后，注册登记机构根据清算结果完成碳排放配额和资金的交收。交易主体发生交收违约的，注册登记机构应当通知交易主体在规定期限内补足资金，交易主体未在规定时间内补足资金的，注册登记机构应当使用结算风险准备金或自有资金予以弥补，并向违约方追偿。

（三）风险管理

注册登记机构应当制定完善的风险防范制度、建立结算风险准备金制度、全国碳排放权交易结算风险联防联控制度、风险警示制度。如表2-20所示。

表2-20　风险管理制度和措施

风险管理措施	说明
风险防范制度	注册登记机构应当制定完善的风险防范制度，构建完善的技术系统和应急响应程序，对全国碳排放权结算业务实施风险防范和控制。当出现以下情形之一的，注册登记机构应当及时发布异常情况公告，采取紧急措施化解风险：（1）因不可抗力、不可归责于注册登记机构的重大技术故障等原因导致结算无法正常进行；（2）交易主体及结算银行出现结算、交收危机，对结算产生或者将产生重大影响
风险准备金制度	结算风险准备金由注册登记机构设立，用于垫付或者弥补因违约交收、技术故障、操作失误、不可抗力等造成的损失。风险准备金应当单独核算，专户存储
风险联防联控制度	注册登记机构应当与交易机构相互配合，建立全国碳排放权交易结算风险联防联控制度
风险警示制度	注册登记机构认为有必要的，可以采取发布风险警示公告，或者采取限制账户使用等措施。出现下列情形之一的，注册登记机构可以要求交易主体报告情况，向相关机构或者人员发出风险警示并采取限制账户使用等处置措施：（1）交易主体碳排放配额、资金持仓量变化波动较大；（2）交易主体的碳排放配额被法院冻结、扣划的；（3）其他违反国家法律、行政法规和部门规章规定的情况

第四节　碳排放配额清缴

履行碳排放配额清缴是重点排放单位的义务。重点排放单位应根据确定的技术规范编制该单位上一年度的温室气体排放报告，并上报省级生态环境主管部门，省级生态环境主管部门负责组织开展对重点排放单位温室气体排放报告的核查，核查结果作为重点排放单位碳排放配额清缴依据。在实际碳排放量大于碳排放配额时，可以采取一定的经过认证的其他减排量来抵消一定比例的减排量。

一、碳排放配额清缴

（一）温室气体排放报告

全国碳排放权交易市场覆盖行业内年度温室气体排放量达到 2.6万t二氧化碳当量及以上的企业或者其他经济组织作为重点排放单位，重点排放单位应根据生态环境部制定的温室气体排放核算与报告技术规范，编制该单位上一年度的温室气体排放报告，载明排放量，并于每年3月31日前报生产经营场所所在地的省级生态环境主管部门。

排放报告所涉数据的原始记录和管理台账应当至少保存五年。重点排放单位对温室气体排放报告的真实性、完整性、准确性负责。重点排放单位编制的年度温室气体排放报告应当定期公开，接受社会监督，涉及国家秘密和商业秘密的除外。

温室气体排放报告编写内容详见第三篇第八章。

（二）排放核查

省级生态环境主管部门组织开展对重点排放单位温室气体排放报告的核查，并将核查结果告知重点排放单位。核查结果是重点排放单位碳排放配额清缴的依据，重点排放单位对核查结果有异议的，可自被告知核查结果之日起7个工作日内，向组织核查的省级生态环境主管部门申请复核；省级生态环境主管部门应当自接到复核申请之日起10个工作日内，做出复核决定。

排放核查内容详见第三篇第九章。

（三）配额清缴

重点排放单位应在生态环境部规定的时限内，向分配配额的省级生态环境主管部门清缴上年度的碳排放配额。清缴量应大于等于省级生态环境主管部门核查结果确认的该单位上年度温室气体实际排放量。根据生态环境部办公厅《关于加强企业温室气体排放报告管理相关工作的通知》（环办气候〔2021〕9号），发电行业重点排放单位应在2021年12月31日前完成配额清缴履约。

碳排放配额"清缴"履约，实际上就是根据年度实际排放量在碳排放权登记账户系统提交相应的配额指标予以履约。履约后，相应数量的碳配额将予以注销。碳配额的清缴履约并非根据碳配额的单位价格上缴相应的费用，而是向碳排放单位的碳排放权账户系统提交大于等于实际排放量的碳配额指标。

2021年，重点排放单位实际要完成2个年度的履约。生态环境部2020年印发《2019—2020 年全国碳排放权交易配额总量设定与分配实施方案（发电行业）》时指出，对已参加地方碳排放权交易市场 2019 年度配额分配但未参加2020年度配额分配的重点排放单位，暂不要求参加全国碳排放权交易市场 2019 年度的配额分配和清缴。对已参加地方碳排放权交易市场2019年度和2020年度配额分配的重点排放单位，暂不要求其参加全国碳排放权交易市场 2019年度和2020年度的配额分配和清缴。方案印发后，地方碳排放权交易市场不再向纳入全国碳排放权交易市场的重点排放单位发放配额。为平稳启动全国碳排放权交易市场，故分配2019—2020年度的配额。

考虑企业承受能力和对碳排放权交易市场的适应性，全国碳排放权交易市场建立履约成本控制机制：一是设立配额履约缺口上限。在配额清缴相关工作中设定配额履约缺口上限，当重点排放单位配额缺口量占其经核查排放量比例超过20%时，其配额清缴义务最高为其获得的免费配额量加20%的经核查排放量；二是纳入补充产品。重点排放单位每年可使用国家核证自愿减排量抵消碳排放配额的清缴，抵消比例不得超过应清缴碳排放配额的5%。此外，为鼓励燃气机组发展，当燃气机组经核查排放量不低于核定的免费配额量时，其配额清缴义务为已获得的全部免费配额量，即配额缺口"豁免"清缴履约。

碳排放配额清缴案例

某单位2020年度的实际碳排放量为100万t（以二氧化碳当量计，下同），而该期间的碳配额交易价格约合50元/t。那么在2021年清缴履约时，该单位并非需要按照碳配额交易价格（100万t×50元）上缴5000万元，而是要向系统提交大于或等于实际排放量的碳配额指标，即100万t。假如省级环保部门分配给该单位的碳配额是100万t，那么该单位在年度清缴履约时直接提交该初始分配的100万t碳配额即可。

按照目前阶段碳配额还处于免费发放阶段，相当于该单位无须为此额外支付成本；而将来有偿分配碳配额阶段，则需要根据有偿分配的单位竞买价格确定其实际成本。不过，即便目前免费分配阶段，排放单位仍可能需要为其实际排放支付成本。

比如，前述例子中，在实际排放量为100万t的情形下，该单位实际获分配的碳配

额只有80万t，对于差额的20万t，则需要通过二级市场从其他有富余配额的单位进行购买或者在生态环境部门进行有偿竞买配额时进行购买。为此，该单位需要支付的成本为1000万元（20万t×50元）。反过来，假如该单位初始获分配的配额为120万t。则该单位在进行年度清缴履约时，既可以将全部120万t上缴并全部注销；也可以将比实际排放量100万t多出的20万t碳配额用于二级市场出售以增加收入，或者结存流转后续年度使用。由于清缴后的碳配额将予以注销并不再进行分配流入市场，因此，前者情形（上缴大于实际排放量的多余配额）相当于出于环保公益目的自愿注销。

二、碳排放权抵消

（一）碳排放权抵消

碳排放权抵消是指减排主体在使用经审定的碳减排量履行年度碳排放控制责任时，可以采取一定的经过认证的其他减排量来抵消一定比例减排量的行为。

国家核证自愿减排量（CCER）产生的排放量抵消减排任务之后如有剩余则可用于交易，如不足也可从其他业主购买。目前我国的碳排放抵消机制，主要对交易主体、抵消流程、抵消限额等作出了规定，且不同的交易所的规定各不相同。

我国可用于抵消碳排放量的项目种类，以CCER为主，加上节能项目产生的碳减排量以及林业碳汇项目等产生的碳减排量，构成了我国碳排放抵消的主要内容。1个单位CCER可抵消1吨二氧化碳当量的排放量。按照《温室气体自愿减排交易管理暂行办法》的规定，产生该减排量的自愿减排项目必须符合国家主管部门规定，同时由国家主管部门备案签发。

重点排放单位可使用CCER或生态环境部另行公布的其他减排指标，抵消其不超过5%的经核查排放量。其中，用于抵消的CCER应来自可再生能源、碳汇、甲烷利用等领域减排项目，在全国碳排放权交易市场重点排放单位组织边界范围外产生。

（二）CCER抵消配额清缴程序

2021年10月23日，生态环境部办公厅印发《关于做好全国碳排放权交易市场第一个履约周期碳排放配额清缴工作的通知》（环办气候函〔2021〕492号），规定了全国碳排放权交易市场第一个履约周期使用CCER抵消配额清缴程序。

1. CCER抵消配额清缴条件

用于配额清缴抵消的CCER，应同时满足如下要求：

（1）抵消比例不超过应清缴碳排放配额的5%；

（2）不得来自纳入全国碳排放权交易市场配额管理的减排项目。

因2017年3月起温室气体自愿减排相关备案事项已暂停，全国碳排放权交易市场第一个履约周期可用的CCER均为2017年3月前产生的减排量，减排量产生期间，有关减排项目均不是纳入全国碳排放权交易市场配额管理的减排项目。

2. CCER抵消配额清缴具体程序

使用CCER抵消配额清缴具体程序包括8个步骤，分别为在自愿减排注册登记系统和交易系统开立账户、重点排放单位购买CCER、重点排放单位提交申请表、省级生态环境主管部门确认、重点排放单位注销CCER、国家气候战略中心核实重点排放单位注销情况、全国碳排放权注册登记机构办理CCER抵消配额清缴登记、CCER抵消配额清缴登记查询。

第一步，在自愿减排注册登记系统和交易系统开立账户。重点排放单位使用CCER抵消全国碳排放权交易市场配额清缴前，应确保已在国家温室气体自愿减排交易注册登记系统（以下简称"自愿减排注册登记系统"，网址见：http://registry.ccersc.org.cn/login.do）开立一般持有账户和在任意一家经备案的温室气体自愿减排交易机构（网址见"中国自愿减排交易信息平台"http://cdm.ccchina.org.cn/ccer.aspx）的交易系统上开立交易账户。若已开立一般持有账户和交易账户，则无须重复开立。重点排放单位可选择向任意一家自愿减排交易机构提交自愿减排注册登记系统一般持有账户和交易账户开立申请材料，申请材料清单及要求见自愿减排交易机构官方网站。自愿减排注册登记系统 一般持有账户开立申请材料由接收申请材料的自愿减排交易机构初审通过后，提交至国家应对气候变化战略研究和国际合作中心（以下简称"国家气候战略中心"）复审，复审通过后，由国家气候战略中心完成开户。交易账户开立申请材料由自愿减排交易机构审核通过后完成开户。

第二步，重点排放单位购买CCER。重点排放单位通过自愿减排交易机构的交易系统购买符合配额清缴抵消条件的CCER后，将CCER从交易系统划转至其自愿减排注册登记系统一般持有账户。相关交易规则及要求见自愿减排交易机构官方网站。

第三步，重点排放单位提交申请表。重点排放单位应确认其自愿减排注册登记系统一般持有账户中拥有符合抵消配额清缴的条件、相应抵消配额清缴量的CCER，并填写《全国碳排放权交易市场第一个履约周期重点排放单位使用CCER抵消配额清缴申请表》（以下简称《申请表》，见表2-21），于2021年10月26日至2021年12月10日，向所属省级生态环境主管部门提交申请表。

表2-21 全国碳排放权交易市场第一个履约周期重点排放单位

使用CCER抵消配额清缴申请表

申请单位基本信息			
单位名称		统一社会信用代码	
自愿减排注册登记系统账户ID		全国碳排放权注册登记系统账户ID	
2019—2020年第一个履约周期应清缴配额总量/t		申请抵消量（t）	
CCER抵消量占应清缴配额总量比例/%		联系人	
联系电话		联系邮箱	
申请配额清缴的CCER基本信息			
注销量		项目编号	
注销量		项目编号	
注销量		项目编号	
（注：如涉及多个项目来源，可自行加行逐一列明。此栏无须省级生态环境主管部门审核，由生态环境部统一组织核验。）			

声 明

XXX省（自治区、直辖市、新疆生产建设兵团）生态环境厅（局）：

我单位申请使用国家核证自愿减排量（CCER）_____t二氧化碳当量，用于2019—2020年全国碳排放权交易市场第一个履约周期抵消配额清缴，抵消比例占我单位应清缴碳排放配额的_____‰。

我单位知悉2019—2020年全国碳排放权交易市场第一个履约周期使用CCER抵消配额清缴的相关条件和具体程序，承诺拟用于配额清缴抵消的CCER不再用于交易和其他用途。以上信息真实、准确、有效，不包含任何虚假信息或误导性陈述，请予审核。

申请单位名称（公章）

年 月 日

第四步，省级生态环境主管部门确认。省级生态环境主管部门收到《申请表》后，依据上述使用CCER抵消配额清缴的条件进行确认（主要包括重点排放单位名称、2019—2020年第一个履约周期应清缴配额总量、申请抵消量等），并将确认结果反馈至重点排放单位。同时，每周汇总申请表信息，并于周五下班前发至国家气候战略中心邮箱（registry@ccersc.org.cn）。

第五步，重点排放单位注销CCER。重点排放单位在2021年12月15日17点前使用自愿减排注册 登记系统的"自愿注销"功能，按照经确认的《申请表》，注销其"一般持有账户"上符合条件的CCER。重点排放单位操作完成CCER自愿注销后，应及时向所属省级生态环境主管部门提交在自愿减排注册登记系统完成注销操作的截图（打印并加盖公章）。

第六步，国家气候战略中心核实重点排放单位注销情况。国家气候战略中心于2021年10月26日至12月15日，每日通过自愿减排注册登记系统查询各省（自治区、直辖市）及新疆生产建设兵团重点排放单位完成的CCER注销操作记录，于每日17点后通过国家气候战略中心邮箱（registry@ccersc.org.cn）发送给相 应省级生态环境主管部门指定的工作邮箱，并抄送全国碳排放权注册登记机构（湖北碳排放权交易中心）工作邮箱（ccer@chinacrc.net.cn）。

第七步，全国碳排放权注册登记机构办理CCER抵消配额清缴登记。全国碳排放权注册登记机构（湖北碳排放权交易中心）于2021年10月26日至12月15日，每日根据国家气候战略中心动态更新的重点排放单位CCER注销操作记录，向重点排放单位账户生成用于抵消登记的CCER。重点排放单位在系统中提交履约申请时选择已生成的CCER进行履约，待履约申请得到省级生态环境主管部门确认后，由全国碳排放权注册登记机构办理CCER抵消配额清缴登记。

第八步，CCER抵消配额清缴登记查询。重点排放单位可在全国碳排放权注册登记系统查询其使用CCER 抵消配额清缴登记相关信息。省级生态环境主管部门可通过全国碳排放权注册登记系统查询本行政区域重点排放单位使用CCER进行配额清缴抵消的相关信息。

第五节 监督管理

碳排放权交易市场运行具有操作环节多、规范性要求强、专业要求高的特点，必须要在法治轨道上进行，开展闭环的精细化监管，有效地防止虚假登记和交易，保护各方交易主体的合法权益，维护整个市场秩序和公平。碳排放权交易市场的制度基础是强制性的减排履约责任，国家对参与主体、监管环节、各方责任和义务提出明确要求。

一、参与主体

全国碳排放权交易参与主体包括监管机构、重点排放单位、技术服务机构、全国碳排放权注册登记机构、交易机构、结算银行，以及符合国家有关交易规则的机构和个人等。

（1）三级监管机构。生态环境部及相关部委，省级和设区的市级生态环境主管部门。

（2）重点排放单位。全国碳排放权交易市场覆盖行业内年度温室气体排放量达到2.6万t二氧化碳当量及以上的企业或者其他经济组织。

（3）技术服务机构。受省级生态环境主管部门委托开展核查的技术服务机构。

（4）交易服务机构。全国碳排放权注册登记机构、全国碳排放权交易机构。

二、监管环节

全国碳排放权交易监管重点涉及三大环节，即温室气体排放报告与核查，碳排放配额分配和清缴，碳排放权登记、交易和结算。

（1）数据监管。包括重点排放单位温室气体排放数据质量控制计划制定与执行，重点排放单位温室气体排放信息管理系统建设与运营，温室气体排放核算与报告技术规范制定与实施，温室气体排放核查、复查、复核，技术服务机构核查服务评价等。

（2）配额监管。碳排放配额总量确定与分配方案制定，全国碳排放权注册登记系统建设和运行，碳排放配额的分配、持有、变更、清缴、注销等。

（3）交易监管。交易产品、交易时间、交易方式设计，交易主体资格准入，交易场所管理，交易清算，交易风险防范和市场调节，全国碳排放权交易系统、结算系统建设与运营。

三、各方职责

围绕重点要素和关键环节，全国碳排放权交易监管职责以国家和省（市、区）为重点，以设区的市级行政区为辅。

（1）生态环境部等部委。生态环境部负责制定全国碳排放权交易及相关活动的技术规范，加强对地方碳排放配额分配、温室气体排放报告与核查的监督管理，并会同国务院其他有关部门对全国碳排放权交易及相关活动进行监督管理和指导。比如，组织建立全国碳排放权注册登记机构和全国碳排放权交易机构，组织建设全国碳排放权注册登记系统和全国碳排放权交易系统。制定碳排放配额总量确定与分配方案。加强对注册登记机构和注册登记活动的监督管理。加强对交易机构和交易活动的监督管理，建立市场调节保护机制。公开重点排放单位年度碳排放配额清缴情况等信息。

（2）省级生态环境主管部门。负责组织开展碳排放配额分配和清缴、温室气体排放报告的核查等相关活动，并进行监督管理。具体事项还包括，按照确定的本行政区域重点排放单位名录，向生态环境部报告，将核查结果告知重点排放单位，并向社会公开重点排放单位年度碳排放配额清缴情况等信息。

（3）设区的市级生态环境主管部门。负责配合省级生态环境主管部门落实相关具体工作，并根据有关规定实施监督管理。比如，梳理本行政区域重点排放单位。协助组织开展对重点排放单位温室气体排放报告的核查。采取"双随机、一公开"的方式，监督检查重点排放单位温室气体排放和碳排放配额清缴情况。

表2-22详细列出了碳排放权交易活动中各责任主体，包括生态环境部门、全国碳排放权注册登记机构和全国碳排放权交易机构、重点排放单位和其他交易主体、公众、新闻媒体等，以及各责任主体履责的内容。

表2-22 碳排放权交易活动中各责任主体及其履责内容

责任主体	内容
生态环境部门	上级生态环境主管部门应当加强对下级生态环境主管部门的重点排放单位名录确定、全国碳排放权交易及相关活动情况的监督检查和指导
	生态环境部和省级生态环境主管部门，按照职责分工定期公开重点排放单位年度碳排放配额清缴情况等信息
	生态环境部加强对交易机构和交易活动、注册登记机构和注册登记活动的监督管理，可以采取询问交易机构、登记机构及其从业人员、查阅和复制与交易活动有关的信息资料以及法律法规规定的其他措施等进行监管
	设区的市级以上地方生态环境主管部门采取"双随机、一公开"的方式，监督检查重点排放单位温室气体排放和碳排放配额清缴情况，相关情况按程序报生态环境部
	接受举报的生态环境主管部门应当依法予以处理，按照规定反馈处理结果，同时为举报人保密
	各级生态环境主管部门及其相关直属业务支撑机构工作人员，注册登记机构、交易机构、核查技术服务机构及其工作人员，不得持有碳排放配额。已持有碳排放配额的，应当依法予以转让。并向供职单位报告全部转让相关信息并备案在册
	有关工作人员，在全国碳排放权交易及相关活动的监督管理中滥用职权、玩忽职守、徇私舞弊的，由其上级行政机关或者监察机关责令改正，并依法给予处分
全国碳排放权注册登记机构和全国碳排放权交易机构	应当遵守国家交易监管等相关规定，建立风险管理机制和信息披露制度，制定风险管理预案，及时公布碳排放权登记、交易、结算等信息
	工作人员不得利用职务便利谋取不正当利益，不得泄露商业秘密
	禁止任何机构和个人通过直接或者间接的方法，操纵或者扰乱全国碳排放权交易市场秩序、妨碍或者有损公正交易的行为。因为上述原因造成严重后果的交易，交易机构可以采取适当措施并公告

责任主体	内容
全国碳排放权注册登记机构和全国碳排放权交易机构	交易机构应当定期向生态环境部报告的事项包括交易机构运行情况和年度工作报告、经会计师事务所审计的年度财务报告、财务预决算方案、重大开支项目情况等
	交易机构应当及时向生态环境部报告的事项包括交易价格出现连续涨跌停或者大幅波动、发现重大业务风险和技术风险、重大违法违规行为或者涉及重大诉讼、交易机构治理和运行管理等出现重大变化等
	交易机构对全国碳排放权交易相关信息负有保密义务。交易机构工作人员应当忠于职守、依法办事，除用于信息披露的信息之外，不得泄露所知悉的市场交易主体的账户信息和业务信息等信息。交易系统软硬件服务提供者等全国碳排放权交易或者服务参与、介入相关主体不得泄露全国碳排放权交易或者服务中获取的商业秘密
	交易机构对全国碳排放权交易进行实时监控和风险控制，监控内容主要包括交易主体的交易及其相关活动的异常业务行为，以及可能造成市场风险的全国碳排放权交易行为
	有下列行为之一的：（一）利用职务便利谋取不正当利益的；（二）有其他滥用职权、玩忽职守、徇私舞弊行为的。由生态环境部依法给予处分，并向社会公开处理结果
	泄露有关商业秘密或者有构成其他违反国家交易监管规定行为的，依照其他有关规定处理
重点排放单位和其他交易主体	应当按照生态环境部规定，及时公开有关全国碳排放权交易及相关活动信息，自觉接受公众监督
	交易主体违反关于碳排放权注册登记、结算或者交易相关规定的，全国碳排放权注册登记机构和全国碳排放权交易机构可以按照国家有关规定，对其采取限制交易措施
	虚报、瞒报温室气体排放报告，或者拒绝履行温室气体排放报告义务的，由其生产经营场所所在地设区的市级以上地方生态环境主管部门责令限期改正，处1万元以上3万元以下的罚款。逾期未改正的，由重点排放单位生产经营场所所在地的省级生态环境主管部门测算其温室气体实际排放量，并将该排放量作为碳排放配额清缴的依据；对虚报、瞒报部分，等量核减其下一年度碳排放配额
	未按时足额清缴碳排放配额的，由其生产经营场所所在地设区的市级以上地方生态环境主管部门责令限期改正，处2万元以上3万元以下的罚款；逾期未改正的，对欠缴部分，由重点排放单位生产经营场所所在地的省级生态环境主管部门等量核减其下一年度碳排放配额

责任主体	内容
公众、新闻媒体等	鼓励公众、新闻媒体等对重点排放单位和其他交易主体的碳排放权交易及相关活动进行监督 公民、法人和其他组织发现重点排放单位和其他交易主体有违反本办法规定行为的，有权向设区的市级以上地方生态环境主管部门举报
其他组织或个人	全国碳排放权交易活动中，涉及交易经营、财务或者对碳排放配额市场价格有影响的尚未公开的信息及其他相关信息内容，属于内幕信息。禁止内幕信息的知情人、非法获取内幕信息的人员利用内幕信息从事全国碳排放权交易活动

第六章

碳资产与碳金融

第一节 碳资产

碳资产的基本定义是指在各种碳排放权交易机制下产生的、代表重点排放单位温室气体许可排放量的碳配额，以及由温室气体减排项目产生并经特定程序核证、可用以抵消重点排放单位温室气体实际排放量的减排证明。2005年欧盟碳排放交易机制（EU-ETS）启动，碳排放权交易市场的出现使碳排放配额和碳减排信用具备了价值储存、流通和交易的功能，形成最初的"碳资产"。

一、碳资产概念

（一）碳资产的含义

碳资产是指强制碳排放权交易机制或者自愿排放权交易机制下，产生的可以直接或间接影响某组织温室气体排放的配额排放权、减排信用额及相关活动。碳资产可以从3个方面理解：

（1）在碳排放权交易体系下，企业由政府分配的排放量配额；

（2）企业内部通过节能技改活动，减少企业的碳排放量。由于该行为使得企业可在市场流转交易的排放量配额增加，因此，也可以被称为碳资产；

（3）企业投资开发的零排放项目或者减排项目所产生的减排信用额，且该项目成功申请了清洁发展机制项目（CDM）或者国家核证自愿减排量（CCER）项目，并在碳排放权交易市场上进行交易或转让，此减排信用额也可称为碳资产。

根据目前碳资产交易制度，碳资产可以分为配额碳资产和减排碳资产。已经或即将被纳入碳排放权交易体系的重点排放单位可以通过免费获得或参与政府拍卖获得配额碳资产；未被纳入碳排放权交易体系的非重点排放单位可以通过自身主动进行温室气体减排行动，得到政府认可的减排碳资产；重点排放单位和非重点排放单位均可通过交易获得配额碳资产和减排碳资产。

按照碳排放权交易的分类，目前我国碳排放权交易市场有两类基础产品，一类为政府分配给企业的碳排放配额，另一类为国家核证自愿减排量（CCER）。

第一类，配额交易，是政府为完成控排目标采用的一种政策手段，即在一定的空间和时间内，将该控排目标转化为碳排放配额并分配给下级政府和企业，若企业实际碳排放量小于政府分配的配额，则企业可以通过交易多余碳配额，来实现碳配额在不同企业的合理分配，最终以相对较低的成本实现控排目标。

第二类，作为补充，在配额市场之外引入自愿减排市场交易，即CCER交易。碳排放权交易市场按照 1:1 的比例给予 CCER 替代碳排放配额，即1个 CCER 等同于 1 个配额，可以抵消1t二氧化碳当量的排放，《碳排放权交易管理办法（试行）》规定重点排放单位每年可以使用国家核证自愿减排量抵消碳排放配额的清缴，抵消比例不得超过应清缴碳排放配额的 5%。

"碳抵消"是指用于减少温室气体排放源或增加温室气体吸收汇，用来实现补偿或抵消其他排放源产生温室气体排放的活动，即重点排放单位的碳排放可利用非重点排放单位产生的CCER来抵消应清缴配额。抵消信用由通过特定减排项目的实施得到减排量后进行签发，项目包括可再生能源项目、林业碳汇项目、甲烷利用项目等。

基于项目产生的碳信用，其市场价值应考虑成本支出，包括3部分：

（1）项目准备期的市场价值，包括项目筛选、谈判、签约等过程；

（2）项目生产期的市场价值，包括资本、劳动力、技术转移、测量等过程；

（3）项目转变为可交易的"碳信用"商品的市场价值，包括注册、签发等过程。

碳信用的价值对于投资者（购买方）而言，是项目生产成本与自行减排成本的节约；对项目被投资人（业主方）而言，碳信用的价值在于改变被投资项目的生产函数中各要素之间的比例关系，在一定的资源约束条件下，提高资源利用率，将生产可能性边界外移。

碳信用市场不是排放权的分配与再分配市场，而是成本有效机制形成的价值资产化市场。

（二）碳资产管理

重点排放单位是被强制要求参与碳排放权交易体系的企事业单位。与非重点排放单位不同点在于，重点排放单位将获得碳排放权交易管理部门按照确定的配额分配方法和标准向其分配的配额，需要承担履约义务；非重点单位由于没有获得配额，所以也无须承担履约义务。

在单位低碳发展过程中，通过监测排放数据，设定适合的碳排放目标，制定碳排放策略，根据实际需要储备用于履约的CCER和配额。如果重点排放单位存在配额缺口，可以根据市场的供求情况，进行价格预测以获得最大收益；非重点排放单位可以选择适当时机出售CCER，以获取资金。

1. 重点排放单位碳资产管理关注事项

（1）收集并整理包括重点排放单位历年碳排放及工业增加值信息、本年度单位碳排放及工业增加值等信息。

（2）根据信息分析，预测重点排放单位本年度全年碳排放量及工业增加值，判断单位本年度的碳排放配额充足情况。

（3）根据判断，如果重点排放单位碳排放配额足够，则建议通过出售配额获取收益；如果重点排放单位碳排放配额不足，则建议买入碳排放配额或CCER满足履约要求。

（4）由于重点排放单位买入CCER的比例受限（抵消比例不得超过应清缴碳排放配额的5%），若某重点排放单位碳排放配额不足，应判断该重点排放单位能否完全依靠购买CCER满足履约要求。

（5）根据判断，若该重点排放单位能完全依靠购买CCER满足履约要求，则需分析碳排放权交易市场CCER价格变化情况，预测该重点排放单位需要投入多少资金购买CCER。

（6）根据判断，若该重点排放单位不能完全依靠购买CCER满足履约要求，则应分析重点排放单位节能减排潜力及成本分析报告，通过比较该单位节能减排成本和市场碳排放配额价格，确定该单位是节能减排还是通过购买碳排放配额来满足履约要求。

2. 非重点排放单位碳资产管理关注事项

非重点排放单位未被碳排放权交易主管部门强制纳入碳排放权交易的范围，因此也无须承担履约的义务。非重点排放单位也可按照重点排放单位的开户和交易流程，参与到碳排放权交易市场交易中。非重点排放单位的碳资产经营管理主要有三种情形：

（1）主动申请加入碳排放权交易体系。经碳排放权交易主管部门批准后，这类企业可视为重点排放单位，建立企业的碳资产管理体系；

（2）有可开发的碳减排资产。这类企业可以开发减排项目，通过在碳排放权交

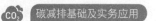

市场出售减排项目所产生的核证自愿减排量（CCER）实现资产增值；

（3）既不想加入碳排放权交易体系，也没有可开发的碳减排资产。这类单位可通过积极实施节能减排、碳排放信息披露、碳中和等自愿行为打造低碳品牌，增加单位的美誉度。

非重点排放单位也应建立一套完整的碳资产管理体系，包括建立碳排放核算机制、碳减排潜力及成本分析、内部节能减排、碳资产管理内部控制体系。

二、碳定价机制

（一）碳定价工具

碳定价工具可分为碳排放权交易机制和碳税两大类。根据世界银行的统计，截至2020年，全球共有61项正在实施或计划实施的碳定价机制，包括31项碳排放权交易市场和30项碳税。

碳排放权交易机制是碳定价工具之一，因为碳交易市场具有价格发现功能，能够发现减排和低碳投资的价格。通过提供气候变化领域的相关价格信息，如宏观经济形势和减排要求、供需双方的交易意愿、碳信用的稀缺程度等因素，在价格信号的引导下，将资金这种稀缺要素配置到应对气候变化领域中资金利用效益最大化的部门、企业和项目，使资源得到合理有效的利用。另外，碳排放权的价格信号引导经济主体把碳排放成本作为投资决策的一个重要因素，促使环境外部成本内部化，使企业或个人支付的减排成本向收益转化，激励企业或个人减排。并且，碳市场上的衍生金融工具还可以分散、转移和管理气候变化给经济发展、企业经营、居民生命财产安全带来的风险。

碳税，是对一单位的温室气体排放量增加固定的税收价格，刺激公司以及个人减少温室气体的排放。碳税的税率是基于评估一单位的温室气体所带来的危害以及控制这种危害所需的成本。如果碳税的税率过低，企业和个人就会选择多排放和交碳税，控制减排的效率不会太高；如果碳税的税率过高，在减排成本一定的情况下，企业可能会选择减少生产从而减少排放，这将会影响企业的利润、工作机会甚至终端消费者的利益。

（二）碳定价方法

配额交易市场具有碳排放权价值发现的基础功能，决定着碳排放权的价值。配额多少以及惩罚力度的大小，影响着碳排放权价值的高低。配额交易创造了碳排放权的交易价格，影响项目交易市场上碳排放权的交易价格。当配额交易价格高于各种减排单位的价格时，配额交易市场的参与者就会愿意在二级市场上购入已发行的减排单位来交易，进行套利或满足排放监管的需要。这种差价越大，投资者的收益空间越大，对各种减排单位的需求量也会增加，从而会进一步促进低碳技术项目的开发和应用，实现更大规模的减排。

理论上，碳税与碳交易会产生一样的效果，因为碳税与碳交易都是给温室气体减排行为增加了经济价值，刺激企业或个人节能减排。如果对环境污染敏感度高，就需要确定温室气体的排放总量，确定排放配额的多少以及惩罚力度的大小，因此碳交易相对就更有效率；相反，如果对减排成本非常敏感，那么就需要确定减排成本，确定碳税的税率，因此固定的碳税就更有效率。当前，碳交易和碳税并存的这种混合模式最为常见，将控排企业纳入碳交易体系（不对其征收碳税），对非控排企业征收碳税。从效率与公平的角度来讲，碳税是碳交易的一个重要补充，碳税将非控排企业纳入减排体系之中。

除碳税和碳交易之外，基于成果的融资（Results-based Financing, RBF）、减少毁林和森林退化所产生的减排量（Reducing Emissions from Deforestation and Forest Degradation, REDD）和自愿碳抵消也属于碳定价的范畴。

（1）RBF 作为一种融资手段，使用已核证的结果作为支付基础，包括减排或避免排放等不同指标。当使用某种建立在已有市场工具基础之上的碳指标，它就变成了直接的碳定价工具，这得到联合国气候变化框架公约（UNFCCC）的公认。为了提高 2020年之前的减排可能性，联合国气候大会邀请各方促进CER的自愿注销。在气候融资的背景下，为已核证的结果进行支付激励了私营部门的减排活动。

（2）REDD是从森林砍伐、森林退化等方面减少碳排放，并且对森林进行可持续经营和增强森林碳储量。如今，每年全球由于森林消失平均造成了30亿吨二氧化碳的排放。用 REDD所产生的"碳资产"为 REDD融资，使 REDD也成为碳定价的一种。

（3）私营部门自愿碳抵消市场。如果一个企业在其生产过程中排放了温室气体，那么它就应当购买相应数量的"碳信用额度"来抵消自身的污染行为。销售"碳信用额度"的收入用来资助其他改善环境的项目或研究。对自愿碳抵消的需求是在碳排放配额不足的动机所驱动的，尽管如此，国际政策大事件和其他信息都会对自愿碳抵消市场的供求产生重要影响。自愿碳抵消市场的价格发现功能，使其成为碳定价工具之一。

三、碳资产的开发途径

碳资产的开发途径包括清洁发展机制（CDM）、国家核证自愿减排量（CCER）、国际核证碳减排（VCS）（已更名 Verra）、国内地方碳排放权交易市场接受的项目（如福建省 FFCER、广东省 PHCER）、黄金标准（GS）项目以及其他机制。本部分主要介绍国家核证自愿减排量（CCER）开发方法。

国家鼓励企业事业单位在我国境内实施可再生能源、林业碳汇、甲烷利用等项目，实现温室气体排放的替代、吸附或者减少。根据《温室气体自愿减排交易管理暂行办法》，参与自愿减排的减排量需经国家主管部门在国家自愿减排交易登记簿进行登记备案，经备案的减排量称为"核证自愿减排量（CCER）"。完成备案后，可在国家登记簿登记并在交易机构内交易。CCER旨在通过鼓励在减排成本较低的地区或行业进行投资减排，降低总体减排履约成本，并且通过调整抵消量使用比例可以达到调控价格、稳定碳排放权交易市场的目的。

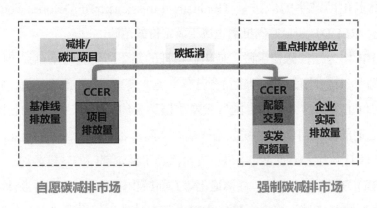

图2-6　CCER与配额市场的关系

我国自愿减排项目于2015年1月正式启动交易，可在国内碳排放权交易市场试点上进行交易。受2017年后发展改革委暂停CCER签发的影响（但已签发的CCER仍可以在国内碳试点上进行交易），国内申请减排认证的方式从CCER转为"绿证"（是由国家可再生能源信息管理中心依托能源局可再生能源发电项目信息管理平台核定和签发绿色电力证书，主要发证对象为陆上风电和光伏发电项目）。2019 年广东和北京碳排放权交易市场重新启动 CCER 交易，标志着CCER市场已逐渐进入恢复期。2021

年10月26日，生态环境部发布《关于做好全国碳排放权交易市场第一个履约周期碳排放配额清缴工作的通知》，明确提出，有意愿使用国家核证自愿减排量（CCER）抵消碳排放配额清缴的重点排放单位抓紧开立CCER注册登记账号，并在经备案的交易机构尽快完成CCER购买和申请注销。

（一）CCER项目开发领域

CCER项目按照大类可分为可再生能源、林业碳汇、甲烷利用等项目。详见表2-23。

表2-23 CCER项目开发领域

适用领域	项目类型
可再生能源	水力发电项目、风力发电项目、太阳能/光伏发电、生物质发电（如秸秆、生物废弃物发电等）项目
林业碳汇	碳汇造林、竹子造林、森林经营和竹林经营
甲烷回收利用	在污水处理厂、制药厂、有机物生产企业的废水处理中沼气利用项目等
	家庭或小农场农业活动沼气回收
	垃圾填埋气发电项目、垃圾焚烧发电项目、生物堆肥项目
	煤层气利用项目
工业能效提高	造纸厂、氮肥厂、水泥厂、钢铁厂等耗能大户的余热、余压发电项目，焦化厂干熄焦发电项目、焦炉煤气发电项目、高炉煤气发电项目
化学工业气体直接减排	铝厂减排PFCs项目，己二酸工厂、脂肪酸厂、硝酸厂等化工厂氧化亚氮（N_2O）分解项目，制冷剂HCFC22的副产品HFC23分解项目，发电厂、水泥厂碳捕集项目
燃料替代	在工业生产中用天然气等清洁燃料替代煤或其他燃料的项目，如天然气发电项目

（二）CCER方法学

CCER 项目的减排量采用基准线法计算。基本的思路是：假设在没有该CCER项目的情况下，为了提供同样的服务，最可能建设的其他项目所带来的温室气体排放量（BEy，基准线减排量），减去该CCER项目的温室气体排放量（PEy）和泄漏量（LEy），由此得到该项目的减排量，其基本公式是：

$$ERy=BEy-PEy-LEy$$

这个减排量经核证机构的核证后，进行减排量备案即可交易。

基准线研究和核准是CCER项目实施的关键环节。对于每一个项目来说，计算基准线所采用的方法学必须得到国家发改委的批准，而且基准线需要得到指定经营实体的核实。获得批准最简单的方式就是项目建议者采用一个已经批准的方法学。在这种情况下，剩下的工作就是只需要证明这个方法学适用于这个项目。

不同的项目适用的方法学是不同的。例如，对于提高能效项目来说，基准线的计算需要对现有设备的性能进行测量；对于可再生能源项目来说，基准线计算可以参照项目所处地区最有可能的替代项目的排放量。

方法学是指用于确定项目基准线、论证额外性、计算减排量、制定监测计划等的方法指南，是审查CCER项目合格性以及估算/计算项目减排量的技术标准和基础。方法学由基准线方法学和监测方法学两部分构成，前者是确定基准线情景、项目额外性、计算项目减排量的方法依据，后者是确定计算基准线排放、项目排放和泄漏所需监测的数据/信息的相关方法。

按照对碳减排的贡献方式来分，CCER的计算方法学主要可以分为3类，分别是：

（1）"吸附"，即采用负碳技术将碳排放吸收利用，降低碳排放总量，例如林业碳汇项目、碳捕集和碳封存技术、填埋气发电项目等；

（2）"减少"，采用节能提效的技术减少生产生活中能源使用，从而降低碳排放量，例如余热发电和热电联产、资源回收利用项目等；

（3）"替代"，即利用新能源等途径替代传统能源，从而减少碳排放，例如用风电、光伏等新能源项目替代火电等。

方法学主要包括基准线、额外性、项目边界、减排量计算和监测计划等要素，其中CCER项目基准线设定是方法学的核心问题之一。基准线是CCER项目额外性分析和项目活动减排量计算的基础。目前《温室气体自愿减排交易管理暂行办法》中提到的方法学主要有两种：一种是直接使用来自联合国清洁发展机制执行理事会（CDMEB）批准的CDM方法学；另一种是国内项目开发者向国家主管部门申请备案和批准的新方法学。这两类方法学在经过委托专家进行评估之后，都可以由国家主管部门进行备案，为自愿减排项目的申报审批等提供技术基础。

截止到2016年11月，国家主管部门在中国自愿减排交易信息平台公布了12批共计200个已备案的CCER方法学,其中由联合国清洁发展机制（CDM）方法学转化而来的有174个，新开发的有26个；常规方法学109个，小型项目方法学86个，林业碳汇项目方法学5个。这些方法学已基本涵盖了国内CCER项目的适用领域，为国内CCER业主和开发机构开发自愿减排项目提供了广阔的选择空间。在200个已备案CCER方法学中，使用频率较高的方法学有10个，其对应的项目领域见（表2-24）。

表2-24 常用备案温室气体自愿减排方法学

领域	具体领域	自愿减排方法学编号	对应CDM方法学编号	方法学名称
可再生能源	水电、光电、风电、地热	CM-001-V02	ACM0002	可再生能源并网发电方法学
		CMS-002-V01	AMS-I.D	联网的可再生能源发电
废物处置	垃圾焚烧发电/供热/热电联产/堆肥	CM-072-V01	ACM0022	多选垃圾处理方式
	垃圾填埋气发电	CM-077-V01	ACM0001	垃圾填埋气项目
可再生能源	生物质热电联产	CM-075-V01	ACM0006	生物质废弃物热电联产项目
	生物质发电	CM-092-V01	ACM0018	纯发电厂利用生物废弃物发电
能效（能源生产）	废能利用（余热发电/热电联产）	CM-005-V02	ACM0012	通过废能回收减排温室气体
避免甲烷排放	户用沼气回收	CMS-026-V01	AMS-III.R	家庭或小农场农业活动甲烷回收
煤层气/煤矿瓦斯	煤层气/煤矿瓦斯发电、供热	CM-003-V02	ACM0008	回收煤层气、煤矿瓦斯和通风瓦斯用于发电、动力、供热和/或通过火炬或无焰氧化分解
林业碳汇	造林	AR-CM-001-V01	新开发方法学	碳汇造林项目方法学

对于项目开发者来说，可以应用国家已批准的CCER方法学来开发CCER项目，由于这些方法学大多数都比较成熟，因此具有成本低、周期短的优势；如果没有合适的CCER方法学，可以申请对已批准的CCER方法学进行修改或偏离，或者开发新的方法学，向国家主管部门申请备案，并提交该方法学及所依托项目的设计文件。申请

备案新的方法学，需要60个工作日的专家技术评估时间和30个工作日的国家主管部门备案审查时间，因而其开发相对周期长、成本高、风险高。CCER新方法学开发流程如图2-7所示。

图2-7 CCER新方法学开发流程

（三）CCER项目的开发流程

CCER项目的开发流程在很大程度上沿袭了清洁发展机制（CDM）项目的框架和思路，主要包括6个步骤，依次是项目文件设计、项目审定、项目备案、项目实施与监测、减排量核查与核证、减排量签发。开发流程也可分为两个阶段：第一阶段是项目备案，包括项目文件设计、项目、审定项目备案；通过专家评审后，进入第二阶段减排量备案，包括项目实施与监测、减排量核查与核证、减排量备案，详见图2-8。

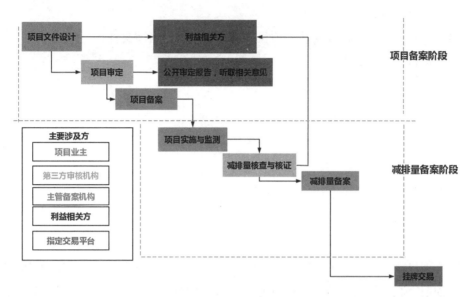

图2-8　CCER项目开发流程及主要涉及方

1. 项目设计文件

项目设计文件是CCER项目开发的起点，是申请CCER项目的必要依据。项目设计文件的编写需要依据从国家主管部门网站上获取的最新格式和填写指南。项目设计文件主要内容是介绍项目的基本情况、确定项目基准线、论证额外性、估算减排量、编制监测计划等内容。项目设计文件可以由项目业主自行撰写，也可以有咨询机构协助项目业主完成，在项目开发前期就可以开始准备。

2. 项目审定

项目审定必须要由国家主管部门批准的第三方机构进行审定。审定时主要根据项目设计文件，对项目基准线的确定和减排量的准确性、项目的额外性、监测计划的合理性等进行审定，并出具审定报告。

3. 项目备案

第三方机构出具审定报告后，项目业主便可以向国家主管部门申请CCER项目备案，需提交的材料包括以下9项：

（1）项目备案申请函和申请表；

（2）项目概况说明；

（3）企业的营业执照；

（4）项目可研报告审批文件、项目核准文件或项目备案文件；

（5）项目环评审批文件；

（6）项目节能评估和审查意见；

（7）项目开工时间证明文件；

（8）采用经国家主管部门备案的方法学编制的项目设计文件；

（9）项目审定报告（第三方出具）。

以上三步是项目备案阶段。

4. 项目实施与监测

完成项目备案后项目业主就可以开始实施项目，并对减排量进行日常监测，根据监测计划记录监测数据并编写监测报告（MR）。而当项目业主需要使用CCER进行抵消或者出售CCER换取收益时，就进入第二阶段，即减排量备案申请阶段。

5. 减排量核查与核证

减排量备案申请阶段分为两步：减排量核证及减排量备案签发阶段。减排量核证与项目审定类似，必须要由国家主管部门制定的第三方机构进行减排量核证。该步骤主要是对监测计划的执行情况及项目减排量进行核证，并出具减排量核证报告。

6. 减排量签发

减排量核证报告完成后，项目业主便可以向国家主管部门申请CCER项目减排量备案。项目业主申请CCER项目备案须准备并提交的材料包括：

（1）减排量备案申请函；

（2）项目业主或项目业主委托咨询机构编制的监测报告；

（3）减排量核证报告。

国家主管部门审核通过后，该减排量便可在国家登记簿进行登记，并与备案交易机构的交易系统进行连接，实时记录减排量变更情况。

CCER项目开发过程中，主要有3块费用：

（1）第三方咨询费用和协调管理费用，主要是指项目文件设计（PDD）、减排量监测报告、相关文件填报，协助备案和核证等；

（2）第三方项目审定费用（国家认可的审定机构），提交CCER项目的备案申请材料后，需经过审定程序，由审定机构出具审定报告后才能够在国家主管部门进行备案；

（3）第三方减排量核证费用（国家认可的审定机构），提交项目的减排量备案申请材料后，由审定机构出具减排量核证报告后才能够在最终完成备案。

（四）CCER项目备案类型及途径

《温室气体自愿减排交易管理暂行办法》（以下简称"《管理办法》"）规定，属于以下4类中的2005年2月16日之后开工建设的项目可申请备案。

（1）采用经国家主管部门备案的方法学开发的自愿减排项目；

（2）获得国家主管部门批准为清洁发展机制项目但未在联合国清洁发展机制执行理事会注册的项目；

（3）获得国家主管部门批准为清洁发展机制项目且在联合国清洁发展机制执行理事会注册前产生减排量的项目；

（4）在联合国清洁发展机制执行理事会注册但减排量未获得签发的项目。

另外，《管理办法》规定，不同类型的项目业主申请自愿减排项目备案的途径不同，包括两种情况：

（1）国资委管理的中央企业中直接涉及温室气体减排的企业（包括其下属企业、控股企业），直接向国家主管部门申请自愿减排项目备案，名单由国家主管部门制定、调整和发布。此名单已在《管理办法》中以附件的形式注明；

（2）未列入名单的企业法人，通过项目所在省、自治区、直辖市主管部门提交自愿减排项目备案申请，省、自治区、直辖市主管部门就备案材料完整性和真实性提出意见后转报国家主管部门。

（五）CCER项目开发周期

在图2-8所示的CCER项目开发流程中，包括2个阶段、6个步骤，据此估算，一个CCER的开发周期最少要有5个月。在整个项目开发过程中，还要考虑到不同类型项目的开发难易程度、项目业主与咨询机构及第三方机构的沟通过程、审定及核证程序中的澄清不符合要求，以及编写审定、核证报告及内部评审等环节的成本时间，通常情况下一个CCER项目开发时间周期都会超过5个月。

除上述项目开发流程，一个CCER项目成功备案并获得减排量签发，还需经过国家主管部门的审核批准过程。由上述项目审定及减排量签发程序，可以推算国家主管部门组织专家评估并进行审核批准的时间周期在60～120个工作日之间，即大约需要3～6个月时间。

根据上述项目开发及国家主管部门审批的时间，正常情况下，一个CCER项目从着手开发到最终实现减排量签发的最短时间周期为8个月，长则11个月以上。CCER项目备案和减排量备案流程及周期详见图2-9和图2-10。

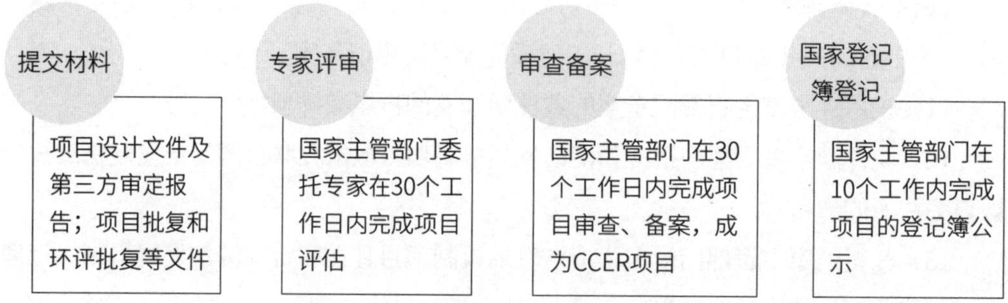

提交材料	专家评审	审查备案	国家登记簿登记
项目设计文件及第三方审定报告；项目批复和环评批复等文件	国家主管部门委托专家在30个工作日内完成项目评估	国家主管部门在30个工作日内完成项目审查、备案，成为CCER项目	国家主管部门在10个工作内完成项目的登记簿公示

图2-9 CCER项目备案流程及各环节周期

提交材料	专家评审	审查备案	国家登记簿登记
项目监测报告及第三方核证报告	国家主管部门委托专家在30个工作日内完成项目减排量评估	国家主管部门在30个工作日内完成项目减排量审查、备案	减排量经备案后，在国家登记簿备案签发

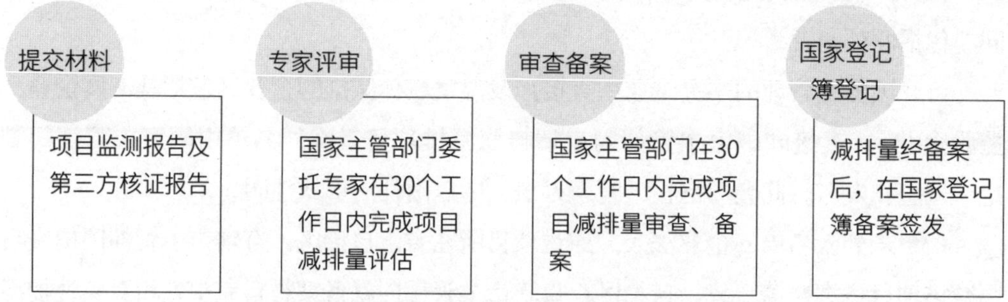

图2-10 CCER项目减排量备案流程及各环节周期

（六）项目开发可行性预评估

项目开发之前需要通过专业的咨询机构或技术人员对项目进行评估，判断该项目是否可以开发成为CCER项目，主要依据是评估该项目是否符合国家主管部门备案的CCER方法学的适用条件以及是否满足额外性论证的要求。

额外性是指项目活动所带来的减排量相对于基准线是额外的，即这种项目及其减排量在没有外来的CCER项目支持情况下，存在财务效益指标、融资渠道、技术风险、市场普及和资源条件方面的障碍因素，依靠项目业主的现有条件难以实现。

如果所评估项目符合方法学的适用条件并满足额外性论证的要求，咨询机构将依照方法学计算项目活动产生的减排量并参考碳排放权交易市场的CCER价格，进一步估算项目开发的减排收益。CCER项目的开发成本，主要包括编制项目文件与监测计划的咨询费用以及出具审定报告与核证报告的第三方费用等。项目业主以此分析项目开发的成本及收益，决定是否将项目开发为CCER项目并确定每次核证的监测期长度。

（七）减排量计入期

计入期是指项目可以产生减排量的最长时间期限。考虑到技术进步、产业结构、能源构成和政策等因素对基准线有重要影响，CCER项目活动产生的减排量将随上述因素的变化而变化，从而使CCER项目投资和减排效益带来种种不确定性和风险，事先也难以界定。为此，《温室气体自愿减排项目审定与核证指南》规定项目参与者可从两个备选的计入期期限中选择其中之一：固定计入期和可更新的计入期。

固定计入期：项目活动的减排额计入期期限和起始日期只能一次性确定，即一旦该项目活动完成登记后不能更新或延长。在这种情况下，一项拟议的CDM项目活动的计入期最长可为十年。

可更新计入期：一个单一的计入期最长可为7年。这一计入期最多可更新两次（即最长为21年），条件是每次更新时指定的经营实体确认原项目基准线仍然有效或者已经根据适用的新数据加以更新，并通知执行理事会。第一个计入期的起始日期和期限须在项目登记之前确定。

此外，已经在联合国清洁发展机制下注册的减排项目可选择补充计入期，补充计入期从项目运行之日起开始（但不早于2005年2月16日）并截止至清洁发展机制计入期开始时间。

不同项目选择计入期的方式往往不同。如垃圾焚烧项目一般使用固定期和可更新计入期，使用补充计入期较少；秸秆发电项目则一般使用可更新和补充计入期，比例相对均衡，较少使用固定计入期；光伏发电项目绝大部分选择可更新计入期；风力发电项目大部分使用可更新计入期，部分使用补充计入期。

（八）CCER项目指定的第三方审核机构

截至2017年，经国家通过的具有CCER第三方审定与核证资质的企业总共有12家，见图2-11。

第一批	第二批	第三批	第四批	第五批	第六批
中国质量认证中心 广州赛宝认证中心服务有限公司	中环联合（北京）认证中心有限公司	环境保护部环境保护对外合作中心 中国船级社质量认证公司 北京中创碳投科技有限公司	中国林业科学研究院林业科技信息研究所 深圳华测国际认证有限公司 中国农业科学院	中国建材检验认证集团股份公司	江苏省星霖碳业股份有限公司 中国铝业郑州有色金属研究院有限公司
2013年6月	2013年9月	2014年6月	2014年8月	2016年3月	2017年3月

图2-11 六批次第三方审核机构备案情况

其中能做林业方面的第三方审定与核证的机构有：中国质量认证中心（CQC）、广州赛宝认证中心服务有限公司（CEPREI）、中环联合（北京）认证中心有限公司（CEC）、北京中创碳投科技有限公司、中国林业科学研究院林业科技信息研究所（RIFPI）、中国农业科学院（CAAS）。

（九）参与机构和职责

表2-25详细列出了不同阶段CCER项目参与各方（项目业主、咨询公司、第三方审定和核证机构）的职责。

表2-25 CCER项目参与各方的职责

项目阶段	项目业主	咨询公司	第三方审定和核证机构
项目前期	配合咨询公司完成潜在CCER项目识别，确定可开发的CCER项目 选择咨询公司作为合作伙伴，并签订咨询服务合同	根据项目业主提供的基本项目信息，识别潜在CCER开发项目，提供计划书	

项目阶段	项目业主	咨询公司	第三方审定和核证机构
项目设计	提供具体的项目资料，配合咨询公司开展CCER项目设计文件的编制。包括确定项目的基准线、监测计划、环境影响评价等 如咨询服务合同明确审定费用由项目业主负责，则与咨询公司推荐的第三方审定机构（DOE）签订项目审定合同	根据项目业主提供的项目资料编写项目设计文件（PDD） 向DOE询价，确定或向项目业主推荐DOE 如项目咨询服务合同中明确的审定费用由咨询公司负责，则与确定的DOE签订项目审定合同	与项目业主或咨询公司签订项目审定合同
项目审定	配合咨询公司完成DOE对项目活动进行审定 配合咨询公司，提供DOE在审定过程中要求的证据文件和数据等	配合DOE和项目业主对项目活动进行审定 协助项目业主回复DOE提出的问题，关闭审定报告中的澄清或不符合项	现场审定 完成最终审定报告并提交给项目业主或咨询公司
项目备案	向政府主管部门提交项目备案申请	协助项目业主准备项目备案申请材料 协助DOE，回复国家主管部门专家评审委员会提出的问题	向国家主管部门提交最终审定报告和项目备案的其他材料，并回复国家主管部门专家评审委员会提出的问题
项目监测	CCER项目备案后，配合咨询公司进行减排量监测，提供减排量计算的监测数据及支持证据 如项目咨询服务合同中明确的核查费用由项目业主负责，则与咨询公司推荐的DOE签订项目核查合同	根据项目业主提供的监测数据及证据文件，准备项目监测报告 向DOE询价，确定或向项目业主推荐负责项目核查的DOE 如项目咨询服务合同中明确的核查费用由咨询公司负责，则与确定的DOE签订项目核查合同	与项目业主或咨询公司签订项目核查合同

项目阶段	项目业主	咨询公司	第三方审定和核证机构
项目核查核证	配合咨询公司完成DOE定期对项目活动所产生的温室气体减排量进行核查和核证 配合咨询公司，提供DOE在核查过程中要求的证据文件和数据等	配合DOE和项目业主对项目活动进行核查 协助项目业主回复DOE提出的问题，关闭核查报告中的澄清或不符合项	现场核查 完成最终核查报告并提交给项目业主或咨询公司
减排量备案	向政府主管部门提交减排量备案申请	协助项目业主准备减排量备案申请材料 协助DOE回复国家主管部门专家评审委员会提出的问题	向国家主管部门提交最终核查报告和减排量备案的其他材料，并回复国家主管部门专家评审委员会提出的问题
减排量交易	在国家登记簿，开立项目减排账户和相关联交易账户 在意向交易所开立交易账户完成减排量交易	协助项目业主在国家登记簿和意向交易所完成相关开户 协助项目业主寻找买家完成减排量的交易	

（十）CCER项目开发案例

装机容量50MW光伏地面电站项目案例

项目概况：2015年某光伏投资企业拟投资4.8亿元在西北地区新建光伏地面电站项目，进行并网发电。该项目装机总容量为50MW，发电约1400h，年发电量70000MW·h，负荷因子15.98%（负荷因子=1400/8760=15.98%）。根据国家发展改革委公布2015年区域电网基准线排放因子，电网排放因子为0.7883 t/（MW·h）。

项目类型：1：能源工业（可再生能源/不可再生能源）。

项目方法学：CM-001-V02可再生能源并网发电方法学（第二版）。

项目减排量：预计本项目年减排55182.7 t二氧化碳当量。

清丰县冶都中央公园 22.82 万平方米地热供暖工程项目案例

项目概况：本项目位于河南省濮阳市清丰县，业主为中石化新星河南新能源开发有限公司。本项目新建地热井5口，其中，生产井3口，回灌井2口。新建地下地热换热站一座，设计供暖能力 7364.95kW，利用深层地热水作为供暖热源，为冶都中央公园 22.82万平方米居民住宅建筑供暖。本项目的基准线情景是利用锅炉房中的燃煤锅炉通过热量分配网络向冶都中央公园小区 22.82万平方米居民住宅建筑供热。

项目类型：1：能源工业（可再生能源/不可再生能源）。

项目方法学：CM-022-V01 供热中使用地热替代化石燃料（第一版）。

项目减排量：预计本项目年减排6671 t二氧化碳当量。

北京液化天然气（LNG）公共交通项目案例

项目概况：由于在燃烧释放相同热量的情况下，天然气产生的二氧化碳排放量比燃油低。2016年，北京公交集团按照国家核证自愿减排量（CCER）项目管理办法，开发了"北京液化天然气（LNG）公共交通项目"，3155辆LNG公交车替换传统柴油车。

项目类型：7：交通运输业。

项目方法学：CMS-034-V01现有和新建公交线路中引入液化天然气汽车（第一版）。

项目减排量：预计年减排125108t二氧化碳当量。

青山垃圾填埋场填埋气综合利用发电项目案例

项目概况：本项目位于广东省清远市清城区横荷街道青山垃圾填埋场，是垃圾填埋气收集及利用项目。收集的填埋气将用于发电，电力接入本地电网，多余的填埋气将引入火炬燃烧。本项目总装机容量为5.9MW，年均发电量为23153.16MW·h，负荷因子为44.80%，除去厂用电后，年均上网电量21 995.50MW·h。

项目类型：13：废物处置。

项目方法学：CM-077-V01 垃圾填埋气回收（第一版）。

项目减排量：预计年减排117487t二氧化碳当量。

定边黄湾风电场工程项目案例

项目概况：本项目位于陕西省定边县黄湾乡北部区域，距定边县城约 55km，由国电定边新能源有限公司投资建设和运营。本项目为新建风力发电项目，拟安装 25 台单机容量为 2MW 风力发电机，总装机容量为 50MW。本项目预计年上网电量 96 627MW · h，年等效满负荷运行小时数为 1 933h，负荷因子为 22.06%。

项目类型：1：能源工业（可再生能源/不可再生能源），风力发电。

项目方法学：CM-001-V02 可再生能源并网发电方法学（第二版）。

项目减排量：预计年减排76173t二氧化碳当量。

鱼台长青环保能源有限公司生物质发电工程项目案例

项目概况：本项目新建1台130t/h的秸秆直燃锅炉、1台30MW的凝汽式汽轮机和1台30MW的空冷发电机，发电装机容量为30MW，年利用小时数 6500h，电厂负荷因子72.4%，发电厂年消耗农林生物质废弃物（包括棉秆、秸秆、树皮、枝桠和谷壳等）24.15 万吨（湿重），年发电量 195000MW · h，年供电量 171000MW · h，部分替代华北电网化石燃料燃烧所发的电量。

项目类型：1：能源工业（可再生/不可再生能源）。

项目方法学：CM-092-V01 纯发电厂利用生物废弃物发电（第二版）。

项目减排量：预计年减排126386t二氧化碳当量。

（十一）CCER项目（林业碳汇）开发案例

国际林业碳汇项目案例

1.中国广西珠江流域再造林项目

CDM 再造林碳汇项目是《京都议定书》规则下，发达国家与发展中国家合作开展的助力发达国家实现部分温室气体减排义务，同时帮助发展中国家实现可持续发展的一种合作机制。2006 年，在世界银行的支持下，全球首个成功注册的 CDM 林业碳汇项目——"中国广西珠江流域再造林项目"在广西实施。该项目完成造林面积3 008.8公顷，到 2035 年项目预期可实现温室气体减排量约77万吨。首个监测期内成功签发了 13.1964万吨碳汇减排量，收益51.9万美元。项目的实施促进了当地植被恢复，减轻水土流失，改善了周边生态环境，同时提供了数十万个临时就业机会，有超过5000 个农户从出售碳汇、木质和非木质林产品获得收益。该项目"退化土地再造林方法学 ARAM0001"是全球首个被批准的CDM 林业碳汇项目方法学，为全球开展 CDM 碳汇项目提供了示范，在国际上产生了积极影响。

2.内蒙古和林格尔盛乐国际生态示范区碳汇造林项目

2011 年，内蒙古和林格尔县建成了2191.21公顷高标准生态保护林。30年内预计有碳汇减排量约20万吨。产生的碳信用被美国迪士尼公司出资180万美元购买。2013 年，项目荣获民政部第八届"中华慈善奖"。

3.国际自愿碳标准（VCS）项目

VCS 是目前全球范围内被使用和认可程度最高的自愿减排标准，且按此标准生产和交易的产品占自愿减排市场份额最大。从2014年开始，中国绿色碳汇基金会组织先后开发了4个VCS林业碳汇项目，总面积约33333公顷，预计二氧化碳减排量近 600万吨。项目分别位于内蒙古的国有林区、福建永安林区、昆明贫困山区和西双版纳热带雨林区。前3个项目于2017年12月成功实现首次交易。

国内林业碳汇项目案例

1.广东长隆碳汇造林项目

2015年，全国首个CCER林业碳汇项目——广东长隆碳汇造林项目获得国家发展改革委减排量备案签发。该项目2011年在广东省3个县实施碳汇造林面积8667公顷，20年内预计产生减排量34.7万吨。目前，该项目所有减排量包括首期签发的5208吨CCER碳汇，由控排企业广东省粤电集团以每吨20元的单价签约购买用于履约。此项目的成功开发和交易，为我国CCER林业碳汇项目提供了可贵的经验和示范。

2.贵州省松桃苗族自治县碳汇造林项目

松桃苗族自治县碳汇造林项目位于贵州省铜仁市松桃苗族自治县境内。该项目2015—2017年在松桃苗族自治县境内按照《碳汇造林项目方法学》陆续开展碳汇造林活动，造林活动所选造林地均为荒山荒地等无林地，造林面积为14210公顷，主要造林树种为杉木、马尾松、刺槐和柏木。该项目预计在30年计入期内产生5812920吨二氧化碳当量的减排量，年均减排量为193764吨二氧化碳当量。

3.CGCF农户森林经营碳汇交易项目

为促进集体林权制度改革后的森林经营和林农增收，中国绿色碳汇基金会与浙江农林大学于2014年开发了《农户森林经营碳汇项目交易体系》。该体系参照国际规则，结合我国国情和林改后农户分散经营森林的特点及现阶段碳汇自愿交易的国内外政策和实践经验，以浙江省杭州临安区农户森林经营为试点，研制建成了包括项目设计、审核、注册、签发、交易、监管等内容的森林经营碳汇交易体系。该体系明确了政府部门的管理角色，科研部门提供技术服务，第三方对项目进行审定核查、注册以确保碳汇减排量的真实存在，最后托管到华东林权交易所进行交易。

首期42户农民的森林经营碳汇项目4285t减排量由中国建设银行浙江分行购买，用于抵消该银行办公大楼全年的碳排放，实现了办公碳中和目标。这是林改后农户首次获得林业碳汇交易的货币收益，虽然交易量不大，但对促进林业生态服务交易提供了有益借鉴。

第二节 碳金融

碳金融是指由《京都议定书》而兴起的低碳经济投融资活动，或称碳融资和碳物质的买卖，即服务于限制温室气体排放等技术和项目的直接投融资、碳权交易和银行贷款等金融活动。碳金融运用金融资本去驱动环境权益的改良，以法律法规作支撑，利用金融手段和方式在市场化的平台上使得相关碳金融产品及其衍生品得以交易或者流通，最终实现低碳发展、绿色发展、可持续发展的目的。

一、碳金融种类

碳金融目前没有一个统一的概念。一般而言，泛指所有服务于限制温室气体排放的金融活动，包括直接投融资、碳指标交易和银行贷款等。

碳金融的定义有狭义和广义之分。狭义上的碳金融是指与碳排放权交易相关的金融活动，包括碳排放权、碳金融衍生品交易以及碳资产管理业务；广义碳金融是指为支持环境改善、应对气候变化和资源节约高效利用的经济活动，即对环保、节能、清洁能源、绿色交通、绿色建筑等领域的项目投融资、项目运营、风险管理等所提供的金融服务，又叫绿色金融。

碳金融交易工具主要表现为两大类：一是基础产品，即碳排放权，属于原生碳产品，包括碳排放配额和核证自愿减排量；二是衍生碳产品，主要包括碳远期、碳期货、碳期权、碳掉期和碳借贷等。

（一）碳金融原生产品

碳排放权交易市场上，碳金融原生产品也通常简称为碳现货。它通过交易平台或者场外交易等方式达成交易，随着碳排放配额或核证自愿减排量的交付和转移，同时完成资金的结算。碳现货交易包括配额型交易和项目型交易，项目型交易的标的是核证自愿减排量（CER）。

碳排放配额是指政策制定者通过初始分配给重点排放单位的配额，是目前碳配额交易市场主要的交易对象。如《京都议定书》中的配额AAU、欧盟排放权交易体系使用的欧盟配额EUA。

核证自愿减排量（CER），经联合国执行理事会（EB）签发的CDM或PoAs（规划类）项目的减排量，一单位CER等同于1t的二氧化碳当量，计算CER时采用全球变

暖潜力系数（GWP），把非二氧化碳气体的温室效应转化为等同效应的二氧化碳量。

国家核证自愿减排量（CCER），是中国经核证的温室气体自愿减排量。

（二）碳金融衍生品

碳金融衍生品也就是碳市场交易工具，碳金融衍生品是在碳排放权交易基础上，以碳配额和碳信用为标的的金融合约，主要包括碳远期、碳期货、碳期权、碳掉期、碳借贷等。

碳远期交易，是指买卖双方签订远期合同，规定在未来某一时间进行商品交割的一种交易方式，远期交易在本质上属于现货交易，是现货交易在时间上的延伸。原始的CDM交易实际上属于一种远期交易。买卖双方通过签订减排量购买协议（ERPA）约定在未来的某段时间内，以某一特定的价格对项目产生的特定数量的减排量进行的交易。

碳期货，是指以碳排放权现货为标的资产的期货合约。对于买卖双方而言，进行碳期货交易的目的不在于最终进行实际的碳排放权交割，而是套期保值者利用期货自有的套期保值功能进行碳排放权交易市场的风险规避，将风险转嫁给投机者。此外，期货的价格发现功能在碳金融市场得到了很好的应用。

碳期权，是指在将来某个时期或确定的某个时间，能够以某一确定的价格出售或者购买温室气体排放权指标的权力。碳期权也可分为看涨期权和看跌期权。

碳掉期，也称碳互换，是交易双方依据预先约定的协议，在未来确定的期限内，相互交换配额和核证自愿减排量的交易。主要是因为配额和减排量在履约功能上同质，而核证自愿减排量的使用量有限，同时两者之间的价格差较大，因此产生了互换的需求。

碳借贷，是指交易双方达成一致协议，其中一方（贷方）同意向另一方（借方）借出碳资产，借方可以担保品附加借贷费作为交换。需要注意的是，碳借贷发生过程中，碳资产的所有权不发生转移。目前常见的有碳配额借贷，也称借碳。

（三）碳现货创新衍生产品

碳现货创新衍生产品，是指以碳排放配额或核证自愿减排量的现货为标的，创新和衍生出来的碳金融产品，也可称之为碳金融创新衍生产品。下面以深圳排放权交易所、北京环境交易所为例介绍其金融产品。

1. 深圳排放权交易所

深圳排放权交易所提供一系列金融创新服务包括碳资产质押融资、境内外碳资产回购式融资、碳债券、碳配额托管、绿色结构性存款、碳基金等。

（1）碳资产质押融资

碳资产质押融资是指管控企业通过以碳资产为质押物向银行申请贷款的融资方式。具体操作方式是管控企业向交易所提交碳资产质押业务申请，交易所为管控企业出具配额所有权证明和碳价分析报告，管控企业持相关材料向银行申请贷款，并签订借款合同和质押合同，并向发展改革委申请办理质押登记，最后银行完成放款流程。

产品功能：通过碳资产质押融资，管控企业可以盘活碳资产，更加灵活地管理碳资产，提前变现，减少资金占用压力。由市碳排放权交易主管部门委托交易所出具质押监管见证书，碳资产的安全有保障，可以提高企业的融资信用。对于激励管控企业提升碳资产管理水平和温室气体减排力度具有积极的推动作用。

（2）境内外碳资产回购式融资

配额/CCER持有者向金融机构或碳排放权交易市场其他机构参与人出售配额/CCER，并约定在一定期限后按照约定价格回购所售配额，从而获得短期资金融通。投资者既可以是境内投资者，也可以是境外投资者。

产品功能：帮助管控企业盘活碳资产，拓宽融资渠道，降低融资成本。同时，吸引境外投资者参与国内碳排放权交易市场，引进境外资金参与国内低碳发展。

（3）碳债券

碳债券是政府、企业为筹集低碳经济项目资金而向投资者发行的、承诺在一定时期内支付利息和到期还本的债务凭证，其核心特点是将低碳项目的减排收入与债券利率水平挂钩，通过碳资产与金融产品的嫁接，降低融资成本，实现融资方式的创新。

产品功能：依托项目基础资产的收益，附带通过在交易所出售实现的碳资产收益发行债券，将碳排放权交易的经济收益与社会引领示范效应结合，降低综合融资成本，为低碳项目开拓新的融资渠道，同时吸引境内外的投资者参与低碳建设。

（4）碳配额托管

碳配额托管交易机制是一种资产托管手段，管控企业与交易所认可的托管机构签订碳配额托管协议，约定接受托管的碳配额标的、数量和托管期限，以及可能获取的资产托管收益；托管机构在托管期代为交易，利用自身专业的资产管理手段实现资产增值，并在托管结束后再将一定数量的配额返还给管控企业以实现履约的模式。

产品功能：碳配额托管交易机制能够极大地促进碳排放权交易市场的流动性，专业的碳资产托管服务为管控企业免除了自身高价培养专业碳操盘人才的顾虑和费用，让企业在稳健履行（或获得收益或低成本履约）的同时能更加专注于主营业务。

（5）绿色结构性存款

通过结构化设计，项目在常规存款产品基础上，对收益组成进行重新安排，引入碳配额/CCER作为新的支付标的，是一种收益增值产品。

产品功能：通过在碳金融领域的存款类产品创新，帮助碳排放权交易市场管控企业，既能获得稳定的财富增长，还能实现碳配额资产的高效管理，充分实现收益最大化。

（6）碳基金

碳基金是由政府、金融机构、企业或个人投资设立的专门基金，致力于在购买碳配额或经核证的项目减排量，经过一段时期后予以投资者碳信用、碳配额或现金回报，以帮助改善气候变暖。

产品功能：碳基金作为一类新型基金产品不仅丰富了资本市场投资品种，还通过吸引基金市场投资者广泛关注碳排放权交易和碳资产，推动了碳排放权交易和气候变化理念的普及，对于我国培育低碳投资市场和绿色投资偏好投资者具有重要的实践意义。

2. 北京环境交易所

北京环境交易所碳金融服务有碳配额回购融资、碳排放权场外掉期交易、碳配额质押融资、碳配额场外期权交易、中碳指数等。

（1）碳配额回购融资

重点排放单位或其他配额持有者向碳排放权交易市场其他机构交易参与人通过签订《回购协议》的方式出售配额，并约定在一定期限后按照约定价格回购所售配额，从而获得短期资金融通的交易活动。协议中需包含回购的配额数量、时间和价格等核心条款。

（2）碳排放权场外掉期交易

碳配额场外掉期交易是场外交易双方以碳配额为标的物，以现金结算标的物即期与远期差价的场外交易活动。具体交易条款由场外交易双方自主约定，交易所主要负责保证金监管、交易鉴证及交易清算和结算。

（3）碳配额质押融资

由北京环境交易所和中国建设银行（建行）联合推出。借款人在正常经营过程中，以其合法持有、经建行和北京市碳排放交易主管部门认可的碳配额作为质押，并向建行申请的信贷业务。碳配额条件：碳配额由主管部门通过注册登记系统发放；碳配额可在北京环境交易所进行交易，具有一定流动性，可变现；碳配额不存在权利瑕疵，未设定抵押、质押或转让第三人。担保方式：碳配额质押业务应优先采用建行认可的抵质押担保措施，并提供碳配额质押作为有效补充。碳配额质押率：评估价值以北京环境交易所提供的碳配额交易价格报告为准。

（4）碳配额场外期权交易

碳配额场外期权交易是交易双方以碳排放权配额为标的物，通过签署书面合同进行期权交易，并委托交易所监管权利金与合约执行的场外非标准化碳金融创新产品。交易双方于合约签署时确定行权期与执行价格，并由期权买方在行权期内做出执行或不执行之决定后委托交易所根据双方约定完成合约执行工作。

（5）中碳指数

中碳指数由北京绿色金融协会开发推出，是综合反映国内各个试点碳排放权交易市场成交价格和流动性的指标，主要包括"中碳市值指数"和"中碳流动性指数"两只指数。为了从复杂的价格变动中分析和提炼整个碳排放权交易市场的价格变动水平和变动趋势，中碳指数开发团队综合考虑各个试点碳排放权交易市场的碳价、成交量、配额总量等因素，分析碳价和成交量的变动趋势与涨跌程度，编制出能够反映碳排放权的价格、成交量等相对于基期的综合相对指数。中碳指数仅选取样本地区碳排放权交易市场的线上成交数据，样本地区根据配额规模设置权重。

碳现货创新衍生产品典型案例

1. 碳信托

2015年，国内首个碳信托产品在上海碳排放权交易市场交易CCER。由上海证券有限责任公司与上海爱建信托有限责任公司联合发起设立的"爱建信托·海证一号碳排放交易投资集合资金信托计划"，是国内首个专业信托金融机构参与的、针对CCER的专项投资信托计划。2015年4月8日，该信托计划在上海环境能源交易所以协议转让方式完成了上海碳排放权交易市场首笔CCER交易，交易量为20万t。此次CCER交易是

上海环境能源交易所的首笔CCER交易，也是金融机构首次参与CCER购买的活动。

该信托计划此后持续参与上海碳排放权交易市场CCER交易，还荣获了2015年度上海金融创新奖，并在2016年度中国优秀信托公司评选活动中荣获"优秀绿色信托计划"奖项。信托计划在设计上采取了结构化分级，将不同的风险偏好的投资者纳入，投资者既可以通过信托投资实现资产配置、获得投资收益，也可以为环境保护贡献自己的一份力量。

2. 碳基金

2014年12月31日，由海通新能源股权投资管理有限公司和上海宝碳新能源环保科技有限公司合作的海通宝碳基金成立。2015年1月18日，海通宝碳基金在上海环境能源交易所交易平台正式上线启动。作为拥有2亿元人民币的专项投资基金，海通宝碳基金由海通新能源股权投资管理有限公司和上海宝碳新能源环保科技有限公司作为投资人和管理者，上海环境能源交易所作为交易服务提供方，对全国范围内的CCER进行投资。

该基金的设立不仅标志着碳排放权交易市场与资本市场成功联通，也标志着碳排放权交易和碳金融体系建设工作又有了新的跨越。该基金的成立，不仅提升了碳资产价值，同时填补了碳金融行业空白，更让整个碳排放权交易市场的地位提升至新的高度，其所具有的突破性和创新性对整个碳金融行业和节能环保领域有着深远的意义和影响。

3. 碳配额回购融资

2014年12月30日，中信证券股份有限公司与北京华远意通热力科技股份有限公司正式签署了国内首笔碳排放配额回购融资协议，融资总规模为1330万元。此项回购融资协议的签署，实现了碳排放权交易市场与金融市场的有机结合，标志着北京碳排放权交易市场在碳金融产品创新方面又迈出了实质性的一步，是北京市碳排放权交易试点建设进程中的一个重要里程碑。

4. 碳排放权场外掉期交易

2015年6月15日，中信证券股份有限公司、北京京能源创碳资产管理有限公司、北京环境交易所在"第六届地坛论坛"正式签署了国内首笔碳配额场外掉期合约，交易量为1万t。掉期合约交易双方以非标准化书面合同形式开展掉期交易，并委托北京环境交易所负责保证金监管与交易清算工作。碳配额场外掉期交易为碳排放权交易市场交易参与人提供了一个防范价格风险、开展套期保值的手段。

5.碳配额场外期权交易

2016年6月16日，深圳招银国金投资有限公司、北京京能源创碳资产管理有限公司、北京环境交易所正式签署了国内首笔碳配额场外期权合约，交易量为2万t。交易双方以书面合同形式开展期权交易，并委托北京环境交易所负责监管权利金与合约执行工作。碳配额场外期权交易为碳排放权交易市场交易参与人提供了一个提前锁定交易价格、防范价格风险、开展套期保值的手段。

二、碳金融衍生品的功能与作用

金融衍生品自产生以来，之所以不断发展壮大并成为现代市场体系中不可或缺的重要组成部分，是因为金融衍生品市场具有难以替代的功能和作用，碳现货衍生品属于金融衍生品中的以碳资产为标的的一类，也具备同样的功能和作用。

（一）价格发现

金融衍生品普遍具有价格发现功能。价格发现是指在一个公开、公正、竞争的市场中，通过完成交易形成远期或期货价格，它具有真实性、预期性、连续性和权威性的特点，能够比较真实地反映出供求情况及其价格变动趋势。

国际碳远期和碳期货市场集中了大量的市场供求信息，碳远期或碳期货合约包含的远期成本和远期因素必然会通过合约价格反映出来，即合约价格可以反映出众多的买方和卖方对于未来价格的预期。其中，期货合约的买卖转手相当频繁，所以期货价格能比较连续地反映价格变化趋势，对生产经营者有较强的指导作用。

（二）风险管理

风险管理在金融衍生产品交易市场中起着最为重要和核心的作用。因为衍生品的价格与现货市场价格相关，它们通常被用来降低或者规避持有现货的风险。通过金融衍生品交易，市场上的交易风险还可以重新分配。所有的市场参与者都可以把风险控制在自身可以接受的范围内，让低风险承受者把风险更多地转向愿意并且有能力承受高风险的专业风险管理者成为可能。

以碳期货为例，一般情况下，碳现货市场和期货市场由于受到相同的经济因素的影响和制约，价格变动趋势相同，并且随着期货合约临近交割，现货价格和期货价格保持一致。套期保值就是利用两个市场的这种关系，在期货市场上采取与现货市场上交易数量相同但交易方向相反的交易，从而在两个市场上建立一种相互冲抵的机制。最终亏损额和盈利额大致相等、两相冲抵，从而将价格变动的大部分风险转移出去。

（三）资产配置

期货作为资产配置工具，不同品种有各自的优势。首先，期货能够以套期保值的方式为现货资产对冲风险，从而起到稳定收益、降低风险的作用。其次，期货是良好的保值工具。经济危机以来各国为刺激经济纷纷放松银根，造成流动性过剩，通货膨胀压力增大。而期货合约的背后是现货资产，期货价格也会随着投资者的通货膨胀的预期而水涨船高。因此，持有期货合约能够在一定程度上抵消通货膨胀的影响。最后，将期货纳入投资组合能够实现更好的风险–收益组合。期货的交易方式更加灵活，能够借助金融工具的方法与其他资产创造出更为灵活的投资组合，从而满足不同风险偏好的投资者的需求。碳期货作为期货品种之一，也具备类似功能和作用。

（四）可盘活碳资产

此功能为碳金融衍生品所特有。碳现货创新衍生产品是以碳资产为标的衍生出的创新型的碳金融产品，它既是为碳排放权交易体系管控单位提供新型融资方式的金融工具，同时也可盘活市场碳资产，加大碳资产在碳排放权交易市场中的流通率和流转率，一定程度的流动性将保证市场的活跃度和交易量，从而可以更好地形成市场价格，让企业更好地发现有效的减排产品，从事节能减排活动。

三、碳金融业务机构

目前我国已建立九大碳排放权交易中心，即上海环境能源交易所、湖北碳排放权交易中心、北京环境交易所/北京绿色交易所、深圳排放权交易所、天津排放权交易所、广州碳排放权交易所、海峡股权交易中心——环境能源交易平台、四川联合环境交易所、重庆碳排放权交易中心。

在这9大试点交易所中，不是每个试点碳交易所都支持个人开户。支持个人开户的分别为这5家交易所：湖北碳排放权交易中心、广州碳排放权交易所、海峡股权交易中心、四川联合环境交易所、重庆碳排放权交易中心。

各交易所围绕碳排放权交易开展碳金融业务，部分交易所业务涉及碳基金、绿色存款、碳债券等绿色金融业务，各所业务如表2-26所示。

表2-26 国内部分碳交易所碳金融业务

碳交易所	碳金融业务
广州碳排放权交易所	碳排放权交易、配额抵押融资、配额回购融资、配额远期交易、CCER远期交易、配额托管
深圳排放权交易所	碳排放权交易、碳资产质押融资、境内外碳引产回购式融资、碳债券、碳配额托管、绿色结构性存款、碳基金
北京环境交易所	碳排放权交易、碳配额网购融资、碳配额场外掉期交易、碳配额质押融资、碳配额场外期权交易
上海环境能源交易所	碳排放权交易、上海碳配额远期、碳信托、碳基金
天津排放权交易所	碳排放权交易
湖北碳排放权交易中心	碳排放权交易、碳资产砥押融资、碳债券、碳资产托管、碳排放配额回购融资、碳金融结构性存款
重庆碳排放权交易中心	碳排放权交易

问题与思考

1. 简述碳排放权交易的基本流程。

2. 我国碳排放权交易产品有哪些？

3. 在全国碳排放权交易系统中，碳排放权交易的方式有哪些？

4. 如何处理碳排放权交易主体之间发生的纠纷？

5. 碳排放权交易风险管理的措施有哪些？

6. 国家核证自愿减排量包括哪些项目？

7. 简述CCER抵消配额清缴步骤。

8. 简述CCER的定义以及CCER项目的开发流程。

9. 碳资产从哪些方面理解？

10.碳金融衍生品的功能与作用。

第三篇

碳核查

第七章

碳核查概述

根据生态环境部2021年发布的《企业温室气体排放报告核查指南（试行）》，碳核查是指根据行业温室气体排放核算方法与报告指南及相关技术规范，对重点排放单位报告中的温室气体排放量和相关信息进行全面核实、查证的过程。碳核查由省级生态环境主管部门组织开展，核查结果作为重点排放单位碳排放配额清缴的依据。省级生态环境主管部门可以自主开展核查，也可以通过政府购买服务的方式委托技术服务机构提供核查服务。

第一节 碳核查相关术语

一、温室气体排放报告

温室气体排放报告，是指重点排放单位根据生态环境部制定的温室气体排放核算方法与报告指南及相关技术规范编制的，载明重点排放单位温室气体排放量、排放设施、排放源、核算边界、核算方法、活动数据、排放因子等信息，并附有原始记录和台账等内容的报告。

二、核算边界

核算边界，是指碳排放核算或碳排放核查中温室气体排放所包含的范围，报告主体应核算和报告其所有设施和业务产生的温室气体排放。设施和业务范围包括直接生产系统、辅助生产系统以及直接为生产服务的附属生产系统，其中辅助生产系统包括动力、供电、供水、化验、机修、库房、运输等，附属生产系统包括生产指挥系统（厂部）和厂区内为生产服务的部门和单位（如职工食堂、车间浴室、保健站等）。核算边界包括：燃料燃烧排放、工业生产过程排放、净购入电力热力产生的排放、固碳产品隐含的排放等。

三、燃料燃烧排放

燃料燃烧排放，是指化石燃料与氧气进行充分燃烧产生的温室气体排放。如钢铁企业燃料燃烧排放包括钢铁生产企业内固定源排放（如焦炉、烧结机、高炉、工业锅炉等固定燃烧设备），以及用于生产的移动源排放（如运输用车辆及厂内搬运设备等）。

四、工业生产过程排放

工业生产过程排放，是指原材料在工业生产过程中除燃料燃烧之外的物理或化学变化造成的温室气体排放。如钢铁企业工业生产过程排放，是指在烧结、炼铁、炼钢等工序中由于其他外购含碳原料（如电极、生铁、铁合金、直接还原铁等）和熔剂的分解和氧化产生的CO_2排放。

五、净购入使用的电力、热力产生的排放

净购入使用的电力、热力产生的排放，是指企业消费的净购入电力和净购入热力（如蒸汽）所对应的电力或热力生产环节产生的二氧化碳排放。该部分排放实际发生在电力、热力生产企业，但在核算中应该计入电力、热力使用单位。

六、固碳产品隐含的排放

固碳产品隐含的排放，是指固化在产品（外销产品等）中的碳所对应的二氧化碳排放。如钢铁生产过程中有少部分碳固化在企业生产的生铁、粗钢等外销产品中，还有一小部分碳固化在以副产煤气为原料生产的甲醇等固碳产品中。这部分固化在产品中的碳所对应的二氧化碳排放应予扣除。

七、活动水平

活动水平，是指导致温室气体排放或清除的生产或消费活动的活动量，例如每种

燃料的消耗量、电极消耗量、购入的电量、购入的蒸汽量等。

八、排放因子

排放因子，是与活动水平数据相对应的系数，指单位活动水平的温室气体排放量或吸收量。例如发电企业每单位化石燃料燃烧所产生的二氧化碳排放量、用电企业每单位购入使用电量所对应的二氧化碳排放量等。

九、数据质量控制计划

"数据质量控制计划"也称为"排放监测计划"，是指重点排放单位为确保数据质量，对温室气体排放量和相关信息的核算与报告作出的具体安排与规划。包括重点排放单位和排放设施基本信息、核算边界、核算方法、活动数据、排放因子及其他相关信息的确定和获取方式，以及内部质量控制和质量保证相关规定等。

十、不符合项

不符合项，是指核查发现的重点排放单位温室气体排放量、相关信息、数据质量控制计划、支撑材料等不符合温室气体核算方法与报告指南以及相关技术规范的情况。

第二节　碳核查的作用和意义

碳核查是碳排放管理和碳市场框架体系的重要组成部分，是了解重点排放单位碳排放现状、减排潜力，保证重点排放单位取得排放配额，顺利完成配额清缴和碳交易的重要环节。无论是重点排放单位还是一般报告单位，开展温室气体排放核查都具有重要意义。

一、碳核查是摸清"碳家底"的主要途径

节能减排降碳是企业的法定义务，随着碳达峰、碳中和目标的明确，摸清"碳家

底"十分紧迫而必要。对企业而言，需要从燃料燃烧排放、工艺排放等全过程调查识别排放节点、排放过程、排放因子、活动水平，切实掌握排放状况、减排潜力和存在的问题。根据核查结果对照政府分配的碳排放配额，如果排放总量超过配额，需要企业到碳市场购买排放额度，如果小于排放配额，则可以卖出多余的配额从而获得收益。企业在摸清自己碳资产总体情况的基础上，可以按照成本收益的比较对碳资产的使用统筹安排，确立科学的碳资产管理策略。对管理部门而言，针对重点排放单位开展碳核查，对其报送的温室气体排放报告并结合现场开展全面的调查核算，了解该单位碳排放全貌，进而掌握辖区内碳排放整体状况，为配额分配管理、制定针对性的碳减排措施、开展碳排放权交易奠定基础。

二、碳核查是企业取得排放配额的前提条件

排放配额是政府分配给重点排放单位指定时期内的碳排放额度，是碳排放权的凭证和载体。从目前公布的配额分配方式来看，重点排放单位的历史排放水平是其获得配额的一个重要的基数。企业的碳排放历史数据必须经过核查才能作为政府配额分配的依据。生态环境主管部门直接或委托第三方核查机构对企业在某一时期内的碳排放量进行事后的独立检查和判断，通过核查，可以确保排放单位温室气体报送符合核算指南要求，温室气体排放数据真实有效、客观公正。生态环境主管部门才能依据核查结果制定科学合理的碳排放配额分配方案。由此可见，碳核查是确定重点排放单位排放基数、政府主管部门完成配额分配及履约工作的前提条件和有力保障。

三、碳核查是推进碳减排的有力抓手

从碳市场的交易价格看，碳交易产品成交价格远低于企业碳减排成本，重点排放单位在碳减排上缺少主动减排的动力，有的超排单位甚至弄虚作假，虚报碳排放量，导致全社会碳减排工作进展缓慢。客观真实的核查结果，有利于提升排放单位减污降碳积极性、主动性，促使其发掘潜在的节能减排项目及减排机会，在节能减排和技术升级上加大投入，才能更好地履行法定配额清缴义务。在推进碳减排过程中，排放单位超额减排形成碳资产，可以形成潜在的碳财富。温室气体排放是动态变化的，对于一般报告单位而言，也要关注自身的碳排放，定期开展自查自纠，一旦超过温室气体排放量或者能源消费量标准，就会被碳排放主管部门纳入重点排放单位。不论是重点

排放单位还是一般报告单位，碳核查都有利于自身对排放的温室气体进行全面掌握与管理，科学制定碳减排措施。

四、碳核查是增强企业竞争优势的"名片"

随着对全球气候变化问题的关注，越来越多的公众、投资人或其他的利益相关方对温室气体排放信息公开提出了更高的要求。越来越多的企业对自己的供应链进行"绿化"，将"低碳"作为其供应链的必须条件，要求供应链企业进行碳排放信息披露。由企业对自身的温室气体排放数据进行统计并公开，缺少透明度和公信力。而由政府主管部门或者第三方核查机构进行的核查，不仅可以对企业自身温室气体排放报告结果进行验证，还能有效地保证温室气体排放报告数据的完整性、一致性、准确性和透明度。对企业而言，接受温室气体排放核查是必经的年度工作，是应对绿色壁垒、增强竞争力的需要，也是提升自身社会形象和品牌建设的重要手段。当前，银行和投资者越来越多地意识到了气候变化问题的风险，越来越关注企业在温室气体排放管理方面和应对气候变化方面采取了哪些措施，并关注这些措施可能带来的财务影响。对于那些温室气体排放信息披露及减排规划做得好的企业，更有利于获得银行和投资者的青睐。国内各大银行及中小银行，如工商银行、兴业银行、招商银行等都开展了绿色信贷，为那些节能减排、提高能效的项目进行融资。

第三节 国内外碳核查政策与标准

为应对全球气候变暖，20世纪90年代以来，国内外围绕不同层级的碳排放核算标准制定开展了大量探索。主要包括两类：一类是对区域的温室气体排放进行核算，包括国家、州、城市甚至是社区层面；另一类是围绕企业（或组织）、项目以及产品层面的碳核算。核算标准的制定包括了核算边界界定、排放活动分类、核算数据来源、参数选取、报告规范等一系列内容。

一、国际碳排放核算指南框架

从影响力来看，部分国际机构如联合国政府间气候变化专门委员会（IPCC）、世界资源研究所（WRI）、国际标准化组织（ISO）等制定的温室气体核算指南已成为各国开展温室气体核算的蓝本。以下重点介绍几类具有较大影响力的温室气体核算指南。

（一）IPCC出台的国家温室气体核算指南

联合国政府间气候变化专门委员会（IPCC）是由世界气象组织（WMO）和联合国环境规划署（UNEP）在1988年建立的政府间组织。IPCC的重要职责是为《联合国气候变化框架公约》（UNFCCC）和全球应对气候变化提供技术支持。为帮助各国掌握温室气体的排放水平变化、趋势以及落实减排举措，IPCC在1995年、1996年分别发布了国家温室气体清单指南及其修订版，旨在为具有不同信息、资源和编制基础的国家提供具有兼容性、可比性和一致性的编制规范。

2006年，IPCC在整合《IPCC国家温室气体清单指南（1996修订版）》《2000年优良做法和不确定性管理指南》和《土地利用、土地利用变化和林业优良做法指南》的基础上，发布了更为完善的清单指南。根据《2006年IPCC国家温室气体清单指南》，国家温室气体的核算范围包括能源、工业过程和产品使用、农业、林业和其他土地利用、废弃物等5大类。与1996年版本相比，2006年版在使用排放因子法时考虑了更为复杂的建模方式，特别是在较高的方法层级上；此外，其中还介绍了质量平衡法。随着2006年指南越来越难以适应新形势下温室气体核算，IPCC从2015年开始筹备并最终发布了《2006年IPCC年国家温室气体清单指南（2019修订版）》。与已有版本相比，2019修订版更新完善了部分能源、工业行业以及农业、林业和土地利用等领域的活动水平数据和排放因子获取方法。同时，强调了基于越来越完善的企业层级数据来支撑国家清单编制，以及基于大气浓度（遥感测量和地面基站测量相结合）反演温室气体排放量的做法，以提高国家清单编制的可验证性和精度。

（二）WRI、C40和ICLEI发布的城市温室气体核算标准

2014年，世界资源研究所（WRI）、城市气候领袖群（C40）和国际地方环境行动理事会（ICLEI）在世界银行以及联合国的支持下，正式发布了全球首个《城市温室气体核算国际标准》（GPC），旨在提供统一透明的城市温室气体排放核算方法，为城市制定减排目标、追踪完成进度、应对气候变化等提供指导。目前全球已有多个城市基于GPC测试版，建立了城市温室气体清单。

根据GPC，温室气体清单的边界可以是城市、区县、多个行政区的结合以及城市圈或者其他，排放源则包括固定能源活动、交通、废弃物、工业生产过程和产品使

用、农业、林业和土地利用以及城市活动等，产生在城市地理边界外的其他排放。上述排放活动可以进一步划分为范围一（城市边界内的直接排放）、范围二（城市边界内的间接排放）和范围三（由城市边界内活动产生，但发生在边界外的其他间接排放）。鉴于数据可得性和不同城市间排放源的差别，GPC为城市提供了"BASIC"和"BASIC+"两种报告级别。前者包括固定能源活动和交通的范围一和范围二排放，废弃物处理的范围一和范围三排放。后者的报告范围还包含工业生产过程和产品使用、农业、林业和土地利用以及跨边界交通。在计算方法上，GPC建议使用与IPCC国家清单指南中相一致的方法进行计算。在该标准下，城市温室气体清单可以在区域和国家层面进行汇总，从而能够为评价城市减排贡献、提高国家温室气体清单质量等提供支撑。

（三）WRI和WBCSD发布的温室气体核算体系

世界资源研究所（WRI）和世界可持续发展工商理事会（WBCSD）联合建立的温室气体核算体系，是全球最早开展的温室气体核算标准项目之一。该体系是针对企业、组织或者产品进行核算的方法体系，旨在为企业温室气体排放许可目录建立国际公认的核算和报告准则。主要包括《温室气体核算体系：企业核算与报告标准（2011）》《温室气体核算体系：产品生命周期核算和报告标准（2011）》《温室气体核算体系：企业价值链（范围三）核算与报告标准（2011）》。

其中，企业核算标准规定了企业层面量化和报告温室气体排放组织边界、报告范围、核算方法等。具体包括三种核算范围：其中范围一是指企业实际控制范围内的排放（即直接排放），范围二为企业控制之下购买电力产生的排放（即电力的间接排放），范围三为其他间接排放。在企业核算中，范围一和范围二一般为必报内容，范围三为可选的报告内容。鉴于此，企业价值链核算与报告标准进一步对范围三的报告进行了规范。从温室气体核算体系中范围三标准和产品标准的关系看，两者均采用全面的价值链或生命周期方法（又称为碳足迹）进行温室气体核算。前者使得企业能够了解产品上游和下游范围三的温室气体排放，后者使企业能够量化单个产品从原材料、生产、使用到最终废弃处理整个生命周期的环境影响。

（四）ISO制定的温室气体排放系列标准

国际标准化组织（ISO）是全球标准化领域最大、最权威的国际性非政府组织。2006年ISO发布了14064系列标准，旨在从组织或项目层次上对温室气体（GHG）的排放和清除制定报告和核查标准。2013年ISO进一步发布了14067标准，基于"碳足迹"对产品层面的温室气体核算量化提供指南。目前ISO系列标准在国外企业温室气体核算中已有广泛的应用。

具体来看，ISO 14064主要包含了三部分内容，第一部分在组织（或公司）层次上规定了GHG清单的设计、制定、管理和报告的原则和要求，包括确定排放边界、量化以及识别公司改善GHG管理具体措施或活动等要求；第二部分针对专门用来减少GHG 排放或增加GHG清除的项目，包括确定项目的基准线情景及对照基准线情景进行监测、量化和报告的原则和要求；第三部分则规定了GHG排放清单核查及项目审定或核查的原则和要求，包括审定或核查的计划、评价程序以及对组织或项目的GHG声明评估等。

ISO 14067则是建立在生命周期评价（ISO 14040 和ISO 14044）、环境标志和声明（ISO 14020、ISO 14024和ISO 14025）等基础上，专门针对产品碳足迹的量化和外界交流而制定的。

二、部分国家碳排放核算实践

在国际温室气体核算体系的指引下，欧盟、美国、加拿大、澳大利亚以及新加坡等纷纷建立了自身的温室气体核算体系。其中发达国家作为《联合国气候变化框架公约》中附件一的缔约方，相比发展中国家在全球气候治理上具有更大的责任和义务，在向联合国报送温室气体清单的频度以及透明度等方面也面临着更高的要求。因此，发达国家在碳排放核算方面积累了相对丰富的经验。

（一）英国

当前英国已建立了国家、地区和企业及产品等层面的温室气体核算体系，在部分核算领域的实践上走在了全球前列。从编制机制看，英国国家温室气体清单主要由里卡多能源与环境公司代表商业能源与工业战略部（BEIS）进行编制和维护。 BEIS负责国家清单的管理和规划、相关部门的统筹协调以及系统开发等，里卡多能源与环境公司凭借先进的数据处理和建模系统负责清单计划、数据收集、计算、质量保证/控制以及清单管理和归档。同时，受BEIS和权力下放管理局的委托，里卡多能源与环境公司还负责按年编制英国四大行政区（英格兰、威尔士、苏格兰和北爱尔兰）的温室气体排放清单，并对其减排目标的实现情况进行追踪。在城市层面，英国一些城市将温室气体核算视为重要的减排工具，如大伦敦管理局按年编制了伦敦地区总体以及下辖33个市区的温室气体核算清单。在企业层面，英国强制要求每个财年所有上市公司和大型非上市公司需要在董事会报告中，披露温室气体排放情况以及可能的影响，有限责任合伙企业需要在年度《能源和碳报告》中披露温室气体排放情况以及可能的影响。

1. 在基础数据来源方面

BEIS通过与其他政府部门（如环境、食品和农村事务部、运输部）、非部门的公共机构（如英格兰、威尔士、北爱尔兰以及苏格兰环境保护署）、私营公司（如塔塔钢铁公司）以及商业组织（如英国石油工业协会和矿产协会）等关键数据提供者签订正式协议，建立了常态化的数据搜集体系，并通过《综合污染预防和控制条例》和《环境许可条例》，规定了工业运营商排放数据的法定报告义务。为解决地方温室气体清单编制中部分数据缺失的难题，英国政府基于已有数据和辅助模型，专门开发了针对地方当局的能源数据库。同时，英国还建立了与气候变化相关的排放源监测网络，该网络能够实现对主要温室气体的高频监测。通过保证基础数据的完整以及公开、透明，为相关主体的清单编制提供了有力支撑。

2. 在核算方法方面

英国国家温室气体清单基于IPCC发布的最新指南进行编制，并结合最新可用数据源以及政府资助的研究成果进行了方法上的改进。四大行政区层面的温室气体编制方法与英国国家温室气体清单的编制尽可能保证了一致。在城市层面，英国标准化协会在遵循《城市温室气体核算国际标准》（GPC）等国际标准的基础上，提出了城市温室气体排放评估规范（PAS 2070）。该评估规范包含了城市直接产生（来自城市边界内）和间接产生（在城市边界之外生产，但在城市边界内使用的商品和服务）的温室气体排放，并以伦敦为例，为英国城市间温室气体清单的编制提供了具有可比性和一致性的方法。针对企业的温室气体排放核算，参考《温室气体核算体系：企业核算与报告标准（2011）》，英国环境、食品和农村事务部和BEIS于2012年发布了《关于企业报告温室气体的排放因子指南》。2013年，进一步发布了《环境报告指南：包括简化的能源和碳报告指南》（并于2019年4月进行了更新）。此外，英国标准协会还于2008年发布了全球首个基于生命周期评价方法的产品碳足迹标准，即《PAS 2050: 2008商品和服务在生命周期内的温室气体排放评价规范》。同时，补充制定了以规范产品温室气体评价为目的的《商品温室气体排放和减排声明的践行条例》，建立了碳标识管理制度，帮助企业披露产品的碳足迹信息。

3. 在核算质量方面

英国为保证温室气体核算质量，主要采取了以下做法：一是推动温室气体核算与报告规范化，英国通过《公司法》规定了相关企业的温室气体强制披露义务，并建立了相对完善的碳排放数据监管体系及有效的约束机制；二是英国是世界上少有的定期通过大气测量和反演模型相结合对排放清单进行外部验证的国家之一，通过将反向排放估算值与清单估算值进行比较，对查找及减少核算误差提供了有力支撑；三是BEIS建立了国家气体排放清单网站（NAEI），方便公众查询和下载Excel格式的各项排放源、排放因子等详细数据，同时还提供了用户友好界面的排放地图，允许用户以各种比例探索和查询数据。在地区和企业等层面，温室气体清单也保持了完整、透明的披露，并向公众提供了相应的沟通交流和反馈机制。

4. 在核算结果应用方面

作为世界上第一个为净零排放目标立法的经济体，英国将温室气体核算作为追踪减排目标实现的重要工具。英国目前公布的 1990—2019年国家以及四大行政区的温室气体清单，不仅作为评估《京都议定书》下英国减排承诺进展以及英国对欧盟减排贡献的重要依据，也为地区追踪减排政策有效性、帮助民众了解温室气体和空气质量、监测目标实现进度、履行各种报告义务提供了重要支撑。部分城市如伦敦加入了"全球市长气候与能源盟约"，基于已发布的2000—2019年的温室气体报告，定期评估伦敦市长二氧化碳减排目标的进展情况。英国企业及产品层面的温室气体清单核算，主要用于帮助企业及利益相关者了解风险敞口并应对气候变化，从而推动企业或产品层面的低碳转型。

（二）美国

美国于1992年签署并加入《联合国气候变化框架公约》（UNFCCC），并承诺每年向UNFCCC提交国家温室气体清单，目前已形成了包含国家、州、城市、企业和产品等层面的相对成熟的核算体系。在核算机制上，美国国家温室气体清单主要由环境保护署（EPA）牵头编制。EPA建立了相对稳定的编制团队，各行业专家在EPA领导下工作，并按年向联合国提交清单。在州和城市层面，美国政府未强制要求编制温室气体清单，但许多州和城市利用宪法赋予的权力自主推行低排放政策，通过出台相应的法律和指定专门的机构实现常态化温室气体清单编制。比如，加利福尼亚州通过法案授权空气委员会负责温室气体清单的编制，并定期发布报告。在企业层面，美国实施强制报告制度，要求满足如下门槛的排放设施所有者、经营者或供应商按年向EPA报告温室气体排放情况：（1）覆盖源的温室气体排放量每年超过25000吨二氧化碳当量；（2）如果供应的产品被释放、燃烧或氧化，将导致超过25000吨的二氧化碳温室气体排放；（3）该设施接收 25000吨或更多的二氧化碳用于地下注入。此外，美国的一些州（如加利福尼亚州）或机构（如美国能源信息管理局）还鼓励企业自愿报告温室气体排放情况，并为企业提供了核算的方法学、第三方审核要求和报告平台。

1. 在基础数据来源方面

EPA通过与能源部、国防部、农业部以及各州和地方的空气污染控制机构等数据源拥有者，签订合作备忘录或非正式协议的方式，建立了稳定的合作关系，确保各政府机构的基础数据能方便地被使用。同时，EPA开发了电子化的数据报送管理平台，根据温室气体报告项目（GH-GRP），要求41类报告主体定期采集并报送温室气体排放数据及其他相关信息，从而实现了对不同来源数据的实时、高效采集。此外，美国还具有地面基站、飞机、卫星等一体化的大气观测体系，能够获得高频、准确的温室气体数据，为温室气体的测量和验证提供支持。通过将上述基础数据对外开放，为研究机构、地方政府、行业协会、社会组织等主体编制温室气体清单提供了较好支撑。

2. 在核算方法方面

美国高度重视温室气体核算的准确性、完整性、一致性及可比性。当前美国国家温室气体清单的编制在《2006年IPCC国家温室体气清单指南》的基础上，充分吸纳了 IPCC 2013年补充和2019年改进后的方法。在采用最新方法及数据计算当前年份的清单时，EPA会重新计算所有历史年份的排放估算值，以保持时间序列的一致性和可比性。此外，EPA于1993年实施了排放清单改进计划，该计划与IPCC兼容，且部分是对IPCC的改良，旨在使温室气体核算更加符合美国实际。在州和城市层面，EPA分别开发了州政府和本地温室气体清单工具，旨在帮助地方政府制定相应的温室气体清单。比如州政府清单工具是一种交互式电子表格模型，温室气体核算方法与国家温室气体清单相同，通过为用户提供应用特定状态数据或使用预加载默认数据的选项，能够最大限度减少州政府制定清单的时间。在企业和产品层面，EPA企业气候领导中心作为资源中心，在参考WRI和WBCSD发布的温室气体核算体系的基础上，为企业和产品层面的碳核算提供了较为简化以及更具操作性的计算方法。

3. 在核算质量方面

美国建立了相对完善的保障机制：首先，EPA于2009年正式发布了《温室气体强制报告法规》，从法律层面对温室气体的监测、报告、核查和质量控制等各个环节进行了明确规定；其次，出台了具体排放源的报告指南，并在清单编制过程中形成了统一的工作模版，以减少清单编制工作的不确定性；再次，制定了专门的质量保证和控制以及不确实性分析操作手册，以及温室气体报送的质控模版。同时，在电子化的数据报送管理平台中，EPA为每个环节配备了专门的质控人员，并通过电子系统内置的质量控制程序和现场核查相结合的方式，提高碳排放核查质量；最后，建立了强大的数据管理系统，包括排放因子、排放源的活动水平以及核算结果等数据，便于查询源数据、过程数据和结果数据，并通过多种途径对外发布，形成了外部监督屏障。

4. 在核算结果的应用方面

目前EPA公布了1990年至2019年以来的国家温室气体排放相关数据，除了被国内外机构广泛引用并用来追踪美国温室气体排放趋势外，各州、城市和社区也可以利用EPA的温室气体数据在其所在地区找到高排放设施，比较类似设施之间的排放量，并制定常识性气候政策。许多州和城市的温室气体核算，主要被用来推进碳减排行动以及增进公众对所在地区气候变化的了解。在企业或产品层面，温室气体核算被作为企业碳排放管理、参与碳市场交易以及产品碳标签认证等活动的重要依据。

从上述分析可以看出，尽管英、美两国在温室气体核算体系和一些细节上略有差异，但总体来看仍有以下共同点：

（1）建立了强大的数据搜集和披露体系。包括通过正式或非正式协议以及强制性法规等获得的相关主体报送数据，以及利用先进技术实现的大气监测数据等，并实现了标准的数据搜集、计算、归档、报告和分享流程。

（2）核算方法较为先进。在遵循国际核算指南的基础上，均注重吸纳最新的国内外研究成果。针对部分领域的碳核算，甚至走在了全球前列并形成了较大的国际影响力，如英国标准协会发布的PAS 2070以及PAS 2050:2008标准，已成为全球一些城市或企业碳排放核算的重要参考标准。

（3）核算质量较高。两国均通过自上而下的顶层设计，为温室气体核算制定统

一、详细的标准，甚至开发了具体的产品或工具，来帮助地区或者企业等主体进行便捷、高效的碳核算。同时，以立法的形式规范了温室气体的监测、报告和核查流程，保证了不同主体核算结果的一致性、准确性和可比性。

（4）核算结果应用广泛。当前英、美两国已形成了透明度高、连续性好、时效性强、覆盖范围广的国家甚至区域层面的温室气体排放清单，企业及产品或项目层面的碳核算也相对成熟，已成为国际社会引用或相关主体开展碳排放管理的重要依据。

三、我国碳排放核算体系的具体实践

我国高度重视碳排放核算体系的建立，《"十二五"控制温室气体排放工作方案》即提出"构建国家、地方、企业三级温室气体排放核算工作体系"。2013年5月，国家发展改革委、国家统计局《关于加强应对气候变化统计工作的意见》要求，"完善温室气体排放统计与核算体系，健全应对气候变化统计数据发布制度与温室气体排放基础统计数据使用管理制度"。2015年3月，《国家"十三五"规划纲要》强调要"健全统计核算、评价考核和责任追究制度，完善碳排放标准体系"。2021年8月，碳达峰碳中和工作领导小组办公室成立碳排放统计核算工作组，国家层面的碳排放统计核算工作组成立，意味着我国碳排放统计核算工作又往前迈进了一步。

（一）国家层面的碳核算

根据UNFCCC提出的"共同但有区别责任"原则，我国有义务提供包括温室气体源与汇的国家温室气体清单。2003年，我国专门成立了新一届国家气候变化对策协调小组，负责组织协调参与全球气候变化谈判和联合国政府间气候变化专门委员会工作。根据气候变化对策协调小组的安排，我国国家层面的温室气体核算主要由发改部门负责。2018年按照国务院机构改革方案，这一职能被划转至新组建的生态环境部。截至2021年，我国已分别于2004年、2012年和2017年，向联合国提交了1994年、2005年、2012年的国家温室气体清单，于2019年提交了 2010年和2014年的国家温室气体清单，并对 2005年的清单进行了回测。

我国温室气体清单主要参考《IPCC国家温室气体清单编制指南（1996修订版）》《IPCC国家温室气体清单优良做法和不确定性管理指南》和《土地利用、土地利用变化和林业优良做法指南》进行编制，排放源覆盖范围包括能源活动、工业生产过程、农业活动、土地利用、土地利用变化与林业（LULUCF）、废弃物处理6个领域。各领域的温室气体排放主要使用活动水平数据乘以排放因子（排放因子法）进行计算。活动水平数据主要来自农业、工业、能源等领域的官方统计数据以及企业提供的统计数据，排放因子使用本国特定的排放因子以及IPCC提供的缺省排放因子。随着编制经验的持续积累，我国2019年提交的国家温室气体清单较之前年份，在完整性和透明性上有了进一步的提升。

（二）省级层面的碳核算

在国家温室气体清单编制工作的基础上，为了加强省级温室气体编制能力建设，2010年9月，国家发改委办公厅下发了《关于启动省级温室气体清单编制工作有关事项的通知》，要求各地组织做好2005年温室气体清单编制工作。同期，为积累省级清单编制经验，广东、湖北、辽宁、云南、浙江、陕西、天津七个省（市）被要求作为试点省市，先行开始编制。2011年5月，为进一步加强省级清单编制的科学性、规范性和可操作性，国家发改委印发了《省级温室气体清单编制指南（试行）》。

我国省级温室气体清单指南主要借鉴了 IPCC 指南以及国家温室气体清单编制中的做法，排放源覆盖范围与国家温室气体清单保持了一致。具体领域的温室气体计算方法主要采用排放因子法，排放因子的选择上优先使用能够反映本省情况的实测值，在无法获得实测值的情况下，可以使用省级编制指南中的推荐值或IPCC指南中的缺省排放值。

（三）市县（区）层面的碳核算

目前我国尚未出台统一的市县（区）层面温室气体核算指南。为落实国家关于启动各省温室气体编制工作的要求，当前各省（市）陆续组织开展省内市县（区）级的温室气体排放清单编制工作。考虑到编制工作的复杂性，为统一统计口径和核算方法，少数省（市）如广东、四川等参考《省级温室气体清单编制指南（试行）》，制定了市县（区）级清单编制指南（见表3-1）。编制方式主要有统一招标（如新疆、内蒙古、江苏等）或要求各市县（区）自行开展（如陕西、青海、湖北等）两种方式。

表3-1 部分省市出台的市县（区）温室气体编制指南情况

省市	文件名称	发布时间	公开情况
广东	《广东省市县（区）温室气体清单编制指南（试行)》	2020年6月	公开
四川	《四川省温室气体清单技术审查指南（试行)》	2020年10月	未公开
浙江	《浙江省温室气体清单编制指南（2018年修订版)》	2018年8月	公开
山西	《山西省市（县）级温室气体清单编制规范（征求意见稿)》	2020年7月	公开
重庆	《重庆市区县温室气体清单编制指南（试行)》	2021年3月	公开

从已发布的指南看，不同省份的市县（区）温室气体清单编制在具体的核算范围、数据来源上存在一定差异。比如，在化石燃料移动源燃烧活动水平的确定中，广东省规定除交通运输部门，其他部门的公路交通能源消费量使用一定的抽取比例进行计算，如汽油和柴油在工业部门相应能源消费中的抽取比例分别为95%～100%、24%～30%；山西省规定其他部门的交通工具能源消费量确定，比如工业部门分能源品种的消费量使用规模以上企业交通工具消费量作为替代。从核算方法上看，各地指南温室气体排放测量主要以排放因子法为主，少数使用物料平衡法（用输入物料中的含碳量减去输出物料中的含碳量进行平衡计算得到二氧化碳排放量）和实测法（在排放源处安装连续监测系统进行实时监测）。从核算进展看，目前市县（区）层面的核算基本处于起步探索阶段，尚未有地区公开发布历年的碳排放核算情况。

（四）企业层面的碳核算

从"十二五"时期开始，我国便着手推动企业温室气体核算工作。2013—2015年期间，国家发改委陆续组织编制了发电、电网、钢铁等24个行业企业的温室气体核算方法与报告指南，如表3-2所示。国家标准委于2015年发布了《工业企业温室气体排放核算和报告通则》，涉及发电、电网、镁冶炼、铝冶炼、钢铁生产、民用航空、平板玻璃、水泥、陶瓷、化工等10类生产企业。2017年12月，国家发改委印发了《关于做好2016、2017年度碳排放报告与核查及排放监测计划制定工作的通知》，明确要求"对石化、化工、建材、钢铁、有色、造纸、电力、民航等八大重点排放行业（即全国碳排放权交易市场覆盖行业）中，在2013年至2017年任一年温室气体排放量达2.6万吨二氧化碳当量及以上的企业或者其他经济组织，制定2016年、2017年度碳排放报告与核查及排放监测计划"。

表3-2 24个行业《温室气体排放核算方法与报告指南（试行）》

批次	序号	名称	发文编号/发布时间
第一批次	1	《中国发电企业温室气体排放核算方法与报告指南（试行）》	发改办气候〔2013〕2526号/2013年10月15日
	2	《中国电网企业温室气体排放核算方法与报告指南（试行）》	
	3	《中国钢铁生产企业温室气体排放核算方法与报告指南（试行）》	
	4	《中国化工生产企业温室气体排放核算方法与报告指南（试行）》	
	5	《中国电解铝生产企业温室气体排放核算方法与报告指南（试行）》	
	6	《中国镁冶炼企业温室气体排放核算方法与报告指南（试行）》	
	7	《中国平板玻璃生产企业温室气体排放核算方法与报告指南（试行）》	
	8	《中国水泥生产企业温室气体排放核算方法与报告指南（试行）》	
	9	《中国陶瓷生产企业温室气体排放核算方法与报告指南（试行）》	
	10	《中国民航企业温室气体排放核算方法与报告格式指南（试行）》	
第二批次	1	《中国石油天然气生产企业温室气体排放核算方法与报告指南（试行）》	发改办气候〔2014〕2920号/2014年12月3日
	2	《中国石油化工企业温室气体排放核算方法与报告指南（试行）》	
	3	《中国独立焦化企业温室气体排放核算方法与报告指南（试行）》	
	4	《中国煤炭生产企业温室气体排放核算方法与报告指南（试行）》	
第三批次	1	《造纸和纸制品生产企业温室气体排放核算方法与报告指南（试行）》	发改办气候〔2015〕1722号/2015年7月6日
	2	《其他有色金属冶炼和压延加工业企业温室气体排放核算方法与报告指南（试行）》	
	3	《电子设备制造企业温室气体排放核算方法与报告指南（试行）》	
	4	《机械设备制造企业温室气体排放核算方法与报告指南（试行）》	
	5	《矿山企业温室气体排放核算方法与报告指南（试行）》	
	6	《食品、烟草及酒、饮料和精制茶企业温室气体排放核算方法与报告指南（试行）》	
	7	《公共建筑运营单位（企业）温室气体排放核算方法和报告指南（试行）》	
	8	《陆上交通运输企业温室气体排放核算方法与报告指南（试行）》	
	9	《氟化工企业温室气体排放核算方法与报告指南（试行）》	
	10	《工业其他行业企业温室气体排放核算方法与报告指南（试行）》	

在此过程中，北京、天津、上海、重庆、广东、湖北、深圳等碳排放交易试点省（市），相继出台了本地区企业温室气体核算与报告指南。如北京市发布了1个通用指南和6个行业指南（火力发电、热力生产和供应、石化生产、水泥、其他工业、服务业）；天津市发布了1个通用指南和4个行业指南（电力热力、钢铁、化工、炼油和乙烯）；广东省发布了1个通用指南和4个行业指南（火力发电、钢铁、石化、水泥）；上海市发布了1个通用指南和9个行业指南（电力热力，钢铁，化工，有色金属，纺织造纸，非金属矿物制品业，运输站点，上海市旅游饭店、商场、房地产业及金融业办公建筑，航空运输）；湖北省发布了12个行业指南；深圳市发布了工业企业和建筑物的2个通用指南并且正在编制相关行业指南；重庆市发布了1个通用指南。

同时，各省市结合自身实际，也出台了相应的核查标准与技术规范。如河北省发改委于2015年9月印发了《河北省化工生产企业温室气体排放核算方法与报告指南（试行）》、河北省生态环境厅于2021年9月印发了《河北省2020年度重点排放单位（非发电行业）碳核查实施方案》（〔2021〕468）等。另外，河北省生态环境厅办公室于2021年12月13日印发了《关于积极鼓励第三方审核机构参与降碳产品价值核证工作的通知》（冀环办字函〔2021〕323号），鼓励全省各地有条件的第三方审核机构参与降碳产品价值核证工作，切实提升技术服务水平。

随着全国碳市场的启动，2021年3月，生态环境部发布了《企业温室气体排放报告核查指南（试行）》，进一步规范了全国重点排放企业温室气体排放报告的核查原则、依据、程序和要点等内容。之后，生态环境部又相继发布了《关于加强企业温室气体排放报告管理相关工作的通知》《关于印发企业温室气体排放报告核查指南（试行）的通知》等。2022年3月，为进一步规范发电行业重点排放单位碳排放核算与报告工作，生态环境部发布《企业温室气体排放核算方法与报告指南 发电设施（2022年修订版）》。

总体上看，在碳市场发展的背景下，目前我国针对重点排放单位碳核算已初步建立了监测、报告与核查体系（MRV）。各行业企业温室气体的核算主要参考了《省级温室气体清单编制指南（试行）》《2006年IPCC国家温室气体清单指南》《温室气体议定书——企业核算与报告准则2004年》《欧盟针对 EU-ETS设施的温室气体监测和报告指南》以及国外具体行业的温室气体核算指南等文件。核算主体为具有法人资格的生产企业和视同法人的独立核算单位，企业需要核算和报告在运营上有控制权的所有生产场所和设施产生的温室气体排放。核算方法主要为排放因子法，指南针对不同行业温室气体核算提供了排放因子的缺省值，并鼓励有条件的企业可以基于实测方法获得重要指标数据。

（五）产品层面的碳核算

当前我国尚未统一出台针对企业产品层面的碳核算指南。根据国际标准，产品层面的碳核算主要是基于生命周期方法（又称为碳足迹计量），从设计、制造、销售和使用等全生命周期出发，核算不同环节中的温室气体排放量，从而为企业生产或申报绿色产品、消费者选择低碳产品等提供依据。目前我国仅在少数领域发布了产品的碳排放计量标准或指南。

从实践看，2019年国家住建部正式发布了《建筑碳排放计量标准》，为建筑物从建材的生产运输、建造及拆除以及运行等全生命周期产生的温室气体核算提供了技术支撑。2021年，北京市市场监督管理局发布了《电子信息产品碳足迹核算指南》，规定了电子信息产品碳足迹核算的目标、范围以及核算方法等内容。此外，为促进企业了解基于产品碳足迹评价的碳标签认证要求，中国低碳经济专业委员会也发布了电子电器产品以及共享汽车、酒店服务等少数领域的碳足迹评价标准，鼓励上述企业基于自愿原则开展产品的碳足迹评价。目前我国仅少数企业在官网公布了产品的碳足迹核算报告，大量企业尚缺乏产品的碳足迹核算意识。

第八章

企业温室气体排放报告编制

温室气体排放报告，是指重点排放单位根据生态环境部制定的温室气体排放核算方法与报告指南及相关技术规范，编制的载明重点排放单位温室气体排放量、排放设施、排放源、核算边界、核算方法、活动数据、排放因子等信息，并附有原始记录和台账等内容的报告。可见，温室气体排放报告的实质是温室气体排放清单，其责任主体是企业，是碳核查、碳交易的基础。

第一节 报告编制要求

一、编制原则

核算方法与报告指南并没有规定温室气体核算的具体原则，参照国际标准化组织（ISO）环境管理技术委员会（TC 207）2006年3月1日发布的ISO 14064-1《温室气体第一部分：组织层次上对温室气体排放和清除的量化和报告的规范及指南》第3章，温室气体核算与报告的原则为5条，即相关性、完整性、一致性、准确性和透明性。

相关性：选择适应目标用户需求的温室气体源、汇、库、数据和方法。相关性不难理解，强调的是开展企业温室气体核算与报告工作要全面满足目标用户的需要。

完整性：包括所有核算和报告范围的排放单元、排放源及其产生的直接和间接排放。

一致性：能够对有关温室气体信息进行有意义的比较。比较分为两种，即纵向比较和横向比较。纵向指企业对在不同年度所做的核算工作进行比较，横向是同一行业不同企业之间的对比。

准确性：指尽可能减少排放量的偏差与不确定性。由于温室气体核算工作依赖于量化计算，不确定性必然存在。这里的偏差主要包括各种数据的误差、人为的错误等。特别是当温室气体量用于碳交易时，该要求必不可少。

透明性：指发布充分适用的温室气体信息，使目标用户能够在合理的置信度内做出决策。这一点是对企业公布的温室气体各种信息（包括核算边界、活动数据、排放因子、量化方法、量化结果等）的要求。以清楚、真实、中立的态度，对温室气体数据、信息和核算结果等进行报告并形成文件，以便数据、信息真实可查，结果具有可重复性。

二、具体要求

根据《碳排放权交易管理办法（试行）》等相关规定，企业温室气体排放报告具体要符合以下要求：

（1）重点排放单位应当控制温室气体排放，报告碳排放数据，清缴碳排放配额，公开交易及相关活动信息，并接受生态环境主管部门的监督管理。

（2）重点排放单位应当根据生态环境部制定的温室气体排放核算与报告技术规范，编制该单位上一年度的温室气体排放报告，载明排放量，并于每年3月31日前报生产经营场所所在地的省级生态环境主管部门。

（3）排放报告所涉数据的原始记录和管理台账应当至少保存五年。

（4）重点排放单位对温室气体排放报告的真实性、完整性、准确性负责。

（5）重点排放单位编制的年度温室气体排放报告应当定期公开，接受社会监督，涉及国家秘密和商业秘密的除外。

（6）重点排放单位虚报、瞒报温室气体排放报告，或者拒绝履行温室气体排放报告义务的，由其生产经营场所所在地设区的市级以上地方生态环境主管部门责令限期改正，处1万元以上3万元以下的罚款。逾期未改正的，由重点排放单位生产经营场所所在地的省级生态环境主管部门测算其温室气体实际排放量，并将该排放量作为碳排放配额清缴的依据；对虚报、瞒报部分，等量核减其下一年度碳排放配额。

三、编制流程

温室气体重点排放单位应选择适合的行业碳排放核算指南，组织相关人员参加培训，制定工作计划，编制企业碳排放年度监测计划。根据核算指南和企业具体情况，收集相关活动数据和支持性资料，计算和汇总碳排放量。成立内部审核小组，对企业碳排放核算结果进行审核，修改并完善碳排放报告。

以发电设施为例，介绍温室气体排放报告编制工作流程，如图3-1所示。

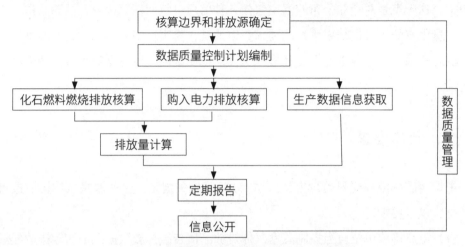

图3-1 发电设施温室气体排放报告编制流程图

发电设施温室气体排放核算工作内容包括核算边界和排放源确定、数据质量控制计划编制、化石燃料燃烧排放核算、购入电力排放核算、排放量计算、生产数据信息获取、定期报告、信息公开和数据质量管理等相关要求。

（1）核算边界和排放源确定

确定重点排放单位核算边界，识别纳入边界的排放设施和排放源。排放报告应包括核算边界所包含的装置、所对应的地理边界、组织单元和生产过程。

（2）数据质量控制计划编制

按照各类数据测量和获取要求编制数据质量控制计划，并按照数据质量控制计划实施温室气体的测量活动。

（3）化石燃料燃烧排放核算

收集活动数据、确定排放因子，计算发电设施化石燃料燃烧排放量。

（4）购入电力排放核算

收集活动数据、确定排放因子，计算发电设施购入使用电量所对应的排放量。

（5）排放量计算

汇总计算发电设施二氧化碳排放量。

（6）生产数据信息获取

获取和计算发电量、供电量、供热量、供热比、供电煤（气）耗、供热煤（气）耗、供电碳排放强度、供热碳排放强度、运行小时数和负荷（出力）系数等生产信息和数据。

（7）定期报告

定期报告温室气体排放数据及相关生产信息，并报送相关支撑材料。

（8）信息公开

定期公开温室气体排放报告相关信息，接受社会监督。

（9）数据质量管理

明确实施温室气体数据质量管理的一般要求。

四、核算方法

（一）合理确定排放报告核算边界

报告主体应核算和报告其所有设施和业务产生的温室气体排放。设施和业务范围包括直接生产系统、辅助生产系统以及直接为生产服务的附属生产系统，其中辅助生产系统包括动力、供电、供水、化验、机修、库房、运输等，附属生产系统包括生产指挥系统（厂部）和厂区内为生产服务的部门和单位（如职工食堂、车间浴室、保健站等）。

具体而言，企业的温室气体排放核算和报告范围一般包括：

（1）燃料燃烧排放

净消耗的化石燃料燃烧产生的CO_2排放，包括企业内固定源排放（如钢铁企业中的焦炉、烧结机、高炉、工业锅炉等固定燃烧设备），以及用于生产的移动源排放（如运输用车辆及厂内搬运设备等）。

（2）工业生产过程排放

企业在各生产工序（如钢铁企业的烧结、炼铁、炼钢等工序）中，由于其他外购含碳原料（如钢铁企业的电极、生铁、铁合金、直接还原铁等）和熔剂的分解和氧化产生的CO_2排放。

（3）净购入使用的电力、热力产生的排放

企业净购入电力和净购入热力（如蒸汽）隐含产生的CO_2排放。该部分排放实际发生在电力、热力生产企业。

（4）固碳产品隐含的排放

企业生产过程中有少部分碳固化在企业生产的外销产品（如钢铁企业的生铁、粗钢等）中，还有一小部分碳固化在固碳产品（如钢铁企业中以副产煤气为原料生产的甲醇等）中。这部分固化在产品中的碳所对应的二氧化碳排放应予扣除。

（二）科学选择温室气体排放核算方法

报告主体进行企业温室气体排放核算和报告的完整工作流程基本包括：

（1）确定核算边界；

（2）识别排放源；

（3）收集活动水平数据；

（4）选择和获取排放因子数据；

（5）分别计算燃料燃烧排放、工业生产过程排放、净购入使用的电力（热力）产生的排放以及固碳产品隐含的排放；

（6）汇总计算企业温室气体排放总量。

企业的CO_2排放总量等于企业边界内所有的化石燃料燃烧排放量、工业生产过程排放量及企业净购入电力和净购入热力隐含产生的CO_2排放量之和，还应扣除固碳产品隐含的排放量，按如下公式计算：

$$E_{CO_2} = E_{燃烧} + E_{过程} + E_{电和热} - R_{固碳}$$

式中：

E_{CO_2} —— 企业CO_2排放总量，单位为吨（tCO_2）；

$E_{燃烧}$ —— 企业所消耗的化石燃料燃烧活动产生的CO_2排放量，单位为吨（tCO_2）；

$E_{过程}$ —— 企业在工业生产过程中产生的CO_2排放量，单位为吨（tCO_2）；

$E_{电和热}$ —— 企业净购入的电力和热力所对应的CO_2排放量，单位为吨（tCO_2）；

$R_{固碳}$ —— 企业固碳产品隐含的CO_2排放量，单位为吨（tCO_2）。

（1）化石燃料燃烧排放

化石燃料燃烧活动产生的CO_2排放量，是企业核算和报告期内各种燃料燃烧产生的CO_2排放量的加总，采用如下核算方法：

$$E_{燃烧} = \sum_{i=1}^{n} (AD_i \times EF_i)$$

$$AD_i = FC_i \times NCV_i$$

$E_{燃烧}$ —— 企业所有净消耗的各种化石燃料燃烧产生的二氧化碳排放量（tCO_2）；

AD_i —— 核算和报告期内消耗的第i种化石燃料的活动水平（GJ）；

EF_i —— 第i种燃料的二氧化碳排放因子（tCO_2/GJ）；

FC_i —— 核算和报告期内化石燃料的净消耗量（t，万Nm^3）；

NCV_i —— 核算和报告期内化石燃料的平均低位发热值（GJ/t，GJ/万Nm^3）；

i —— 化石燃料的种类。

第i种化石燃料的排放因子计算公式：

$$EF_i = CC_i \times OF_i \times 44/12$$

EF_i —— 第i种燃料的二氧化碳排放因子（tCO_2/GJ）；

CC_i —— 第i种燃料的单位热值含碳量（tC/GJ）；

OF_i —— 化石燃料的碳氧化率（%）；

44/12 —— 二氧化碳和碳的分子量比值（tCO_2/tC）；

i —— 化石燃料的种类。

（2）工业生产过程排放

工业生产过程排放采用如下核算方法（以钢铁企业为例）：

$$E_{过程} = E_{熔剂} + E_{电极} + E_{原料}$$

①熔剂消耗产生的CO_2排放

$$E_{熔剂} = \sum_{i=1}^{n} (P_i \times EF_i)$$

式中：

$E_{熔剂}$ —— 核算和报告期内消耗熔剂产生的CO_2排放，单位为吨（tCO_2）；

P_i —— 核算和报告期内消耗的第i种熔剂的消耗量，单位为吨（t）；

EF_i —— 第i种熔剂的二氧化碳排放因子，单位：tCO_2/t；

i —— 消耗的熔剂的类型。

②电极消耗产生的CO_2排放

$$E_{电极} = P_{电极} \times EF_{电极}$$

式中：

$E_{电极}$ —— 消耗电极产生的CO_2排放，单位为吨（tCO_2）；

$P_{电极}$ —— 电炉炼钢及精炼炉消耗的电极量，单位为吨（t）；

$EF_{电极}$ —— 电炉炼钢及精炼炉消耗的电极的二氧化碳排放因子，单位为tCO_2/t电极。

③外购含碳原料消耗而产生的CO_2排放

$$E_{原料} = \sum_{i=1}^{n} (M_i \times EF_i)$$

式中：

$E_{原料}$ —— 外购铁合金等含碳原料消耗而产生的CO_2排放，单位为吨（tCO_2）；

M_i —— 核算和报告期内消耗的第i种含碳原料的消耗量，单位为吨（t）；

EF_i —— 第i种含碳原料的二氧化碳排放因子，单位为tCO_2/t原料；

i —— 外购含碳原料的类型。

（3）净购入使用的电力和热力对应的排放

净购入使用的电力、热力（蒸汽）所隐含产生的CO_2排放量采用如下核算方法：

$$E_{电和热}=AD_{电力}\times EF_{电力}+AD_{热力}\times EF_{热力}$$

式中：

$E_{电和热}$——净购入生产用电力、热力隐含产生的CO_2排放，单位为吨（tCO_2）；

$AD_{电力}$、$AD_{热力}$——分别为核算和报告期内净购入电量和热力量，单位分别为兆瓦时（$MW\cdot h$）和百万千焦（GJ）；

$EF_{电力}$、$EF_{热力}$——分别为电力和热力的二氧化碳排放因子，单位分别为$tCO_2/MW\cdot h$和tCO_2/GJ。

（4）固碳产品隐含的排放

固碳产品所隐含产生的CO_2排放量采用如下核算方法：

$$R_{固碳}=\sum_{i=1}^{n}\left(AD_{固碳}\times EF_{固碳}\right)$$

式中：

$R_{固碳}$——固碳产品所隐含的CO_2排放，单位为吨（tCO_2）；

$AD_{固碳}$——第i种固碳产品的产量，单位为吨（t）；

$EF_{固碳}$——第i种固碳产品的二氧化碳排放因子，单位为tCO_2/t；

i——固碳产品的种类。

第二节 温室气体排放报告内容

根据进行温室气体排放核算和报告的目的与要求，温室气体报告的具体内容至少应包括报告主体基本信息、温室气体排放情况、活动水平数据及其来源、排放因子数据及其来源和数据质量控制计划等五方面内容。

一、报告主体基本信息

报告主体基本信息应包括报告主体名称、报告年度、单位性质、所属行业、组织或分支机构、地理位置（包括注册地和生产地）、成立时间、发展演变、法定代表人、统一社会信用代码、填报负责人及其联系方式等。报告表格示例如表3-3所示。

表3-3 报告单位基本信息

委托方名称		地址	
联系人		联系方式（电话、E-mail）	
二氧化碳重点排放单位名称		地址	
联系人		联系方式（电话、E-mail）	
二氧化碳排放报告（初始）版本/日期			
二氧化碳排放报告（最终）版本/日期			
二氧化碳排放报告期			
经核查后的二氧化碳排放量			
二氧化碳重点排放单位所属行业领域			
标准及方法学			
核查结论			
核查组组长		签名	日期
核查组成员			
技术复核人		签名	日期
批准人		签名	日期

二、温室气体排放情况

报告主体应报告在核算和报告期内的企业概况及核算边界，温室气体排放相关过程及主要设施，质量保证和文件存档制度，报告单位主要排放设施信息和温室气体排放总量，及分排放源类别的化石燃料燃烧CO_2排放、工业过程/特殊过程的CO_2排放、CO_2排放扣除量、企业净购入电力和热力隐含的CO_2排放。报告表格（以某电厂为例）如表3-4所示。

表3-4 温室气体排放情况

1. 企业概况及核算边界
公司总装机容量1070MW，分两期建设投产。一期工程两台215MW凝汽抽汽式供热机组配套B&W-670/13.7-M型超高压、一次中间再热、单炉膛、Π型布置、前后墙对冲燃烧方式、平衡通风、露天布置、固态排渣、自然循环锅炉（锅炉吨位670t/h）。二期工程两台320MW凝汽式机组，分别于2009年和2010年进行供热改造，配SG-1025/18.3-M834型四角切圆燃烧锅炉（锅炉吨位1025t/h），锅炉为亚临界压力一次再热控制循环锅炉，配用带中速磨的直吹式制粉系统，采用单炉膛、四角切向燃烧方式，露天布置全钢悬挂结构。 　　企业核算边界以厂区为边界主要生产设施包括B&W-670/13.7-M型锅炉2台、SG-1025/18.3-M834型锅炉2台、C150N220-130/535/535型汽轮机2台、C300-16.7/538/538型汽轮机2台、QFSN-220-2型发电机2台、QFSN-320-2型发电机2台、主要辅机及公用系统。 　　发电过程的温室气体核算和报告范围包括：化石燃料燃烧产生的二氧化碳排放（企业采用海水脱硫，无脱硫过程排放，企业无净购入使用电力排放）。

2. 温室气体排放相关过程及主要设施
企业整体生产工艺流程：以烟煤为燃料，经过制粉系统将煤粉通过一、二次风进入炉膛中燃烧，加热炉膛水冷壁中水生成水蒸汽，继而达到高温高压的过热蒸汽进汽轮机中带动汽轮机叶片和汽轮发电机主轴转动，使发电机中产生电流，经变压器升压后并入京津唐电网。一、二期抽取汽轮机部分热汽，经过与冷水换热后，向城区集中供热。 　　锅炉燃煤采用烟煤，燃煤烟气采用"电袋复合除尘+海水脱硫"，脱硫除尘后的烟气经143米集束烟筒（一期两台锅炉共用一根直径5.5m排气筒，二期两台锅炉各用一根直径5m排气筒）排放大气。锅炉烟气处理流程：锅炉烟气→电袋复合除尘器→脱硫烟气吸收塔（海水吸收烟气）→净烟气→烟囱入口。

3. 质量保证和文件存档制度
企业温室气体排放年度核算和报告的质量保证和文件存档制度，主要包括以下几方面的工作：指定专门人员负责企业温室气体排放核算和报告工作；定期监测部分主要化石燃料的低位发热量；建立健全企业能源消耗台账；建立企业文件保存和归档管理，制定《能源计量管理制度》《混配煤奖励考核管理办法》《统计管理办法》《煤场盘煤管理规定》《归档文件管理办法》《燃油购、存、耗管理规定》《进厂煤、油计量管理制度》《燃料管理办法》《燃料管理处人工采样监督考核办法》《入厂煤采制化管理制度》《燃料管理处样品存放管理规定》等相关管理制度，保证整个流程有章可循。

4. 报告单位主要排放设施信息*

序号	设备名称	设备型号	台数	碳源类型**	设备位置	设备更换情况	备注
1	锅炉	B&W-670/13.7-M	2	化石燃料	#1和#2厂房南侧	无	
2	锅炉	SG-1025/18.3-M834	2	化石燃料	#3和#4厂房南侧	无	
3							
……							

*年排放量在10000吨二氧化碳当量及以上单台设施。

**碳源类型包括化石燃料、非化石燃料、碳酸盐、含碳原料、其他温室气体、电力热力等。

5. 温室气体排放量

企业二氧化碳排放总量（tCO_2）	7,374,921
化石燃料燃烧排放量（tCO_2）	7,374,921
工业生产/特殊过程排放量（本实例为：脱硫过程排放量）（tCO_2）	0
温室气体排放扣除量/tCO_2	0
净购入使用的电力和热力排放量（tCO_2）	0

三、活动水平数据及其来源

　　活动水平数据量化导致温室气体排放或清除的生产或消费活动的活动量，例如发电设施每种燃料的消耗量、电极消耗量、购入的电量、购入的蒸汽量等。报告主体应结合核算边界和排放源的划分情况，分别报告所核算的各个排放源的活动水平数据，并详细阐述其监测计划及执行情况，包括数据来源或监测地点、监测方法、记录频率等。报告表格如表3-5所示。

表3-5 活动水平数据及其来源

1. 化石燃料活动水平数据及来源说明						
（活动水平1：化石燃料消耗量）						
种类	数值	单位	数据来源	监测设备	监测频次	记录频次
燃煤		吨	统计台账	皮带秤	次/天	次/天
原油		吨	统计台账			
燃料油		吨	统计台账			
汽油		吨	统计台账	加油机	随时	次/月
柴油		吨	统计台账	加油机、油罐	随时	次/月
炼厂干气		立方米	统计台账			
天然气		立方米	统计台账			
焦炉煤气		立方米	统计台账			
其他煤气		立方米	统计台账			
其他		立方米	统计台账			
*企业应自行添加未在表中列出但企业实际消耗的其他能源品种。						
（活动水平2：化石燃料平均低位发热值）						
种类	数值	单位	数据来源	检测方法	检测频次	记录频次
燃煤		kJ/kg	实测值	化验	次/天	次/天
原油						
燃料油						
汽油		kJ/kg	缺省值	/	/	/
柴油		kJ/kg	缺省值	/	/	/
炼厂干气						
天然气						
焦炉煤气						
其他煤气						

其他						

*企业应自行添加未在表中列出但企业实际消耗的其他能源品种。

2. 脱硫过程活动水平数据及来源说明

（活动水平3：碳酸盐消耗量）

种类	数值	单位	数据来源	监测设备	监测频次	记录频次
$CaCO_3$						
$MgCO_3$						
Na_2CO_3						
$BaCO_3$						
Li_2CO_3						
K_2CO_3						
$SrCO_3$						
$NaHCO_3$						
$FeCO_3$						
其他						

*企业应自行添加未在表中列出但企业实际消耗的其他脱硫剂品种。

3. 净购入电力活动水平数据及来源说明

（活动水平4：净购入电量）

	数值	单位	数据来源	监测设备	监测频次	记录频次
净购入电力						

四、排放因子数据及其来源

报告主体应分别报告各项活动水平数据所对应的含碳量或其他排放因子计算参数。如采用实测则应介绍监测计划执行情况，否则需说明其数据来源、参考出处、相关假设及其理由等。报告表格如表3-6所示。

表3-6 排放因子数据及其来源

1. 化石燃料排放因子数据及来源说明

（排放因子1：单位热值含碳量）					
种类	数值	单位	数据来源	实测/实测计算	频次
燃煤		tC/TJ	MRV平台专家推荐的高限值	/	/
原油					
燃料油					
汽油		tC/TJ	缺省值	/	/
柴油		tC/TJ	缺省值	/	/
炼厂干气					
天然气					
焦炉煤气					
其他煤气					
其他					

*企业应自行添加未在表中列出但企业实际消耗的其他能源品种。

（排放因子2：碳氧化率）					
种类	数值	单位	数据来源	实测/实测计算	频次
燃煤		%	MRV平台专家推荐的高限值	/	/
原油					
燃料油					
汽油		%	缺省值	/	/
柴油		%	缺省值	/	/
炼厂干气					
天然气					
焦炉煤气					
其他煤气					
其他					

2. 脱硫过程排放因子数据及来源说明

续表

（排放因子3：碳酸盐的排放因子）					
种类	数值	单位	数据来源	实测/实测计算	频次
$CaCO_3$					
$MgCO_3$					
Na_2CO_3					
$BaCO_3$					
Li_2CO_3					
K_2CO_3					
$SrCO_3$					
$NaHCO_3$					
$FeCO_3$					
其他					

*企业应自行添加未在表中列出但企业实际消耗的其他脱硫剂品种。

3. 净购入电力排放因子数据及来源说明

（排放因子4：电网年平均供电排放因子）					
净购入电力	数值	单位	数据来源	实测/实测计算	频次

五、数据质量控制计划内容

数据质量控制计划是企业温室气体排放报告编制的重要内容，也是碳核查的重点事项。重点排放单位应按照所属行业核算方法与报告指南中各类数据监测与获取要求，结合现有测量能力和条件，制定数据质量控制计划。

（一）数据质量控制计划主要内容

（1）数据质量控制计划的版本及修订情况；

（2）重点排放单位情况：包括重点排放单位基本信息、主营产品、生产工艺、组织机构图、厂区平面分布图、工艺流程图等内容；

（3）按照相关指南确定的实际核算边界和主要排放设施情况：包括核算边界的描述，设施名称、类别、编号、位置情况等内容；

（4）数据的确定方式：包括所有活动数据、排放因子和生产数据的计算方法，数据获取方式，相关测量设备信息（如测量设备的名称、型号、位置、测量频次、精度和校准频次等），数据缺失处理，数据记录及管理信息等内容。测量设备精度及设备校准频次要求应符合相应计量器具配备要求；

（5）数据内部质量控制和质量保证相关规定：包括数据质量控制计划的制定、修订以及执行等管理程序，人员指定情况，内部评估管理，数据文件归档管理程序等内容。

（二）数据质量控制计划应修订的情形

（1）排放设施发生变化或使用计划中未包括的新燃料或物料而产生的排放；

（2）采用新的测量仪器和方法，使数据的准确度提高；

（3）发现之前采用的测量方法所产生的数据不正确；

（4）发现更改计划可提高报告数据的准确度；

（5）发现计划不符合指南核算和报告的要求；

（6）生态环境部明确的其他需要修订的情况。

（三）数据质量控制计划案例

以某发电企业为例，企业温室气体排放报告数据质量控制计划内容如表3-7至3-9所示。

表3-7 某发电企业温室气体排放报告数据质量控制计划（节选）

一、报告主体描述			
企业（或者其他经济组织）名称			
地址			
统一社会信用代码（组织机构代码）		行业分类（按核算指南分类）	发电
法定代表人		电话：	
监测计划制定人		电话：	邮箱：

报告主体简介

1. 单位简介

(1) 成立时间：某公司于2013年3月12日注册成立；

(2) 地理位置：位于***，占地面积10万平方米；

(3) 所有权状况：本企业为合资经营企业，由***、***、***共同出资组建，股比分别为60%、20%、20%；

(4) 法人代表：***，目前企业现有职工***人，注册资本***万元；

(5) 企业建设投产情况：目前有2×350MW超临界机组；

(6) 组织机构图；

(7) 厂区平面分布图。

2. 主营产品

产品名称	产品代码	设计产能	产能单位
煤炭为能源发电量	4401010101	6132000	MWh
热力	4402010000	9538560	GJ

3. 主营产品及生产工艺

　　2套350MW发电机组均为热电联产，工艺流程：燃煤由储煤场经给煤系统进入锅炉，由锅炉产生的主蒸汽送至汽轮机，由汽轮机带动发电机发电，发电机发出电能经主变升压后送至220KV升压站，通过220KV升压站输电设备（母线、断路器、隔离开关等），将电能通过220KV输电线路输送至电网。做功后的蒸汽进入凝汽器或进入热网加热器，加热热网循环水，经供热管网送往热用户。锅炉产生的飞灰和烟气经SCR脱硝、电袋复合除尘器除尘及吸收塔脱硫后，由110米高烟塔排入大气，收集的粉煤灰和脱硫副产物石膏综合利用。

　　温室气体排放的主要设备为燃煤锅炉、脱硫装置等，排放的温室气体为二氧化碳。

表3-8 核算边界和主要排放设施描述范例（节选）

二、核算边界和主要排放设施描述

4. 法人边界的核算和报告范围描述

　　本企业的温室气体核算和报告范围为位于***厂区内的生产系统（包括直接生产系统、辅助生产系统以及直接为生产服务的附属生产系统）对应的化石燃料燃烧产生的二氧化碳排放、脱硫过程的二氧化碳排放、企业购入电力产生的二氧化碳排放。

　　其中辅助生产系统包括动力、供电、供水、化验、机修、库房、运输；附属生产系统包括生产指挥系统（厂部）和厂区内为生产服务的部门和单位（职工食堂、车间浴室）。

5. 补充数据表核算边界的描述

　　本企业纳入全国碳排放交易体系（ETS）核算边界为：位于***厂区内的1#、2#机组的化石燃料燃烧产生的二氧化碳排放、购入电力对应的二氧化碳排放。对于机组的化石燃料燃烧排放，仅包括发电锅炉（含启动锅炉）等主要生产系统消耗的化石燃料燃烧产生的排放，不包括移动源、食堂等其他消耗化石燃料产生的排放。

6. 主要排放设施

6.1与燃料燃烧排放相关的排放设施

编号	排放设施名称	排放设施安装位置	排放过程及温室气体种类	是否纳入补充数据表核算边界范围
1	锅炉（型号：B&WB-1140/25.4-M）	1#锅炉房	燃煤过程产生的二氧化碳排放	是
2	锅炉（型号：B&WB-1140/25.4-M）	2#锅炉房	燃煤过程产生的二氧化碳排放	是
3	叉车、铲车等运输工具	生产厂区内	燃油过程产生的二氧化碳排放	否

6.2与工业过程排放相关的排放设施

编号	排放设施名称	排放设施安装位置	排放过程及温室气体种类	是否纳入补充数据表核算边界范围
1	脱硫塔	1#锅炉尾气脱硫工序	脱硫过程产生的二氧化碳排放	否
2	脱硫塔	2#锅炉尾气脱硫工序	脱硫过程产生的二氧化碳排放	否

6.3主要耗电和耗热的设施

编号	设施名称	设施安装位置	是否纳入补充数据表核算边界范围
1	循环泵	循环水泵房	是
2	磨煤机	锅炉和汽机房中间	是
3	电除尘装置	锅炉尾气排放端	是
4	凝结水泵	汽机厂房	是
5	一次风机	锅炉厂房	是
6	送风机	锅炉厂房	是
7	引风机	锅炉烟道尾部	是
8	脱硫浆液循环泵	脱硫岛	是
9	热网循环泵	汽机厂房	是
10	热网疏水泵	汽机厂房	是
11	空压机	除灰泵房	是

三、活动数据和排放因子的确定方式

7-1 燃料燃烧排放活动数据和排放因子的确定方式

表3-9　活动数据和排放因子的确定方式（节选）

燃料种类	单位	数据的计算方法及获取方式选取以下获取方式：实测值（如是，请具体填报时，采用在表下加备注的方式写明具体方法和标准）；默认值（如是，请填写具体数值）；相关方结算凭证（如是，请具体填报时，采用在表下加备注的方式填写如何确保供应商数据质量）；其他方式（如是，请具体填报时，采用在表下加备注的方式详细描述）	监测设备及型号	测量设备（适用于数据获取方式来源于实测值）				数据记录频次	数据缺失时的处理方式	数据获取负责部门
				监测设备安装位置	监测频次	监测设备精度	规定的监测设备校准频次			
燃料种类A —— 一般烟煤										
消耗量	t	实测值 测量方法：皮带秤连续称重测量，测量结果保存 测量标准：《用能单位能源计量器具配备和管理通则》(GB 17167-2006)	皮带秤 (ICS-14A)	输煤皮带#5皮带中部	实时测量	±0.5%	每月校准三次	每班记录、每天、每月、每年汇总	参考给煤机皮带秤煤量记录	发电部
低位发热值	GJ/t	实测值测量方法：化验室使用量热仪测量 计算方法：燃煤年平均低位发热值由日平均低位热值加权平均计算得到，其权重是燃煤日消耗量 测量标准：《煤的发热量测定方法》(GB/T 213-2008)	量热仪 (5E-AC/PL)	化验室	批次测量	±0.1%	每天校准	每天记录、每月、每年汇总	参考煤场存煤加权平均热值	技术支持部

续表

项目	单位	数值	测量方法	监测设备	监测地点	监测频次	准确度	校准频次	记录频次		责任部门
单位热值含碳量	tC/TJ	默认值：26.18	/	/	/	/	/	/	/		/
碳氧化率	%	默认值：98	/	/	/	/	/	/	/		/
燃料种类B柴油											
消耗量	t	实测值 测量方法：每天记录油罐油位，用油罐底面积乘以油位差 测量标准：《用能单位能源计量器具配备和管理通则》(GB 17167–2006)		油位计	燃油泵房和煤场油库	每天	±0.5%	每年两次	每天记录一次，每月，每年汇总	/	发电部
低位发热值	GJ/t	默认值：42.652	/	/	/	/	/	/	/		/
单位热值含碳量	tC/TJ	默认值：20.20	/	/	/	/	/	/	/		/
碳氧化率	%	默认值：99	/	/	/	/	/	/	/		/
燃料种类C（如有按照燃料A要求填写，如不涉及删去）											
……											

7-2 过程排放活动数据和排放因子的确定方式

（行业核算指南中，除燃料燃烧、温室气体回收利用和固碳产品隐含的CO₂排放以及购入电力和热力隐含的CO₂排放外，其他排放均列入此表。）

过程参数	参数	单位	数据的计算方法及获取方式	测量设备（适用于数据获取方式来源于实测值）					数据记录频次	数据缺失时的处理方式	数据获取负责部门
	参数描述	单位	数据的计算方法及获取方式：选取以下获取方式：实测值（如是，请具体填报时，采用在表下加备注的方式写明具体方法和标准）；默认值（如是，请填写具体数值）；相关方结算凭证（如是，请具体填报时，采用在表下加备注的方式填写如何确保供应商数据质量）；其他方式（如是，请具体填报时，采用在表下加备注的方式详细描述）	监测设备及型号	监测设备安装位置	监测频次	监测设备精度	规定的监测设备校准频次	记录频次	失时的处理方式	负责部门
过程排放：（按照相应行业核算方法与报告指南中的第五部分核算方法的排放种类填写）											
参数1	脱硫剂（石灰石）消耗量	吨	相关方结算凭证：供应商提供结算单或结算票据，不定期抽查确保供应商提供数据可靠	汽车衡（SCS-150t）	磅秤房	每批次		每年校验一次	每批次记录，每月、每年汇总	参考其他相关生产数据和每月、每年汇总	发电部

参数	参数描述	单位	默认值							
参数2	脱硫剂（石灰石）的碳酸盐含量	%	默认值：90	/	/	/	/	/	/	/
参数3	碳酸钙排放因子	（吨二氧化碳/吨碳酸盐）	默认值：0.440	/	/	/	/	/	/	/
参数4	转化率	%	默认值：100	/	/	/	/	/	/	/
……										

7-3 温室气体回收、固碳产品隐含的排放量等需要扣除的排放量

过程参数	参数描述	单位	数据的计算方法及获取方式 选取以下获取方式： 实测值（如是，请具体填报，采用在表下加备注的方式写明具体方法和标准）； 默认值（如是，请填写具体数值）； 相关方结算凭证（如是，请具体填报，采用在表下加备注的方式如何确保供应商数据质量）； 其他方式（如是，请具体填报，采用在表下加备注的方式详细描述）	测量设备 （适用于数据获取方式来源于实测值）					数据记录频次	数据缺失时的处理方式	数据获取负责部门
				监测设备及型号	监测设备安装位置	监测频次	监测设备精度	规定的监测设备校准频次			

CO₂回收：不涉及

续表

参数1							
参数2							
……							
CH$_4$回收：不涉及							
参数1							
参数2							
……							
固碳产品隐含的排放：不涉及							
参数1							
参数2							
……							
其他排放：（按照相应行业核算方法与报告指南中的第五部分核算方法的排放种类填写）							
参数1							
……							

7-4 净购入电力和热力活动数据和排放因子的确定方式

过程参数	单位	数据的计算方法及获取方式 选取以下获取方式：实测值（如是，请具体填报，采用在表下加备注的方式写明具体方法和标准）；默认值（如是，请填写具体数值）；相关方结算凭证（如是，请具体填报，采用在表下加备注注明具体方式如何确保应商数据质量）；其他方式（如是，请具体填报如何计算，采用在表下加备注的方式详细描述）	测量设备（适用于数据获取方式来源于实测值）					数据记录频次	数据缺失时的处理方式	数据获取负责部门
			监测设备及型号	监测设备安装位置	监测频次	监测设备精度	规定的监测设备校准频次			
净购入电量	MW·h	相关结算凭证：电网公司提供结算单或结算票据，与每月抄表记录核对	电表ZMQ202	220kv变电楼电子间	实时监测	0.2级	电网公司控制	每天记录，每月、每年汇总	参考其他相关生产数据和原始凭证	发电部
净购入电力排放因子	tCO_2/MW·h	默认值：0.5810（2021年全国电网平均排放因子，数据来源《企业温室气体排放核算方法与报告指南 发电设施（2022年修订版）》	/	/	/	/	/	/	/	/
净购入热量	GJ	无	/	/	/	/	/	/	/	/
净购入热力排放因子	tCO_2/GJ	无	/	/	/	/	/	/	/	/

六、报告大纲

温室气体排放报告包括基本信息、机组及生产设施信息、活动数据、排放因子、生产相关信息、支撑材料等温室气体排放及相关信息。

1. 重点排放单位基本信息

重点排放单位应报告重点排放单位名称、统一社会信用代码、排污许可证编号等基本信息。

2. 机组及生产设施信息

重点排放单位应报告每台机组的燃料类型、燃料名称、机组类型、装机容量，以及锅炉、汽轮机、发电机、燃气轮机等主要生产设施的名称、编号、型号等相关信息。

3. 活动数据

重点排放单位应报告化石燃料消耗量、化石燃料低位发热量、机组购入使用电量数据。

4. 排放因子

重点排放单位应报告化石燃料单位热值含碳量、碳氧化率、电网排放因子数据。

5. 生产相关信息

重点排放单位应报告发电量、供电量、供热量、供热比、供电煤（气）耗、供热煤（气）耗、运行小时数、负荷（出力）系数、供电碳排放强度、供热碳排放强度等数据。

6. 支撑材料

重点排放单位应在排放报告中说明各项数据的来源并报送相关支撑材料，支撑材料应与各项数据的来源一致，并符合相关指南中的报送要求。报送提交的原始检测记录中应明确显示检测依据（方法标准）、检测设备、检测人员和检测结果。

第九章

碳核查程序和要点

《碳排放权交易管理办法（试行）》《企业温室气体排放报告核查指南（试行）》等规定对重点排放单位温室气体排放报告的核查由省级生态环境主管部门组织实施。碳核查工作可由省级生态环境主管部门自行开展，也可委托第三方核查机构开展核查工作。本章介绍重点排放单位温室气体排放报告的核查程序、文件评审和现场核查要点。

第一节 碳核查工作流程

碳核查程序包括核查安排、建立核查技术工作组、文件评审、建立现场核查组、实施现场核查、出具《核查结论》、告知核查结果、保存核查记录等八个步骤，核查工作流程见表3-10。

表3-10 碳核查工作流程

序号	步骤	内容
1	核查安排	省级生态环境主管部门确定核查任务、进度安排及所需资源 省级生态环境主管部门确定是否通过政府购买服务的方式委托技术服务机构提供核查服务
2	建立核查技术工作组	建立一个或多个核查技术工作组，可由省级生态环境主管部门及其直属机构承担，也可通过政府购买服务的方式委托技术服务机构承担 技术工作组至少由2名成员组成，其中1名为负责人，至少1名成员具备被核查的重点排放单位所在行业的专业知识和工作经验
3	文件评审	初步确认重点排放单位的温室气体排放量和相关信息的符合情况 识别现场核查重点 提出现场核查时间、需访问调查的人员、设施设备、支撑文件等 填写完成《文件评审表》和《现场核查清单》

序号	步骤	内容
4	建立现场核查组	应至少由2人组成，为确保工作的连续性，成员原则上应为核查技术工作组的人员
5	实施现场核查	现场核查组根据《现场核查清单》收集相关证据和支撑材料和填写核查记录，报送技术工作组 由技术工作组判断是否存在不符合项，如存在，制定《不符合项清单》；重点排放单位进行整改并提供相关证据
6	出具《核查结论》	对于未提出不符合项的，技术工作组应在现场核查结束后5个工作日内完成《核查结论》 对于提出不符合项的，技术工作组根据重点排放单位整改情况完成《核查结论》
7	告知核查结果	省级生态环境主管部门将核查结果告知重点排放单位 告知结果之前，如有必要，可进行复查
8	保存核查记录	省级生态环境主管部门保存核查过程中产生的记录，至少五年 技术服务机构将相关记录纳入内部质量管理体系进行管理，至少十年

技术工作组有以下五项工作职责：

（1）实施文件评审；

（2）完成《文件评审表》（见表3-11），提出《现场核查清单》（见表3-12）的现场核查要求；

（3）提出《不符合项清单》（见表3-13），交给重点排放单位整改，验证整改是否完成；

（4）出具《核查结论》（表3-14）；

（5）对未提交排放报告的重点排放单位，按照保守性原则对其排放量及相关数据进行测算。

表3-11 文件评审表

重点排放单位名称			
重点排放单位地址			
统一社会信用代码		法定代表人	

联系人		联系方式（座机、手机和电子邮箱）	
核算和报告依据			
核查技术工作组成员			
文件评审日期			
现场核查日期			
核查内容	文件评审记录（将评审过程中的核查发现、符合情况以及交叉核对等内容详细记录）	存在疑问的信息或需要现场重点关注的内容	
1.重点排放单位基本情况			
2.核算边界			
3.核算方法			
4.核算数据			
1）活动数据			
活动数据1			
活动数据2			
……			
2）排放因子			
排放因子1			
排放因子2			
3）排放量			

续表

4）生产数据		
生产数据1		
生产数据2		
……		
5.质量控制和文件存档		
6.数据质量控制计划及执行		
1）数据质量控制计划		
2）数据质量控制计划的执行		
7.其他内容		
核查技术工作组负责人（签名、日期）：		

表3-12 现场核查清单

重点排放单位名称			
重点排放单位地址			
统一社会信用代码		法定代表人	
联系人		联系方式（座机、手机和电子邮箱）	
现场核查要求		现场核查记录	
1.			
2.			
……			
		现场发现的其他问题：	

核查技术工作组负责人	现场核查人员
(签名、日期)：	(签名、日期)：

表3-13 不符合项清单

重点排放单位名称			
重点排放单位地址			
统一社会信用代码		法定代表人	
联系人		联系方式（座机、手机和电子邮箱）	
不符合项描述		整改措施及相关证据	整改措施是否符合要求
1.			
2.			
......			
核查技术工作组负责人 (签名、日期)：		重点排放单位整改负责人 (签名、日期)：	核查技术工作负责人 (签名、日期)：

注：请于　年　月　日前完成整改措施，并提交相关证据。如未在上述日期前完成整改，主管部门将根据相关保守性原则测算温室气体排放量等相关数据，用于履约清缴等工作。

表3-14 核查结论

一、重点排放单位基本信息			
重点排放单位名称			
重点排放单位地址			
统一社会信用代码		法定代表人	
二、文件评审和现场核查过程			
核查技术工作组承担单位		核查技术工作组成员	

续表

文件评审日期				
现场核查工作组承担单位		现场核查工作组成员		
现场核查日期				
是否不予实施现场核查?	□是□否,如是,简要说明原因。			

三、核查发现(在相应空格中打√)

核查内容	符合要求	不符合项已整改 且满足要求	不符合项整改 但不满足要求	不符合项 未整改
1.重点排放单位基本情况				
2.核算边界				
3.核算方法				
4.核算数据				
5.质量控制和文件存档				
6.数据质量控制计划及执行				
7.其他内容				

四、核查确认

(一)初次提交排放报告的数据	
温室气体排放报告(初次提交)日期	
初次提交报告中的排放量(tCO$_2$e)	
初次提交报告中与配额分配相关的生产数据	

(二)最终提交排放报告的数据	
温室气体排放报告(最终)日期	
经核查后的排放量(tCO$_2$e)	
经核查后与配额分配相关的生产数据	

(三)其他需要说明的问题	
最终排放量的认定是否涉及核查技术工作组的测算?	□是□否,如是,简要说明原因、过程、依据和认定结果。

续表

最终与配额分配相关的生产数据的认定是否涉及核查技术工作组的测算？	□是□否，如是，简要说明原因、过程、依据和认定结果。
其他需要说明的情况	
核查技术工作负责人（签字、日期）：	
技术服务机构盖章（如购买技术服务机构的核查服务）	

第二节 碳核查要点

碳核查是一个独立、客观的过程。一般情况下，碳核查的目的在于判断重点排放单位温室气体核算报告的职责、权限是否已经落实；温室气体排放报告及其他支持性文件是否完整可靠，是否符合核算与报告指南的要求；测量设备是否到位，测量是否符合核算与报告指南及相关标准的要求；判断数据及计算结果是否真实、可靠、准确。因此，碳核查工作应重点把握好文件评审及现场评审两个环节，并做好核查信息公开。

一、文件评审要点

获得高质量的文件评审资料，是保证碳核查工作顺利实施的关键。文件评审工作应贯穿核查工作的始终，文件评审资料主要包括重点排放单位基本情况、核算边界、核算方法、核算数据、质量保证和文件存档、数据质量控制计划及执行等。技术工作组应将重点排放单位的如下情况作为文件评审重点：一是投诉举报企业温室气体排放量和相关信息存在的问题；二是日常数据监测发现企业温室气体排放量和相关信息存在的异常情况；三是上级生态环境主管部门转办交办的其他有关温室气体排放的事项。

（一）重点排放单位基本情况

技术工作组应通过查阅重点排放单位的营业执照、组织机构代码证、机构简介、组织机构图、工艺流程说明、排污许可证、能源统计报表、原始凭证等文件的方式确认以下信息的真实性、准确性以及与数据质量控制计划的符合性：

（1）重点排放单位名称、单位性质、所属国民经济行业类别、统一社会信用代码、法定代表人、地理位置、排放报告联系人、排污许可证编号等基本信息；

（2）重点排放单位内部组织结构、主要产品或服务、生产工艺流程、使用的能源品种及年度能源统计报告等情况。

（二）核算边界

核算边界是指碳排放核算或碳排放核查中温室气体排放所包含的范围，应核算重点排放单位所有设施和业务产生的温室气体排放。核算边界包括：燃料燃烧排放、工业生产过程排放、净购入电力热力产生的排放、固碳产品隐含的排放等。以发电行业确定核算边界的过程为例，核算边界为发电设施，主要包括燃烧装置、汽水装置、电气装置、控制装置和脱硫脱硝等装置的集合。

确定核算边界需查阅组织机构图、厂区平面图、标记排放源输入与输出的工艺流程图及工艺流程描述、固定资产管理台账、主要用能设备清单，并查阅可行性研究报告及批复、相关环境影响评价报告及批复、排污许可证、承包合同、租赁协议等，确认以下信息的符合性：

（1）是否以独立法人或视同法人的独立核算单位为边界进行核算；

（2）核算边界是否与相应行业的核算指南以及数据质量控制计划一致；

（3）纳入核算和报告边界的排放设施和排放源是否完整；

（4）与上一年度相比，核算边界是否存在变更等。

评审可通过与企业相关人员交谈、现场观察核算边界和排放设施、查阅可行性研究报告及批复、查阅相关环境影响评价报告及批复等方式来验证企业核算边界的符合性。

（三）核算方法

技术工作组应确认重点排放单位在报告中使用的核算方法是否符合相应行业的核算指南的要求，对任何偏离指南的核算方法都应判断其合理性，并在《文件评审表》和《核查结论》中说明。

（四）核算数据

应重点查证核实以下四类数据的真实性、准确性和可靠性。

1. 活动数据

核查内容应包括活动数据的单位、数据来源、监测方法、监测频次、记录频次、数据缺失处理等。根据重点排放单位的数据情况采取以下方法进行核算：

（1）对支撑数据样本较多的，采用抽样方法进行验证，考虑抽样方法、抽样数量以及样本的代表性；

（2）对使用监测设备获取数据的，应确认监测设备是否得到了维护和校准；因设备校准延迟而导致的误差是否根据设备的精度或不确定度进行了处理，以及处理的方式是否会低估排放量或过量发放配额；

（3）对可以自行检测或委托外部实验室检测的关键参数，应确认重点排放单位是否具备测试条件，是否依据核算指南建立内部质量保证体系并按规定留存样品。

技术工作组应将每一个活动数据与其他数据来源进行交叉核对，其他数据来源可包括燃料购买合同、能源台账、月度生产报表、购售电发票、供热协议及报告、化学分析报告、能源审计报告等。

2. 排放因子

依据核算指南和数据质量控制计划对重点排放单位排放报告中的每一个排放因子的来源及数值进行核查。

（1）对采用缺省值的排放因子，技术工作组应确认与核算指南中的缺省值一致；

（2）对采用实测方法获取的排放因子，技术工作组至少应对排放因子的单位、数据来源、监测方法、监测频次、记录频次、数据缺失处理（如适用）等内容进行核查；

（3）对支撑数据样本较多需采用抽样进行验证的，应考虑抽样方法、抽样数量以及样本的代表性；

（4）对通过监测设备获取的排放因子数据，由重点排放单位自行检测或委托外部实验室检测的关键参数，技术工作组应采取与活动数据同样的核查方法。

技术工作组应将每一个排放因子数据与其他数据来源进行交叉核对，其他的数据来源可包括化学分析报告、联合国政府间气候变化专门委员会（IPCC）缺省值、省级温室气体清单编制指南中的缺省值等。

3. 排放量

通过验证排放量计算公式是否正确、排放量的累加是否正确、排放量的计算是否可再现等方式，确认排放量的计算结果是否正确；通过对比以前年份的排放报告，分析生产数据和排放数据的变化和波动情况，确认排放量是否合理。

4. 生产数据

依据核算指南和数据质量控制计划对每一个生产数据进行核查，并与数据质量控制计划规定之外的数据源进行交叉验证。核查内容包括数据的单位、数据来源、监测方法、监测频次、记录频次、数据缺失处理等。

（五）质量保证和文件存档

应对重点排放单位的质量保障和文件存档执行情况进行核查：

(1)是否建立了温室气体排放核算和报告的规章制度，包括负责机构和人员、工作流程和内容、工作周期和时间节点等；是否指定了专职人员负责温室气体排放核算和报告工作；

(2)是否定期对计量器具、监测设备进行维护管理；维护管理记录是否已存档；

(3)是否建立健全温室气体数据记录管理体系，包括数据来源、数据获取时间以及相关责任人等信息的记录管理；是否形成碳排放数据管理台账记录并定期报告，确保排放数据可追溯；

(4)是否建立温室气体排放报告内部审核制度，定期对温室气体排放数据进行交叉校验，对可能产生的数据误差风险进行识别，并提出相应的解决方案。

（六）数据质量控制计划及执行

1. 数据质量控制计划

技术工作组应从以下几个方面确认数据质量控制计划是否符合核算指南的要求：

（1）版本及修订

应确认数据质量控制计划的版本和发布时间，与实际情况是否一致。如有修订，应确认修订满足下述情况之一或相关核算指南规定。

1）因排放设施发生变化或使用新燃料、物料产生了新排放；

2）采用新的测量仪器和测量方法，提高了数据的准确度；

3）发现按照原数据质量控制计划的监测方法核算的数据不正确；

4）发现修订数据质量控制计划可提高报告数据的准确度；

5）发现数据质量控制计划不符合核算指南要求。

（2）重点排放单位情况

可通过查阅其他平台或相关文件中的信息源（如国家企业信用信息公示系统、能源审计报告、可行性研究报告、环境影响评价报告、环境管理体系评估报告、年度能源和水统计报表、年度工业统计报表以及年度财务审计报告）等方式，确认数据质量控制计划中重点排放单位的基本信息、主营产品、生产设施信息、组织机构图、厂区平面分布图、工艺流程图等相关信息的真实性和完整性。

（3）核算边界和主要排放设施描述

采用查阅对比文件（如企业设备台账）等方式，确认排放设施的真实性、完整性以及核算边界是否符合相关要求。

（4）数据的确定方式

应对核算所需要的各项活动数据、排放因子和生产数据的计算方法、单位、数据获取方式、相关监测测量设备信息、数据缺失时的处理方式等内容进行核查，并确认：

1）是否对参与核算所需要的各项数据都确定了获取方式，各项数据的单位是否符合核算指南要求；

2）各项数据的计算方法和获取方式是否合理且符合核算指南的要求；

3）数据获取过程中涉及的测量设备的型号、位置是否属实；

4）监测活动涉及的监测方法、监测频次、监测设备的精度和校准频次等是否符合核算指南及相应的监测标准的要求；

5）数据缺失时的处理方式是否按照保守性原则，确保不会低估排放量或过量发放配额。

（5）数据内部质量控制和质量保证相关规定

应通过查阅支持材料和如下管理制度文件，对重点排放单位内部质量控制和质量保证相关规定进行核查，确认相关制度安排合理、可操作并符合核算指南要求。

1）数据内部质量控制和质量保证相关规定；

2）数据质量控制计划的制订、修订、内部审批以及数据质量控制计划执行等方面的管理规定；

3）人员的指定情况，内部评估以及审批规定；

4）数据文件的归档管理规定等。

2. 数据质量控制计划执行

应从以下方面核查数据质量控制计划的执行情况：

（1）重点排放单位基本情况是否与数据质量控制计划中的报告主体描述一致；

（2）年度报告的核算边界和主要排放设施是否与数据质量控制计划中的核算边界和主要排放设施一致；

（3）所有活动数据、排放因子及相关数据是否按照数据质量控制计划实施监测；

（4）监测设备是否得到了有效的维护和校准，维护和校准是否符合国家、地区计量法规或标准的要求，是否符合数据质量控制计划、核算指南或设备制造商的要求；

（5）监测结果是否按照数据质量控制计划中规定的频次记录；

（6）数据缺失时的处理方式是否与数据质量控制计划一致；

（7）数据内部质量控制和质量保证程序是否有效实施。

对不符合核算指南要求的数据质量控制计划，应开具不符合项要求重点排放单位进行整改。

对于未按数据质量控制计划获取的活动数据、排放因子、生产数据，技术工作组应结合现场核查组的现场核查情况开具不符合项，要求重点排放单位按照保守性原则测算数据，确保不会低估排放量或过量发放配额。

（七）其他内容

除上述内容外，技术工作组在文件评审中还应重点关注如下内容：

（1）投诉举报企业温室气体排放量和相关信息存在的问题；

（2）各级生态环境主管部门转办、交办的事项；

（3）日常数据监测发现企业温室气体排放量和相关信息存在异常的情况；

（4）排放报告和数据质量控制计划中出现错误风险较高的数据以及重点排放单位是如何控制这些风险的；

（5）重点排放单位以往年份不符合项的整改完成情况，以及是否得到持续有效管理等。

技术工作组应根据相应行业的温室气体排放核算方法与报告指南、相关技术规范，对重点排放单位提交的排放报告及数据质量控制计划等支撑材料（见表3-15）进行文件评审，并完成《文件评审表》和《现场核查清单》，提交省级生态环境主管部门。

表3-15 支持性文件清单

序号	文件名称
1	核查工作公正性保证书
2	核查会议签到表（首次会议、末次会议）
3	企业真实性声明
4	企业营业执照
5	企业简介
6	组织机构图
7	厂区平面图
8	工艺流程图
9	财务购销存明细账
10	电力、天然气、液化天然气发票
11	生产设备一览表
12	计量器具一览表
13	排放报告（初版）
14	排放报告（终版）

二、现场核查要点

文件评审完成后，现场核查组应明确现场核查的重点和任务分工，制定现场核查计划、抽样计划，并确认现场核查需查看的资料清单。

（一）现场核查方法

现场核查组可采用以下查、问、看、验等方法开展工作（见表3-16）。

表3-16 现场核查方法

方法	内容
查	查阅相关文件和信息，包括原始凭证、台账、报表、图纸、会计账册、技术资料等 保存证据时可保存原件，也可保存复印件、影像等
问	询问现场工作人员，应多采用开放式提问，获取更多关于核算边界、排放源、数据监测以及核算过程等信息
看	查看现场排放设施和监测设备的运行，包括核算边界、排放设施的位置和数量、排放源的种类以及监测设备的安装、校准和维护情况等
验	通过重复计算验证计算结果的准确性，或通过抽取样本、重复测试确认测试结果的准确性等 现场核查组应验证现场收集的证据的真实性，确保其能够满足核查的需要 现场核查组应在现场核查工作结束后2个工作日内，向技术工作组提交填写完成的《现场核查清单》

（二）重点关注内容

现场核查组应按《现场核查清单》的要求开展核查工作，并重点关注如下内容：

（1）投诉举报企业温室气体排放量和相关信息存在的问题；

（2）各级生态环境主管部门转办、交办的事项；

（3）日常数据监测发现企业温室气体排放量和相关信息存在异常的情况；

（4）重点排放单位基本情况与数据质量控制计划或其他信息源不一致的情况；

（5）核算边界与核算指南不符，或与数据质量控制计划不一致的情况；

（6）排放报告中采用的核算方法与核算指南不一致的情况；

（7）活动数据、排放因子、排放量、生产数据等不完整、不合理或不符合数据质量控制计划的情况；

（8）重点排放单位是否有效地实施了内部数据质量控制措施的情况；

（9）重点排放单位是否有效地执行了数据质量控制计划的情况；

（10）数据质量控制计划中报告主体基本情况、核算边界和主要排放设施、数据的确定方式、数据内部质量控制和质量保证相关规定等与实际情况的一致性；

（11）确认数据质量控制计划修订的原因，比如排放设施发生变化、使用新燃料或物料、采用新的测量仪器和测量方法等情况。

（三）现场访问程序

现场核查访问可按照首次会议、收集和验证信息、召开末次会议三个步骤展开。

1. 首次会议

在现场核查开始之前，核查组长应与受核查方的管理层、相关部门或过程负责人进行沟通，并组织召开首次会议，会议主要内容包括：

（1）介绍核查的目的、准则、范围、保证等级以及实质性偏差；

（2）介绍核查的程序和方法以及核查组成员；

（3）确认核查计划和流程；

（4）确认核查所需的资源和设施，确认向导的安排；

（5）确认有关保密事宜和需要澄清的问题等；

（6）第二阶段还应对第一阶段的核查发现进行跟踪和总结。

2. 收集和验证信息

现场信息收集与验证是整个现场核查过程中最重要的环节，重点在于验证排放源的完整性和排放数据的准确性。核查组成员应按照现场核查计划安排，通过面谈、查阅文件、现场观察等方式，收集并验证相关信息。主要应把握如下要求：

（1）现场确认组织边界和运行边界是否准确。在排放单位相关人员的陪同下走访厂区，核查组织范围与边界的确定，包括地理和多场所信息，涵盖的设施和排放源，并将排放报告中涉及的所有排放源及计量仪表拍照取证，确定有无遗漏的排放源；

（2）检查文件评审阶段存在的问题并跟踪解决；

（3）检查企业实际监测与监测计划是否符合；

（4）检查企业温室气体排放和清除的量化过程的正确性,包括量化方法学的选择、活动数据的收集及追溯（包括数据的监测、记录、汇总和保存的全过程，确认不当的数据收集过程带来的风险），排放因子选择的合理性及出处，采用交叉核对的方法对数据进行验证；

（5）检查企业计量仪表的安装、使用和校准情况；

（6）现场审核重要排放源的排放状况及温室气体排放数据质量管理情况，检查相关文件、记录和凭证，抽样原始数据和信息以检查数据的追溯性。如检查电费缴费发票、抄表记录等；

（7）与涉及的系统、程序、运行控制的相关人员进行面谈和沟通；

（8）确认企业温室气体排放报告是否符合核算指南的要求，核实温室气体计算过程和结果是否准确。

核查组现场访问的对象、主要内容如表3-17所示：

表3-17 现场核查访谈记录表

核查组人员	受访人员	部门	核查/访谈内容
***	***	副总经理	企业基本情况，主要生产设施，生产工艺，核算边界等；能源计量器具配备情况，活动水平数据获取方式等
	***	办公室	
	***	安全科	
	***	安全科	
	***	生产车间	
	***	生产车间	
***	***	财务科	生产过程中使用原辅料及产品化验情况及化验记录
***	***	财务科	产品产量统计等

3.末次会议

末次会议由核查组长组织召开，参加人员包括核查组全体成员以及排放单位主要负责人，生产、统计、财务、设备等相关部门的人员。末次会议应包括以下环节：

（1）展示核查结果（各类排放源有哪些、活动水平数据和排放因子来源及交叉核对所用的证据）；

（2）告知排放单位核查中发现的不符合项及整改方法（核查组和排放单位应就有关核查发现的不同意见进行讨论，能现场关闭的就现场关闭，不能现场关闭的请企业后续提供材料）；

（3）告知排放单位核查机构内部还有技术评审，在内部技术评审阶段有可能还会提出不符合项；

（4）解答排放单位疑问。

三、信息公开要求

第三方核查工作结束后，省级生态环境主管部门应结合技术服务机构与省级生态环境主管部门的日常沟通、技术评审、复查以及核查复核等情况，对技术服务机构提供的核查服务按《技术服务机构信息公开表》格式进行评价，并在官方网站上向社会公开。《技术服务机构信息公开表》见表3-18。

表3-18 技术服务机构信息公开表（　　　　年度核查）

一、技术服务机构基本信息							
技术服务机构名称							
统一社会信用代码		法定代表人					
注册资金		办公场所					
联系人		联系方式（电话、email）					
二、技术服务机构内部管理情况							
内部质量管理措施							
公正性管理措施							
不良记录							

三、核查工作及时性和工作质量										
序号	重点排放单位名称	统一社会信用代码/组织机构代码	核查及时性（填写及时或不及时）	核查质量（如符合要求填写符合，如不符合要求，简述不符合的具体内容）						
				1 重点排放单位基本情况	2 核算边界	3 核算方法	4 核算数据	5 质量控制和文件存档	6 数据质量控制计划及执行	7 其他内容
1										
2										
3										
4										

共出具　份《核查结论》。其中：　份合格，　份不合格，合格率　‰。

《核查结论》不合格情况如下：

　　重点排放单位基本情况核查存在不合格的　份；

　　核算边界的核查存在不合格的　份；

　　核算方法的核查存在不合格的　份；

　　核算数据的核查存在不合格的　份；

　　质量控制和文件存档的核查存在不合格的　份；

　　数据质量控制计划及执行的核查存在不合格的　份；

　　其他内容的核查存在不合格的　份。

四、核查报告编制参考大纲

核查组根据文件评审和现场核查编制核查报告，核查报告应真实、客观、逻辑清晰，并采用表3-19所规定的格式。核查组应在核查报告中出具肯定或否定的核查结论。只有当所有的不符合项关闭后，核查组方可在核查报告中出具核查结论。

核查结论应包括以下内容：重点排放单位的排放报告和核算方法与报告指南的符合性；重点排放单位的排放量声明，包含按照指南核算的企业温室气体排放总量的声明和按照补充报告模板核算的设施层面二氧化碳排放问题的声明；重点排放单位的排放量存在异常波动的原因说明；核查过程中未覆盖的问题描述等。

表3-19 碳核查报告正文内容示例

1　概述

　　1.1　核查目的

　　1.2　核查范围

　　1.3　核查准则

2　核查过程和方法

　　2.1　核查组安排

　　2.2　文件评审

　　2.3　现场核查

　　2.4　核查报告编写及内部技术复核

3　核查发现

　　3.1　重点排放单位基本情况的核查

　　3.2　核算边界的核查

续表

第三节 核查技术服务机构及人员管理

目前，我国对核查技术服务机构未设立资质审批。省级生态环境主管部门根据《碳排放权交易管理办法（试行）》《企业温室气体排放报告核查指南（试行）》等规定，通过政府购买服务等方式确定技术服务机构开展核查有关工作。核查技术服务机构应当对提交核查结果的真实性、完整性、准确性负责。

一、核查技术服务机构的主要任务

核查技术服务机构主要任务有两项：一是开展核查技术服务。应按照《企业温室气体排放核算方法与报告指南 发电设施》（环办气候〔2021〕9号）要求，为省级生态环境部门开展2021年度排放报告的核查提供技术支撑。编制并向省级生态环境部门报告年度公正性自查报告；二是核查信息网上填报。省级生态环境主管部门应通过生态环境专网登录全国碳排放数据报送系统管理端，进行核查任务分配和核查工作管理。组织核查技术服务机构通过环境信息平台（全国碳排放数据报送系统核查端）注册账户并进行核查信息填报。

二、碳核查技术服务机构禁止活动类型

根据《企业温室气体排放报告核查指南（试行）》，核查技术服务机构不应开展以下活动：

（1）向重点排放单位提供碳排放配额计算、咨询或管理服务；

（2）接受任何对核查活动的客观公正性产生影响的资助、合同或其他形式的服务或产品；

（3）参与碳资产管理、碳交易的活动或与从事碳咨询和交易的单位存在资产和管理方面的利益关系，如隶属于同一个上级机构等；

（4）与被核查的重点排放单位存在资产和管理方面的利益关系，如隶属于同一个上级机构等；

（5）为被核查的重点排放单位提供有关温室气体排放和减排、监测、测量、报告和校准的咨询服务；

（6）与被核查的重点排放单位共享管理人员，或者在 3 年之内曾在彼此机构内相互受聘过管理人员；

（7）使用具有利益冲突的核查人员，如 3 年之内与被核查重点排放单位存在雇佣关系或为被核查的重点排放单位提供过温室气体排放或碳交易的咨询服务等；

（8）宣称或暗示如果使用指定的咨询或培训服务，对重点排放单位的排放报告的核查将更为简单、容易等。

三、对核查技术服务机构的监管

为确保核查技术服务机构的公正性、规范性和科学性，可通过核查技术服务机构自查、省级生态环境主管部门抽查等方式，依据《企业温室气体排放报告核查指南（试行）》对核查技术服务机构内部管理情况、公正性管理措施、工作及时性、工作质量和利益冲突等内容进行评估。省级生态环境主管部门对核查技术服务机构的评估

结果在省级生态环境主管部门网站、环境信息平台向社会公开。

为严厉打击发电行业控排企业碳排放数据弄虚作假行为，加强碳排放报告质量监督管理，保障全国碳市场平稳健康运行，2021年10—12月，生态环境部组织31个工作组开展碳排放报告质量专项监督帮扶。以重点技术服务机构及其相关联的发电行业控排企业为切入点，围绕煤样采制、煤质化验、数据核验、报告编制等关键环节，深入开展现场监督检查，发现某些机构存在篡改、伪造检测报告，制作虚假煤样，报告结论失真失实等突出问题，具体问题归纳如下：

核查程序不合规。未落实《企业温室气体排放报告核查指南（试行）》要求，核查工作走过场，核查报告签名人员与现场实际核查人员不符。

核查履职不到位，核查结论失实。对报告中存在的检测报告造假、机组"应纳未纳"、参数选用和统计计算错误等明显问题"视而不见"。对元素碳含量缺省值改为实测值的重大变化，不核实数据来源及真实性。

伪造原始检测记录。伪造碳氢仪原始检测记录、样品检测委托书、样品试样编号记录单、仪器设备使用记录、样品处理台账等原始档案。内部质量控制体系缺失，合规性、真实性难以证实。

篡改伪造检测报告。利用可编辑的检测报告模板，篡改控排企业元素碳含量检测报告的送检日期、检测日期、报告日期、报告编号等重要信息，将集中送检伪造成分月送样、分月检测并删除原始检测报告的二维码，同时编造全水分数据用于折算收到基元素碳检测数据。

授意指导企业制作虚假煤样送检。在明知企业未留存历史煤样的情况下，授意指导控排企业临时制作煤样送检。

针对碳排放数据质量监督帮扶专项行动中通报的典型案例，生态环境部要求各地应进一步核实整改。将被各级生态环境部门通报的重点排放单位列为日常监管的重点对象，对查实的有关违法违规行为依法从严处罚。对于被通报的核查技术服务机构，各地方应审慎委托其承担核查工作。对于被通报的检验检测机构，各地方应审慎采信其出具的碳排放相关检测报告结果。

四、碳排放管理员职业体系

2021年3月，人社部增列了碳排放管理员作为国家职业分类大典的第四大类新职业。

根据《人力资源社会保障部办公厅、国家市场监督管理总局办公厅、国家统计局办公室关于发布集成电路工程技术人员等职业信息的通知》（人社厅发〔2021〕17号）文件，遴选确定了碳排放管理员等18个新职业信息。碳排放管理员正式列入国家职业序列。碳排放管理员新职业在《中华人民共和国职业分类大典》中编码为4-09-07-04。碳排放管理员定义为：从事企事业单位二氧化碳等温室气体排放监测、统计核算、核查、交易和咨询等工作的人员。

碳排放管理员主要工作任务包括：企事业单位的碳排放现状监测，碳排放数据统计核算核查，碳排放权购买、出售、抵押和咨询服务等。职业包含但不限于下列工种：民航碳排放管理员、碳排放监测员、碳排放核算员、碳排放核查员、碳排放交易员、碳排放咨询员。目前《碳排放管理员国家职业技能标准》正在起草中，对于各个工种将提出具体要求。

为了加强碳排放管理员职业建设，目前正在研究制定《碳排放管理人才队伍能力提升行动计划》，以工作实际应用为导向，明确提升碳排放管理人才队伍能力的工作目标、工作措施、重点工程和项目等。同时，正加快编制《碳排放管理员职业技能等级认定考试大纲》《碳排放管理员职业技能等级认定考试题库》等培训教材。

第十章

温室气体清单编制

温室气体清单是对一定区域内人类活动排放和吸收的温室气体信息的全面汇总，覆盖范围包括能源活动、工业生产过程、农业活动、土地利用变化和林业、废弃物处理等五大领域。通过编制温室气体清单可以全面掌握一个国家、地区清单编制年份的能源消费总量、温室气体排放总量、排放构成情况、主要行业、重点排放单位以及区域分布状况，通过对数据进行分析研究，准确把握关键排放源，进而为各级政府针对不同部门、行业的排放特征，制定切合实际的控排目标和任务措施提供技术支撑。同时，通过对不同年份温室气体排放动态变化趋势的分析，可以对现有减排措施效果进行评估，及时调整本地管控温室气体排放相关政策和行动。由此可见，温室气体清单编制是应对气候变化的又一项基础性工作。

第一节 国家温室气体清单编制

一、国家温室气体清单编制背景

联合国大会于1992年5月9日通过《联合国气候变化框架公约》。1994年3月21日，该公约生效。公约的终极目标是控制人类活动对气候系统的干扰和影响，将大气温室气体浓度维持在一个稳定的水平。根据"共同但有区别的责任"原则，公约对发达国家和发展中国家规定的义务以及履行义务的程序有所区别，要求温室气体排放量较大的发达国家，采取具体措施限制温室气体的排放，并向发展中国家提供资金以支付他们履行公约义务所需的费用。而发展中国家只承担提供温室气体源与温室气体汇的国家清单的义务，制订并执行含有关于温室气体源与汇方面措施的方案，不承担有法律约束力的限控义务。

中国作为世界上最大的发展中国家，始终以积极的态度和务实的行动控制温室气体排放。经全国人大批准，1993年1月5日中国正式将《联合国气候变化框架公约》批准书交存联合国秘书长处，正式成为公约缔约国之一，开始履行公约的相应义务。

二、国家温室气体清单编制现状

积极开展国家温室气体清单编制工作。根据《联合国气候变化框架公约》要求，所有缔约方应按照IPCC国家温室气体清单指南编制各国的温室气体清单。作为《联合国气候变化框架公约》非附件一缔约方，中国高度重视自身所承担的国际义务，在全球环境基金（GEF）赠款支持下，分别于2004年、2012年和2019年向联合国气候变化框架公约秘书处提交《中华人民共和国气候变化初始国家信息通报》《中华人民共和国气候变化第二次国家信息通报》和《中华人民共和国气候变化第三次国家信息通报》，详细分析了我国1994年、2005年和2010年温室气体排放情况；2017年和2019年又提交了《中华人民共和国气候变化第一次两年更新报告》《中华人民共和国气候变化第二次两年更新报告》，分别披露了2012和2014年国家温室气体排放信息。以提交《第三次信息通报》和《第二次两年更新报》为新起点，我国将在现有的清单和履约报告编制工作机制基础上，以满足增强透明度框架要求为目标，强化清单和报告编制能力，完善工作机制，实现更加有效的协调，动员更多政府和社会力量参与，争取实现更高水平的履约。迄今为止，我国共完成5个年份的国家温室气体清单编制。

国家清单编制工作机制基本确立。2018年按照国务院机构改革方案，应对气候变化职能由国家发展改革委划转至生态环境部。现阶段，在国家应对气候变化及节能减排工作领导小组指导下，生态环境部总体负责国家温室气体清单编制和发布工作；应对气候变化司具体负责国家清单编制的组织管理，并通过项目招投标方式选定国家气候战略中心、清华大学、中国农科院、中国科学院、中国林科院和中国环科院等6家技术单位分别承担能源活动、工业生产过程、农业活动、土地利用变化和林业、废弃物处理领域的清单编制和报告起草工作。清单基础数据主要协调国家统计局、主管相应行业的部委和电力、钢铁、石油化工等行业协会提供。

温室气体清单质量获国际社会认可。中国作为最大发展中国家，气候变化的透明度建设受到广泛关注。截至2019年，中国政府共提交了3次国家信息通报和2次两年更新报告，包含5个年度的国家温室气体排放清单。清单中数据可靠，核算的温室气体种类从最初的二氧化碳、甲烷和氧化亚氮增加到包括氢氟碳化物、全氟化物和六氟化硫6种，编制方法学从采用IPCC缺省排放因子的低阶方法演变成更多排放源采用本国化参数的高阶方法，建立了一套适合中国国情并与国际接轨的清单编制方法体系。

三、国家温室气体清单编制依据

IPCC公布的国家温室气体清单指南是迄今为止接受度最高、应用范围最广的国家层面温室气体排放清单指南。目前已发布的版本有，2006年发布的《2006年IPCC国家温室气体清单指南》，2019年发布《2006年IPCC国家温室气体清单指南（2019修订版）》。当前使用的是《2006年IPCC国家温室气体清单指南》，在编制中，需与《2006年IPCC国家温室气体清单指南（2019修订版）》结合使用，修订版指南主要是补充2006年版指南中没有覆盖的温室气体排放源和碳汇，识别因新兴技术和生产过程出现产生的差异以及对排放因子的更新。

国家温室气体清单指南将温室气体排放源和碳汇划分为能源、工业过程和产品使用、农业、林业和其他土地利用、废弃物等5大类。每一大类包括各个类别和亚类。各国会从亚类层面建立清单，每种气体排放量和清除量的总和即是国家总量。此外，源于国际运输轮船和飞机中燃料使用的排放不包括在国家总量中，而是单独报告。

IPCC指南中提供的排放因子法是目前应用最为广泛的核算温室气体排放的方法，即把有关人类活动发生程度的信息（称为"活动数据"；Activity Data，AD）与量化单位活动的排放量或清除量系数（即排放因子；Emission Factor，EF）结合起来。

根据方法的复杂程度与各国可获取数据的详细程度，指南将方法学分为3个层级，第1层方法1（Tier 1 method）是基本方法，第2层方法2（Tier 2 method）是中级方法，第3层方法3（Tier 3 method）要求最高。方法2和方法3被称作较高级别方法，通常认为结果更为准确。以能源大类中的化石燃料燃烧为例，方法1是根据燃料燃烧的数量与平均排放因子进行计算，该方法旨在利用已有的国内与国际统计资料，结合使用排放因子数据库（EFDB）提供的缺省排放因子和其他参数进行计算，尽管对所有国家切实可行，但对不同国家的代表性不足。方法2是根据燃料燃烧的数量与特定国家排放因子进行计算。方法1与2的主要区别是排放因子的选择不同，由于方法2是使用各国自身的排放因子，相较于方法1，方法2更值得推荐。方法3是对燃料气体的持续排放进行监测，该方法成本相对较高，可行性不高，因此，通常不使用该方法估算国家排放。

四、国家温室气体清单报告内容

1996年《联合国气候变化框架公约》第二次缔约方会议上决定，非附件一国家需要报告其国家温室气体清单，并对发展中国家温室气体清单的报告内容做了详细界定。我国属于发展中国家，在《公约》中被归为非附件一国家，因此我国的国家温室气体清单也需要按非附件一的要求向联合国报告，具体报告内容见表3-20。

表3-20 非附件一国家温室气体清单的报告内容

温室气体排放源和吸收汇的种类	CO_2	CH_4	N_2O
总净排放量（千吨/年）	√	√	√
1.能源活动	√	√	√
燃料燃烧	√		√
能源生产和加工转换	√		√
工业	√		
运输	√		
商业	√		
居民	√		
其他	√		
生物质燃烧（能源利用为目的）		√	
逃逸排放		√	
油气系统		√	
煤炭开采和矿后活动		√	
2.工业生产过程	√		√
3.农业		√	√
动物肠道发酵		√	
水稻种植		√	
烧荒		√	
其他		√	√

温室气体排放源和吸收汇的种类	CO$_2$	CH$_4$	N$_2$O
4.土地利用变化和林业	√		
森林和其他木质生物质储量变化	√		
森林和草地转化	√		
弃耕地	√		
5.其他		√	

注:标"√"表示需要汇报的数据。

第二节 省级温室气体清单编制

一、省级温室气体清单编制现状

为实现"到2020年，中国单位国内生产总值二氧化碳排放将比2005年下降60%～65%"的减排承诺，我国于2010年启动了省级温室气体清单编制工作，为"十二五"CO$_2$强度下降目标的分解和内部核查奠定技术基础。国家发展改革委于2010年上半年在华北、华中、华南、西北和西南五个片区内，分别举办了5次大规模的针对省级温室气体清单编制能力建设培训班，覆盖了全国所有的省区，为在全国范围内开展温室气体排放清单编制工作打下了良好基础。2010年9月，国家发展改革委办公厅正式印发《关于启动省级温室气体清单编制工作有关事项的通知》(发改办气候〔2010〕2350号)，要求各地制定工作计划和编制方案，组织好温室气体清单编制工作。同时，选择陕西、浙江、湖北、云南、辽宁、广东和天津，作为省级温室气体清单编制的7个试点地区，积累省级清单编制经验。2011年5月印发《国家发展改革委办公厅关于印发省级温室气体清单编制指南(试行)的通知》(发改办气候〔2011〕1041号)，要求各地方按照《省级温室气体清单编制指南(试行)》组织开展本地区温室气体清单编制工作，加强省级清单编制的科学性、规范性和可操作性，为编制方法科学、数据透明、格式一致、结果可比的省级温室气体清单提供有益指导。

二、省级温室气体清单编制的依据和内容

省级温室气体清单编制依据主要参考《省级温室气体清单编制指南（试行）》，其他参考标准包括但不限于《IPCC国家温室气体清单指南》《ICLEI指南》《GRIP温室气体地区清单议定书》《企业温室气体清单指南》《ISO 14064系列标准》《PAS 2050指南》、《标准PAS 2060》等相关国际国内标准。

《省级温室气体清单编制指南（试行）》将国民生产生活中涉及温室气体排放的部门分为五类，分别为能源活动、工业生产过程、农业活动、土地利用变化和林业以及废弃物处理。五部门根据行业性质及排放特征进而划分为若干子级排放源。完整的温室气体清单需将本地五部门中涉及的各类子级温室气体排放源信息进行汇总整理，形成能源活动、工业生产过程、农业活动、土地利用变化和林业、废弃物处理五大领域的温室气体清单分报告，分报告经过汇总整合形成总报告。

三、省级温室气体清单编制的方法和步骤

（一）确定清单边界

清单边界按照行政管辖区进行界定，遵循行政区划为地理边界的"在地原则"。地理边界的确定既利于地方政府切实掌握辖区温室气体排放信息，有助于针对性地制定系统化减排措施，又有助于对控制温室气体排放目标的分解和考核。

（二）温室气体种类的确定

《京都议定书》规定的6种温室气体，即二氧化碳（CO_2）、甲烷（CH_4）、氧化亚氮（N_2O）、氢氟碳化物（HFCs）、全氟化碳（PFCs）和六氟化硫（SF_6）。其中，HFCs具体包括HFC-23、HFC-32、HFC-125、HFC-134a、HFC-143a、HFC-152a、HFC-227ea、HFC-236fa和HFC-245fa。PFCs具体包括四氟化碳（CF_4）和六氟乙烷（C_2F_6）。多哈会议通过的《京都议定书》修正案规定的第七种温室气体三氧化氮（NF_3）暂不计算。为了统一衡量不同温室气体对全球增温的影响，需要以CO_2为基准，将其他温室气体换算成二氧化碳当量（CO_2e）。

（三）确定排放源

将温室气体排放源与吸收汇分为五大部门，分别是能源活动、工业生产过程、农

业活动、土地利用变化和林业、废弃物处理。其中，能源活动、工业生产过程、农业活动和废弃物处理是排放源部门，土地利用变化和林业是吸收汇（土地利用变化和林业也有可能成为排放源）。

温室气体清单编制过程中，排放源确定过程路线图表示为图3-2。

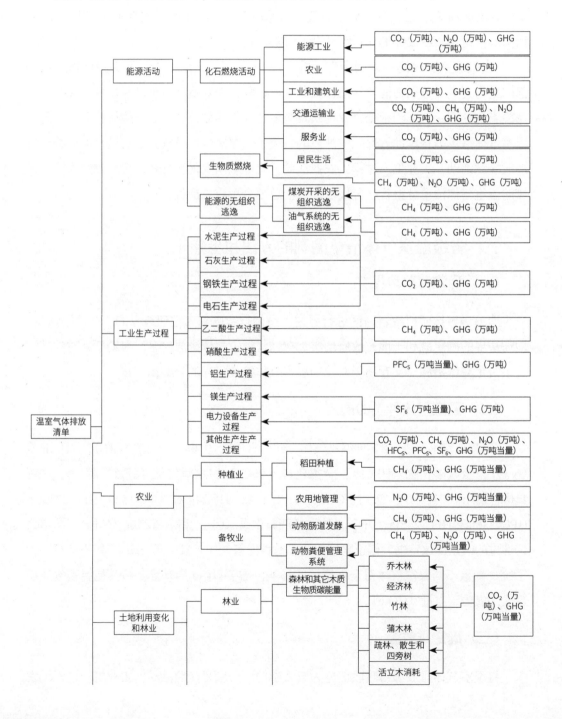

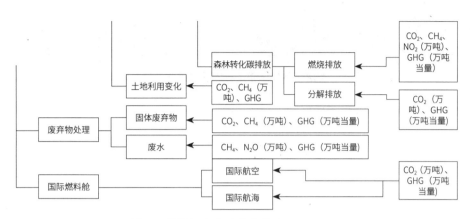

图3-2 排放源确定过程路线图

（四）确定计算方法

《省级温室气体清单编制指南（试行）》采用排放因子法，计算过程为：温室气体排放量等于活动水平（即逐级累加不同部门、不同设备和不同燃料品种的排放量）乘以排放因子，计算流程图如图3-3。

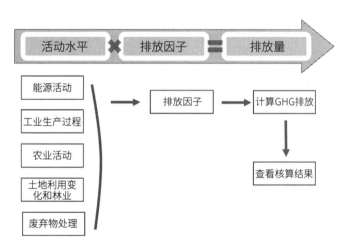

图3-3 温室气体排放量计算流程图

（五）收集数据

数据收集是省级或市级温室气体核算的重要组成部分，主要分为活动水平数据收集和排放因子数据收集。活动水平数据和排放因子数据按照下面的优先原则进行收集，见图3-4。

图3-4 活动水平数据和排放因子数据收集优先顺序

第一步统计数据：如统计数据、区县或行业主管部门数据可以满足清单编制中数据需求，优先采用统计数据和部门数据。

第二步收集区县或行业主管部门统计数：如统计数据和区县或行业主管部门数据缺失，或者详细程度无法满足清单编制中数据需求，则通过调研、抽样调查等方式收集和汇总调研数据。

第三步收集企业调研或实地调查数据：如无统计数据和区县或行业主管部门数据，同时考虑时间、人力和物力等限制因素无法收集调研数据，可以通过专家咨询方式获得估算数据。

第四步专家分析：如同时存在多个数据来源，将不同来源的数据相互补充、验证，寻找误差及产生的原因，根据具体情况选择使用一个合适的数据来源。

1. 活动水平数据的可能来源

活动水平数据需根据部门特征、排放源类型、能源使用等情况进行收集，收集的途径包括查阅相关年鉴、咨询相关统计部门及管理部门、各类调查报告等，活动水平数据的可能来源参考表3-21。

表3-21 活动水平数据的可能来源参考表

部门	排放源分类	数据需求	数据来源
能源活动	化石燃料燃烧	"简单数据收集"：分行业、分能源品种的化石燃料燃烧量数据	能源统计年鉴、统计部门
		"详细数据收集"工业领域：分工业行业、分能源品种的化石燃料燃烧量数据	统计、工信、发改等部门、行业协会
		"详细数据收集"建筑领域：分建筑类型、分能源品种的化石燃料燃烧量数据	统计部门、住建部门
		"详细数据收集"交通领域：分交通方式、分能源品种的化石燃料燃烧量数据	统计部门、交通部门、航空公司等单位调查航空、铁路和水运部门能源消费统计

部门	排放源分类	数据需求	数据来源
能源活动	生物质燃料燃烧	秸秆燃烧量、薪柴燃烧量、木炭燃烧量、动物粪便燃烧量	能源统计年鉴、农业统计年鉴、农村能源统计年鉴、农村统计年鉴、畜牧业年鉴、林业年鉴、森林资源调查资料、相关研究结果
	燃料逃逸排放	油气开采、输送、加工等各个环节的设备数量或活动水平（例如天然气加工处理量、原油运输量等）数据	各大油气公司的统计报表、统计年鉴以及相关的统计手册、中油股份公司等内部资料
	煤炭开采和矿后活动	煤炭产量（需要区分国有重点、国有地方、乡镇三种煤矿类型；需要区分井下开采和露天开采；井下开采需区分高瓦斯矿和低瓦斯矿）、甲烷回收利用量	煤矿行业管理部门、行业协会
	石油系统	常规油开采井口装置数量、常规油单井储油装置数量、常规油转接站数量、常规油联合站数量、稠油开采量、原油运输量、原油炼制量	石油公司、石油行业管理部门
	天然气系统	天然气开采井口装置、常规集气系统、计量/配气站、储气总站的数量、天然气加工处理量、天然气输送过程中的增压站数量、天然气输送过程中的计量站数量、天然气输送过程中的管线（逆止阀）数量、天然气消费量	燃气办、天然气公司
工业生产过程	水泥生产	水泥熟料产量、电石渣生产的熟料产量	统计年鉴、行业协会；环保部门；矿产主管部门、税务部门（生产企业需要向矿产主管部门、税务等部门备案，如石灰石等矿产的使用情况）

续表

部门	排放源分类	数据需求	数据来源
工业生产过程	石灰生产	石灰产量	统计年鉴、行业协会；环保部门；矿产主管部门、税务部门（生产企业需要向矿产主管部门、税务等部门备案如石灰石等矿产的使用情况）
	钢铁生产	石灰石使用量、白云石使用量、炼钢用生铁量、钢材产量	
	电石生产	电石产量	
	己二酸生产	己二酸产量	
	硝酸生产	高压法（无尾气处理装置）产量、高压法（有尾气处理装置）产量、中压法产量、常压法产量、双加压法产量、综合法产量、低压法产量	
	一氯二氟甲烷生产	一氯二氟甲烷产量	
	铝生产	点式下料预焙槽技术产量、侧插阳极棒自焙槽技术产量	
	镁生产	SF_6作为保护剂的原镁产量、镁加工产量	
	电力设备生产	SF_6使用量	
	半导体生产	CF_4使用量、CHF_3使用量、C_2F_6使用量、SF_6使用量	
	氢氟烃生产	HFC-32产量、HFC-125产量、HFC-134a产量、HFC-143a产量、HFC-152a产量、HFC-227ea产量、HFC-236fa产量、HFC-245fa产量	

续表

部门	排放源分类	数据需求	数据来源
农业活动	稻田CH_4排放	单季稻播种面积、双季早稻播种面积、双季晚稻播种面积、冬水田播种面积	播种面积可以从统计部门、农业部门和省级或省级或市级统计年鉴中获得
	农田N_2O排放	水稻、小麦、玉米、高粱、谷子、其他谷类、大豆、其他豆类、油菜籽、花生、芝麻、籽棉、甜菜、甘蔗、麻类、薯类、蔬菜和烟叶的播种面积、产量、单位面积化肥施用量、单位面积粪肥施用量、秸秆还田率;动物氮排泄量、动物头/只数、放牧用排泄氮量、做燃料用排泄氮量、省市人口总排泄氮量、畜禽封闭管理系统N_2O排放量	播种面积和产量可以从统计部门、农业部门和省级或市级统计年鉴中获得。其他数据需要通过实地调研、相关研究结果和专家估算等方法获得
	动物肠道发酵CH_4排放	奶牛、非奶牛、水牛、绵羊、山羊、猪、家禽、马、驴/骡、骆驼等10种动物的数量,其中奶牛、非奶牛、水牛、绵羊、山羊需要分别调查规模化饲养、农户饲养和放牧饲养的数量	统计部门、农业部门、畜牧部门
	动物粪便管理CH_4和N_2O排放		
土地利用变化和林业	林业	乔木林、疏林、散生木、四旁树的面积、蓄积量;竹林、经济林和灌木林的林地的面积变化	林业主管部门、林业规划院、城建部门和统计部门
	土地利用变化	乔木林、竹林和经济林转化为其他用途(农地、牧地、城镇用地、道路等)的年转化面积	

部门	排放源分类	数据需求	数据来源
废弃物处理	垃圾填埋CH_4排放	垃圾填埋总量 不同类型垃圾填埋场的填埋量，垃圾填埋场类型包括四类：管理、非管理（深埋>5米）、非管理（浅埋<5米）和未分类 城市垃圾成分比例 垃圾填埋场甲烷回收利用量	省级或市级建设年鉴、城建部门、垃圾填埋场
	垃圾焚烧CO_2排放	垃圾焚烧总量 焚烧垃圾成分，主要是生活垃圾、危险废弃物（包括医疗废弃物）和污水处理中的污泥三种不同类型垃圾的数量	环保部门、城建部门、垃圾焚烧厂
	生活污水CH_4排放	直接排入环境的生活污水中的COD含量 生活污水经污水处理系统去除的COD总量	环保部门、统计部门、卫生部门、污水处理厂
	工业废水CH_4排放	按照相应的排放标准直接排入环境（江、河、湖、海）的工业废水数量 相应排污标准工业废水经工厂处理系统去除的COD数量	
	生活污水和工业废水N_2O排放	人口数量 人均蛋白质消耗量	统计部门、卫生部门、相关文献资料

2. 排放因子的收集

排放因子原则上需要通过实际测试获得。当在实际操作中排放因子实测难度大，不易获得时，可通过查阅资料的方式获得。排放因子来源见表3-22。

表3-22 排放因子来源表

排放源部门	默认排放因子来源	默认排放因子值
能源活动	《省级温室气体清单编制指南（试行）》	电、热采用跨省份区域性排放因子；其他燃料采用分行业全国平均值
化石燃料燃烧		全国平均值
生物质燃料燃烧		全国平均值
燃料逃逸排放		全国平均值
工业生产过程		全国平均值
农业活动		跨省份区域性排放因子
土地利用变化和林业		省级排放因子
废弃物处理		全国平均值

（六）计算温室气体排放量

计算温室气体排放，是指将所需的活动水平数据和排放因子参数代入公式，得到温室气体排放量结果。各部门所用公式详见《省级温室气体清单编制指南（试行）》。

（七）不确定性分析

估算温室气体清单不确定性的流程包括：

（1）确定清单中单个变量的不确定性（如活动水平和排放因子数据等的不确定性等）；将单个变量的不确定性合并为清单的总不确定性；

（2）识别清单不确定性的主要来源，以帮助确定清单数据收集和清单质量改进的优先顺序；

（3）降低不确定性的方法，优先考虑对整个清单不确定性有重大影响的部分。

（八）编制温室气体清单报告

根据以上收集的资料编制能源活动、工业生产过程、农业活动、土地利用变化和林业、废弃物处理五大领域温室气体清单分报告及总报告。

各领域分报告内容包括但不限于以下内容，见表3-23。

表3-23 各领域温室气体清单分报告正文内容

1 排放源界定
2 清单编制方法（温室气体排放量的计算方法）
3 活动水平数据及其来源
4 排放因子数据及其确定方法
5 清单估算结果
6 不确定性分析
7 质量保证与控制

温室气体清单总报告内容包括但不限于以下内容，见表3-24。

表3-24 温室气体清单总报告正文内容

1 五个分报告中的清单结果汇总
2 排放强度、人均排放量、单位GDP排放量、单位土地面积排放量
3 排放构成：不同行业的温室气体排放；不同能源品种的温室气体排放；各行业不同能源品种的温室气体排放
4 减排趋势分析

第十一章

碳核查案例

第一节 体系/边界核查案例

一、体系建立

案例1

核查组对A企业进行碳排放核查，在核查现场，核查组长看到企业的温室气体管理小组架构图和管理者代表任命书的公司内部文件，也看到了公司的温室气体量化内部培训记录，但未见到相关温室气体信息管理程序，问其原因，企业说明：通过外部和内部培训，公司温室气体管理小组人员对温室气体量化整个流程已比较清楚，且公司的组织边界和排放源较简单，数据来源清晰，相关记录也做了保存，所以认为没有必要把这项工作当作一个体系来运作，因此没有在公司建立温室气体信息管理体系，并编写相关文件。

问题：该企业在建立温室气体信息管理体系上是否符合标准要求？

案例分析： 按照深圳市《组织的温室气体排放量化和报告规范及指南》（SZDB/Z 69-2012）标准化指导性技术文件条款5：建立温室气体信息管理体系的要求，组织在开展温室气体量化工作时应建立温室气体信息管理体系，且应包括以下三个方面的要求：①确认职责和权限；②人员培训；③建立温室气体信息管理程序。

从以上要求来看，该企业在确认职责和权限与人员培训方面是满足相关要求，但未建立温室气体信息管理程序是不符合要求的。按照标准要求，程序文件应包含：①文件和记录管理程序；②温室气体量化和报告程序；③数据质量管理程序。职责和权限与人员培训的相关内容需体现在温室气体信息管理程序文件中。

二、基准年确定

案例2

核查组在审核B企业的温室气体量化报告时，看到该企业关于基准年的设定是这样描述的："因公司为深圳市碳交易的控排企业，基准年按照深圳市政府的要求进行设定。"报告中并未明确基准年的具体年份，是否可行？

案例分析： 关于基准年的设定，在《组织的温室气体排放量化和报告规范及指南》（SZDB/Z 69-2012）中条款6.4.1基准年的选择与设定中规定：应规定温室气体排放 的历史基准年，以便提供参照或满足目标用户的预定用途，且组织在选择和设定基准年时，应：

（1）使用有代表性的温室气体活动数据（一般可以是典型年的数据、多年平均值或移动平均值），对基准年的温室气体排放进行量化；

（2）选择具有可核查的温室气体排放数据的基准年；

（3）对基准年的选择做出解释；

（4）如果出现对基准年改变的情形，应对其中的任何改变做出解释。

按照标准的要求，因受核查方为深圳市碳交易的控排企业，故该公司温室气体的基准年是按照深圳市政府（目标用户）的统一要求进行设定，政府并未明确告知以哪一年份作为控排企业的基准年，故企业对于基准年的描述是可以接受的。

三、组织边界

案例3

核查组在审核C企业的温室气体量化报告时，看到企业关于组织边界的设定描述如下："按照运行控制权法，设定公司组织边界为：位于深圳市宝安区西乡航城工业区ＸＸ栋的ＸＸ有限公司运行控制范围内与二氧化碳排放相关的活动。"但核查组在现场走访时，发现该企业的食堂是由第三方餐饮公司承包，且公司的货物运输也是采取委外运输的方式。

问题：是否需将该企业食堂由第三方承包和货物委外运输的情况在设定组织边界时，进行说明？

案例分析：关于组织边界的设定，在《组织的温室气体排放量化和报告规范及指南》（SZDB/Z 69-2012）中条款6.2组织边界中要求：应"确定量化和报告其拥有或控制 的业务的边界"，设定组织边界的方法有两种：

（1）控制权法：对组织能从财务或运行方面予以控制的设施的所有定量温室气体排放进行计算；

（2）股权比例法：对各个设施的温室气体排放按组织所有权的比例进行计算。

深圳市碳交易要求控排企业按照运行控制权法来设定组织边界，从这个层面来讲，该企业对于它的组织边界的设定描述是正确的。

但因该公司厂区内存在食堂由第三方承包及货物委外运输的情况，从运行控制权来看，食堂及货物运输均不属于企业拥有或控制的业务的边界，但食堂又在工厂区域范围内，货物运输也是公司生产运营的一个重要环节，故建议控排企业在编制量化报告以及核查机构编写核查报告中，对组织边界的描述不仅需将公司的厂区地址信息明示，也需将企业存在第三方外包等情况进行详细描述。

举例如下：

按照运行控制权法，设定公司组织边界为：位于深圳市宝安区西乡航城工业区XX栋的XX有限公司运行控制范围内与二氧化碳排放相关的活动。

其中：

（1）XX公司生产厂区内有：1#厂房、2#厂房、化学品库、危险废弃物库房、行政办公楼及A、B栋员工宿舍；

（2）公司的员工食堂从XXXX年XX月起开始外租给第三方餐饮公司，食堂使用的电力及天然气均由餐饮公司承担费用；

（3）公司的货物运输从XXXX年XX月起开始委外运输，货车使用的柴油由运输公司承担费用。

四、运行边界

案例4

D企业量化报告中的运行边界设定如表3-25所示，请判断是否符合要求。

表3-25 运行边界设定表

类别	子类别	排放源	设施/活动
范围1 直接温室气体排放	固定燃烧排放	天然气的燃烧	工业锅炉
		液化石油气的燃烧	食堂
		乙炔的燃烧	维修用乙炔焊
范围1 直接温室气体排放	移动燃烧排放	汽油的燃烧	公务车
		柴油的燃烧	公务车
		柴油的燃烧	叉车
	制程排放	无	
	逸散排放	二氧化碳逸散	灭火器
范围2 能源间接温室气体排放	外购电力	外购电力的生产	厂区及生活区用电
范围1 直接温室气体排放	固定燃烧排放（单独量化并报告）	生物质燃料的燃烧	锅炉

案例分析： 关于运行边界的设定，根据深圳市在《组织的温室气体排放量化和报告规范及指南》（SZDB/Z 69-2012）中条款6.3运行边界中要求：组织"应确定其拥有或控制的业务 的直接与间接温室气体排放的边界，并形成文件"。组织的运行边界可分为下列三个类别：范围1：直接温室气体排放；范围2：能源间接温室气体排放；范围3：其他间接温室气体排放。

其中，需特别注意的是：

（1）组织需对生物质或生物燃料燃烧产生的直接二氧化碳排放予以单独量化和报告，结果不应计入范围1和公司排放总量；

（2）能源间接温室气体排放包括电力、热、冷或蒸汽等外购能源；

（3）范围3其他间接温室气体排放组织，可自行决定是否对其进行量化，深圳市碳交易控排企业没有被要求对范围3的温室气体排放进行量化。

运行边界和排放源识别的异同点：运行边界设定前需首先识别排放源，在识别完排放源后，再对各个排放源进行归类，划分到范围1、范围2和范围3的边界里。

第二节 核查思路案例

案例5

　　某日，核查组如约来到X企业进行现场核查。现场走访发现，该企业与同在工业区里的Y企业共用一台使用天然气烧蒸汽的工业锅炉，该锅炉的所有权归Y企业所有，但因未装流量计，所以无法获取X企业的蒸汽使用量，无法准确分摊天然气用量，故两家企业签订了一个分摊协议，X、Y企业每月按照30%和70%的比例对天然气费用进行分摊结算。针对以上场景，如何进行审核？

　　案例分析：首先，如果安装了流量计，则可获取X、Y两家企业的蒸汽实际用量，再按照两家实际蒸汽用量的比例进行分摊，结果是最准确的。但因未安装计量器具，故以双方的分摊协议进行天然气用量的分配是可以接受的。为了避免出现碳泄露的情况，还需确认该协议的合理性。合理性的确认可以通过如与工人面谈，产线产量等其他间接证据确认X、Y企业的蒸汽用量是不是与协议中的分配比例相符或接近。确认完协议的合理性后，还需核对双方每月的结算依据做进一步的确认，如财务转账凭证等。

　　在实际的现场核查中，普遍存在两家企业分租厂房，共用设施等情况，在这种情况下，核查思路建议如下：

　　（1）核查员必须查验企业的相关协议、合同等证明分租、共用关系的文件，了解各个企业的责任和要求，并且要对企业之间的关系做出确认；

　　（2）核查员需确认双方协议的合理性，可通过间接证据佐证，避免出现碳泄漏；

　　（3）核查员需确认双方的结算依据，以验证活动数据的准确性。

案例6

　　核查组在核查X企业的电力活动数据时，企业提供的是一份内部电力抄表数据，核查组长问为何要用自己内部抄表数据，企业答道：关于电力数据它们有三个数据来源：①内部抄表记录；②电力局每月的电费通知单；③电力局每月出具的电费发票。其中，企业认为内部抄表记录更能实际反映工厂的用电量，所以用了自己的抄表数据。针对以上场景，如何进行审核？

案例分析：一般来说，企业排放源的活动数据可能会有多种来源：比如部门的自行统计，供应商的供货单，财务部门的购买凭证，公司ERP系统的记录等，针对这种情况，该如何对排放源活动数据进行选择。

基本思路如下：

（1）《组织的温室气体排放量化和报告规范及指南》（SZDB/Z 69-2012）中条款8.2收集活动数据中提到，温室气体活动数据分为3类：连续测量的数据、间歇测量的数据和自行推估的数据，数据质量依次递减，应选择质量较高的活动数据；

（2）《组织的温室气体排放量化和报告规范及指南》（SZDB/Z 69-2012）中附录E列举了常见排放源的活动数据来源，例如发票、送货单、台账、ERP系统、抄表记录等；

（3）从活动数据的客观性、准确性、公正性出发，原则上首选的活动数据佐证资料来源应是第三方出具的佐证资料，例如发票、电费通知单、汽、柴油对账单等，其次是公司的台账、ERP系统的数据来源，接下来是内部抄表记录、统计记录等，最后是推估数据。

第三节 核查策划案例

案例7

某企业向核查机构提交了2013年企业碳核查申请，按核查机构要求提供了企业2013年温室气体量化清单、量化报告和组织平面布局图。核查机构要求企业提供温室气体管理体系文件和组织架构图，企业回复说这些材料都有，但属于公司内部机密，不能提供电子档，核查现场时可提供纸质档给核查员查阅。

根据企业提交的温室气体量化清单和量化报告相关内容，企业的排放源识别表及活动数据收集表如表3-26和表3-27所示。请根据以下信息编写抽样计划表及第一阶段现场核查计划的核查日程安排表。

案例分析：前期的核查策划主要包括文件审核、编写抽样计划、制定核查计划等几个阶段。核查组要对企业前期提交的材料进行文审，并基于风险分析制定抽样计划。

对上述企业材料文审后可能存在的风险为：①温室气体管理体系文件：企业未能提供文件进行文审；②组织边界、排放源识别：文审无法得出公司组织边界设定是否准确合理，排放源识别是否充分，必须现场确认；③各排放源活动数据的可追溯性及数据的准确性：核查组按《组织的温室气体排放核查规范及指南》（SZDB/Z 69-2012）条款5.3.3.2抽样方法确定抽样比例：首先看是否有分场所，若有分场所，要识别和分析各场所的差异来确定场所抽样比例，然后确定各排放源、设施的抽样比例。

表3-26 排放源识别表

类别		排放源类型 (E, T, P, F)	序号	排放源	设施/活动	可能生产的温室气体种类	备注
范围1：直接温室气体排放	固定燃烧排放	E	1	天然气	厨房/锅炉	CO_2/CH_4/N_2O	
		E	2	柴油	紧急发电机	CO_2/CH_4/N_2O	
		E	3	乙炔	维修用	CO_2	
	移动燃烧排放	T	4	汽油	商务车	CO_2/CH_4/N_2O	
		T	5	柴油	叉车/公务车	CO_2/CH_4/N_2O	
	过程排放	P	6	碳酸钠	显影蚀刻制程	CO_2	
	逸散排放						
范围2：能源间接温室气体排放		E	7	电力	向南方电网 购电（工厂/宿舍）	CO_2	

表3-27 活动数据收集表

基本信息					活动数据						备注
序号	排放源	设施/活动	排放源类型（E, T, P, F）	温室气体种类	活动数据值	单位	活动数据类别	活动数据评分	证据类型	证据保存部门	
1	天然气	厨房/锅炉	E	CO₂	79.223 96	t	1.连续测量	6	秒表记录	行政部	
2	柴油	紧急发电机	E		1.000 00	t	2.间歇测量	3	领用记录	厂务部	
3	乙炔	维修用	E		0.081 00	t	2.间歇测量	3	领用记录	采购系统	
4	汽油	商务车	T		75.213 95	t	2.间歇测量	3	对账单	行政部	
5	柴油	叉车/公务车	T		128.945 91	t	2.间歇测量	3	领用记录/对账单	行政部	
6	碳酸钠	显影蚀刻制程	P		15.621 70	t	2.间歇测量	3	领用记录	采购系统	
7	电力	向南方电网购电（工厂/宿舍）	E		23 053.721 99	MW·h	1.连续测量	6	电费单	厂务部	

按照上述思路，抽样计划表编制如表3-28所示：

表3-28 抽样计划表

序号	场所/现场名称	高/中风险因素	抽查内容和比例
1	工厂	管理体系	管理体系文件，抽样比例100% 工艺流程图，抽样比例100%
2	工厂	组织边界 运行边界 排放源识别	直接排放源现场，抽样比例100% 能源间接排放源现场，抽样比例100%
3	生产生活用电现场	电力	工厂电费单，抽样比例100%
4	紧急发电机房	柴油	发电机柴油领用记录等，抽样比例60%
5	汽车使用/停放现场	汽油	油卡记录等，抽样比例60%
6	气焊现场	乙炔	乙炔领用出库记录等，抽样比例60%
7	叉车/货车使用/停放 现场	柴油	货车油卡对账单等，抽样比例60%
8	显影蚀刻工艺现场	碳酸钠	碳酸钠领用记录等，抽样比例100%
9	厨房/锅炉	天然气	天然气抄表记录等，抽样比例100%

核查组长编制好《抽样计划表》后，下一步就要制定核查计划。原则上，现场核查宜分为两阶段进行（第一阶段现场核查和第二阶段现场核查），每个阶段现场核查均应制定核查计划。如果组织的运行边界比较简单，排放源较少，组织温室气体管理体系较完善，可只进行一次现场核查。必要时，可现场修订核查计划。其中，第一、二 阶段现场核查计划的侧重点略有不同。

《核查计划》中需包含《核查日程安排表》，以便让受核查方提前做好相应的准备工作，包括人员准备和记录信息准备等。编制日程安排表时，需考虑几个方面：

（1）工作时长须满8小时；

（2）按时间段安排各项审核活动；

（3）现场审核活动原则上需按照标准要求进行安排。按照核查惯例，每次现场核查开始前要召开首次会议，在首次会议上需向企业说明本次核查的目的、范围、内容和具体的核查安排，在核查结束后需召开末次会议，向公司通报本次核查的结果。

按照《组织的温室气体排放量化和报告规范及指南》（SZDB/Z 69-2012）中条款5.3.4.2第一阶段现场核查计划的要求，第一阶段现场核查计划内容宜重点考虑下列方面：

（1）组织边界，包括地理信息、多场所信息、设施和排放源；

（2）运行边界；

（3）温室气体信息管理体系；

（4）文件审核的发现；

（5）抽样计划中的待核查点；

（6）温室气体数据和信息的准确性、完整性和可得性等。

核查组共4名核查员，分为A、B两组，制定该企业的第一阶段现场核查《核查日程安排表》，如表3-29所示。

表3-29 核查日程安排表

日期	时间	内容/过程/活动	部门/场所	核查组
X月X日 上 午	9：00—9：30	首次会议	会议室	A&B
	9：30—10：30	现场巡视	工厂	A&B
	10：30—12：00	温室气体信息管理体系； 组织边界设定	行政部/会议室	A
	10：30—12：00	温室气体排放源识别； 运行边界设定	行政部/会议室	B
	12：00—3：00		午餐	
X月X日 下 午	13：00—16：30	活动数据收集；电力活动 数据；汽油活动数据	行政部，厂务 部，财务部/ 会议室	A
	13：00—16：30	柴油（紧急发电机）活动 数据；天然气活动数据； 柴油（叉车、货车）活动 数据；碳酸钠（显影蚀刻 工艺）活动数据		B
	16：30—17：30	核查组内部讨论	会议室	A&B
	17：30—18：00	末次会议	会议室	A&B

注：核查标准中第一阶段和第二阶段核查的关注点是不同的，第一阶段一般不涉及量化过程的确认。

第四节 现场核查案例

案例8

请对以下6种核查情景进行分析，判断核查方/受核查方是否存在问题，若有的话，请指出，并开具核查发现。

情景1：核查组到Z公司进行现场核查，Z公司的食堂外包给第三方餐饮公司，水电及天然气费用由餐饮公司负担，故Z公司将整个食堂区域均划归在该公司温室气体组织边界之外，核查组长问陪同的行政部陈经理："你们最后提交的用电的活动数据有没有减去食堂用电部分？"陈经理答道："有减掉，我们在食堂外面专门装了个电表，用于计量食堂每月的用电，并在月底与餐饮公司进行费用结算。"核查组长发现食堂里面有个小厨房，里面有液化石油气和液化气灶等做菜的设备，于是问陈经理："这个小房间是做什么用的？"陈经理回答："这是为我们公司高层做饭的小厨房。"核查组长继续问："那这个小厨房也是餐饮公司负责的吗？"陈经理答道："不是的，公司自己从外面请来的厨师给公司高层做饭。"核查组长问："那这液化石油气也是公司购买的吗？""是的"，陈经理问答说。

情景2：核查组发现在厂区门口公司宿舍楼的一楼有两个临街商铺，经向陪同的行政部陈经理询问，回答说："这两个商铺由公司员工承包，让公司员工家属经营，是公司给优秀员工的额外福利，但承租方每月还是得向公司缴纳相应的水电费。"核查组长问道："那这部分用电量有没有在你们提交的用电数据中，如何处理？"陈经理回答："有将其减掉，这两家商铺每个月用电很小，加在一起也就300度左右，排放也没多少，算作我们公司的排放也没有关系。"

情景3：核查组走到公司维修部，看到有二氧化碳气瓶，核查组长询问产线主管这个二氧化碳气瓶是做什么用的，维修部主管告诉核查组，这是焊接时作保护气体用的。核查组长继续问道："那这个你们有没有识别成为温室气体排放源？"维修主管说："没有，这个也就焊接时用一下，基本不会有什么逸散，半年才买一次。"核查组长走到产线，发现有二氧化碳灭火器，问行政部陈经理："你们公司有二氧化碳灭火器，你们的排放源识别表里并没有把这个识别出来的。"陈经理回答："这批二氧化碳灭火器是公司2012年8月新购的，到现在为止都还没使用过，没有二氧化碳的排放，所以没识别。"

情景4：工厂走访完后，核查组开始要求陈经理提供公司温室气体管理体系相关文件，陈经理提供了《温室气体量化和报告程序》和《数据质量管理程序》两份文件，当核查组长询问他们是否有《文件和记录管理程序》时，陈经理告诉核查组，他们的QMS/EHS等体系均有该文件，他们想用已有的这份文件来管控温室气体管理体系的文件，但因为前段时间忙，还没来得及修改，但温室气体管理体系文件的管控实际上已按照该文件要求在做了。

情景5：核查组开始对各排放源的活动数据的准确性、完整性和可得性进行确认。其中，天然气的数据来源是燃气公司每月的抄表记录结算单，每月一张，结算日期是每月月初1号到月底30号或31号。查的12张抄表记录，数据没有问题。接下来开始查电费佐证资料，因厂务部员工把电费通知单弄丢了，核查组决定查看电力局出具的发票，但因发票被财务做到账本里去了，需一张一张找出来。核查组员将公司自己的电力数据统计表和财务找出来的发票一一核对，1—9月数据均没问题，但是10—12月的票据因在另一个仓库财务人员手中没有找到。于是，核查组跟财务人员说不用再找了，确认电力数据没问题了。核查组正在对数据的时候，有个人过来找陈经理签字，核查组长一看，是报销汽油费用的，于是核查组长问道："陈经理，你们的汽油活动数据不都是中石化的对账单收集来的吗，怎么还有这种汽油费用的报销呢？"陈经理回答："是这样的，我们的商务车都配有中石化的加油卡，但是有时司机在外遇到特殊情况，比如说车辆没油了，附近又没中石化的加油站，那可能就得司机先自行垫钱加油，然后回公司再报销。"核查组长问："那这种情况多吗？"陈经理答"不多，一个月顶多 3～5次。"组长问："那这部分汽油活动数据你们有没有收集并汇总到公司的用油总量呢？"陈经理答："这个倒没，我们部门没专门的人员对这部分数据进行记录，票据保存到财务那里找出来又比较麻烦，再加上每月这样的情况比较少，总量也不到汽油总量的0.3%，满足排除门槛的要求，我们就把这部分汽油用量排除了。"核查组长问："你这个0.3%的比例是否是准确统计后计算出来的？"陈经理答："没有严格统计后计算，是估算的。"

情景6：因未在工厂见到紧急发电机，核查组长便询问陈经理："你们工厂没有配置紧急发电机吗？那如果停电的话，产线就停产？"陈经理答："我们工厂自己没有配备紧急发电机，万一停电了，我们是和隔壁厂共用它的柴油紧急发电机来进行生产。"核查组长继续发问："那你们用他们发电机，他们怎么跟你们收费的呢？"陈经理答：

"他们那边紧急发电机输电过来我们工厂的线路上有安装电表，每季度根据电表的读数进行费用结算，收我们X块钱1度电。"核查组长继续问："那去年你们有用过他们发的电吗？有用的话，这部分电的温室气体排放是怎么计算的？"陈经理答："去年有用过他们的发电机，我把这部分的电量和电力局用电数据加总后乘以去年的排放因子算出的温室气体排放总量。"

案例分析：存在以下问题：

（1）某市主管部门对于第三方外包的规定是：如果外包方是具有独立法人的企业，则可把外包的部分排除在受核查方组织边界范围之外；如果外包方是个人，则应纳入受核查方组织边界范围内。按照以上规定，情景1中，组织边界设定不准确，应把高层食堂纳入公司的组织边界内，并识别高层食堂做饭用的液化石油气为该公司的温室气体排放源，量化高层食堂液化石油气的温室气体排放量并计入公司温室气体排放总量。

（2）在情景2中，按照以上原则，宿舍一楼的两间商铺是外租给员工家属进行经营，并非外租给具有独立法人的企业，故应把这两间商铺划归在公司的组织边界之内，商铺用电的温室气体排放应计入公司温室气体排放总量。

（3）情景3中，漏识别两个排放源：二氧化碳保护气和二氧化碳灭火器；识别排放源需满足完整性原则，不能因为某个排放源太小或无法计算不进行识别。

（4）情景4中，企业应对《文件和记录管理程序》尽快修订，内容上增加温室气体管理体系文件的管控要求，形成正式文件。

（5）情景5中，核查组在抽查电力数据佐证资料的时候，不符合核查标准的要求，标准要求能源间接排放的电力数据佐证资料应100%抽查。另外，受核查方应当把商务车司机特殊情况下自行加油的数据进行收集并汇总。如果认为量太小，满足排除门槛要求进行排除时，也应提供相关的证据，不应以估算结果作为排除的依据。

（6）情景6中，受核查方存在向隔壁工厂外购电力的情形，其计算从隔壁工厂外购电力的温室气体排放时，采用的是区域电网排放因子，这种计算方法是错误的。应该按照受核查方和隔壁厂各自的使用量（紧急发电机所发的电）算出一个分摊比例，再按照这个比例计算受核查方使用的这部分电量所消耗的柴油量，之后乘以柴油的排放因子计算出受核查方所分摊的柴油用量的温室气体排放量。

根据以上分析，开具的核查发现如表3-30所示。

表3-30 核查发现表

序号	核查准则（条款）	核查发现	纠正与澄清	核查组评价	验证人员/日期
1	6.2	组织边界设定不准确			
2	7	未识别公司高层食堂液化石油气燃烧、二氧化碳保护气逸散和二氧化碳灭火器逸散为公司温室气体排放源			
3	8.2	公司电力活动数据收集错误			
4	8.2	公司汽油活动数据收集不完整			
5	5.3	外购电力（隔壁工厂）排放因子选择错误			
6	5.3	未能提供温室气体管理体系中《文件与记录管理程序》正式文件			

问题与思考

1. 碳核查的目的和意义？
2. 温室气体排放报告有哪些内容？
3. 碳核查包括哪几个步骤？
4. 核查工作中核算数据的类型及内容？
5. 如何收集企业活动水平数据？
6. 核算边界确定的原则和方法？
7. 数据质量控制计划的实施要点有哪些？
8. 第三方核查机构参与碳核查的条件是什么？

第四篇
碳排放评价

第十二章

碳排放评价概述

环境影响评价制度诞生于20世纪60年代的美国，70年代末引入中国，1979年9月《中华人民共和国环境保护法（试行）》的颁布，标志着环境影响评价制度正式确立。目前，环境影响评价已经发展成为开发建设活动中实施可持续发展战略的一种有效管理手段，是以预防为主的环境保护政策的重要体现。在减污降碳协同管控的总体要求下，将碳排放评价纳入环境影响评价体系中，以环境影响评价的思路和模式，从源头和过程两个层次控制温室气体排放，促进温室气体与污染物协同治理，丰富了绿色低碳循环发展的管理手段，为环境影响评价体制机制改革提供了新思路。

第一节 环境影响评价与碳排放评价

一、环境影响评价制度的发展

环境影响评价制度起源于美国，1969年，美国国会通过了《国家环境政策法》，规定对可能影响环境的活动和项目要进行环境影响评价，美国成为世界上第一个把环境影响评价用法律固定下来并建立环评制度的国家。目前，全球已有100多个国家建立了环评制度。1979年9月颁布的《中华人民共和国环境保护法（试行）》规定：一切企业、事业单位的选址、设计、建设和生产，都必须注意防止对环境的污染和破坏，在进行新建、扩建和改建工程中，必须提出对环境影响的报告书，经环境保护部门和其他有关部门审查批准后才能进行设计；其中防止污染和其他公害的设施，必须与主体工程同时设计、同时施工、同时投产；各项有害物质的排放必须遵守国家规定的标准。此后，又相继颁布了《建设项目环境保护管理办法》《中华人民共和国海洋环境保护法》《中华人民共和国水污染防治法》《中华人民共和国大气污染防治法》等多项环境保护法律、法规和部门行政规章，环境影响评价制度不断规范、完善。

2002年10月28日，第九届全国人大常委会通过的《中华人民共和国环境影响评价法》明确了环境影响评价的定义，即"对规划和建设项目实施后可能造成的环境影响进行分析、预测和评估，提出预防或者减轻不良环境影响的对策和措施，进行跟踪监测的方法与制度"，并将环境影响评价从建设项目扩展到了规划，使环境影响评价制度得到新的发展。

经过40多年的发展探索，环境影响评价已形成了基于物理、化学技术手段的环境质量监测方法，基于流行病学和生理医学的环境标准体系，基于进出平衡的物质流、能量流分析手段，基于流体力学、大气扩散、声传播、土壤和地下水扩散等数值计算的预测模型，基于统计的环境风险分析，以及基于统计学和概率论的公众意见调查方法。

实践证明，环境影响评价制度是行之有效的环境管理制度。环境影响评价的环境要素已经涵盖了大气、地下水、地表水、声和振动、固体废物、土壤、海洋、生态以及电磁与辐射等，并且已经出台了相应的环境影响评价技术导则。2021年1月1日实施的《建设项目环境影响评价分类管理名录》与《国民经济行业分类》全面衔接，成为与经济社会发展联系最紧密的环境保护制度之一。开展碳排放评价，可以充分发挥环境影响评价制度的源头防控作用，推动产业结构、能源结构、交通运输结构和用地结构的优化调整，约束规划和建设项目的温室气体排放行为，实现从源头协同控制温室气体和污染物排放。

二、碳排放评价与环评的关系

环境影响评价与碳排放评价在管控目标、排放来源、防治措施以及防治效果等方面具有高度一致性。将碳排放评价纳入环境影响评价工作中，可以进一步丰富和完善环境影响评价体系，共同推进减污降碳协同增效。

在目标任务方面，开展环境影响评价是实施可持续发展的一种有效手段和方法，通过对规划和建设项目进行定性、定量的分析和预测，提出防治污染和减缓不利影响的具体解决方案和实施措施，从而减轻规划和建设项目对环境造成的污染和破坏。开展碳排放评价，是通过确定规划和建设项目碳排放源，分析其减排潜力等，提出节能减排措施，其目的是从源头和过程减少温室气体排放，有助于减缓气候变暖，改善人类的生存环境。两者目的都是为了推动节能减排、减污降碳，实现经济与社会的绿色低碳可持续发展。

在排放来源方面，温室气体和污染物具有同根同源同过程的特点。如煤炭、石油等化石能源的燃烧和加工利用，不仅产生二氧化碳等温室气体，也产生颗粒物、VOCs、重金属、酚、氨氮等污染物。从污染源头看，我国能源供应与工业生产是温室气体主要排放源，约占全国二氧化碳排放当量的68%，其中能源生产加工转换、工业用燃料燃烧、工业生产过程排放分别占26.3%、33.5%和7.6%。我国温室气体（主要是二氧化碳）集中排放源初步调查表明，火电、钢铁、水泥三大行业二氧化碳的排放总量占主要工业排放源的90%以上。能源、工业、交通等重点领域，火电、钢铁、水泥等高排放行业，同为减污和降碳的责任主体。

在防治措施方面，减污和降碳的路径基本一致。推动能源结构根本调整，不断提高非化石能源比例，降低化石能源特别是煤炭的消费比例，尽早实现能耗"双控"向碳排放总量和强度"双控"转变；调整产业结构，对高耗能高污染行业的落后和过剩产能加快淘汰，优化产业布局、升级生产工艺、提高排放标准等；调整交通运输结构，加快提升公转铁、公转水运输比例，淘汰国三以下柴油货车，实施油品升级，提高排放标准，逐步实现电动化等。推进经济社会发展全面绿色转型，同时有效减少温室气体和污染物的排放。

在防治效果方面，可以同步实现减污降碳。比如，"十三五"期间的燃煤治理体现了减污与降碳的协同防治、同向发力，全国煤炭消费量在能源结构中的占比由64%以上压减到56.8%，$PM_{2.5}$浓度下降了28.8%，单位GDP二氧化碳排放强度下降了19.5%。2020年，我国碳排放强度相比2015年下降18.8%，超额完成"十三五"约束性目标；相比2005年下降48.4%，超额完成了我国向国际社会承诺的到2020年下降40%~45%的目标。若按照每减少1吨二氧化碳排放将相应减少3.2公斤二氧化硫和2.8公斤氮氧化物排放计算，我国超额实现碳强度下降目标也为大气污染治理作出了贡献。

第二节 国外碳排放评价进展

国际上关于气候变化与环境影响评价相结合方面的研究始于21世纪初。加拿大是最早把应对气候变化纳入战略环评的国家，通过制订一系列法律文件，将温室气体排放总量和排放强度作为评价指标，并明确了温室气体评价的项目范围。此后，英国、美国、澳大利亚等国家也先后出台了在环境影响评价中应对气候变化的相关指南和导则，并将其作为评估气候变化因素的依据，旨在为碳排放评价工作提供指导和技术支持。在将气候因素纳入环评体系的实践中，一些国家结合本国国情进行了积极探索，积累了许多成功经验，为碳排放评价工作的完善和发展提供了有益的启示和借鉴。

一、加拿大

加拿大是世界上最早开展战略环境影响评价的国家。2003年6月，加拿大相关部门和机构联合起草了《气候变化纳入环境影响评价程序指导》，同年11月，联邦、省和地方气候变化和环境评估委员会发布了《将气候变化考虑纳入环境评价：从业者通用指南》，将气候变化与现有的环境影响评价程序紧密结合，形成了比较健全的法律法规体系，为环境影响评价从业人员提供了指导。

把气候变化纳入环境影响评价，经历了一个从认识到实践的过程。加拿大权力机构认为气候变化是一个重要的环境问题，环境影响评价具有将项目、规划与气候变化问题管理相联系的作用。在环境影响评价中应该保持气候变化与应对气候变化政策相一致，在项目、规划等的审查过程中予以关注。《将气候变化考虑纳入环境评价：从业者通用指南》是联邦、省和区域相互合作的结果，为评价项目温室气体的排放水平和气候变化提供指导，也为评估项目对气候变化的长期影响提供指导。目前，加拿大各省份已将气候变化纳入环境影响评价并付诸实施。

《气候变化纳入环境影响评价程序指导》提出了将气候变化纳入环境影响评价的程序和步骤，并针对每个步骤提出了具体要求，注重温室气体的组成、排放及其影响，并从气候变化与环境影响评价的内在联系、判断特定项目是否应考虑气候变化问题、判定气候变化的信息来源是否属于环境影响评价范畴以及气候变化如何纳入环境影响评价程序等四个方面提供了相关指导。

《气候变化纳入环境影响评价程序指导》《将气候变化考虑纳入环境评价：从业者通用指南》两个文件的目标大致相同，前者强调如何将气候变化纳入环境影响评价中的程序，以及项目对气候的影响，后者强调的是项目温室气体的组成和排放，关注项目对未来气候变化的负面影响。2019年，加拿大又提出了《气候变化战略（草案）》，强调在环境影响评价中考虑温室气体排放及应对气候变化能力，并选择温室气体排放总量和排放强度作为评价指标，进一步确定温室气体评价的项目范围。

近年来，加拿大很多项目的环境影响评价都包含了对温室气体排放的分析。例如艾伯特地区的布鲁克斯发电厂项目、新斯科舍省的萨瑟兰河大桥项目、育空地区的波弗特海天然气开发项目、拉布拉多的沃森湾煤矿项目等。以艾伯特地区的布鲁克斯发电厂项目的环境影响评价为例，艾伯特环保部门发布的布鲁克斯发电厂项目的环境影响报告，包括了项目描述和管理计划、气体排放和区域空气问题管理（包括温室气体排放）、环境影响监测、环境影响评价、公众健康与安全，以及气候、空气质量和噪音基线情况和影响评估等章节，是一套较为全面的碳评价环境影响报告。

二、美国

美国《国家环境政策法》（简称NEPA）颁布于1969年，被称为美国国家环境保护的基本宪章。NEPA要求联邦政府部门通过环境影响评价程序，分析拟建项目的直接、间接和累积环境影响，向公众公开相关信息并将公众意见纳入决策过程。NEPA的实施、有关规定和指导意见的颁布以及法律条款具体适用的解释，均由白宫下属的环境质量委员会（CEQ）负责。尽管NEPA的文本没有明确提到气候变化，但在美国近年来的司法案例中，法院越来越多地认可气候变化影响应当被纳入环评范围。

2007年4月，美国联邦最高法院审理的"马萨诸塞州诉美国环保局案"是一个里程碑。该案中，美国联邦最高法院判决温室气体属于空气污染物，美国环保局拒绝对温室气体进行管制，对马萨诸塞州造成了"实际"和"迫在眉睫"的损害风险，要求美国环保局根据《清洁空气法案》履行对温室气体进行管制的职责。这对于具有判例法传统的美国来说意义深远。2009年6月美国众议院通过了《清洁能源与安全法》，主要包括清洁能源、能源效率、全球变暖减缓、排放贸易、温室气体的标准、向清洁能源经济的转换、气候变化的适应及农业和森林的相关抵消等八个方面。这些方面都直接或间接地与应对气候变化相关，被称为《气候法》。

2009年10月，美国环保局发布了《温室气体强制报告规则》，要求企业对温室气体的年排放量进行报告。2009年12月，美国环保局依据《清洁空气法案》相关条款，正式将二氧化碳、甲烷、二氧化氮、氧化亚氮、全氟碳化物、六氟化硫6种温室气体一同列为"对公众产生威胁的污染物"。2010年2月发布的《考虑气候变化和温室气体排放的国家环境政策法指南草案》，提及当气候变化影响的分析论证可以为决策者和公众提供有意义的信息时，应将气候分析纳入环评程序，并要求"直接排放2.5万吨以上二氧化碳当量温室气体的固定源"的项目应报告温室气体排放量，使用最佳控制技术，并需要取得许可证。2010年4月，美国环保局出台温室气体削减规则，在《清洁空气法案》中，提出了新建或现有的工业设施温室气体排放的新阈值，以控制需要获得新污染源评价和经营许可证的工业温室气体排放。

2016年，美国环境质量委员会发布了《联邦政府部门和机构在国家环境政策法评估中考虑温室气体排放和气候变化影响的最终指导意见》，提出在开展环境影响评价时，需要考虑拟实施项目的温室气体排放情况和气候变化影响，包括预测温室气体排放量、评估潜在的气候变化影响，使用合适的数据和温室气体量化工具对预计的直接和间接温室气体排放进行量化，在没有合适的工具、方法或数据时，应当进行定性分析。2021年1月，美国签署《关于保护公众健康和环境以及恢复以科学应对气候危机》的行政命令，其中一项内容是政府部门必须尽可能准确地计算温室气体排放的全部成本。为了和新的行政命令一致，美国环境质量委员会重启修订指导意见，并要求联邦政府部门对拟实施项目的温室气体和气候变化影响做出评估。

三、欧盟

欧盟于1985年制定了《环境影响评价指令》（85/337/EC），并在1997年进行了修正（97/11/EC），该指令适用于评价可能对环境产生显著影响的公共和私人项目。2001年将气候变化纳入了环境影响评价中。2001年7月，欧盟通过了《关于某些规划和计划环境影响评估指令》（2001/42/EC），指令对于规划和计划（不包括政策）的环境影响评价作了相应的规定，对于环境影响评价报告书的内容编写、专家咨询、公众参与以及相关的流程等做了详细地说明；并把战略规划环评作为一个过程，要求与规划的制定过程同步进行，在各个相关阶段为规划提供环境信息，把战略规划环评融入决策之中；同时要求规划编制部门识别并评估规划对包括气候因子在内的一系列环境要素的影响，并采取适当措施来减轻和应对显著的环境影响。

2013年，欧盟制定了《将气候变化和生物多样性纳入战略环境评价的指南》，旨在为成员国在战略规划和项目环评中充分考虑气候变化和生物多样性因素提供指导。战略规划环评被用作解决气候变化和生物多样性关键问题的手段，要特别关注合理的替代方案、识别显著的影响和确定监测措施。

四、英国

英国在战略环评方面对应对气候变化给予了高度关注。2004年英国环保局组织制定了《战略环境评价和气候变化：从业者通用技术指南》，并于2007年修订完善。

该指南要求，所有的规划和计划都要支持政府减排目标的实现，如果规划可能对气候变化带来显著影响或者增加气候变化的脆弱性，就必须考虑减缓和适应措施。气候变化对规划的影响、规划对气候变化的影响，与其他类型的项目相比，影响时间更长、范围更广，甚至超出规划的实施期限。由此，战略环境评价必须考虑气候变化的长期影响。指南还提出了气候变化基线和指标、气候变化引发的问题和限制、应对气候变化目标、规划替代方案的影响、气候变化减缓与适应措施等方面的内容。

英国在《战略环境评价和气候变化：从业者通用技术指南》中提出了气候变化方面的五项评估原则：

（1）在确定评价范围阶段，应该同时考虑气候变化的减缓和适应，要确保将其整合到项目设计当中；

（2）必须考虑温室气体排放的相关政策框架（地方和全球），同时应审查战略环境影响评价的相关结果；

（3）应在环境影响评价的早期阶段优化和限制温室气体排放；

（4）考虑替代方案及温室气体排放的同时，也应考虑其他环境标准；

（5）应涵盖所有排放温室气体的、造成气候变化的项目。

五、澳大利亚

澳大利亚发布了工业项目的温室气体和能源报告框架文本，提出具有重大排放的项目必须按照《国家温室气体和能源报告法案2007》的要求进行报告。2009年7月，澳大利亚北领地自然资源、环境与问题部发布了《北领地环境影响评价指南：温室气体排放与气候变化》，该指南要求环评报告应预测项目的建设期和运营期的温室气体排放，评价项目生命周期的温室气体排放量和排放效率，即项目每年温室气体排放绝对值和二氧化碳当量，并提出明确的温室气体减排增效措施。

部分国家温室气体评价体系见表4-1。

表4-1 部分国家温室气体评价体系一览表

国家	政策文件和发布年份	主要内容
加拿大	《将气候变化考虑纳入环境评价：从业者通用指南》，2003年 《气候变化纳入环境影响评价程序指导》，2003年 《气候变化战略（草案）》，2019年	提出排放总量、排放绩效（温室气体排放强度）评价指标

国家	政策文件和发布年份	主要内容
美国	《考虑气候变化和温室气体排放的国家环境政策法指南草案》，2010年	"直接排放2.5万吨以上二氧化碳当量温室气体的固定源"的项目报告温室气体排放量，使用最佳控制技术，取得许可证
欧盟	《将气候变化和生物多样性纳入战略环境评价的指南》，2013年	在战略规划和项目环评中充分考虑气候变化和生物多样性因素
英国	《战略环境评价和气候变化：从业者通用技术指南》，2004年	提出人均碳排放量和单位地区或人均温室气体排放两项评价指标
澳大利亚	《北领地环境影响评价指南：温室气体排放与气候变化》，2009年	评价项目每年温室气体排放绝对值和二氧化碳当量

国际经验表明，要在环评过程中落实温室气体排放评价：首先，必须建立一套完善的法律法规体系，将温室气体确定为环评的法定评价要素，采取自上而下的政策模式，将政策意愿转化为具体的行动；其次，应适时修订相关技术导则和指南，为全面、准确、有针对性地开展评价提供技术指引；此外，还要提高政府部门和专业人员的执行能力，推动公众和企业的共同参与。尽管许多国家和国际组织都认为在环评中考虑温室气体排放是促进经济社会绿色低碳发展的有效管理工具，但从各国的实践来看，开展温室气体评价仍处于不断探索完善的阶段。

第三节 国内碳排放评价进展

中国的环境影响评价制度经过了40多年的发展，已经建立了一套较为完整的法律法规，制订了一系列实用可行的技术导则，培养了一支具有较高素质的专业技术队伍，初步形成了比较成熟的环境影响评价制度。在碳达峰、碳中和愿景目标的引领下，生态环境部加强顶层设计和整体谋划，全面部署，积极推进碳排放评价工作纳入环境影响评价体系中，并启动了"两高"建设项目和产业园区碳环评试点，碳排放评价工作进入了全面发展的快车道。

一、国家的决策与部署

早在2003年，原国家环境保护总局发布《规划环境影响评价技术导则（试行）》（HJ/T 130-2003）时，就提出关注全球气候变化的因素，将"减少温室气体排放"和"减少气候变化灾害"纳入了环境目标，这是我国首次将减少温室气体排放引入环境影响评价领域。

2011年6月，原环境保护部《国家环境保护"十二五"科技发展规划》在全球环境问题研究领域，制定了"温室气体排放控制的环境影响评价方法"研究计划。同年，原环境保护部部长周生贤发表文章，明确提出要"稳步实施气候与污染协同控制计划"，"开展将气候变化因素纳入环评指标体系的相关研究，考虑制定新的环评指南，将气候变化问题纳入其中"。

2015年8月修订的《中华人民共和国大气污染防治法》第二条规定"防治大气污染，应当加强对燃煤、工业、机动车船、扬尘、农业等大气污染的综合防治，推行区域大气污染联合防治，对颗粒物、二氧化硫、氮氧化物、挥发性有机物、氨等大气污染物和温室气体实施协同控制"。

2021年1月，生态环境部印发《关于统筹和加强应对气候变化与生态环境保护相关工作的指导意见》（环综合〔2021〕4号），提出推动评价管理统筹融合，通过规划环评、项目环评推动区域、行业和企业落实煤炭消费削减替代、温室气体排放控制等政策要求，推动将气候变化影响纳入环境影响评价。2021年5月，《关于加强高耗能、高排放建设项目生态环境源头防控的指导意见》（环环评〔2021〕45号）提出，将碳排放影响评价纳入环境影响评价体系。各级生态环境部门和行政审批部门应积极推进"两高"项目环评开展试点工作，衔接落实有关区域和行业碳达峰行动方案、清洁能源替代、清洁运输、煤炭消费总量控制等政策要求。在环评工作中，统筹开展污染物和碳排放的源项识别、源强核算、减污降碳措施可行性论证及方案比选，提出协同控制最优方案。鼓励有条件的地区、企业探索实施减污降碳协同治理和碳捕集、封存、综合利用工程试点、示范。

2021年6月，生态环境部办公厅发布《环境影响评价与排污许可领域协同推进碳减排工作方案》（环办环评函〔2021〕277号），要求充分发挥环境影响评价和排污许可制度在源头控制、过程管理中的基础性作用，积极落实碳排放达峰目标与要求，推动实现生态环境保护工作与应对气候变化的统一谋划、统一布置、统一实施。同时要求做好排污许可制度与碳排放权交易制度衔接，推进环评法修订，将温室气体排放纳入环境影响评价。

2021年7月，生态环境部发布《关于开展重点行业建设项目碳排放环境影响评价试点的通知》（环办环评函〔2021〕346号），组织河北、吉林、浙江、山东、广东、重庆、陕西等地开展试点工作，同时发布了《重点行业建设项目碳排放环境影响评价试点技术指南（试行）》，要求以电力、钢铁、建材、有色、石化和化工等6个重点行业为试点行业，开展建设项目二氧化碳排放环境影响评价，并明确提出试点地区2021年12月底前研究制定建设项目碳排放量核算方法和环境影响报告书编制规范，基本建立重点行业建设项目碳排放环境影响评价的工作机制。要求2022年6月底前，摸清重点行业碳排放水平和减排潜力，探索形成建设项目污染物和碳排放协同管控评价技术方法，打通污染源与碳排放管理统筹融合路径，从源头实现减污降碳协同作用。

2021年10月，生态环境部办公厅发布《关于在产业园区规划环评中开展碳排放评价试点的通知》（环办环评函〔2021〕471号），首次明确提出了在规划环评中开展碳排放评价。要求以现有规划环境影响评价制度为基础，将碳排放评价纳入评价工作全流程，在碳排放评价内容、指标、方法等方面，探索形成产业园区减污降碳协同增效的技术方法和工作路径。

碳排放评价系列文件的出台，强化了二氧化碳等温室气体管控的顶层设计，搭建了碳排放评价工作的基本框架，对评价内容、评价指标、技术方法、工作机制、基本要求做出了明确而具体的规定，丰富和完善了具有中国特色的环境影响评价制度，为碳达峰、碳中和目标的实现奠定了基础。碳排放评价相关文件见表4-2。

表4-2 碳排放评价相关文件一览表

发布时间	文件名称	主要内容
2011年6月	国家环境保护"十二五"科技发展规划	开展温室气体排放控制的环境影响评价方法研究
2015年8月	中华人民共和国大气污染防治法	加强对燃煤、工业、机动车船、扬尘、农业等大气污染的综合防治，推行区域大气污染联合防治，对颗粒物、二氧化硫、氮氧化物、挥发性有机物、氨等大气污染物和温室气体实施协同控制

续表

发布时间	文件名称	主要内容
2021年1月	关于统筹和加强应对气候变化与生态环境保护相关工作的指导意见	通过规划环评、项目环评推动区域、行业和企业落实煤炭消费削减替代、温室气体排放控制等政策要求，推动将气候变化影响纳入环境影响评价
2021年5月	关于加强高耗能、高排放建设项目生态环境源头防控的指导意见	将碳排放影响评价纳入环境影响评价体系，推进"两高"项目开展碳排放评价试点
2021年6月	环境影响评价与排污许可领域协同推进碳减排工作方案	加快"三线一单"生态环境分区管控体系落地实施，积极应对气候变化；探索建立政策生态环境影响论证、规划环评层面应对气候变化的工作机制；完善建设项目环境影响评价制度，将碳排放影响评价纳入环境影响评价体系
2021年7月	关于开展重点行业建设项目碳排放环境影响评价试点的通知	研究制定建设项目碳排放量核算方法和环境影响报告书编制规范，基本建立重点行业建设项目碳排放环境影响评价的工作机制；摸清重点行业碳排放水平和减排潜力，探索形成建设项目污染物和碳排放协同管控评价技术方法，打通污染源与碳排放管理统筹融合路径，从源头实现减污降碳协同作用
2021年10月	关于在产业园区规划环评中开展碳排放评价试点的通知	探索在产业园区规划环评开展碳排放评价技术方法和工作路径，推动形成将气候变化因素纳入环境管理的机制，助力区域产业绿色转型和高质量发展

二、地方的探索与实践

为加强碳排放总量和增量控制，广东、北京、武汉、镇江、晋城等地区率先开展了碳排放评价相关工作的探索，建立了独具特色的碳排放评价制度，研究并出台了相关办法、方案或指南。2014年8月，广东省出台了《广东省2014年度碳排放配额分配实施方案》，对区域内新建项目开展碳排放评价工作，以项目碳排放评估结论为依据，协助碳排放配额制度的实施，该方案侧重于推进地方碳排放权交易市场的建设。北京、武汉、镇江3市分别发布了各自的固定资产投资项目工作指南或导则，将新建项目碳排放评价作为控制碳排放增量的抓手，开展独立的碳排放评价或纳入节能评估中。这些规定更多侧重的是投资领域的项目筛选，与完全意义上的环境影响评价制度衔接较少。投资领域的碳排放评价相关文件见表4-3。

表4-3 投资领域的碳排放评价相关文件一览表

发布时间	地区	文件名称	具体要求
2013年12月	北京市	北京市固定资产核查项目节能评估和审查工作指南	将碳排放评价工作融入节能评估工作中，在项目节能评估的同时，评估碳排放相关指标，对排放水平没有达到先进值的项目提出优化建议
2014年2月	镇江市	镇江市固定资产项目碳排放影响评估暂行办法	单独实施碳排放评价额度，对新建项目碳排放情况进行综合评估，把碳排放作为项目审批、核准以及开工建设的前置条件，对不符合排放标准的项目实施前置否决
2014年8月	广东省	广东省2014年度碳排放配额分配实施方案	纳入碳排放管理和交易的企业主要涉及电力、钢铁、石化和水泥四个行业，对区域内新建项目开展碳排放评价工作，以项目碳排放评价结论为依据，协助碳排放配额制度的实施
2014年12月	武汉市	武汉市固定资产投资项目碳排放指标评估指南	将碳排放评价工作融入节能评估工作中，在项目节能评估的同时，评估碳排放相关指标，对排放水平没有达到先进值的项目提出优化建议
——	晋城市	晋城市新建项目碳评估指标体系研究报告	从项目碳排放、能量利用、环境效益、社会效益四个方面综合评价新建项目的碳排放影响，判定项目低碳发展水平

"双碳"目标愿景提出后，在减污降碳的大背景下，为充分发挥环境影响评价制度的源头防控作用，从2020年开始全国各地积极探索并陆续出台了碳排放评价的相关指导意见或技术指南。

重庆市是将温室气体排放纳入环境影响评价制度的首个地区，2020年11月，出台了《关于在环评中规范开展碳排放影响评价的通知》（渝环办〔2020〕281号），2021年1月，发布了《重庆市规划环境影响评价技术指南——碳排放评价（试行）》《重庆市建设项目环境影响评价技术指南——碳排放评价（试行）》，在全国率先开始了建设项目和规划的碳排放评价工作。对重庆市域内的钢铁、火电（含热电）、建材、有色金属冶炼、化工（含石化）五大重点行业需编制报告书的建设项目，以及涉及上述五大重点行业规划环评、产业园区规划环评、规划环境影响跟踪评价中的碳排放评价进行规范和指导，评价内容包括碳排放量及碳排放强度两个指标。投资75亿元的"万博特铝新材料项目"是重庆市首批试点项目之一，在《项目环境影响报告书》中增加了碳排放的约束性条件，不仅对碳排放现状进行了整体分析，还对如何减少碳排放提出了建议。

2021年4月，江苏省常州市开展了第一例把碳排放纳入环评的建设项目——港华储气（金坛）有限公司盐穴储气库项目（地面工程），其环境影响报告表中单独增加了碳排放评价章节，开展了包括碳排放源识别、碳排放现状调查、碳排放预测与评价（给出碳排放汇总表）、碳减排潜力分析等在内的评价工作。

2021年5月，福建省福州市发布《关于福州市重点行业建设项目碳排放环境影响评价的指导意见（试行）》，要求福州市域内的电力、钢铁、化工、石化、有色、民航、建材、造纸、陶瓷等九大重点行业年综合能源消费量2000吨标煤以上（含）的建设项目，在环境影响报告书（表）中设置碳排放评价专章，明确专章应包含建设项目碳排放现状调查与评价、碳排放预测与评价、碳减排潜力分析及建议等内容。

2021年7月，浙江省发布《浙江省建设项目碳排放评价编制指南（试行）》，明确全省范围内钢铁、火电、建材、化工、石化、有色、造纸、印染、化纤等九大重点行业编制报告书的建设项目开展碳排放评价。除了钢铁、火电、建材、化工、石化、有色等"两高"行业外，还选择了"规上企业碳排放强度"统计中排在前9位的其他行业，包括造纸、印染和化纤行业。浙江省还首次提出了碳排放绩效评价的方法，包括单位工业增加值碳排放$Q_{工增}$、单位工业总产值碳排放$Q_{工总}$、单位产品碳排放$Q_{产品}$、单位能耗碳排放$Q_{能耗}$等绩效指标。截至2021年11月底，浙江省9大行业共90多个项目开展了碳排放评价。同时，浙江省部分市也在建设项目碳评价工作中做出了尝试，如湖州市编制了《南太湖新区重点行业碳排放绩效考评项目》方案，发挥评价结果对绿色低碳和零碳企业建设的引导作用。

2021年9月，山西省印发《山西省重点行业建设项目碳排放环境影响评价编制指南（试行）》，对二氧化碳排放当量大于2.6万吨（或综合能耗10000吨标煤以上）的火电、钢铁（炼铁、炼钢、铁合金）、焦化、化工（尿素、烧碱、电石）、煤化工（煤制油、煤制天然气、煤制烯烃、煤制甲醇、煤制乙二醇、煤制合成氨、煤制对二甲苯）、有色金属冶炼和建材（建筑陶瓷、水泥熟料、平板玻璃、碳素）等行业建设项目开展碳排放环境影响评价。该指南提出了碳排放评价指标，核算项目实施前后项目工业增加值排放对区域碳排放强度影响比例，以此考核区域碳强度的正负效应。

2021年9月，陕西省印发《关于开展重点行业建设项目碳排放环境影响评价试点工作的通知》，将列入《国民经济行业分类》中"2522煤制合成气生产""2523煤制液体燃料生产"及"4411火力发电""4412热电联产"小类，以煤炭作为原料或燃料，且需要编制环境影响报告书的项目纳入试点范围，并将"中煤榆林煤炭深加工基地项目"等4个项目作为试点项目。《陕西省煤化工行业建设项目碳排放环境影响评价技术指南（试行）》和《陕西省煤电行业建设项目碳排放环境影响评价技术指南（试行）》结合煤化工和煤电行业特点，提出了碳源流的说法，区分化石燃料的作用（作为燃料燃烧还是原辅材料），避免重复计算或漏算。

2021年9月，海南省发布了《海南省规划碳排放环境影响评价技术指南（试行）》和《海南省建设项目碳排放环境影响评价技术指南（试行）》，共设置了5个碳排放绩效指标，在浙江省提出的四个碳排放绩效指标的基础上，增加了单位用地碳排放$Q_{用地}$。并将海口江东新区、三亚崖州湾科技城等4个开发区作为试点，开展了现状碳排放环境影响评价工作。

2021年11月，河北省发布了《河北省钢铁行业建设项目碳排放环境影响评价试点技术指南（试行）》。针对钢铁企业的特点，按照生产工序（炼焦、烧结、球团、炼铁、炼钢、轧钢、石灰、电厂等）分别设置核算边界、评价指标，提出以物料平衡、实测和类比等方法，确定各直接排放源有组织二氧化碳排放源强，要求明确各钢铁生产工序的二氧化碳源头防控、过程控制、末端治理、回收利用等减排措施状况，并提出相关节能低碳措施的预期降碳效果。

2021年12月，山东省化工行业首个将碳排放专篇纳入环评报告的项目——"山东东岳化工有限公司9万吨/年含氟材料产业链配套项目（北厂区）"，获得了淄博市生态环境局审批。该项目是淄博市纳入《山东省钢铁、化工行业建设项目碳排放环境影响评价试点项目清单》的试点项目之一，因项目涉及氢氟碳化物（HFCs）的排放，在进行基本环境影响评价的同时，还开展了二氧化碳和氢氟碳化物（HFCs）等温室气体排放的评价。

2021年12月，沈阳市发布了《沈阳市建设项目碳排放环境影响分析技术指南（试行）》，适用于沈阳市范围内火电（含热力）、建材、钢铁、有色金属冶炼、石化、化工、化纤、医药、环境治理、造纸、印染等重点行业的建设项目碳排放环境影响分析工作。《指南》提出以建设项目为核算边界，参照《温室气体排放核算方法与报告指南（试行）》核算方法，核算内容包括项目生产运行阶段的能源活动、工业生产过程、净购入电力热力产生的碳排放；改扩建及异地搬迁建设项目，还要对拟建项目、项目实施前后的碳排放量分别进行核算。《指南》同时明确了碳排放环境影响分析工作程序和碳排放环境影响分析编制的主要内容。

2022年2月，广东省发布了《广东省石化行业建设项目碳排放环境影响评价编制指南（试行）》，规定了石化行业建设项目环境影响评价中碳排放评价试点的一般工作流程、碳排放核算及水平评价方法。适用于编制环境影响报告书的石化行业建设项目碳排放环境影响评价试点，行业范围包括《国民经济行业分类》（GB/74754-2017）中的"2511原油加工及石油制品制造"和"2614有机化学原料制造"中以石油及石油馏分、天然气及天然气馏分、丙烷、丁烷等为主要原料，生产石油产品和石油化工产品的新（改、扩）建项目。在评价方法方面，开展横向、纵向及区域等多角度对比，评价建设项目碳排放水平。

部分省市碳排放评价有关文件见表4-4。

表4-4 部分省市碳排放评价文件一览表

发布时间	地区	文件名称	适用范围	主要特点
2021年1月	重庆市	重庆市建设项目环境影响评价技术指南—碳排放评价（试行）	钢铁、火电（含热电）、建材、有色金属冶炼、化工（含石化）五大重点行业	重点对建设项目实施后的碳排放强度下降目标进行分析评价，如碳排放强度下降率、单位工业生产总产值能源消耗下降率等
		重庆市规划环境影响评价技术指南—碳排放评价（试行）	涉及上述五大重点行业规划环评、产业园区规划环评、规划环境影响跟踪评价中的碳排放评价	1.从能源活动排放、净调入电力和热力排放、工业生产过程排放三个方面，预测规划实施后的碳排放量。结合规划特点及关键经济指标，计算碳排放强度。可根据实际情况，结合管控要求、碳减排措施等设置不同预测情景 2.重点对规划实施后的碳排放强度下降目标进行分析评价，如碳排放强度下降率、单位工业生产总产值能源消耗下降率等

发布时间	地区	文件名称	适用范围	主要特点
2021年5月	福州市	福州市重点行业建设项目碳排放环境影响评价的指导意见（试行）	电力、钢铁、化工、石化、有色、民航、建材、造纸、陶瓷等九大重点行业年综合能源消费量2000吨标煤以上（含）的建设项目	1.对二氧化碳、甲烷、氧化亚氮、氢氟碳化物、全氟化碳、六氟化硫和三氟化氮等7种温室气体排放进行评价，将其排放量折合为二氧化碳当量计算 2.建设项目碳排放评价，应与同行业碳排放水平进行对比分析，评价建设项目碳排放水平。改扩建及异地搬迁建设项目应在现状调查基础上，以挖掘现有项目碳减排潜力为目的，对建设项目实施后的碳排放强度下降率、单位产品能源消耗下降率等进行分析评价
2021年7月	浙江省	浙江省建设项目碳排放评价编制指南（试行）	钢铁、火电、建材、化工、石化、有色、造纸、印染、化纤等九大重点行业	1.提出了碳排放水平评价的一般方法、参考标准，并紧密结合设区市"十四五"碳强度考核和区域碳达峰方案要求，对建设项目实施的相关国家和地方政策符合性开展分析评估 2.首次提出了4个碳排放绩效评价方法，核算建设项目二氧化碳产生量、排放量和绩效（单位工业增加值碳排放$Q_{工增}$、单位工业总产值碳排放$Q_{工总}$、单位产品碳排放$Q_{产品}$、单位能耗碳排放$Q_{能耗}$）

续表

发布时间	地区	文件名称	适用范围	主要特点
2021年9月	山西省	山西省重点行业建设项目碳排放环境影响评价编制指南（试行）	二氧化碳排放当量大于2.6万吨（或综合能耗10000吨标煤以上）的火电、钢铁（炼铁、炼钢、铁合金）、焦化、化工（尿素、烧碱、电石）、煤化工（煤制油、煤制天然气、煤制烯烃、煤制甲醇、煤制乙二醇、煤制合成氨、煤制对二甲苯）、有色金属冶炼和建材（建筑陶瓷、水泥熟料、平板玻璃、碳素）等行业	设置碳排放评价指标，核算项目实施前后项目工业增加值碳排放对区域碳排放强度影响比例
2021年9月	海南省	海南省规划碳排放环境影响评价技术指南（试行）	省级以上重点产业园区碳排放环境影响评价、碳排放环境影响跟踪评价，以及其他工业、能源、交通、城市建设、自然资源开发等重点领域专项规划的碳排放环境影响评价工作	1.从规划空间布局、结构调整、总量管控等方面构建规划环评碳排放约束指标 2.结合碳排放强度考核、温室气体排放核算、生态产品价值实现等政策和降碳工程技术发展现状，计算规划实施不同情景下产生的碳排放量及碳排放强度，评价碳排放水平 3.提出以碳减排为核心的规划优化调整建议、碳排放总量控制要求及综合利用技术途径，同时提出规划实施过程中的减污降碳协同管控措施和碳排放跟踪评价计划

发布时间	地区	文件名称	适用范围	主要特点
2021年9月	海南省	海南省建设项目碳排放环境影响评价技术指南（试行）	全省范围内电力、化工、石化、建材（玻璃、水泥熟料）、造纸、医药、油气开采等重点行业的建设项目碳排放环境影响评价试点工作	温室气体识别包括直接排放与间接排放，对于可能产生的温室气体，如二氧化碳、甲烷、氧化亚氮、氢氟碳化物等进行产气设施和气体种类标识，列出碳排放源识别表，并在工艺流程图中增加碳排放情况示意
2021年9月	陕西省	陕西省煤化工行业建设项目碳排放环境影响评价技术指南（试行）	陕西省内的煤化工行业，煤制甲醇行业新建、改建和扩建需编制环境影报告书的建设项目碳排放评价。煤制乙二醇、煤制烯烃、煤制二甲醚等其他行业参照执行	提出了碳源流的概念，在划分核算单元的基础上识别每个单元的碳源流，在用碳质量平衡法核算二氧化碳过程排放量时区分化石燃料作为燃料燃烧还是原（辅）材料
		陕西省煤电行业建设项目碳排放环境影响评价技术指南（试行）	陕西省内火力发电行业（掺烧化石燃料的燃煤、燃油、燃气纯凝发电机组等）和热电联产行业新建、改建和扩建需编制环境影响报告书的建设项目碳排放评价	
2021年11月	河北省	河北省钢铁行业建设项目碳排放环境影响评价试点技术指南（试行）	河北省钢铁行业	1.碳排放评价核算边界划分企业和各钢铁生产工序两种核算边界，并提出核算边界要以钢铁生产工序为最小核算单元 2.提出以生产工序为单元的多种碳排放绩效指标 3.明确了钢铁行业各工序涉及二氧化碳排放的有组织排放节点，结合排污许可相关管理要求，制定了相应的监测频次计划

发布时间	地区	文件名称	适用范围	主要特点
2021年12月	沈阳市	沈阳市建设项目碳排放环境影响分析技术指南（试行）	沈阳市范围内火电（含热力）、建材、钢铁、有色金属冶炼、石化、化工、化纤、医药、环境治理、造纸、印染等重点行业的建设项目碳排放环境影响分析工作	1.提出了在环境影响评价中进行项目碳排放分析的要求及分析方法 2.提出了动态更新《指南》的要求，使本指南能够科学、准确地对沈阳市建设项目的碳排放环境影响分析进行指导
2022年2月	广东省	广东省石化行业建设项目碳排放环境影响评价编制指南（试行）	编制环境影响报告书的石化行业建设项目碳排放环境影响评价，包括《国民经济行业分类》中的"2511原油加工及石油制品制造"以及"2614有机化学原料制造"中以石油及石油馏分、天然气及天然气馏分、丙烷、丁烷等为主要原料，生产石油产品和石油化工产品的新（改、扩）项目	通过对项目与所在区域、行业（产品）评价指标横向对比，企业自身改扩建前后碳排放情况的纵向对比，评价建设项目碳排放水平，挖掘建设项目碳减排空间与潜力，分析建设项目投产后对区域碳排放强度考核目标可达性和对区域"碳达峰、碳中和"目标的影响

从国内经验看，部分省市陆续在环境影响评价、节能减排绩效评估等工作中开展了温室气体排放评价，把碳评价纳入环境影响评价体系或独立开展碳排放评价。此举在一定程度上可以控制高耗能、高排放行业的碳排放水平，促进企业加快产业结构和能源结构的调整，推动企业在涉及碳排放的原辅材料、工艺环节、能源综合利用效率、降低能量损耗、循环利用等方面自主采取优化措施，实现绿色低碳循环发展。这些地方的探索和实践，为国家建立碳排放评价的工作机制、完善环评制度提供了宝贵的经验。

第十三章

建设项目碳排放评价

建设项目环境影响评价是从源头控制环境污染和温室气体排放的有力手段。在建设项目环境影响评价中将气候变化纳入环境影响评价体系中，就是要发挥环境影响评价制度在应对气候变化中的支撑作用，把温室气体与一般污染物一起作为环境要素进行评价，提出减污降碳协同治理措施，在减少污染物排放的同时，控制温室气体的碳排放强度和碳排放总量，从源头坚决遏制"两高"项目盲目上马和未批先建，加快淘汰压减钢铁、有色等行业的落后和过剩产能。本章主要介绍建设项目碳排放评价的目标任务、重点内容、工作要求以及碳排放报告的编写技术方法等。

第一节 建设项目碳排放评价试点

2021年5月生态环境部发布的《关于加强高耗能、高排放项目生态环境源头防控的指导意见》（环环评〔2021〕45号）提出，将碳排放影响评价纳入环境影响评价体系。为尽快完善碳排放评价工作机制和评价方法，生态环境部发布了《关于开展重点行业建设项目碳排放环境影响评价试点的通知》（环办环评函〔2021〕346号），在全国启动了重点行业建设项目碳排放环境影响评价试点工作。

开展试点工作的目的是逐步完善建设项目碳排放量核算方法和环境影响报告书编制规范，基本建立重点行业建设项目碳排放环境影响评价的工作机制，基本摸清重点行业碳排放水平和减排潜力，探索形成建设项目污染物和碳排放协同管控评价技术方法，打通污染源与碳排放源同步评价、统筹管理的路径。

一、碳评价试点的要求

2021年7月，按照生态环境部的部署，河北、吉林、浙江、山东、广东、重庆、陕西等7个省（市）重点行业建设项目碳排放环境影响评价试点工作正式启动。同时海南、山西、江苏、福建等省份也主动先行先试，开展了建设项目的碳排放评价。据不完全统计，截至2021年10月底，全国已经有9个省的180多个建设项目开展了碳排放评价。

（一）行业范围

生态环境部要求，建设项目碳排放环境影响评价的试点行业为电力、钢铁、建材、有色、石化和化工等重点行业。这些重点行业基本属于高耗能、高排放的"两高"行业。7个试点省（市）的试点行业各不相同，其中要求重庆市将电力、钢铁、建材、有色、石化和化工等全部作为重点行业，河北省仅钢铁行业为试点，浙江省则根据实际需求和工业企业特点，自行划定了开展建设项目碳排放评价的九大重点行业，除了"两高"行业全部作为试点行业外，还拓展到了造纸、印染、化纤等行业。

（二）评价因子

根据中国国家质量监督检验检疫总局、中国国家标准化管理委员会发布的国家标准《工业企业温室气体排放核算和报告通则》（GB/T 32150-2015），温室气体包括：二氧化碳（CO_2）、甲烷（CH_4）、氧化亚氮（N_2O）、氢氟碳化物（HFCs）、全氟碳化物（PFCs）、六氟化硫（SF_6）和三氟化氮（NF_3）。目前生态环境部要求的碳排放评价主要开展的是建设项目二氧化碳（CO_2）排放环境影响评价，鼓励有条件的地区开展以甲烷（CH_4）、氧化亚氮（N_2O）、氢氟碳化物（HFCs）、全氟碳化物（PFCs）、六氟化硫（SF_6）、三氟化氮（NF_3）等其他温室气体排放为主的建设项目环境影响评价试点。

（三）项目类型

建设项目环评文件包括环境影响报告书、环境影响报告表和环境影响登记表等三种类型。自2020年以来，生态环境部为深化建设项目环境影响评价"放管服"改革，优化和规范环境影响报告表编制，提高环境影响评价制度有效性，修订了《建设项目环境影响报告表》内容及格式，压缩了报告表的编制内容，调整了报告表的格式，降低了专项评价深度。秉承上述思路，目前生态环境部和大部分省份要求开展碳排放评价工作的项目类型主要是按照《建设项目环境影响评价分类管理名录》规定，需要编制环境影响报告书的建设项目。江苏、福建等省份要求编制环境影响报告表的建设项目，也需要开展碳排放评价工作。

（四）评价内容

2021年5月，生态环境部发布的《关于加强高耗能、高排放项目生态环境源头防控的指导意见》（环环评〔2021〕45号）提出："两高"项目环评开展试点工作，衔接落实有关区域和行业碳达峰行动方案、清洁能源替代、清洁运输、煤炭消费总量控制等政策要求。在环评工作中，统筹开展污染物和碳排放的源项识别、源强核算、减污降碳措施可行性论证及方案比选，提出协同控制最优方案。鼓励有条件的地区、企业探索实施减污降碳协同治理和碳捕集、封存、综合利用工程试点、示范。

与大气、地下水等环境要素的评价内容相比较，由于缺少预测模型和排放标准，碳排放评价无须进行影响预测和达标分析。碳排放评价工作的重点和难点主要为统筹开展污染物和碳排放的源项识别、源强核算、减污降碳措施可行性论证及方案比选，提出协同控制最优方案。

（五）报告形式

在编制形式方面，生态环境部和大部分省市要求一致，要求将碳排放评价融入建设项目环境影响评价报告相应章节中，环境影响报告书中增加碳排放环境影响评价专章。河北等省份则提出，碳排放环境影响评价内容要单独编制成册。

港华储气（金坛）有限公司盐穴储气库项目（地面工程）环境影响报告表是全国第一个增加碳排放评价章节的建设项目环评文件。评价中先分析施工期和营运期的碳排放源类型（施工期包括履带式推土机、挖掘机、电动夯实机等机械燃料燃烧，轻型柴油货车的燃料使用，混凝土、砂石等建筑材料的碳排放；营运期包括压缩机、三甘醇脱水装置、真空相变加热炉、燃气空调等设备的燃料燃烧以及用电生产设备和照明设备的净调入电力和热力）。调查了项目的碳排放现状，并以此为依据计算施工期和营运期的碳排放量，提出碳排放潜力分析和建议。

二、碳评价试点的任务

（一）建立方法体系

根据试点地区重点行业碳排放特点，因地制宜开展建设项目碳排放环境影响评价技术体系建设。研究制定基于碳排放节点的建设项目能源活动、工艺过程碳排放量测算方法；加快摸清试点行业碳排放水平与减排潜力现状，建立试点行业碳排放水平评价标准和方法；研究构建减污降碳措施比选方法与评价标准。

（二）测算碳排放水平

开展建设项目全过程分析，识别碳排放节点，重点预测碳排放主要工序或节点排放水平。内容包括核算建设项目生产运行阶段能源活动与工艺过程以及因使用外购的电力和热力导致的二氧化碳产生量、排放量，碳排放绩效情况，以及碳减排潜力分析等。

（三）提出碳减排措施

根据碳排放水平测算结果，分别从能源利用、原料使用、工艺优化、节能降碳技术、运输方式等方面提出碳减排措施。在环境影响报告书中明确碳排放主要工序的生产工艺、生产设施规模、资源能源消耗及综合利用情况、能效标准、节能降耗技术、减污降碳协同技术、清洁运输方式等内容，提出能源消费替代要求、碳排放量削减方案。

案例1

2021年11月，《山东东岳化工有限公司9万吨/年含氟材料产业链配套项目（北厂区）环境影响评价报告书》通过审批，这是山东省化工行业首个将碳排放环境影响评价纳入环评报告的项目。在该报告书碳排放环境影响评价专章中，通过减排潜力分析，确定了本项目的碳排放源，主要包括运输车辆燃料燃烧、生产过程排放、购入电力及热力排放等，从原料减碳（以天然气、页岩气或工业尾气替代汽油）、垃圾气化（采用煤气化炉和垃圾气化炉共建方式）、对陈旧装置升级改造、二氧化碳回收（在项目周边植树造林）、二氧化碳深埋地下和节电等6个方面提出了碳减排措施，并在工艺及设备（工艺流程合理紧凑，缩短中间环节物流运距，采用节能型设备）、电气（选用节能型变压器，将变压器设在负荷中心，减少低压侧线路长度，降低线路损耗；厂区道路照明实行多点供电，统一控制开闭，尽量采用天然采光，减少人工照明）、给排水（合理配置水表等计量装置，减少水资源浪费）、热力（采用自力式流量调节阀，对蒸汽流量进行自动调节和控制，减少管道及设备的散热损失）、建筑耗能（车间控制室远离散热设备布置，加强隔热保温减少冷负荷）等方面提出了节能措施。

（四）完善环评管理要求

审批部门要按照相关环境保护法律法规、标准、技术规范等要求，审批建设项目环评文件，重点明确减污降碳措施、自行监测、管理台账要求，落实地方政府煤炭总量控制、碳排放量削减替代等要求。

案例2

2021年10月，河北省生态环境厅批复了《唐山市丰南区经安钢铁有限公司烧结机综合升级改造项目环境影响报告书》。

在该项目碳评价专题报告中，有组织排放源二氧化碳监测计划包含了监测点位、监测指标和频次；在项目环保台账管理中纳入了碳排放台账管理要求，排放台账记录信息主要内容为企业碳排放核算边界内燃料燃烧、工业生产过程以及净购入电力三大类别的活动水平数据和排放因子确定方式、数据来源及数据获取方式、监测设备详细信息、数据缺失处理方法等，要求每天按班或批次记录，每月汇总一次，电子和纸质台账记录保存至少3年；建设项目有组织碳排放源监测报告应与企业污染源自行监测报告一并汇总、存档；碳减排措施也纳入了建设项目"三同时"验收一览表。

在该项目环境影响报告书的批复文件中，明确了该项目及改造后全厂的二氧化碳排放量和绩效值。

第二节 建设项目碳排放评价报告编制

为指导重点行业建设项目的二氧化碳排放环境影响评价工作，生态环境部2021年7月配套出台了《重点行业建设项目碳排放环境影响评价试点技术指南（试行）》，为建设项目碳排放评价报告的编制提供了依据和指导。与此同时，一些试点省市也结合自身实际相继制订了特定行业的碳排放环境影响评价技术指南，包括陕西省的煤化工行业、广东省的石化行业和河北省的钢铁行业等，为各地建设项目碳排放评价报告的编制提供了指导。

一、工作流程

编制碳排放环境影响评价专章，要依次开展六方面的工作：一是政策符合性分析，主要分析建设项目碳排放是否满足相关政策要求；二是进行工程分析，明确建设项目二氧化碳产生节点，给出拟采取的减排措施，核算二氧化碳的产生和排放量；三是措施可行性论证和方案比选，论证建设项目采取的二氧化碳减排措施，比选基于协同控制的污染物治理措施方案，并给出建设单位自愿采取的示范；四是碳排放绩效核算；五是给出碳排放管理与监测计划；六是给出建设项目碳排放环境影响评价结论，对碳排放评价工作进行归纳总结。

建设项目碳排放评价报告编制工作流程见图4-1。

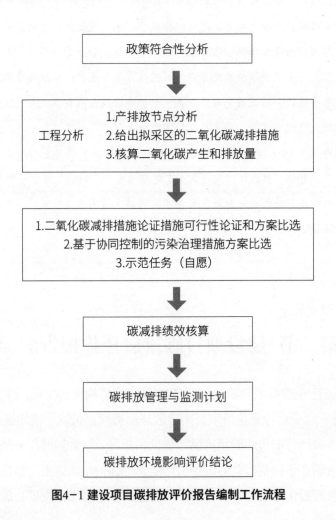

图4-1 建设项目碳排放评价报告编制工作流程

二、评价内容与要求

（一）政策符合性分析

碳排放环境影响评价专章，应分析建设项目碳排放与国家、地方和行业碳达峰行动方案，生态环境分区管控方案和生态环境准入清单，相关法律、法规、政策，相关规划和规划环境影响评价等的相符性。

建设项目碳排放政策符合性分析，应包括是否满足相应的法律、法规、政策、规划和规划环境影响评价与碳排放有关的内容。相应的法律主要包括《环境影响评价法》《大气污染防治法》《循环经济促进法》《可再生资源法》《节约能源法》《清洁生产促进法》等；相应的法规主要包括《建设项目环境保护管理条例》等；相应的政策主要包括国家、地方、行业或企业的碳达峰行动方案，如国务院印发的《2030年前碳达峰行动方案》，中国旭阳集团发布的《旭阳集团碳达峰碳中和行动方案》等；"三线一单"当中的生态环境分区管控方案和生态环境准入清单中碳排放管控要求等；规划主要包括国家、地方产业、能源和空间等规划中碳排放管控要求等。

目前生态环境部已经出台《关于在产业园区规划环评中开展碳排放评价试点的通知》《"三线一单"减污降碳协同管控试点工作方案（征求意见稿）》等政策，探索将应对气候变化要求纳入"三线一单"生态环境分区管控体系，在规划环评中融入碳排放管控要求。随着上述政策、规划的逐步出台，碳排放环境影响评价专章应不断完善碳排放政策符合性分析内容。

（二）碳排放分析

1. 现状调查和资料收集

开展评价工作前，首先要收集建设项目主要经济和技术资料，识别二氧化碳排放源和温室气体种类，收集各个排放活动水平数据，奠定碳排放评价的基础。

评价基准年的选取。生态环境部《重点行业建设项目碳排放环境影响评价试点技术指南（试行）》中未提及评价基准年的选取问题，浙江省和河北省在这方面做了初步探索。《浙江省建设项目碳排放评价编制指南（试行）》中要求，"综合考虑评价所需碳排放现状数据可获得性、数据质量、代表性等因素，选择近3年排放量最大一年作为评价基准年"。《河北省钢铁行业建设项目碳排放环境影响评价试点技术指南（试行）》则要求"依据评价所需钢铁生产工序碳排放相关数据的可获得性、数据质量、完整性等因素，选择近3年中有代表性的1个日历年作为评价基准年"。上述提法均借鉴了《环境影响评价技术导则 大气环境》（HJ 2.2-2018）中评价基准年的概念。

资料收集的内容。新建项目可依据项目可研报告、立项文件、设计文件等开展调查和资料收集，具体包括工业总产值、工业增加值、产品产量、能源类型及消费量、净购入电力和热力、涉及二氧化碳排放的工业生产过程（主体工程、辅助工程和环保工程等）原辅料使用量等。

改扩建及异地搬迁建设项目还应调查现有项目的评价基准年二氧化碳排放情况。相关数据和资料可以优先选择调查企业评价基准年连续1年的温室气体及化石燃料等监测数据、企业温室气体排放报告、碳核查报告及补充报告中的有关数据和结论，无实际监测数据的可参照《中国能源统计年鉴2013》《中国温室气体研究清单（2007）》《2006年IPCC国家温室气体清单指南》《省级温室气体清单编制指南（试行）》等文件中的缺省值。

如建设单位已纳入国家或省级碳排放核算相关平台，可直接从平台引用现有项目相关数据，包括温室气体排放总量、二氧化碳排放总量，化石燃料燃烧、工业生产过程、净购入电力和热力等领域的二氧化碳排放量，工业总产值、工业增加值、产品产量等。

2. 碳排放影响因素分析

碳排放评价要全面分析建设项目二氧化碳排放节点，包括燃料燃烧排放、工业生产过程排放、净购入使用的电力和热力产生的排放以及固碳产品隐含的排放等四个方面。与碳核查相比较，碳排放评价更注重生产工艺过程中的二氧化碳的产生和排放情况。要在生产工艺流程介绍及相关图表中增加二氧化碳产生、排放情况（包括正常工况、开停工及维修等非正常工况）和排放形式等内容。明确建设项目化石燃料燃烧源中的燃料种类、消费量、含碳量、低位发热量和燃烧效率等，涉及碳排放的工业生产环节要给出原料、辅料及其他物料的种类、使用量和含碳量；烧焦过程中的烧焦量、烧焦效率、残渣量及烧焦时间等，火炬燃烧环节火炬气流量、组成及碳氧化率等参数，以及净购入电力和热力量等数据。可以通过物料平衡、实测和类比等方法确定各直接排放源有组织二氧化碳排放源强，说明二氧化碳源头防控、过程控制、末端治理、回收利用等减排措施状况。上述数据可依据建设项目的可研报告、立项文件、设计文件等。

《陕西省煤化工行业建设项目碳排放环境影响评价技术指南（试行）》提出了碳源流的概念，从输入的化石燃料和原（辅）材料等一直追踪碳的流向，直到产品、副产品和废气废水固废中的其他含碳物质。碳源流类似于环评中的元素平衡，进一步细化了煤化工制甲醇生产工艺的碳产生、排放情况。陕西省煤化工行业碳源流分类情况见表4-5。

表4-5 陕西省煤化工行业碳源流分类表

输入		输出	
分类	名称	分类	名称
化石燃料	燃料煤、燃料油、燃料气、天然气等化石燃料	产品	甲醇
原（辅）材料	原料煤	副产品	外供其他企业综合利用（处置）未排入大气中的二氧化碳等
	其他碳氢化合物、二氧化碳、碳酸盐等含碳原（辅）材料	其他含碳物质	气化装置（煤粉锁斗、煤粉给料仓、磨煤系统、磨煤干燥口、煤粉加压系统、气化真空泵分离罐等），酸性气脱除装置（尾气洗涤塔等），硫回收装置（焚烧炉尾气脱硫塔等）排放的CO气体
			气化装置（煤粉锁斗等），酸性气脱除装置（尾气洗涤塔等）排放的甲醇
			各装置排放的含碳粉尘
			酸性气脱除装置尾气洗涤塔、硫回收装置、甲醇合成装置精馏塔排放的含甲醇废水
			气化渣、炉渣、除尘器收尘等含碳固废
			各装置排放的排入大气的二氧化碳气体
……	……	……	……

3. 二氧化碳源强核算

（1）核算边界

建设项目可以划分企业核算边界和生产工序边界两种核算边界，要根据工程组成及建设内容合理确定核算边界。对于生产工艺简单、生产工序较短的行业，如火电行业，可以只划分企业核算边界。对于生产工艺复杂、生产工序较长，且各生产工序产品可以直接外售的行业，如钢铁行业、煤化工行业，需要划分企业核算边界和各生产工序边界两种核算边界。企业核算边界是必须要划定的，企业核算边界的确定主要是为了比较建设项目实施前后的碳排放量和绩效水平变化情况；生产工序边界的确定是为了简化某一行业的建设项目实施前后的碳排放量变化情况。

核算边界的确定方法，可以依据建设项目所属行业的《温室气体排放核算与报告要求》中划分核算边界的方法。如钢铁企业核算边界，可以引用《温室气体排放核算与报告要求第5部分：钢铁生产企业》（GB/T 32151.5-2015）中核算边界的定义：企业核算边界，应以企业法人或视同法人的独立核算单位为边界，核算其生产系统产生的二氧化碳排放。生产系统包括主要生产系统、辅助生产系统及直接为生产服务的附属生产系统，其中辅助生产系统包括动力、供电、供水、化验、机修、库房、运输等，附属生产系统包括生产指挥系统（厂部）和厂区内为生产服务的部门和单位（如职工食堂、车间浴室、保健站等）。如果建设项目所属行业未出台相应的《温室气体排放核算与报告要求》，企业核算边界可以直接定义为以企业法人或视同法人的独立核算单位为边界，核算其生产系统产生的二氧化碳排放。

《河北省钢铁行业建设项目碳排放环境影响评价试点技术指南（试行）》提出了炼焦、烧结、球团、炼铁、炼钢、轧钢、石灰及电厂等生产工序边界的概念，主要参照《焦化工序能效评估导则》（GB/TY 34192-2017）、《烧结工序能效评估导则》（GB/TY 34195-2017）、《链算机-回转窑球团工序能效评估导则》（GB/TY 34196-2017）、《高炉工序能效评估导则》（GB/TY 34193-2017）、《转炉工序能效评估导则》（GB/TY 34194-2017）、《热轧工序能效评估导则》（GB/TY 37390-2019）等钢铁工序能效评估导则以及《基于项目的温室气体减排量评估技术规范通用要求》（GB/TY 33760）进行的定义。

（2）核算范围

碳排放评价必须核算建设项目正常工况下有组织二氧化碳产生和排放量，鼓励有条件的建设项目核算非正常工况及无组织二氧化碳产生和排放量。

改扩建及异地搬迁建设项目还应包括现有项目的二氧化碳产生量、排放量和碳减排潜力分析等内容。对改扩建项目的碳排放量的核算，应分别按现有、在建、改扩建项目实施后等几种情形汇总二氧化碳产生量、排放量及其变化量，核算改扩建项目建成后最终碳排放量。

对于涉及产能置换、区域削减的建设项目，还应核算被置换项目及污染物减排量出让方碳排放量变化情况。

以某钢铁企业的烧结机综合升级改造项目为例，该项目报告书确定了现有工程、在建工程、淘汰工程和拟建工程碳排放核算边界。其中，将该钢铁企业作为现有工程碳排放核算边界，在建1座高炉作为在建工程的碳排放核算边界，淘汰的2座烧结机及配套工程作为淘汰工程的碳排放核算边界，拟建的1座烧结车间作为拟建工程的碳排放核算边界。

（3）核算方法

碳排放评价的核算方法可参照碳核查中的二氧化碳排放量核算方法。例如采用《工业企业温室气体排放核算和报告通则》（GB/T 32150-2015）《国家发展改革委办公厅关于印发首批10个行业企业温室气体排放核算方法与报告指南（试行）的通知》（发改办气候〔2013〕2526号）《国家发展改革委办公厅关于印发第二批4个行业企业温室气体排放核算方法与报告指南（试行）的通知》（发改办气候〔2014〕2920号）《国家发展改革委办公厅关于印发第三批10个行业企业温室气体排放核算方法与报告指南（试行）的通知》（发改办气候〔2015〕1722号）发布的24个重点行业企业温室气体排放核算方法与报告指南中二氧化碳排放量的核算方法，分别计算建设项目所在企业及所涉及生产工序的碳排放量。

《重庆市建设项目环境影响评价技术指南——碳排放评价》给出了建设项目碳排放总量计算公式。

重庆市建设项目环境影响评价技术指南——碳排放评价

建设项目碳排放总量 $E_{碳总}$ 计算公式如下：

$$E_{碳总} = E_{燃料燃烧} + E_{工业生产过程} + E_{电和热}$$

式中：

$E_{燃料燃烧}$ 为企业所有净消耗化石燃料燃烧活动产生的二氧化碳排放量，单位为吨 CO_2（tCO_2）；

$E_{工业生产过程}$ 为企业工业生产过程产生的二氧化碳排放量，单位为吨 CO_2（tCO_2）；

$E_{电和热}$ 为企业净购入电力和热产生的二氧化碳排放量，单位为吨 CO_2（tCO_2）。

生态环境部发布的《重点行业建设项目碳排放环境影响评价试点技术指南（试行）》，给出了《钢铁、水泥和煤制合成气项目工艺过程二氧化碳源强核算推荐方法》。

钢铁、水泥和煤制合成气项目工艺过程二氧化碳源强核算推荐方法

1.钢铁高炉使用焦炭产生的二氧化碳排放量可按能源作为原材料（还原剂）进行计算，公式如下：

$$E_{原材料}=AD_{还原剂}+EF_{还原剂}$$

式中：

$E_{原材料}$ —— 能源作为原材料用途导致的二氧化碳排放量，tCO_2；

$EF_{还原剂}$ —— 能源作为还原剂用途的二氧化碳排放因子，推荐值为 2.862，无量纲；

$AD_{还原剂}$—— 活动水平，即能源作为还原剂的消耗量，t。

2.水泥熟料窑的二氧化碳排放量可按物料衡算法计算，公式如下：

$$D=[\sum_{i=1}^{n}(m_i\times\frac{s_{m_i}}{100})+\sum_{i=1}^{n}(f_i\times\frac{s_{f_i}}{100})+\sum_{i=1}^{n}(g_i\times s_{gi}\times 10^{-5})-\sum_{i=1}^{n}(p_i\times\frac{s_{p_i}}{100})]\times 44/12$$

式中：

D ——核算时段内二氧化碳排放量，tCO_2；

m_i ——核算时段内第i种入窑物料使用量，t；

S_{mi} ——核算时段内第i种入窑物料含碳率，%；

f_i ——核算时段内第i种固体燃料使用量，t；

S_{fi} ——核算时段内第i种固体燃料含碳率，%；

g_i ——核算时段内第i种入炉气体燃料使用量，10^4m^3；

S_{gi} ——核算时段内第i种入炉气体燃料碳含量，mg/m^3；

p_i ——核算时段内第i种产物产生量，t；

S_{pi} ——核算时段内第i种产物含碳率，%。

3. 煤制合成气建设项目二氧化碳排放量可按物料衡算法计算，公式如下：

$$E_{CO_2煤制合成气}=(Q_{煤}\times CC_{煤}+Q_{燃料气}\times CC_{燃料气}\times 10^{-9}-Q_{净化气}\times CC_{净化气}\times 10^{-9}-Q_{气化渣}\times CC_{气化渣}-Q_{低价排放气}\times CC_{(低价排放气-co)}\times 28/12)\times 44/12$$

式中：

$E_{CO_2煤制合成气}$——煤制合成气工段产生的CO_2排放，tCO_2；

$Q_煤$——煤炭使用量，t；

$CC_煤$——煤炭中含碳质量分数，tc/t；

$Q_{燃料气}$——粉煤气化、硫回收等装置燃料气用量，Nm^3；

$CC_{燃料气}$——燃料气碳含量，mg/Nm^3；

$Q_{净化气}$——净化气流量，Nm^3；

$CC_{净化气}$——净化气碳含量，mg/Nm^3；

$Q_{气化渣}$——气化灰渣设计产生量，t；

$CC_{气化渣}$——气化灰渣中碳的质量分数，tc/t；

$Q_{低价排放气}$——低温甲醇洗尾气流量，Nm^3；

$CC_{低价排放气-CO}$——低温甲醇洗尾气的CO含量，mg/Nm^3。

（4）碳排放绩效水平核算

目前，衡量建设项目实施前后的碳排放绩效水平的指标主要包括：单位原料碳排放绩效$Q_{原料}$、单位产品碳排放绩效$Q_{产品}$、单位工业总产值碳排放绩效$Q_{工总}$、单位工业增加值碳排放绩效$Q_{工增}$、单位能耗碳排放绩效$Q_{能耗}$等多种类型。对于单位原料碳排放绩效$Q_{原料}$，比较适用电力行业和石化行业（含原油加工及石油制品制造、煤制合成气生产、煤制液体燃料生产等），其余"两高"行业不建议使用。单位产品碳排放绩效$Q_{产品}$、单位工业总产值碳排放绩效$Q_{工总}$、单位工业增加值碳排放绩效$Q_{工增}$、单位能耗碳排放绩效$Q_{能耗}$等指标，评价单位可以根据建设项目实际情况和数据的可获得性选择其中的指标进行评价。

1）单位原料碳排放绩效：

$$Q_{原料}=E_{碳总}\div G_{原料}$$

式中：

$Q_{原料}$——单位原料碳排放，tCO_2/原料使用量计量单位（按折标计算）；

$E_{碳总}$——项目满负荷运行时碳排放总量，tCO_2；

$G_{原料}$——项目满负荷运行时原料使用量，无特定计量单位时以t原料计（按折标计算）。

2）单位产品碳排放绩效：

$$Q_{产品}=E_{碳总}\div G_{产量}$$

式中：

$Q_{产品}$——单位产品碳排放，tCO_2/产品产量计量单位；

$E_{碳总}$——项目满负荷运行时碳排放总量，tCO_2；

$G_{产量}$——项目满负荷运行时产品产量，无特定计量单位时以t产品计。核算产品范围参照环办气候〔2021〕9号附件1覆盖行业及代码中主营产品统计代码统计。

3）单位工业增加值碳排放绩效：

$$Q_{工增}=E_{碳总}\div G_{工增}$$

式中：

$Q_{工增}$——单位工业增加值碳排放，tCO_2/万元；

$E_{碳总}$——项目满负荷运行时碳排放总量，tCO_2；

$G_{工增}$——项目满负荷运行时工业增加值，万元。

4）单位工业总产值碳排放绩效：

$$Q_{工总}=E_{碳总}\div G_{工总}$$

式中：

$Q_{工总}$——单位工业总产值碳排放，tCO_2/万元；

$E_{碳总}$——项目满负荷运行时碳排放总量，tCO_2；

$G_{工总}$——项目满负荷运行时工业总产值，万元。

5）单位能耗碳排放绩效：

$$Q_{能耗}=E_{碳总}\div G_{能耗}$$

式中：

$Q_{能耗}$——单位能耗碳排放，tCO_2/t标煤；

$E_{碳总}$——项目满负荷运行时碳排放总量，tCO_2；

$G_{能耗}$——项目满负荷运行时总能耗（以当量值计），t标煤。

碳排放评价专章中，不仅要计算建设项目的碳排放绩效水平，改扩建项目还要计算现有工程的碳排放绩效水平。对于划分了企业核算边界和生产工序边界两种核算边界的建设项目，还应计算改扩建前后企业整体、建设项目涉及生产工序的碳排放绩效水平。原则上，建设项目的碳排放绩效水平应高于国家或省级绩效基准。

碳排放绩效水平是目前碳评价的难点之一。目前，我国尚未有公开发布的行业碳排放绩效基准（标准）。建设项目碳排放评价在计算碳排放总量的基础上，碳排放绩效水平只能与项目实施前后进行对比，不能实现碳排放总量和强度"双控"的目的。当评价指标无国家或省级绩效基准（标准）时，建设项目碳排放评价可参考国内外既有的行业碳排放绩效标准，但需对参考数据的合理性进行分析说明。无法获取相关绩效基准（标准）时，可暂时不评价。

（5）对区域碳排放的影响评价

为评价建设项目实施后对区域碳排放的影响情况，浙江、山西等省份还引入了项目工业增加值碳排放对设区市"十四五"末考核年碳排放强度影响比例、项目碳排放量占区域达峰年年度碳排放总量比例等概念，作为纵向评价指标。

浙江省建设项目碳排放评价编制指南（试行）

1. 对项目所在设区市碳排放强度考核的影响分析时，要依据所在设区市公开发布数据，核算项目实施后项目工业增加值碳排放对设区市碳排放强度影响比例α，分析项目实施后项目对碳排放强度考核目标可达性的影响程度。拟建设项目增加值碳排放对设区市"十四五"末考核年碳排放强度影响比例按下式计算：

$$\alpha = \left(\frac{E_{碳总}}{G_{项目}} \div Q_{市} - 1 \right) \times 100\%$$

式中：

a——项目增加值排放对设区市碳排放强度影响比例；

$E_{碳总}$——拟建设项目满负荷运行时碳排放总量，tCO_2；

$G_{项目}$——拟建设项目满负荷运行时年度工业增加值，万元；

$Q_{市}$——设区市"十四五"末考核年碳排放强度。

当α值大于0，该建设项目对设区市碳强度考核有负效应，须结合项目规模、产值和碳排放总量等实际情况，综合分析项目对区域碳排放强度考核目标可达性的影响程度，并提出项目降低碳排放强度的措施和计划。

2. 在分析项目建设对区域碳达峰的影响时，要依据所在区域公开发布的数据，核算拟建设项目碳排放量占设区市达峰年年度碳排放总量比例β，分析对地区达峰峰值的影响程度。项目碳排放量占区域达峰年年度碳排放总量比例按下式计算：

$$\beta = \left(E_{碳总} \div E_{市} \right) \times 100\%$$

式中：

β——项目碳排放量占区域达峰年年度碳排放总量比例；

$E_{市}$——达峰年落实到设区市年度碳排放总量，tCO_2；

$E_{碳总}$——拟建设项目满负荷运行时碳排放总量，tCO_2。

当$\beta \geq 0.15\%$时或项目碳排放量≥ 2.6万吨（综合能耗1万吨标煤以上）时，须综合分析与本市碳达峰行动的关联性和达峰方案的符合性。分析项目实施后碳排放绩效（涵盖目标、成本、效益、影响等）并预估项目进一步减排潜力。明确是否纳入高耗能、高排放重大项目清单及相关管理要求。

（三）减污降碳措施可行性论证和方案比选

1. 总体原则

环境保护措施中增加碳排放控制措施内容，对建设项目二氧化碳减排措施开展可行性论证，对基于二氧化碳排放控制的污染物减排措施的比选方案进行论证，并从环境、经济技术可行性和社会效益等方面统筹开展碳减排措施可行性论证和污染治理措施方案比选。

2. 减污降碳措施可行性论证

给出建设项目拟采取的节能降耗和减污降碳协同处置措施。有条件的项目应明确拟采取的能源结构优化，工艺产品优化，碳捕集、利用和封存（CCUS）等措施，分析论证拟采取措施的技术可行性、经济合理性，其有效性判定应以同类或相同措施的实际运行效果为依据，没有实际运行经验的，可提供工程化实验数据。采用碳捕集和利用的，还应明确所捕集二氧化碳的利用去向。

3. 减污降碳措施方案比选条件

根据《建设项目环境影响评价技术导则 总纲》（HJ 2.1-2016）、《环境影响评价技术导则 大气环境》（HJ 2.2-2018）、《环境影响评价技术导则 地表水环境》（HJ 2.3-2018）关于污染治理措施方案选择要求，在保证大气或水污染物能够达标排放并且环境影响可接受的前提下，开展基于碳排放量最小的废气和废水污染治理设施和预防措施多方案比选，提出末端治理措施协同控制最优方案。即对于环境质量达标区，在保证污染物能够达标排放，满足总量控制和许可量要求，并使环境影响可接受前提下，优先选择碳排放量最小的污染防治措施方案。对于环境质量不达标区（环境质量细颗粒物PM$_{2.5}$因子对应污染源因子二氧化硫、氮氧化物、颗粒物和挥发性有机物，环境质量臭氧因子对应污染源因子氮氧化物和挥发性有机物，在保证环境质量达标因子能够达标排放，满足总量控制和许可量要求，并使环境影响可接受前提下，优先选择碳排放量最小的针对达标因子的污染防治措施方案。

4. 减污降碳措施方案比选方法

碳排放评价在减污降碳措施比选时，可以从采用污染防治措施的脱硝剂和脱硫剂的成分、资源能源消耗等方面进行比选，也可以利用原环境保护部办公厅发布的《工业企业污染治理设施污染物去除协同控制温室气体核算技术指南（试行）》（环办科技〔2017〕73号）进行核算分析。《工业企业污染治理设施污染物去除协同控制温室气体核算技术指南（试行）》规定了工业企业污染治理设施污染物协同控制温室气体核算的主要内容、程序、方法及要求，适用于工业企业采取脱硫、脱硝、挥发性有机物处理设施治理废气以及采用物理、化学、生化方法处理工业废水所产生的污染物去除量及温室气体减排量核算。下面列出了该《指南》中的具体计算方法：

（1）污染物去除量核算

1）废气治理设施污染物去除量，公式如下：

$$E_{pi} = O_{pi} - D_{pi}$$

式中：

E_{pi}——废气治理设施污染物pi的去除量，t；

O_{pi}——污染物pi产生量，t；

D_{pi}——经废气治理设施后污染物pi的排放量，t。

活动水平数据收集：废气治理活动水平数据主要包括污染物产生量、排放量。数据获取方法主要有实测法、物料衡算法和产排污系数法，优先选择实测法，其次为物料衡算法。若无法采用实测法、物料衡算法，则选用最新的基于污染源普查制订的产排污系数进行核算。

2）煤矿和油气开采企业废气治理CH$_4$回收量，公式如下：

$$E_{CH_4} = (A_f + A_u) \times 7.17$$

式中：

E_{CH_4}——CH$_4$回收量，t；

A_f——CH_4火炬销毁体积，万立方米；

A_u——CH_4回收利用体积，万立方米；

7.17——标准状况（1个标准大气压和温度0℃）下CH_4的密度，吨/万立方米。

活动水平数据收集：火炬销毁体积可根据煤层气（煤矿瓦斯）或油气输送管路、泵站的记录数据或火炬塔监测的数据获得，回收利用体积可根据输送管路、泵站的记录数据获得。

3）工业废水处理COD去除量，公式如下：

$$R_{COD}=T_{COD}-S_{COD}-E_{COD}$$

式中：

R_{COD}——工业废水处理的COD去除量，t；

T_{COD}——原废水的COD量，t；

S_{COD}——废水中以污泥形式去除的COD量，t；

E_{COD}——以废水形式排出的COD量，t。

活动水平数据收集：主要包括工业企业原废水COD量、废水中以污泥形式去除的COD量、以废水形式排出的COD量等。

4）工业废水处理CH_4回收量，公式如下：

$$W_{CH_4}=R_{CH_4}\times7.17$$

式中：

W_{CH_4}——工业废水处理过程的CH_4回收量，t；

R_{CH_4}——处理工业废水过程中回收的CH_4体积，万立方米；

7.17——标准状况（1个标准大气压和温度0℃）下CH_4的密度，t/万立方米。

活动水平数据收集：根据计量器具获得工业废水处理CH_4回收体积。

（2）温室气体排放量核算

1）脱硫、脱硝工艺过程产生的温室气体排放量，公式如下：

$$E_1=E_{pi}\times E_{CO_2}\times GWP_{CO_2}$$

式中：

E_1——脱硫、脱硝工艺过程产生的CO_2排放量，tCO_2当量；

E_{pi}——脱硫、脱硝工艺过程污染物pi去除量，t；

E_{CO_2}——脱硫剂、脱硝剂发生化学反应时，减排1个单位SO_2或NOx产生CO_2的系数；

GWP_{CO_2}——CO_2全球增温潜势值。

①活动水平数据收集：活动水平数据主要包括燃煤机组或工业燃煤锅炉脱硫、脱

硝等工艺过程消耗的脱硫剂、脱硝还原剂数量。

②排放因子确定：可采用实测值，或使用推荐值（脱硫剂为碳酸盐时，EF_{CO_2}取值0.69；脱硝剂为尿素时，EF_{CO_2}取值0.73）。

2）VOCs治理工艺过程燃烧化石燃料产生的温室气体排放量，公式如下：

$$E_2 = E_{pi} \times FF_{pi} \times EF_{CO_2} \times GWP_{CO_2}$$

式中：

E_2——VOCs治理工艺过程中为提高废气集中处理温度输入燃烧炉燃烧的化石燃料所产生的CO_2排放量，tCO_2当量；

E_{pi}——经废气治理工艺过程污染物pi的去除量，t；

FF_{pi}——去除单位污染物pi所输入燃烧炉的化石燃料消耗量，TJ/t污染物；

EF_{CO_2}——化石燃料的CO_2排放因子，$t\,CO_2/TJ$；

GWP_{CO_2}——CO_2全球增温潜势值。

①活动水平数据收集：主要包括VOCs治理工艺过程中输入燃烧炉的煤气、天然气等化石燃料消耗量。

②排放因子确定：燃料低位发热量和排放因子可采用实测法，或使用附录C推荐值。

3）煤矿和油气开采企业火炬销毁CH_4产生的温室气体排放量，公式如下：

$$E_3 = A_f \times 7.17 \times (2.75 \times 98\% \times GWP_{CO_2} + 2\% \times GWP_{CH_4})$$

式中：

E_3——火炬销毁CH_4产生的CO_2排放量，tCO_2当量；

A_f——CH_4的火炬销毁体积，万立方米；

7.17——标准状况（1个标准大气压，0℃）下CH_4的密度，t/万立方米；

2.75——火炬销毁过程中燃烧单位质量CH_4排放的CO_2量，tCO_2/tCH_4；

98%——火炬销毁过程CH_4的氧化率；

2%——火炬销毁过程CH_4的不完全燃烧率；

GWP_{CO_2}——CO_2全球增温潜势值；

GWP_{CH_4}——CH_4全球增温潜势值。

4）工业废水处理去除COD产生的温室气体排放量，公式如下：

$$E_4 = R_{COD} \times EF_{CH_4} \times GWP_{CH_4}$$

式中：

E_4——去除工业废水中COD所产生的CH_4排放量，t；

R_{COD}——废水处理去除COD量，tCOD；

EF_{CH_4}——CH$_4$排放因子，tCH$_4$/tCOD；

GWP_{CH_4}——CH$_4$全球增温潜势值。

①活动水平数据收集：主要包括工业企业的COD去除量。

②排放因子确定：排放因子计算，公式如下：

$$EF_{CH_4}=B_0\times MCF$$

式中：

EF_{CH_4}——CH$_4$排放因子，tCH$_4$/tCOD。

MCF——废水处理系统的CH$_4$修正因子；

B_0——最大CH$_4$产生潜势，tCH$_4$/tCOD。

5）污染治理设施消耗电力产生的温室气体排放量，公式如下：

$$E_5=EH_{pi}\times EF_{CO_2}\times GWP_{CO_2}$$

式中：

E_5——废气或废水治理设施消耗电力产生的CO$_2$排放量，tCO$_2$当量；

EH_{pi}——废气或废水治理设施消耗的电力，MW·h；

EF_{CO_2}——电力CO$_2$排放因子，tCO$_2$/MWh；

GWP_{CO_2}——CO$_2$全球增温潜势值。

①活动水平数据收集：可根据核算期内电力供应商、工业企业存档的电力购售结算凭证以及企业能源台账获得。

②排放因子确定：可采用实测法或使用附录C中的排放因子推荐值。

（3）温室气体减排量核算

1）煤矿和油气开采企业废气治理CH$_4$产生的温室气体减排量，公式如下：

$$ER_{nc_1}=E_{CH_4}\times GWP_{CH_4}$$

式中：

ER_{nc_1}——煤矿和油气开采企业废气治理过程作为温室气体的CH$_4$减排量，tCO$_2$当量；

E_{CH_4}——作为污染物的CH$_4$回收量，t；

GWP_{CH_4}——CH$_4$全球增温潜势值。

2）工业废水处理回收CH$_4$的温室气体减排量，公式如下：

$$ER_{nc_2}=W_{CH_4}\times GWP_{CH_4}$$

式中:

ER_{nc_2}——去除工业废水COD过程作为温室气体的CH_4减排量,tCO_2当量;

W_{CH_4}——工业废水处理的CH_4回收量,t;

GWP_{CH_4}——CH_4全球增温潜势值。

3)电子设备制造企业尾气治理产生的温室气体减排量

电子设备制造企业使用原料气产生的含氟温室气体泄漏和副产品(包括但不限于CF_4、C_2F_6、C_3F_8)可以通过尾气处理装置去除,其温室气体减排量分别依据以下两个公式:

$$ER_{nc_3}=(1-h_i)\times FC_i\times(1-U_i)\times a_i\times d_i\times GWP_f$$

式中:

ER_{nc_3}——电子设备制造业泄漏原料气通过尾气处理装置减少的含氟温室气体排放量,tCO_2当量;

h_i——原料气i容器的气体残留比例,%;

FC_i——第i种原料气的使用量,t;

U_i——第i种原料气的利用率,%;

a_i——尾气处理装置对第i种原料气的收集效率,%;

d_i——尾气处理装置对第i种原料气的去除效率(可采用实测值或设备生产厂商提供的去除效率),%;

GWP_f——含氟温室气体f的全球增温潜势值。

$$ER_{nc_4}=(1-h_i)\times B_{i,j}\times FC_i\times a_j\times d_j\times GWP_f$$

式中:

ER_{nc_4}——电子设备制造业原料气使用产生的副产品通过尾气处理装置减少的含氟温室气体排放量,tCO_2当量;

h_i——原料气i容器的气体残留比例,%;

$B_{i,j}$——第i种原料气产生第j种副产品的转化因子,t副产品/t原料气;

FC_i——第i种原料气的使用量,t;

a_j——尾气处理装置对第j种副产品的收集效率,%;

d_j——尾气处理装置对第j种副产品的去除效率(可采用实测值或设备生产厂商提供的去除效率),%;

GWP_f——含氟温室气体f的全球增温潜势值。

活动水平数据收集:活动水平为原料气使用量,通过以下公式计算得到。

$$FC_i = B_i + P_i - E_i - S_i$$

式中：

FC_i——第i种原料气的使用量，t；

B_i——第i种原料气的期初库存量，t；

E_i——第i种原料气的期末库存量，t；

P_i——第i种原料气的购入量，t；

S_i——第i种原料气的销售量/输出量，t。

（4）污染物去除量和温室气体净减排总量

1）污染物去除总量

污染物去除总量应按照废气治理和废水处理分别汇总核算，《工业企业污染治理过程污染物年去除量及其温室气体年减排量汇总表》见表4-6。

表4-6 工业企业污染治理过程污染物年去除量及温室气体年减排量汇总表

				废气治理						工业废水处理		合计
				SO_2	NO_X	VOC_S	回收CH_4	原料气[①]		COD	回收CH_4	
								泄露	副产品			
污染物年去除量								×	×			×
对应污染物减排的温室气体	年排放量（tCO₂当量）	废气治理	工艺过程			×	×	×	×	×	×	
			燃烧燃料	×	×		×	×	×	×	×	
			火炬燃烧	×	×	×		×	×	×	×	
			电力				×			×	×	
		工业废水处理	CH_4	×	×	×	×	×	×		×	
			电力	×	×	×	×	×	×		×	
		合计									×	

续表

对应污染物减排的温室气体	年减排量(tCO₂当量)		废气治理						工业废水处理		合计
			SO₂	NOₓ	VOCs	回收 CH₄	原料气[①] 泄露	原料气[①] 副产品	COD	回收 CH₄	
		工业废水处理回收 CH₄	×	×	×	×	×	×	×		
		煤矿和油气开采回收CH₄	×	×	×		×	×	×	×	
		电子设备制造企业含氟温室气体	×	×	×	×			×	×	
		合计									

注：①指电子设备制造企业使用的原料气。

2）温室气体净减排量

根据工业企业实际情况参考以下公式进行温室气体排放量汇总核算。

$$E_g = E_1 + E_2 + E_3 + E_4 + E_5$$

式中：E_g——与污染治理设施相关的温室气体排放总量，tCO₂当量；

E_1——脱硫、脱硝工艺过程产生的温室气体排放量，tCO₂当量；

E_2——VOCs治理过程燃烧化石燃料产生的温室气体排放量，tCO₂当量；

E_3——煤矿和油气开采企业火炬销毁CH₄产生的温室气体排放量，tCO₂当量；

E_4——去除工业废水中COD所产生的温室气体排放量，tCO₂当量；

E_5——废气治理、废水处理消耗电力所产生的温室气体排放量，tCO₂当量。

根据工业企业实际情况参考以下公式进行温室气体减排量汇总核算。

$$ER_g = ER_{nc_1} + ER_{nc_2} + ER_{nc_3} + ER_{nc_4}$$

式中：

ER_g——污染治理产生的温室气体减排总量，tCO₂当量；

ER_{nc_1}——煤矿和油气开采企业废气治理过程CH₄的减排量，tCO₂当量；

ER_{nc_2}——去除工业废水COD过程CH₄的减排量，tCO₂当量；

ER_{nc_3}——电子设备制造业泄漏原料气通过尾气处理装置减少的含氟温室气体排放量，tCO₂当量；

ER_{nc_4}——电子设备制造业原料气使用产生的副产品通过尾气处理装置减少的含氟温室气体排放量，tCO₂当量。

3）温室气体净减排总量，公式如下：

$$NER = E_g - ER_g$$

式中：

NER——与污染治理设施相关的温室气体净减排总量（计算结果如NER为负值表示净减排，为正值表示净增排），tCO₂当量；

E_g——与污染治理设施相关的温室气体排放总量，tCO₂当量；

ER_g——与污染治理设施相关的温室气体减排总量，tCO₂当量。

（四）碳排放控制措施与监测计划

1. 提出碳排放控制措施和管理要求

编制二氧化碳排放清单，明确碳排放管理要求。浙江省要求，提出碳排放过程管理要求，明确工业生产过程落实节能和提高能效技术，对余热、余压和放散可燃气体的回收利用等过程管理要求；明确项目与区域碳强度考核、碳达峰方案、碳市场交易、碳排放履约等工作衔接要求。鼓励火电、煤化工、水泥和钢铁等碳排放量特别大的项目提出进一步开展碳捕获、利用与封存（CCUS）或实施碳中和试点计划，切实减少项目实施导致区域碳排放急剧增加。

2. 提出建立碳排放核算所需参数的相关监测和管理台账要求

按照核算方法中所需参数，明确监测、记录信息和频次。与大气、地下水等环境要素的监测相比较，碳排放监测不仅要监测固定污染源中二氧化碳的排放浓度，还要检测燃料、原料中的低位发热值、碳含量等参数。

浙江省要求，建设项目监测计划中要明确配备能源计量/检测设备要求，提出碳排放监测、报告和核查工作计划；设置能源及温室气体排放管理机构及人员等；提出建立碳排放相关监测和管理台账的要求，按照核算方法中所需参数，明确监测、记录信息和频次。

河北省在《钢铁行业建设项目碳排放环境影响评价试点技术指南（试行）》中，针对燃料燃烧排放、工业生产过程二氧化碳排放节点，率先提出了钢铁建设项目固定污染源中二氧化碳的监测点位、监测频次等要求，为下一步深化钢铁行业碳排放管理提供基础数据。在监测点位及监测频次选取时，优先选取了《排污单位自行监测技术指南 钢铁工业及炼焦化学工业》（HJ 878）中规定的监测点位和最低监测频次，其次选取了《排污许可证申请与核发技术规范 钢铁工业》（HJ 846）、《排污许可证申请与核发技术规范 炼焦化学工业》（HJ 854）中规定的监测点位。监测点位的设置主要考虑的是钢铁各生产工序的主要排放口，监测频次基本为1次/季度，适当提高了精炼设施的监测频次。河北省钢铁行业建设项目二氧化碳监测计划见（表4-7）。

表4-7 钢铁行业建设项目二氧化碳监测计划一览表

生产工序	监测点位	最低监测频次
炼焦	装煤、推焦、干熄焦排气筒、焦炉烟囱	季度
烧结	烧结机机头排气筒	季度
球团	焙烧设施排气筒	季度
炼铁	热风炉排气筒	季度
	煤粉制备干燥烟气排气筒	季度
转炉炼钢	转炉二次烟气、石灰窑、白云石窑焙烧排气筒	季度
	精炼炉设施排气筒	季度
电炉炼钢	电炉烟气排气筒	季度
轧钢	加热炉、其他热处理炉排气筒	季度
电厂	发电锅炉	季度

（五）碳排放评价结论

对建设项目碳排放政策符合性、碳排放情况、减污降碳措施及可行性、碳排放水平、碳排放控制措施与监测计划等内容进行概括总结。

三、碳排放环境影响报告大纲

碳排放报告作为环评文件的一个专章，主要包括政策符合性分析、现状调查和资料收集、工程分析、措施可行性论证和方案比选、碳排放评价、碳排放控制措施与监测计划、评价结论等内容。当建设项目碳排放环境影响报告独立成册具体的章节设置详见《建设项目碳排放环境影响报告大纲》。当编制形式为碳排放报告专章时，其内容也可以参照该大纲。

建设项目碳排放环境影响报告大纲

0 概述

1 总则

  1.1 编制依据

  1.2 碳排放评价指标

2 项目概况

  2.1 碳排放政策符合性分析

  2.2 与国家、地方和行业碳达峰行动方案等政策文件符合性分析

  2.3 与生态环境分区管控方案和生态环境准入清单符合性分析

  2.4 与规划和规划环境影响评价等符合性分析

3 碳排放工程分析

  3.1 现有工程

    3.1.1 工程概况

    3.1.2 核算边界

    3.1.3 生产工艺流程、碳排放节点及减污降碳控制措施

    3.1.4 活动水平数据及其来源

    3.1.5 排放因子数据及其来源

    3.1.6 碳排放量及绩效值核算

    3.1.7 现有工程碳排放问题

  3.2 "以新带老"工程

    3.2.1 生产工艺流程、碳排放节点及减污降碳控制措施

3.2.2 碳排放情况

3.3 拟建工程

3.3.1 工程概况

3.3.2 核算边界

3.3.3 生产工艺流程、碳排放节点及减污降碳措施

3.3.4 活动水平数据及其来源

3.3.5 排放因子数据及其来源

3.3.6 碳排放核算

3.4 工程实施前后碳排放量及绩效值变化情况

4 减污降碳措施可行性论证

4.1 减污降碳措施可行性论证

4.2 污染治理措施比选

5 碳排放绩效水平分析

6 碳排放管理要求与监测计划

7 碳排放评价结论与建议

第十四章

规划碳排放评价

各类规划的环境影响评价是一项具有基础性、整体性和战略意义的环境管理制度。按照《中华人民共和国环境影响评价法》，政府和部门组织编制的三类规划需开展环境影响评价，即土地利用的有关规划，区域、流域及海域的建设开发利用规划，工业、农业、畜牧业、林业、能源、水利、交通、城市建设、旅游、自然资源开发的有关专项规划，其中专项规划又包括指导性规划和非指导性规划。

为充分发挥规划环评在环境管理中的效能，2021年，生态环境部提出在产业园区的规划环境影响评价工作中开展碳排放评价试点的要求。海南和重庆等试点省份也结合本地实际，研究制订了一系列文件，积极探索推动碳排放评价纳入规划环境影响评价的思路和方法。

第一节 规划碳排放评价进展

一、国家层面

2021年5月，生态环境部发布了《关于加强高耗能、高排放项目生态环境源头防控的指导意见》（环环评〔2021〕45号），明确提出要强化规划环评效力，以"两高"行业为主导产业的园区规划环境影响评价中应增加碳排放情况与减排潜力分析，推动园区绿色低碳发展。2021年10月，生态环境部发布了《关于在产业园区规划环评中开展碳排放评价试点的通知》，在全国选取了5个省（市）的7个具备条件的产业园区，在规划环评中开展碳排放评价试点工作，探索在产业园区规划环评中开展碳排放评价的技术方法和工作路径，推动形成将气候变化因素纳入环境管理的机制，助力区域产业绿色转型和高质量发展。这些试点园区均是国家级和省级产业园区，产业类型涉及钢铁、化工等重点行业。碳排放评价试点产业园区名单见表4-8。

表4-8　碳排放评价试点产业园区一览表

省市	园区名称	产业类型	级别
山西	山西转型综合改革示范区晋中开发区	以先进装备制造、新能源、新材料及现代物流等为主	省级
江苏	南京江宁经济技术开发区	绿色智能汽车等三大支柱产业、高端装备等三大战略性新兴产业、软件信息服务等三大现代服务业、人工智能和未来网络等	国家级
江苏	常熟经济技术开发区	能源、造纸、钢铁、化工、汽车零部件、机械加工、电子、新材料等制造业及运输、仓储、保税等物流产业	国家级
浙江	宁波石化经济技术开发区	专业石油化学工业园区，以"炼油乙烯"项目为支撑、以液体化工码头为依托，以烯烃、芳烃为主要原料，重点发展乙烯下游、合成树脂和基本有机化工原料为特色的石油化工产业	国家级
重庆	万州经济技术开发区	重点发展盐气化工、新材料新能源、纺织服装、机械电子、食品药品等产业	国家级
重庆	重庆铜梁高新技术产业开发区	重点发展壮大装备制造、电子信息、大健康三大主导产业	省级
陕西	陕西靖边经济技术开发区	能源化工产业	省级

按照生态环境部要求，试点要完成以下三项工作任务：

1.探索规划环评中开展碳排放评价的技术方法

以生态环境质量改善为核心，推进减污降碳协同增效，在《规划环境影响评价技术导则产业园区》的基础上，结合产业园区规划环评中开展碳排放评价试点工作要点，采取定性与定量相结合的方式，探索开展不同行业、区域尺度上碳排放评价的技术方法，包括碳排放现状核算方法研究、碳排放评价指标体系构建、碳排放源识别与监控方法、低碳排放与污染物排放协同控制方法等方面。

2.完善将碳排放评价纳入规划环评的环境管理机制

结合碳排放评价结果，进一步衔接区域"三线一单"生态环境分区管控要求、国土空间规划和行业发展规划内容，细化考虑气候变化因素的生态环境准入清单，为区域建设项目准入、企业排污许可证申领、执法检查等环境管理提供基础。

3. 形成一批可复制、可推广的案例经验

通过试点工作，重点从碳排放评价技术方法、减污降碳协同治理、考虑气候变化因素的规划优化调整方式和环境管理机制等方面总结经验，形成一批可复制、可推广的案例，为碳排放评价纳入环评体系提供工作基础。

二、地方层面

2020年11月，重庆市发布了《关于在环评中规范开展碳排放影响评价的通知》（渝环办〔2020〕281号），要求在建设项目和规划环评中开展碳排放评价，它标志着国内首个省级碳排放环境影响评价制度的建立；2021年1月26日《重庆市规划环境影响评价技术指南——碳排放评价（试行）》开始实施，对涉及钢铁、火电（含热电）、建材、有色金属冶炼、化工（含石化）五大重点行业的规划环评、产业园区规划环评、规划环境影响跟踪评价开展碳排放评价进行了规范和指导，评价内容包括碳排放量及碳排放强度两个指标。

2021年9月，海南省发布了《海南省规划碳排放环境影响评价技术指南（试行）》，要求从规划空间布局、结构调整、总量管控等方面构建规划环评碳排放约束指标，结合碳排放强度考核、温室气体排放核算、生态产品价值实现等政策和降碳工程技术发展现状，计算规划实施不同情景下产生的碳排放量及碳排放强度，评价碳排放水平。同时提出以碳减排为核心的规划优化调整建议、碳排放总量控制要求及综合利用技术途径，同时提出规划实施过程中的减污降碳协同管控措施和碳排放跟踪评价计划。在省内选择了海口江东新区、三亚崖州湾科技城、博鳌乐城国际医疗旅游先行区、洋浦经济开发区等4个开发区作为试点，完成碳排放环境影响现状评价工作后，报海南省生态环境厅备案。

第二节 产业园区规划碳排放评价报告编制

规划的环境影响评价文件有两种具体形式，一是对综合性规划和专项规划中的指导性规划要求编写环境影响篇章或者说明，二是对其他非指导性专项规划要求编制环境影响报告书。具体到产业园区，国家、省和市人民政府及其有关部门批准设立的经济技术开发区，高新技术产业开发区、旅游度假区等各类产业园区，在编制开发建设有关规划时，都应依法开展规划环评工作，编制《环境影响报告书》。从产业园区规划碳排放评价试点的情况看，各地结合工作实际均取得初步成效，在促进区域产业绿色转型和高质量发展的同时，也为产业园区规划的碳排放评价报告编制提供了基本依据和重要参考。

一、评价重点

按照《规划环境影响评价条例》，规划环境影响评价的分析、预测和评估包括三部分内容：一是规划实施可能对相关区域、流域、海域生态系统产生的整体影响；二是规划实施可能对环境和人群健康产生的长远影响；三是规划实施的经济效益、社会效益与环境效益之间以及当前利益与长远利益之间的关系。

按照生态环境部《关于在产业园区规划环评中开展碳排放评价试点的通知》，规划环评的碳排放评价的内容要在以下四点做出尝试：

（1）结合园区产业特点和类型确定碳排放评价范围和评价因子。涉及电力、钢铁、建材、有色、石化和化工等"两高"行业项目的园区可重点关注能源消耗，企业生产和废弃物处理等与污染物排放相关的碳排放；涉及大数据、云计算等高耗电的园区可重点关注调入电力的碳排放。重点以二氧化碳（CO_2）为主，根据园区主导产业能源消耗和工艺过程，可纳入甲烷（CH_4）、氧化亚氮（N_2O）、氢氟碳化物（HFCs）、全氟碳化物（PFCs）、六氟化硫（SF_6）与三氟化氮（NF_3）等温室气体评价。

（2）在充分利用已有碳排放统计资料的基础上，摸清园区碳排放底数并开展规划分析。园区可根据碳排放清单、重点企业碳排放核查报告等现有资料分析碳排放现状；园区自行测算的，应按照国家有关指南，重点测算评价范围内的碳排放量。涉及电力、钢铁、建材、有色、石化和化工等"两高"行业项目的园区应重点评价主导产业碳排放水平，分析降碳潜力。分析规划实施后园区碳排放强度，结构等方面的变化，重点关注规划方案中产业发展、重点项目和涉及碳排放的配套基础设施等内容，分析与碳排放政策的符合性。

（3）根据区域和行业"双碳"目标，设定合理且符合区域特点的碳排放评价指标。立足园区现状碳排放水平和产业发展水平，从碳排放强度优化、资源利用效率提升等方面提出指标要求。

（4）以减污降碳协同增效为出发点，提出规划优化调整建议和管控措施。重点关注园区内具有减污降碳协同效应的领域和环节，从规划产业结构、能源结构、运输结构、基础设施建设要求等方面对规划方案提出具有可操作性的优化调整建议和减污降碳协同管控措施建议。

二、评价内容与要求

2021年12月1日《规划环境影响评价技术导则 产业园区》（HJ 131-2021）开展实施，这是对《开发区区域环境影响评价技术导则》（HJ/T 131-2003）的第一次修订。与原标准相比，有以下三方面特点：

第一，兼顾技术标准统一性和差异性的关系，明确了产业园区规划环评最基本、最普适的技术规定，突出了对各类产业园区的指导性，对涉及易燃易爆和有毒有害危险物质、以重点碳排放行业为主导等类型园区提出了差异化技术要求，强调了导则的实用性和可操作性。

第二，准确把握技术标准与法规、政策的关系，落实生态文明建设和"放管服"改革要求、衔接区域生态环境分区管控体系、强化规划和项目环评联动、推动减污降碳协同共治，新增简化入园建设项目环境影响评价建议，以及园区环境准入、园区碳减排等技术要求，并将生态文明、高质量发展的目标导向转化成技术要求，为实现园区高质量发展和环境高水平保护提供了技术方法。

第三，精准把控在环评技术导则体系、环境管理体系中的定位，纵向上承接《总纲》、"三线一单"要求，横向上与环境要素及专项环境影响评价技术导则相协调，着力解决技术标准体系、环境管理体系的传导、协调、衔接等关键问题。完善了上下贯通、左右衔接的技术标准体系构建，促进了各环评导则的协同发力。

《规划环境影响评价技术导则 总纲》（HJ 130-2019）规定，规划环评环境影响报告书一共包括11个章节，分别是总则、规划分析、现状调查与评价、环境影响识别与评价指标体系建设、环境影响预测与评价、规划方案综合论证和优化调整建议、环境影响减缓对策和措施、规划方案中的包含的具体建设项目、环境影响跟踪评价计划、公众意见和会商意见回复及采纳情况说明和评价结论等，未涉及碳排放评价要求，新修订的《规划环境影响评价技术导则 产业园区》（HJ 131-2021）也未将碳排放评价单独成章。

按照"坚持以现有规划环境影响评价制度为基础，将碳排放评价纳入评价工作全流程"的思路，《规划环境影响评价技术导则 产业园区》（HJ 131-2021）以园区能源利用为核心，将碳减排融入规划分析、现状调查与评价、环境影响预测评价、规划方案综合论证和优化调整、不良环境影响减缓对策和措施各章节。同时，对电力、钢铁、建材、有色、石化和化工等重点碳排放行业为主导产业的园区，还要求考虑重点碳排放行业的生产工艺过程的碳减排，调查园区现状碳排放控制水平与行业碳达峰要求的差距和降碳潜力，论证园区产业定位、产业结构、能源结构、重点涉碳行业规模的环境合理性。

（一）总则

在总则章节，要明确碳排放评价的总体原则和基本任务。

总体原则：统筹协调好产业发展与区域、产业园区环境保护关系，统筹产业园区减污降碳协同共治、资源集约节约及循环化利用、能源智慧高效利用、环境风险防控等重大事项，引导产业园区生态化、低碳化、绿色化发展。

基本任务：识别规划实施主要生态环境影响和风险因子，分析规划实施生态环境压力、污染物减排和节能降碳潜力，预测与评价规划实施环境影响和潜在风险，分析资源与环境承载状态。

（二）规划分析

在该章节中需要对园区规划进行总体介绍，报告书要重点介绍产业园区规划建设或依托的污水集中处理、固体废物（含危险废物）集中处置、中水回用、集中供热（供冷）、余热利用、集中供气（含蒸汽）、供水、供能（含清洁低碳能源供应）等设施，以及道路交通、管廊、管网等配套和辅助条件。其中清洁低碳能源供应是碳排放评价关注的重点。

在规划协调性分析中，"与上位和同层位规划的协调性分析"是碳排放评价重要内容，要分析产业园区规划与上位和同层位生态环境保护法律、法规、政策的符合性，分析与国土空间规划、产业发展规划等相关规划的协调性，明确在空间布局、资源保护与利用、生态保护、污染防治、节能降碳、风险防控要求等方面的不协调或潜在冲突。

（三）碳排放现状调查与评价

碳排放现状调查与评价包括产业园区开发与保护现状调查和资源能源开发利用现状调查两部分内容。在产业园区开发与保护现状调查中要调查产业园区主要污染物及碳减排情况。在资源能源开发利用现状调查中，以电力、钢铁、建材、有色、石化和化工等重点碳排放行业为主导产业的产业园区，应调查碳排放控制水平与行业碳达峰要求的差距和降碳潜力。

现状调查内容参考案例

《海南省规划碳排放环境影响评价技术指南（试行）》中，分别按照专项规划和产业园区给出了现状调查内容。

1. 专项规划

重点调查规划范围内区域或行业的经济发展水平，包括现有产值规模、GDP占比、经济效益、就业人口等；调查现状资源利用水平，包括能源结构及各种能源消费量、土地利用类型和面积等；调查现状清洁生产水平、碳排放源、碳排放量、碳排放强度等情况，原则上包括近3年或更长时间段资料。目前，在没有公开发布海南省温室气体清单的情况下，碳排放水平可参考国内外既有的区域、行业、企业碳排放强度，但需对参考数据的合理性进行分析说明；若清单已公开发布，则优先根据最新发布的海南省温室气体清单确定。

2. 产业园区

重点调查产业园区内现状碳排放情况以及经济发展水平；规划修编和跟踪评价还需详细调查产业园区内各企业的现状碳排放水平，并对产业园区内涉及的重点行业企业、规上企业、"两高"项目等碳排放情况进行单独调查。产业园区碳排放水平在现阶段没有公开发布海南省温室气体清单的情况下，可参考国内外既有的同类型园区、企业碳排放强度，但需对参考数据的合理性进行分析说明；若清单已公开发布，则优先根据最新发布的海南省温室气体清单确定。对于新建产业园区，重点调查规划范围内土地利用类型和面积、现有企业占地情况、规模、能源结构及各种能源消费量、净调入电力和热力量、涉及碳排放的工业生产环节原辅料使用量、废弃物排放量等内容，并从能源活动排放、工业生产过程排放、农业活动排放、废弃物处理排放和土地利用变化与林业排放五个方面计算产业园区规划范围内现有企业碳排放量，说明碳排

放源头防控、过程控制、末端治理、回收利用等减排措施状况，分析产业园区规划范围内现状碳排放强度。对于产业园区规划修编和跟踪评价，可以从产业结构、产值规模、用地规模和类型、能源结构及各种能源消费量等方面对规划已实施情况开展调查，原则上包括近3年或更长时间段资料。分析产业园区现状碳排放的主要排放类型及排放种类，同时从产业园区能源活动排放、工业生产过程排放、农业活动排放、废弃物处理排放、土地利用变化和林业排放五个方面计算产业园区现状碳排放量，并分析产业园区碳排放强度。产业园区碳排放强度指标可结合规划特点进行选取。

（四）环境影响识别与评价指标体系构建

从土地开发、功能布局、产业发展、资源和能源利用、大宗物质运输及基础设施运行等规划实施全过程进行影响识别。分析不同规划时段的规划开发活动对资源和环境要素、人群健康等的影响途径与方式以及影响效应、影响性质、影响范围、影响程度等。

碳排放评价不仅要衔接区域生态保护红线、环境质量底线、资源利用上线管控目标，还要考虑区域和行业碳达峰要求，从生态保护、环境质量、风险防控、碳减排及资源利用、污染集中治理等方面，明确基准年及不同评价时段的环境目标值、评价指标值、确定依据，以及主要风险受体的可接受环境风险水平值，建立环境目标和评价指标体系。

碳评价指标体系构建参考案例

《海南省规划碳排放环境影响评价技术指南（试行）》中，明确了碳排放目标指标。以引导重点行业、区域和产业园区向绿色低碳方向转型为目的，可结合规划特点、相关资料获得情况、园区规划"双碳"目标及海南省最新发布的温室气体清单中行业碳排放水平、管理目标等，选择性地设定相应的碳排放总量目标、碳排放强度目标或碳排放强度下降目标等目标指标值。指标值应易于统计、比较和量化，符合国家、地方和行业碳达峰行动方案的要求，符合相关法律、法规、政策，如国内没有相应的规定，也可参考国际标准来确定；对于不易量化的指标可参考相关研究成果或经过专家论证，给出半定量的指标值或定性说明。

(五) 环境影响预测与评价

此部分要评估产业园区的碳排放水平、预测碳排放总量。

在规划实施生态环境压力分析部分，要结合主要污染物排放强度及污染控制水平、碳排放特征、产业园区污染集中处理、资源能源集约利用水平，设置不同情景方案，评估产业园区水资源、土地资源、能源等需求量、主要污染物排放量及碳排放水平。

在资源与环境承载状态评估中，要分析产业园区资源（水资源、能源等）利用、污染物（水污染物、大气污染物等）及碳排放对区域或相关环境管控单元资源能源利用上线及污染物允许排放总量、碳排放总量的占用情况，评估区域资源、能源及环境对规划实施的承载状态。

碳排放总量超过区域碳排放控制目标的产业园区，应明确产业园区降碳途径和实现碳减排的具体措施。

海南省规划碳排放环境影响评价技术指南（试行）

1. 基本要求

针对规划碳排放识别出的碳排放源，设置多种预测情景，并对不同情景下的碳排放源强进行核算，预测不同情景下规划实施产生的碳排放量是否能够满足目标指标要求，采用定性和定量相结合的方式开展评价。

2. 预测情景设置

结合现状评价和回顾性分析结果，综合考虑规划的规模、能源结构及各种能源消费量、土地利用类型和面积，以及碳排放强度考核、温室气体排放核算、生态产品价值实现等政策管控要求和降碳工程技术发展现状等设置不同预测情景。

3. 碳排放源强分析

根据规划碳排放识别的主要排放源、主要产生环节和主要类别，按照 GB/T 32150、GB/T 32151.1、GB/T 32151.2、GB/T 32151.6、GB/T 32151.7、GB/T

32151.8、GB/T 32151.10、GB/T 32151.12、发改办气候〔2014〕2920号文、发改办气候〔2015〕1722号文、环办科技〔2017〕73号和环办气候〔2021〕9号文中碳排放量核算方法，结合《省级温室气体清单编制指南（试行）》及相关文件中碳排放量计算方法和排放因子，核算规划实施不同情景下的碳产生量和排放量。

对于涉及林业项目的规划，还应核算林业项目的碳汇量，可依据《碳汇造林项目方法学》（AR-CM-001-V01）等应对气候变化主管部门公布的造林/再造林领域温室气体自愿减排方法学进行核算。

4. 预测与评价

根据碳排放源强分析结果，预测规划实施后不同情景下的碳排放量、碳排放强度目标或碳排放强度下降目标等能否满足相应目标指标值的要求，重点分析规划实施后碳排放水平和减排目标的可达性。例如行业规划实施产生的碳排放强度是否可达国内该行业平均水平、能否达到先进水平，能源消耗指标是否可达该行业清洁生产国际先进或国内先进水平，碳排放强度下降率能否满足指标值要求等；产业园区规划修编和跟踪评价，应重点对规划实施后的碳排放强度下降目标进行分析评价，如碳排放强度下降率、单位工业生产总产值能源消耗下降率等。

根据碳排放源强分析结果，预测规划实施后不同情景下的碳排放量、碳排放强度目标或碳排放强度下降目标等能否满足相应目标指标值的要求，重点分析规划实施后碳排放水平和减排目标的可达性。例如行业规划实施产生的碳排放强度是否可达国内该行业平均水平、能否达到先进水平，能源消耗指标是否可达该行业清洁生产国际先进或国内先进水平，碳排放强度下降率能否满足指标值要求等；产业园区规划修编和跟踪评价，应重点对规划实施后的碳排放强度下降目标进行分析评价，如碳排放强度下降率、单位工业生产总产值能源消耗下降率等。

（六）规划方案综合论证和优化调整建议

按照国家和地方"碳达峰、碳中和"的要求，要充分论证产业园区规划方案、特别是"两高"行业的环境合理性，并提出优化调整建议。

1. 环境合理性论证

要基于产业园区污染物排放管控、环境风险防控、资源能源开发利用管控，结合环境影响预测与评价结果，以及产业园区低碳化、生态化发展要求，论证产业园区规划规模（产业规模、用地规模等）、结构（产业结构、能源结构等）、运输方式的环境合理性。

以电力、钢铁、建材、有色、石化和化工等重点碳排放行业为主导产业的园区，重点从资源能源利用管控约束，与区域、行业的碳达峰和碳减排要求的符合性，资源与环境承载状态等方面，论证园区产业定位、产业结构、能源结构、重点涉碳排放产业规模的环境合理性。

2. 优化调整建议

（1）对于规划实施后无法达到环境目标、满足区域碳达峰要求，或与国土空间规划功能分区等冲突，应提出产业园区总体发展目标、功能定位的优化调整建议。

（2）对于规划产业发展可能造成重大生态破坏、环境污染、环境风险、人群健康影响或资源、生态、环境无法承载，应对产业规模、产业结构、能源结构等提出优化调整建议。

（3）超标产业园区考虑区域污染防治和产业园区污染物削减后仍无法满足环境质量改善目标要求，应对产业规模、产业结构、能源结构等提出优化调整建议。

（4）污染物排放、资源开发、能源利用、碳排放不符合产业园区污染物排放管控、环境风险防控、资源能源开发利用等管控要求，应对产业规模、产业结构、能源结构等提出优化调整建议。

（七）协同降碳措施建议

在报告书的"不良环境影响减缓对策措施与协同降碳建议"章节中，应从涉碳排放产业规模、结构调整、原料替代，能源利用效率提升，绿色清洁能源利用，废物的节能与低碳化处置等方面，提出产业园区碳减排的主要途径和主要措施建议。

（八）建设项目环境影响评价要求

在报告书的"环境影响跟踪评价与规划所含建设项目环境影响评价要求"章节中，针对产业园区已经明确包含的建设项目，如符合产业园区环境准入，可以提出简化入园建设项目环境影响评价的建议。对依托产业园区供热、清洁低碳能源供应、VOCs等废气集中处理、污水集中处理、固体废物集中处置等公用设施的建设项目，可提出正常工况下的环境影响直接引用规划环境影响评价结论的建议。

（九）环境管理与环境准入

重点管控区域环境准入中的污染物排放管控要求，要同时考虑减污降碳的协同作用。包括产业园区和主要污染行业的常规、特征污染物允许排放量，存量源削减量，新增源控制量，主要污染物及碳排放强度准入要求，现有源提标升级改造、倍量削减（等量替代）等污染物减排要求，主要污染行业预处理和深度治理等要求。

（十）评价结论

在资源环境压力与承载状态评估结论中，要结合评价时段内产业园区水资源、土地资源、能源等需求量及潜在的碳排放水平，明确规划实施带来的新增资源、能源消耗量和主要污染物、碳排放负荷。指出不同评价时段产业园区主要污染物削减措施、削减来源、减排潜力，以及主要资源和污染物的现状量、减排量（节减量）、新增量，明确规划实施的资源环境承载状态。

在规划实施生态环境保护目标和要求中，要从生态保护、环境质量、风险防控、碳减排及资源利用、污染集中治理等方面，明确规划实施的生态环境保护目标、指标和要求，提出产业园区资源节约利用、碳减排的主要优化建议。针对产业园区现状生态环境问题和不同评价时段主要生态环境影响，提出不良环境影响减缓对策、环境风险防控要求、环境污染防治措施以及产业园区生态保护和治理措施。

第十五章

问题与展望

环境影响评价制度作为一项综合性、源头性的预防环境污染的管理制度，具有进行气候变化影响和风险评估的制度优势和便利条件，但要在环评体系中纳入碳排放评价，在理论和实践中还面临着诸多挑战和困难，需要在多个方面、环节持续改进完善。

一、存在的问题

（一）法律法规尚不完善

近年来，我国进行了许多温室气体评价方面的有益尝试，形成了诸多可借鉴的宝贵经验，但从国家到地方，在现行的环境影响评价相关法律法规中，对二氧化碳等温室气体没有强制评价要求。例如《中华人民共和国环境影响评价法》中缺少关于温室气体的条款，《中华人民共和国大气污染防治法》仅笼统地提出"对大气污染物和温室气体实施协同控制"。目前，碳排放评价方面的技术指导文件仅有试行的技术指南，还未上升到如导则等具有约束效力的法律层面。在环境影响评价中增加的关于二氧化碳等温室气体的评价缺乏有力的法律支撑。

（二）评价指标有待明确

在对建设项目进行碳排放影响评价时，应当选定合理的评价标准。但现有的指标体系中，碳排放总量和主要碳源等指标不够科学精准，目前还没有形成相对完整、全面的温室气体评价指标体系，可供参照的指标和标准也极其有限。如《重庆市建设项目环境影响评价技术指南——碳排放评价》提出"将项目的碳排放水平与对应行业的碳排放水平进行比较分析"，但目前在尚未出台相关碳排放水平基准值的情况下，只能参考国内外既有的行业、企业碳排放强度，而且在参考中还需要说明该排放强度的合理性，这意味着碳排放影响评价所使用的评价标准可能存在自由裁量空间和不确定性。

在评价标准问题上，2021年10月，国务院印发了《2030年前碳达峰行动方案》（国发〔2021〕23号），但各省市碳达峰行动方案还未发布，在碳排放影响评价无法与区域或者行业的碳达峰行动方案紧密衔接，难以落实清洁能源替代、清洁运输、煤炭消费总量控制等政策要求，也无法评价建设项目对区域或行业碳排放强度考核目标可达性和"碳达峰、碳中和"目标的影响。

（三）数据可靠性难以保证

碳排放评价过程涉及多项碳排放数据的调查和计算，只有调查和计算的方法科学、准确，碳排放评价才具有实际参考价值。目前，用于评价的数据来源，大量采用调查和估算的数据。由于温室气体的检测方法和检测技术等方面的限制，缺少固定污染源温室气体排放浓度实际检测的数据。要分析和评价规划和建设项目对气候变化可能产生的影响，除了需要掌握项目的基本情况和周围环境的现状之外，重要的是需要当地气候变化相关资料。目前，由于现有资料缺乏、技术能力不足，难以对区域气候变化趋势、变化程度和影响范围等进行科学准确的预测和评价，更无法提出适应气候变化的建议和措施。此外，由于碳核查、碳评价工作中引入了第三方机构，在碳排放数据的调查和计算过程中受各种主客观因素的影响，数据的真实准确性和评价的客观公正性难以保障。

（四）碳减排技术不成熟

在碳排放评价中，碳减排措施可行性分析需要各种碳捕集、利用和封存技术的支撑。国内外对碳捕集、利用和封存技术进行了多年的研究，取得了一定的突破和进展。2017年和2021年国家发展和改革委员会陆续出台了《国家重点节能低碳技术推广目录》，并不断对可行技术进行更新完善。但受基础研究、技术开发条件的限制，现有的低碳技术在数量和水平上难以满足要求。一方面一些行业和工艺过程没有相关技术，尤其缺乏污染防治与碳减排的协同控制技术；另一方面是部分低碳技术成熟度不高，减污降碳效果不明显，还有一些碳减排装置，因为投资大、能耗高，建成后长期处于停用状态。

二、对策与建议

（一）完善立法

针对碳排放评价缺乏法制支撑的问题，需要进一步完善环境保护相关法律法规体系建设，在《中华人民共和国环境影响评价法》《中华人民共和国大气污染防治法》

《规划环境影响评价条例》《建设项目环境保护管理条例》等法律法规的修订中，增加温室气体的相关内容，明确温室气体作为环境影响评价对象的法定地位，鼓励、引导地方立法中对二氧化碳等温室气体进行环境影响评价做出规定。

（二）健全标准

在对重点行业充分调研的基础上，出台碳排放评价的工作程序、评价导则、技术指南等文件。尽早建立符合我国国情和行业发展水平的、统一的温室气体检测和计算方法，形成完整、综合、准确的温室气体排放评价指标体系。制定相关行业温室气体排放标准，明确温室气体排放因子、排放限值和控制要求，与环境影响评价有机衔接，并为碳排放评价纳入环境影响评价体系提供技术支撑。

（三）协同管控

把握污染防治和应对气候变化的整体性，统筹碳排放评价与其他低碳政策的协调推进。在总体把握上，根据国家《2030年前碳达峰行动方案》（国发〔2021〕23号）要求，各地要加快制订行动方案，严格落实调整产业结构、优化能源结构、细化减污降碳协同增效措施、探索研究碳捕集、利用与封存技术，为碳排放评价提供方向、手段和政策依据。探索将环境影响评价制度与碳排放权交易等有机结合的工作机制，协同推进环境效益、气候效益、经济效益多赢，走出一条符合中国国情的环境影响评价改革创新之路。

（四）拓展创新

目前，部分省、市已经将重点行业碳排放评价纳入环境影响评价工作，加快总结各地开展温室气体排放评价试点工作的经验和做法，把碳排放评价工作从高污染、高排放行业向其他行业和领域拓展，从单一的二氧化碳排放评价向其他温室气体排放评价延伸，逐步实现从地区试点到全国覆盖。借鉴节能评估、安全评价等评价管理的方式和方法，及时修正和完善温室气体评价的技术路线，细化工作方法和工作程序，出台相关管理政策和配套文件，加强对碳排放评价工作的规范和指导，全面提升碳排放管理水平。

三、结语

碳排放评价制度的发展和完善，需要国家的顶层制度设计和地方政府的探索与创新。要深刻认识到碳排放评价工作的重要性、紧迫性和专业性，在应对气候变化法律框架下，切实加强能力建设，加强人才培养，提高技术人员、管理人员的业务素质和能力，不断适应新形势下环境管理的需要，为实现"双碳"目标而共同努力。

问题与思考

1. 如何理解碳排放评价与环境影响评价的关系？
2. 建设项目碳排放评价中如何有效实现污染物和碳排放协同管控？
3. 碳排放评价中如何选择碳排放绩效指标？
4. 碳排放评价的主要内容和要求。
5. 产业园区规划碳排放评价的重点有哪些？
6. 完善环评碳排放评价体系的对策建议。

第五篇

碳监测

第十六章

碳监测概述

碳监测概念的形成，起始于《联合国气候变化框架公约》和《京都议定书》缔约方大会文件。其实质是温室气体监测，其目的在于及时、准确、全面地掌握排放源、陆域环境空气和海洋大气中温室气体的排放状况、分布特征及其变化趋势，同时摸清国家碳储量、碳汇量、碳通量等基础数据，为国家减污降碳、协同增效的相关政策提供技术支撑，为合理规划碳汇资源提供相关依据，为评估和预测气候变化提供基础数据。

第一节 碳监测概念

一、碳监测的内涵

碳监测是指通过综合观测、数值模拟、统计分析等手段，获取温室气体排放强度、环境中浓度及其变化趋势等信息，以服务支撑应对气候变化研究和管理工作的监测行为。包括对温室气体常规或临时数据的收集、监测和计算，也包括采用生态调查类等其他技术手段获取的相关基础数据和信息。

从监测对象看，碳监测的对象主要是《京都议定书》和《京都议定书多哈修正案》中规定的与人类活动相关的7种温室气体，分别为二氧化碳（CO_2）、甲烷（CH_4）、氧化亚氮（N_2O）、氢氟碳化物（HFCs）、全氟化碳（PFCs）、六氟化硫（SF_6）和三氟化氮（NF_3）。

从监测手段看，温室气体监测包括背景（海洋）站自动监测、地面手工监测、排放源在线监测（CEMS）、卫星遥感监测以及生态调查等。

从监测目的看，包括应对气候变化、参与全球气象观测，掌握重点区域、城市温室气体浓度水平及其变化趋势，掌握重点排放单位温室气体排放状况。

从碳汇角度看，碳监测是通过实地调查、样本收获、卫星遥感等综合手段对现有林地、草地、海岸带植被以及海洋生物等的碳储量、碳汇量和监测区域边界内的碳排放情况所进行的动态调查与测算的过程。

二、碳监测的背景

1996年《联合国气候变化框架公约》（UNFCCC）第二次缔约方会议第八次全体会议通过了10/C.P2决议，决议规定了有关温室气体清单编制的原则，鼓励各国在编制国家清单方法学时，尽量采用联合国政府间气候变化专门委员会编制的《IPCC国家温室气体清单指南》《IPCC国家温室气体清单优良做法指南》，以促进各国清单编制统计的透明性、一致性、可比性、完整性和准确性。

IPCC在《2006年IPCC国家温室气体清单指南》中，将大气温室气体浓度监测与反向建模反演的温室气体排放量作为用于验证温室气体清单的独立数据，并特别指出含氟温室气体和甲烷最适合通过环境监测与逆向建模来验证排放量统计。在IPCC最新修订的《2006年IPCC国家温室气体清单指南（2019修订版）》中，进一步强调了基于大气温室气体监测和反向建模在评估温室气体排放量与验证排放清单中的重要作用。为进一步指导国家、区域和城市基于监测的温室气体排放量评估，世界气象组织专门组织全球相关领域专家编制了《全球温室气体综合信息系统计划》（IG3IS），制定了相应的科学实施方案，并形成《城市温室气体排放监测优良做法》的文件，为不同尺度的温室气体监测与排放量反演工作提供了科学建议与范例。

缔约方各国为履行各自在温室气体排放控制以及国家温室气体清单编制的义务，均通过IPCC提供的技术实施计划进行大气温室气体浓度监测与反向建模反演温室气体排放量的研究工作，以便摸清各自国家的碳排放基础数据，为未来温室气体相关履约义务做好基础工作。至此，碳监测的目标、任务、技术路线和实施方法等逐步明确。

第二节 碳监测的意义

一、对接全球大气观测计划

世界气象组织全球大气观测计划（WMO/GAW）负责协调温室气体的全球网络化观测和分析。该观测网已包括31个全球本底站、400余个区域本底站和100余个贡献站。中国气象局4个大气本底站（青海瓦里关、北京上甸子、浙江临安和黑龙江龙凤山）已列入WMO/GAW大气本底站系列，并按照WMO/GAW的观测规范和质量标准开展观测。青海瓦里关站的观测资料已进入温室气体世界数据中心（WDCGG）和全球数据库，用于全球温室气体公报，并用于WMO、联合国环境规划署（UNEP）、联合国政府间气候变化专门委员会（IPCC）等的多项科学评估。

近年来我国温室气体监测网络不断完善。目前，生态环境部在福建武夷山、内蒙古呼伦贝尔、湖北神农架、云南丽江、广东南岭、四川海螺沟、青海门源、山东长岛、山西庞泉沟、海南永兴岛和美济礁11个国家环境空气质量背景站开展了CO_2、CH_4等温室气体监测，使我国温室气体监测的覆盖面积进一步扩大。

随着温室气体监测技术的不断发展，我国改建或新建的温室气体大气观测站点的观测行为将与WMO/GAW要求的观测规范和质量标准趋于一致，可以预见，未来中国的温室气体监测将逐步与世界气象组织全球大气观测网对接，为完善世界气象组织全球大气观测计划提供重要支撑。

二、全球气候变化预警与防御

全球气候变暖关乎人类的生存与可持续发展。气候变化的影响表现在两个方面：一是对自然生态系统的影响，二是对人类社会的影响。对自然生态系统的影响主要表现在海平面升高、冰川退缩、湖泊水位下降、湖泊面积萎缩、冻土融化加速、河冰迟冻与早融发生、中高纬度地区生长季节延长、动植物分布范围向极区和高海拔区延伸、某些动植物数量减少、一些植物开花期提前等方面。对人类社会的影响主要表现在农业生产的不稳定性、地表径流增多、地质灾害频发、某些地区水质产生变化及水资源供需矛盾突出等方面。建立全球气候变化早期预警和防御系统，是减少日益增加气候风险威胁和灾害影响的最有效手段。

碳排放监测形成的数据源，是建立全球气候变化早期预警和防御系统的基础。将碳排放监测过程中形成的数据与地理信息系统、气象信息系统、生态信息系统、卫星信息系统以及预警信息系统等进行深度融合，是建立全球气候预警与防御系统的关键。全球温室气体观测网获取的大量基础数据支撑了全球、区域、国家、城市等不同尺度的气候变化预报预警系统。

目前，更完善、更精准的覆盖全球的气候预测系统正在发展和建立中，气候变化的预测时间尺度可以实现从两周、数年甚至上百年。据此可精准预测气候变化引起的潜在灾害与风险，为人类防灾减灾提供重要保障。

三、区域碳排放趋势评价

在碳排放源、碳环境浓度以及生态碳汇等方面进行的监测行为会形成海量的数据，这些数据包括排放源温室气体排放的浓度、总量和强度，环境空气中CO_2的浓度和时空分布，海洋温室气体的排放，陆地和海洋碳汇的储量等。基于这些数据，通过收集整理、计算模拟等多技术的融合，可对区域碳排放趋势的实时动态变化以及碳减排的效果形成及时的反馈与评价，把碳排放的空间信息展示从"过去时"推进到"现在时"，并绘制"实时全景碳地图"，有助于评估核实各地"双碳"工作的成效，并根据趋势评价结果及时调整相应的政策措施。

目前，清华大学刘竹研究团队联合国内外多个机构，基于卫星遥感、云计算平台等交叉学科的前沿技术，在多部门维度和全域覆盖空间范围上实现了全景网格化碳排放的近实时快速计算，形成全球首个高分辨率的"实时全景碳地图"。

四、助力"双碳"目标实现

开展碳监测，是"碳达峰"与"碳中和"工作的重要内容。目前我国碳监测主要在温室气体排放源监测、自然碳汇监测以及温室气体环境浓度监测三个方面开展试点工作。在排放源监测方面，可以通过综合排放浓度与排放量的测定，核验企业/园区排放清单，客观评估温室气体排放量，并可计算本地化的排放因子；在环境浓度监测方面，反映区域温室气体浓度变化趋势的同时，可结合相关大气模型，反演全球、地区、国家、区域、城市等不同空间尺度的温室气体排放量，在监测过程中利用示踪物质（如碳同位素、一氧化碳、乙烯等）可进一步区分温室气体的来源；在碳汇监测方面，可以通过准确、客观的测量数据反映海洋、陆地等不同自然环境的碳汇通量，结合相关空间数据，说清不同空间尺度的温室气体碳汇潜力。

由此可见，通过不同形式的碳监测，不仅可以逐步摸清国内碳排放家底，还可以全面掌握国内陆地、海洋等不同自然环境的碳汇情况，为碳达峰过程提供数据保障，为碳中和的实现提供合理化建议，从而全面助力国家"双碳"目标的实现。

五、支撑碳排放管理与交易

碳排放管理与交易的前提是各个参与碳排放交易中的企业都要及时准确地上报温室气体排放数据，碳监测是一种重要的数据获取来源和保证数据质量的手段。在重点排放单位碳核查和碳排放权交易过程中配额分配和清缴过程中均需要对企业燃料消耗量、燃煤热值、元素碳含量等相关项目进行监测。并且这些数据的质量直接影响企业碳排放相关报告中数据统计的真实性与准确性。

对碳市场交易而言，准确真实的碳排放数据则是碳市场健康发展的重要基础，是维护市场信用信心和国家政策公信力的底线和生命线。为保障全国碳排放权交易市场平稳有序运行，根据《碳排放权交易管理办法（试行）》等规定，生态环境部办公厅印发了《关于做好全国碳排放权交易市场数据质量监督管理相关工作的通知》，明确提出要加强对企业碳排放数据的溯源、检查、审核的监督，进一步强化了碳排放数据在环境管理中的重要地位。

第三节 碳监测发展

一、碳排放源监测进展

（一）国外进展

国外温室气体排放量直接监测对象均为设施层面。美国和欧盟等温室气体主要排放国家针对境内大型排放源分别制定了温室气体报告制度，美国2009年制定并颁布的《温室气体强制性报告法规》要求自2010年起已经安装在线监测设备的企业必须监测CO_2浓度及烟气流量，并据此计算CO_2排放量。这种在线监测设备并不局限于CO_2在线监测，凡是拥有SO_2、NO_2等废气污染物在线监测系统的企业都需要对其设备进行升级，加入对CO_2浓度的监测，监测频次为1次/小时。企业安装监测设备后需上报美国环保署，得到认证后方可开始监测。目前美国燃煤电厂基本都采用CEMS法，安装成本约30万～40万美元，运维费用每年1.5万美元左右。

欧盟于2003年颁布了《欧盟温室气体配额交易指令》（2003/87/EC），并且针对该指令自2004年起制定了3个版本的《温室气体监测和报告指南》，其中CEMS是欧盟参与排放交易工业设施温室气体排放监测的重要方法之一，监测结果可用于温室气体排放交易中。根据2017年欧盟委员会的欧洲碳市场运行报告，由于CEMS安装投资较大，2017年欧盟排放设施排放主要采用的仍为核算法，仅23个成员国的150个设施采用CEMS监测方法监测了CO_2和N_2O两种温室气体排放，排放量占所有设施排放量的1.5%，这些设施主要分布在德国和捷克共和国。

另外，在欧美国家对于使用CEMS监测方法有难度的项目，也允许采用理论计算方法获得数据。对于氢氟碳类、全氟化碳和六氟化硫的排放，可以根据其使用量或生产量结合排放系数计算，例如铝冶炼厂可以通过特定的生产参数以及排放因子估算其全氟碳类排放。

（二）国内进展

我国在排放源温室气体监测方面起步较晚，目前温室气体排放量管理主要依据IPCC推荐方法开展清单计算，发布的企业温室气体排放核算方法与报告指南以及国家标准尚未规定温室气体排放监测的具体方法。到目前为止，绝大多数企业开展碳核查时未进行排放源温室气体监测，业已提交的企业碳排放报告也全部为核算方法，尚无企业采用监测方法报告企业及设施温室气体排放情况。

国内在重点行业CO_2在线自动监测方面具备较好的基础，在连续自动监测系统的设备安装运营、质量保证以及数字化应用方面均积累了丰富的经验。2020年中电联在全国率先组织开展了火电厂烟气二氧化碳排放连续监测技术研究。研究结果显示，燃煤电厂实测结果与核算法相对偏差在5%以内，燃气机组相对偏差在10%以内，取得了良好的比对效果，且成本方面两种方法差距不大（监测法1.5万～13.5万元/年，核算法3万～11万元/年）。同时发现，流量监测是难点，监测结果比核算法低12%～16%。

在标准和技术规范方面，《固定污染源废气 二氧化碳的测定 非分散红外吸收法》（HJ 870-2017）已正式发布，技术原理为非分散红外吸收法，该方法适用于浓度在0.03%（0.6g/m^3）的现场监测。另外，《固定污染源废气气态污染物（SO_2、NO、

NO_2、CO、CO_2）的测定便携式傅里叶变换红外光谱法》标准已经完成征求意见，即将颁布实施，该方法适用于CO_2浓度在$1g/m^3$以上的现场监测。国内CH_4浓度监测也制定了标准方法《固定污染源废气总烃、甲烷和非甲烷总烃的测定气相色谱法》（HJ 38-2017），该方法适用于甲烷浓度在$0.06mg/m^3$以上的现场监测。总体来看，国内温室气体排放源监测的相关标准方法滞后，影响排放源温室气体监测工作的正常开展。

在消耗臭氧层物质监测方面，我国为控制氟氯烃类等消耗臭氧层物质的排放，制订了部分监测标准，例如《硬质聚氨酯泡沫塑料中残留发泡剂的测定》（QB/T 5114-2017）、《硬质聚氨酯泡沫和组合聚醚中CFC-12、HCFC-22、CFC-11和HCFC-141b等消耗臭氧层物质的测定 便携式顶空/气相色谱-质谱法》（HJ 1058-2019）和《组合聚醚中 HCFC-22、CFC-11 和 HCFC-141b 等消耗臭氧层物质的测定 顶空/气相色谱-质谱法》（HJ 1057-2019），能够基本满足对于硬质聚氨酯泡沫塑料和组合聚醚中消耗臭氧层物质的监测。

综上所述，对于二氧化碳、甲烷等主要温室气体，尽管我国在自下而上的排放源监测方面做了一些卓有成效的探索，但限于温室气体在线监测技术现状的限制，目前温室气体排放量计算仍主要依据《2006年IPCC国家温室气体清单指南（2019修订版）》中提供的核算方法进行核算。监测作为辅助手段，主要用于核算因子的确定和评价。温室气体在线监测设备以及相关技术标准有待进一步研究完善。

二、环境浓度监测进展

温室气体浓度水平及其趋势，对于预测气候变化以及对社会经济的影响至关重要。根据国内外温室气体监测发展过程，可以把温室气体环境浓度监测分为大气温室气体浓度监测和海水温室气体浓度监测。

（一）大气温室气体浓度监测

对于大气温室气体浓度的监测，根据监测方式的不同，可以分为地基、卫星遥感和空基三类。

1. 地基监测

温室气体地基监测的主要基础设施为大气温室气体观测网络，通过观测网络实时收集温室气体监测数据，并通过数据化、模型化等形式进行处理，以图像的方式反演于地图系统中，清晰而直观地反映出某个城市、某个地区乃至某个国家整体的温室气体分布状态和趋势。大气温室气体观测网络按照覆盖地域范围可分为全球级、大陆或国家级、省/州级、城市级以及点源级。

全球级温室气体观测网络主要包括世界气象组织（WMO）的全球大气观测网络（GAW）以及地球网络（Earth Networks）。WMO于1989年开始组建全球大气观测网（GAW），在全球范围内开展大气成分本底观测，经过十几年发展，已成为当前全球最大、功能最全的国际性大气成分监测网络，可以对具有重要气候、环境、生态意义的大气成分进行长期、系统和精准的综合观测。目前已有60个国家近400个本底监测站（其中全球基准站24个）加入GAW网络，并按照GAW观测指南的要求，开展了大气中温室气体、气溶胶、臭氧、反应性微量气体、干-湿沉降化学、太阳辐射、持久性有机污染物和重金属、稳定和放射性同位素等的长期监测，涉及200多种观测要素。地球网络（Earth Networks）计划在美国建立50个站点，欧洲25个站点，世界其他地区25个站点，用于研究温室气体产生、分布、发展趋势等科学项目。

大陆或国家级、省/州级、城市级以及点源级温室气体监测网络在部分国家或地区已进行布置，并服务于各自国家或地区的温室气体监测工作。除大型观测网络外，国外研究机构也在不同区域和时段内开展了针对氢氟碳类、全氟碳类和六氟化硫的监测。美国麻省理工学院牵头组织建设了"改进的全球大气实验网"（AGAGE），在全球范围开展高精度含氟温室气体和臭氧层消耗物质观测。日本国立环境研究所自2006年在日本Ochiishi海岸以及Hateruma岛上进行全氟碳类物质观测。

国内最早开展大气温室气体本底浓度业务化观测的部门为中国气象局，中国气象局在WMO/GAW框架下，负责协调中国温室气体及相关微量成分高精度本底观测，自1992年起在青海瓦里关开展温室气体本底浓度观测。瓦里关站是GAW观测网31个全球大气本底观测站之一，也是目前欧亚大陆腹地唯一的大陆型全球本底站，它的观测结果可代表北半球中纬度内陆地区大气温室气体浓度及其变化状况。随后，中国气象局陆续在北京上甸子、浙江临安、黑龙江龙凤山、湖北金沙、云南香格里拉和新疆阿克达拉建立了6个区域大气本底观测站，分别代表京津冀、长三角、东北平原、江汉平原、云贵高原和北疆地区的大气本地特征，其中北京上甸子、浙江临安、黑龙江龙凤山3个点位已列入WMO/GAW大气本底站系列，并按照WMO/GAW的观测规范和质量标准开展观测。我国7个站点采用的监测方法均为在线监测方法。此外，由中国科学院建设的温室气体观测网络在科学研究、决策支持等方面也发挥了重要作用。

生态环境部自2008年起陆续建成16个国家空气质量背景监测站，其中利用福建武夷山、内蒙古呼伦贝尔、湖北神农架、云南丽江、广东南岭、四川海螺沟、青海门源、山东长岛、山西庞泉沟、海南永兴岛和美济礁11个国家空气质量背景站的地理代表性优势开展CO_2、CH_4等温室气体监测，部分背景站还开展N_2O监测，并计划在具备条件的福建武夷山、四川海螺沟、青海门源、山东长岛、内蒙古呼伦贝尔等5个背景站点完成温室气体监测系统升级改造，改造后CO_2、CH_4监测精度将达到世界气象组织全球大气监测计划（WMO/GAW）针对全球本底观测提出的要求，为服务我国以及世界范围的温室气体监测研究工作提供技术支撑。

原国家海洋局海洋灾害预报技术研究重点实验室率先在国内开展了海洋大气温室气体连续监测工作，自2013年起，在浙江嵊山岛、福建北礵岛、海南西沙永兴岛和南沙建立了4个符合WMO/GAW规范的大气温室气体监测站，并投入业务化运行，覆盖东海和南海，初步评估了海洋季风和气团长距离输送对温室气体浓度变化特征的影响。另外，生态环境部自2010年起在31个省会城市开展了城市层面的区域本底温室气体监测试点建设，一些高校和科研院所也相继开展了大气温室气体的监测和研究工作。

中国气象局和生态环境部近十几年温室气体观测研究工作中所建立的温室气体观测点位互为补充，基本覆盖了国家内陆各大区域，在背景及区域尺度上已具有一定的代表性。国家海洋局已建成的南沙、西沙、北礵和嵊山四个海洋大气温室气体监测系统，初步形成从南海南部至东海海洋上空温室气体的监测网，积累了大量海洋大气温室气体高精度连续监测的工作经验和技术储备，为未来建成全国海洋大气温室气体立体监测网打下坚实基础。

2. 卫星遥感监测

在利用卫星遥感技术进行温室气体监测方面，各国做出了积极的努力。欧洲于2002年3月1日发射的极轨对地环境观测卫星Envisat-1搭载了用于大气图表的扫描成像吸收光谱仪（SCIAMACHY），是全球第一个能测量二氧化碳和甲烷浓度的卫星传感器；2017年10月，欧洲航天局发射了哨兵5先导卫星（Sentinel 5Precursor），是欧洲全球环境监测计划中专门用于大气环境监测的卫星。该卫星搭载的对流层观测仪（TROPOMI）采用了宽幅天底扫描推扫式成像光谱仪，幅宽达2600km，解决了早期卫星窄幅观测重访周期长的问题，能实现每天对全球甲烷和一氧化碳的观测。

日本于2009年1月23日发射了全球首颗专用温室气体观测卫星GOSAT-1，卫星只搭载了一个红外及近红外碳传感器，还包括两个光学遥感单元：傅里叶变换光谱仪（FTS）、云和气溶胶成像仪（CAI），二者合称为热和近红外碳观测传感器（TANSO），GOSAT-1能够对全球甲烷和二氧化碳进行观测。2018年10月29日日本又成功发射了"IBUKI-2"（GOSAT-2），该卫星同样搭载了FTS和云和气溶胶成像仪，除可获取更高精度的甲烷和二氧化碳观测值，还可监测一氧化碳和$PM_{2.5}$浓度。

美国于2009年2月24日尝试发射OCO-1轨道碳观测卫星，发射升空数分钟后出现意外导致失败。2014年7月2日成功发射OCO-2卫星，这是美国第一个用于监测地球大气二氧化碳水平的卫星，其目标是用与二氧化碳相关的吸收曲线监测窄幅度大气中二氧化碳的浓度变化，生成全球碳源汇的分布图。

国际上多个空间与环境机构、公司、政府、非政府组织提出了温室气体监测卫星发射计划，如法国国家空间研究中心的Micro-Carb任务，欧洲气象卫星应用组织的METOP-SG-A卫星，德国航空航天中心和法国国家空间研究中心甲烷遥感激光雷达法任务，美国国家航空航天局的地球同步碳循环观测任务，GHGSat公司计划发射的2颗温室气体监测卫星，Blue field技术公司计划发射的由20颗低对流层甲烷监测卫星组成的星座等。

我国在温室气体卫星遥感监测领域也取得了丰硕成果，截至目前，我国共发射3颗温室气体监测卫星。2016年12月22日，中国碳卫星（TANSAT）在酒泉卫星发射基地成功发射升空并在轨运行，成为继日本GOSAT-1和美国OCO-2后，国际上第三颗具有高精度温室气体探测能力的卫星。中国碳卫星搭载了一台高空间分辨率的高光谱温室气体探测仪，利用分子吸收谱线探测二氧化碳等温室气体浓度，为我国温室气体排放、碳核查等领域的研究提供了基础数据。中国碳卫星观测数据反演获得的2017年全球二氧化碳分布图，此外，我国还分别于2017年、2018年发射了FY-3D/GAS和GF-5/GMI在轨运行卫星。全球主要温室气体监测卫星及参数见表5-1。

表5-1 全球主要温室气体监测卫星及参数

卫星名称	所属国家/组织	观测时段	观测气体	星下分辨率
Envisat-1/sC MACHY	欧洲	2002.3—2012.4	CH_4、CO_2	$30 \times 60 km^2$
AQUA/AIRS	美国	2002.5—	CH_4、CO_2、CO	$50 \times 50 km^2$
METOP-A/IASI	欧洲	2006.10—	CO	14.65mrad（IFOV）

卫星名称	所属国家/组织	观测时段	观测气体	星下分辨率
GOSAT-1/TANSO-CAI	日本	2009.1—	CH_4、CO_2	15.8mrad（IFOV）
OCO-2	美国	2014.7—	CO_2	$1.29×2.25km^2$
TANSAT/ACGS CAPI	中国	2016.12—	CO_2	$2×2km^2$
Sentinel-SP/TROPOMI	欧洲	2017.10—	CH_4、CO	$7×7km^2$
FY-3D/GAS	中国	2017.11—	CH_4、CO_2、CO	10km（d）
GF-5/GMI	中国	2018.5—	CH_4、CO_2	10.3km（d）
IBUKI-2（GOSAT-2）/TANSO-CAI-2	日本	2018.10—	CH_4、CO_2	10.5km（IFOV）
OCO-3	美国	2019.5—	CO_2	$1.29×2.25km^2$

3. 空基监测

空基监测主要是无人机等航空遥感监测，是对卫星遥感监测的有效补充。

2005年，美国研制基于红外光谱的CO_2原型传感器，用于测量火山羽流中的CO_2浓度；2012年，美国普林斯顿大学研制了一种光学传感器，搭载在无人机上用于监测CO_2、CH_4和H_2O浓度；2013年，美国奥多明尼昂大学利用差分吸收激光雷达技术，研制CH_4脉冲差分雷达系统；2014年，美国珀杜大学研制了一整套无人机系统，用于获取CO_2通量数据；2015年，加拿大研制一种用于农田温室气体排放监测的无线传感器网络（WSN）系统，该系统采用金属氧化物（MO_X）和非色散红外传感器探测CH_4和CO_2浓度。

国内的监测主要用于生产安全预警预报，在生态环境方面的监测应用刚刚起步。在"双碳"政策的推动下，部分科技公司将无人机搭载技术、通信技术及温室气体监测技术逐步结合，开发出多种形式的无人机温室气体监测系统，并在实际应用中取得阶段性成果。

近年来，生态环境部卫星环境应用中心围绕重点生态环境问题，调研了多款采用无人机技术搭载温室气体检测设备的系统，并通过多次集成测试试验，开展小范围温室气体监测工作，已具备开展无人机温室气体监测与分析的能力，监测的指标包括CO_2、CH_4和N_2O，可以实现城市区域或重点工业园区的温室气体浓度和排放通量监测。

（二）海水温室气体浓度监测

海洋温室气体的监测可分为船基走航监测、浮标连续监测和遥感监测三种形式，这三种形式在时空分辨率上可以进行有效的互补。对于船基走航监测，美国、欧洲和日本等发达国家和地区已经建立了非常成熟的监测体系，可以对大洋和相关国家近海海域的海水CO_2进行准确的监测与评估。美国NOAA主导，建立了覆盖全球范围的"海洋碳研究系统（OCADS）"。对于浮标连续监测，美国和欧洲等发达国家和地区也已建立了完善的监测体系，以美国为例，由美国NOAA建立的CO_2浮标监测体系（Global CO_2 Time-Series and Moorings Project），已经对大洋和近海的海水温室气体进行了长期连续的监测，为全球气候变化的评估提供了重要的基础数据。对于遥感反演监测，目前主要处于科学研究阶段，其测定结果用于精确的定量评估海水温室气体浓度尚有难度。

我国近海海水温室气体监测工作主要由原国家海洋局负责，国家海洋环境监测中心牵头组织实施。自2008年开展应对气候变化相关科研业务工作以来，国家海洋环境监测中心积累了雄厚的海洋温室气体监测工作基础，在现有基础研究下编制了《我国近海蓝色碳汇监测计划规划纲要》。近年来，国家海洋环境监测中心一直致力于温室气体海气交互作用、海洋生物固碳/储碳、海洋碳循环遥感监测、滨海湿地碳源汇调查等方面的研究，逐步组织建立了"我国近海CO_2源汇监测体系"。通过十几年的业务运行，该中心已经对我国近海CO_2源汇格局取得了初步的认识，相关成果发布于历期《中国海洋环境状况公报》中。

三、碳汇监测进展

（一）陆地生态系统碳汇方面

陆地生态系统固碳是目前最经济可行和环境友好的缓减大气CO_2升高的途径。因此，各个国家在落实温室气体工作减排的同时也在大力发展陆地生态系统固碳工程。陆地生态系统碳汇监测作为陆地生态系统固碳工程有效运行的保障也随之不断发展完善。

陆地生态系统碳汇监测主要通过群落生物量清查、生态系统尺度通量观测以及区域尺度遥感监测三种形式实现，三种形式获得的数据与陆地生态系统模型等进行融合，建立国家尺度的陆地生态系统碳通量模型以及碳循环模型，能够反映国家植树造林和生态工程对碳汇的贡献。

目前国际上主流的陆地生态系统碳循环模型有通用陆面过程模型（Community Land Model，简称CLM）、陆面过程模型（Community Atmosphere Biosphere Land Exchange，简称CABLE）、联合开发的植被动态机理模型（Lund University, Potsdam Climate Research Centre和Max-Planck-Institute for Biogeochemistry, Jena，简称LPJ-GUESS）、路面过程-植被模型（Organizing Carbon and Hydrology in Dynamic Ecosystems，简称ORCHIDEE）、集成生物圈模拟器（The Integrated Biosphere Simulator，简称IBIS）等。

IBIS模型由我国科学家构建并完善，其研究成果参加了IPCC碳模型比较计划，并得到国际认可。该模型通过增加氮对光合作用、呼吸作用、同化物分配等影响的过程模拟，建立了陆地生态系统碳—氮—水耦合过程机理模型。2016年，杨延征、马元丹等基于IBIS模型，研究1960年至2006年间中国陆地生态系统碳收支格局及分布，形成中国陆地生态系统植被净初级生产力指数（NPP）与植被净生态系统生产力（NEP）分布图，如图5-1（a）、（b）。我国在《IPCC 2020年全球碳收支研究报告》中，基于该模型核算了生态系统碳汇，核算结果得到国际认可。

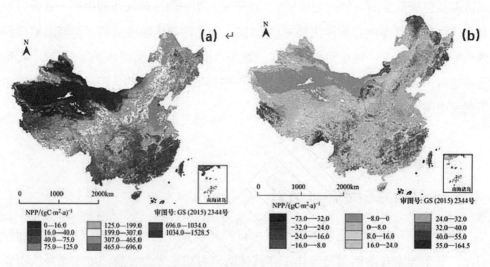

图5-1 IBIS模型模拟的中国陆地生态系统（a）NPP的分布（b）NEP的
分布（1980—2006年多年平均值）

（二）海洋碳汇方面

海洋碳汇监测目前主要分为海岸带碳汇监测和海洋生态碳汇监测。

1. 海岸带碳汇监测

海岸带碳汇监测主要关注海岸带碳储量和碳通量。海岸带碳储量监测，国际方面研究起步较早，现已形成公认的碳储量监测和评估方法。我国相关研究起步较晚，目前相关标准有《红树林湿地生态系统固碳能力评估技术规程》（DB 45/T 1230-2015）。碳通量监测则借鉴森林、草原和其他内陆沼泽湿地等相关研究经验，以涡度相关技术的海洋生态系统碳交换研究为基础进行发展。研究进展主要表现在：海洋生态系统碳源/碳汇估算；CO_2通量观测源区/足迹计算；CO_2通量动态特征的提取及其环境影响因子；基于统计模型的海洋生态系统物候特征参数的提取；基于机理模型的气候系统对海洋生态系统碳循环的影响。目前全球已建设上百个涡度相关法碳通量监测站，分布在各种生态系统，从陆地到近海岸，组成了全球通量网FLUXNET。

国际上，在全球或国家等较大尺度层次的海岸带碳汇监测主要采用遥感技术手段，研究者主要基于遥感手段获取的盐沼湿地、红树林、滨海滩涂等分布信息，结合典型样点实测的碳埋藏或碳沉积数据，建立区域尺度的经验模型，进行海岸带碳埋藏能力的估算或模拟。在国内，学者多聚焦小尺度内海岸带单一固碳物种碳埋藏机制分析、数据监测等，尚未基于遥感数据开展全国尺度的海岸带碳埋藏能力估算。2012年以来，中国国家海洋中心基于中高分辨率遥感影像开展了盐沼植被、红树林、海草床等海岸带蓝碳生态系统的分布、面积、种类等信息提取，具备覆盖度、生物量等反演建模能力，可结合典型样点的碳埋藏数据建立估算模型，进行全国尺度海岸带碳埋藏动态"一张图"绘制。

2. 海洋生态碳汇监测

国际上，针对生物泵等海洋固碳/储碳机制的研究已有近40年的历史，开展了浮游植物、微型生物、贝藻等固碳生物碳计量学研究，通过研究典型近海与大洋环境中固碳生物的固碳/储碳机制及其影响因素，探索海洋生物固碳量评估方法。在国内，过去近20年来，海洋生物碳汇研究取得长足进展，基于中国水产科学研究院黄海水产研究所唐启升院士提出"碳汇渔业"的理念，国内开展了贝藻养殖区固碳储碳过程与机理研究，形成了行业标准《养殖双壳贝类碳汇计量方法碳储量变化法》和《养殖大型藻类碳汇计量方法碳储量变化法》，实现了对养殖贝类和大型海藻碳汇的定量估算。厦门大学焦念志院士提出微型生物碳泵理论，揭示了海洋中惰性溶解有机碳的成因，据此提出陆海统筹减排增汇方案，相关研究成果为形成行业标准《蓝色碳汇调查监测与计量技术规程：超微型浮游植物》奠定了基础，该行业标准由中科院青岛生物能源与过程研究所牵头编制。

四、国内现行温室气体测量方法简介

我国气象、生态环保、石油化工、农业等部门在近十几年的温室气体研究过程中不断探索、总结，在不同行业、不同领域均提出了温室气体测量的相关方法和标准，涉及的方法原理有光腔衰荡光谱法、离轴积分腔输出光谱法、非分散（不分光、非色散）红外光谱法、傅里叶红外光谱法、气相色谱法等，这些方法根据原理、采用方式及特性不同，适用于各类应用场景，详见表5-2。

表5-2 国内现行温室气体测量方法汇总表

标准级别	发布部门	标准名称及编号	适用范围
国家标准	国家质量监督检验检疫总局、国家标准化管理委员会	《气体中一氧化碳、二氧化碳和碳氢化合物的测定气相色谱法》（GB/T 8984-2008）	标准规定了气体中一氧化碳、二氧化碳和碳氢化合物的气相色谱测定方法；适用于氢、氧、氮、氦、氖、氩、氪和氙等气体中一氧化碳、二氧化碳和甲烷组分的分项测定，一氧化碳、二氧化碳和碳氢化合物总量（总碳）的测定和总烃的测定
	中国气象局	《气相色谱法本底大气二氧化碳和甲烷浓度在线观测方法》（GB/T 31705-2015）	标准规定了本底大气二氧化碳和甲烷浓度气相色谱在线观测方法，包括观测环境、观测系统组成、性能要求、观测流程以及系统维护等；适用于气相色谱法在线观测本底大气二氧化碳和甲烷浓度
		《大气二氧化碳（CO_2）光腔衰荡光谱观测系统》（GB/T 34415-2017）	标准规定了基于光腔衰荡光谱观测系统观测本底大气二氧化碳浓度的安装环境、原理及系统组成、性能要求；适用于光腔衰荡光谱法在线观测本底大气二氧化碳浓度

标准级别	发布部门	标准名称及编号	适用范围
国家标准	中国气象局	《温室气体 甲烷测量 离轴积分腔输出光谱法》（GB/T 34287-2017）	标准规定了使用离轴积分腔输出光谱法测量环境大气温室气体甲烷浓度的方法概述、测量条件、测量准备、测量方法和校准方法等；适用于开展温室气体甲烷浓度的测量
		《温室气体 二氧化碳测量 离轴积分腔输出光谱法》（GB/T 34286-2017）	标准规定了使用离轴积分腔输出光谱法测量环境大气温室气体二氧化碳浓度的方法概述、测量条件、测量准备、测量方法和校准方法等；适用于开展温室气体二氧化碳的测量
		《大气甲烷光腔衰荡光谱观测系统》（GB/T 33672-2017）	标准规定了大气甲烷浓度的光腔衰荡光谱观测系统的工作原理、构成和功能、技术指标要求和安装环境要求；适用于大气甲烷的光腔衰荡光谱观测，也适用于观测系统的设计、加工等
行业标准	中国气象局	《本底大气二氧化碳浓度瓶采样测定方法-非色散红外法》（QX/T 67-2007）	标准规定了本底大气中二氧化碳浓度的非色散红外测定方法；适于本底大气瓶采样样品二氧化碳浓度的测定
		《温室气体 二氧化碳和甲烷观测规范 离轴积分腔输出光谱法》（QX/T 429-2018）	标准规定了利用离轴积分腔输出光谱法观测二氧化碳、甲烷浓度的测量方法及观测系统、安装要求、检漏与测试要求、日常运行和维护要求、溯源以及数据处理要求等；适用于温室气体二氧化碳、甲烷浓度的离轴积分腔输出光谱法的在线观测和资料处理分析等，其他观测方法可参考本标准

标准级别	发布部门	标准名称及编号	适用范围
行业标准	生态环境部	《固定污染源废气 二氧化碳的测定 非分散红外吸收法》（HJ 870-2017）	标准规定了测定固定污染源废气中二氧化碳的非分散红外吸收法；适用于固定污染源废气中二氧化碳的测定
		《环境空气 总烃、甲烷和非甲烷总烃的测定 直接进样-气相色谱法》（HJ 604-2017）	标准规定了测定环境空气中总烃、甲烷和非甲烷总烃的直接进样气相色谱法；适用于环境空气中总烃、甲烷和非甲烷总烃的测定，也适用于污染源无组织排放监控点空气中总烃、甲烷和非甲烷总烃的测定
		《固定污染源废气 总烃、甲烷和非甲烷总烃的测定 气相色谱法》（HJ 38-2017）	标准规定了测定固定污染源废气中总烃、甲烷和非甲烷总烃的气相色谱法；适用于固定污染源有组织排放废气中的总烃、甲烷和非甲烷总烃的测定
		《环境空气和废气 总烃、甲烷和非甲烷总烃便携式监测仪技术要求及检测方法》（HJ 1012-2018）	标准规定了总烃、甲烷和非甲烷总烃便携式监测仪的组成结构、技术要求、性能指标和检测方法；适用于环境空气和固定污染源废气总烃、甲烷和非甲烷总烃便携式监测仪的设计、生产和检测；针对应用于不同场合的仪器，规定了相应仪器的检测范围
		《硬质聚氨酯泡沫和组合聚醚中CFC-12、HCFC-22、CFC-11和HCFC-141b等消耗臭氧层物质的测定 便携式顶空/气相色谱-质谱法》（HJ 1058-2019）	标准规定了测定硬质聚氨酯泡沫和组合聚醚中二氟二氯甲烷（CFC-12）、二氟一氯甲烷（HCFC-22）、一氟三氯甲烷（CFC-11）和一氟二氯乙烷（HCFC-141b）等消耗臭氧层物质的便携式顶空/气相色谱-质谱法；适用于硬质聚氨酯泡沫和组合聚醚中CFC-12、HCFC-22、CFC-11和HCFC-141b的定性检测

续表

标准级别	发布部门	标准名称及编号	适用范围
行业标准	生态环境部	《组合聚醚中 HCFC-22、CFC-11和HCFC-141b 等消耗臭氧层物质的测定顶空/气相色谱-质谱法》（HJ 1057-2019）	标准规定了测定组合聚醚中二氟一氯甲烷（HCFC-22）、一氟三氯甲烷（CFC-11）和一氟二氯乙烷（HCFC-141b）等消耗臭氧层物质的顶空/气相色谱-质谱法；适用于组合聚醚中HCFC-22、CFC-11和HCFC-141b等消耗臭氧层物质的测定
地方标准	山东省质量技术监督局	《畜禽舍二氧化碳快速检测技术规程》（DB 37/T 2143-2012）	标准规定了畜禽舍二氧化碳快速检测采样点的设置、二氧化碳的采集、检测与结果判读；适用于畜禽舍在养殖过程中产生和排放的二氧化碳的快速检测
团体标准	中国标准化协会	《火力发电企业二氧化碳排放在线监测技术要求》（T/CAS 454-2020）	标准规定了火力发电企业烟气二氧化碳排放在线监测系统（简称CDEMS）中的主要监测项目、性能指标、安装要求、数据采集处理方式、数据记录格式以及质量保证，适用于火力发电企业产生的二氧化碳排放量的在线监测，采用化石燃料（煤、天然气、石油等）为能源的工业锅炉、工业炉窑的二氧化碳排放量在线监测可参照执行
	北京低碳农业协会	《气体中甲烷、氧化亚氮和二氧化碳浓度测定气相色谱法》（T/LCAA 005-2021）	标准规定了气体中甲烷、氧化亚氮和二氧化碳浓度测定相关的术语和定义、测量仪器、测量步骤、浓度计算等技术要求；适用于指导碳排放监测领域和碳核查领域的检测人员测定各类气体样品中的二氧化碳、甲烷和氧化亚氮的浓度

第十七章

碳监测的类型与技术要点

为落实碳达峰目标和碳中和愿景，按照生态环境部安排，中国环境监测总站于2021年2月成立了碳监测工作组，在全国牵头率先组织开展业务化碳监测调研、方案设计和试点工作。在其试点工作中，根据场景地理位置、区域尺度以及监测意义的不同，可将碳监测现阶段试点工作分为三类，分别为重点行业温室气体监测、城市大气温室气体及海洋碳汇监测、区域大气温室气体及生态系统碳汇监测。

第一节 重点行业温室气体监测

2021年9月，生态环境部办公厅发布《关于印发〈碳监测评估试点工作方案〉的通知》（环办监测函〔2021〕435号），方案中根据温室气体排放现状，选取火电、钢铁、石油天然气开采、煤炭开采、废弃物处理五个行业开展试点监测工作。火电、钢铁行业重点开展CO_2排放监测；石油天然气开采、煤炭开采行业重点开展CH_4排放监测；废弃物处理行业重点开展CH_4和N_2O排放监测，其中，废弃物焚烧行业还涉及CO_2排放监测。

一、火电行业

（一）监测项目

火电行业温室气体监测项目包括废气总排口的CO_2排放浓度、烟气流量等相关烟气参数，以及在碳核查过程中核算法所需的低位发热量、单位热值含碳量和碳氧化率等指标。

（二）点位布设要求

排放源碳监测与排放源中污染物监测过程类似，手工监测监测点位布设应满足《固定污染源排气中颗粒物测定与气态污染物采样方法》（GB/T 16157-1996）、

《固定源废气监测技术规范》（HJ /T 397-2007）；自动监测应满足《固定污染源烟气（SO₂、NOₓ、颗粒物）排放连续监测技术规范》（HJ 75-2017）中对于监测点位布设的要求；采样口设置及监测平台设置应符合《固定源废气监测技术规范》（HJ /T 397-2007）中规定；监测过程中监测断面流速应相对均匀，监测平台应安全、稳定、易于到达，且便于监测和运维人员开展工作。

（三）监测方法

排放源碳自动监测系统与目前应用的固定污染源烟气排放连续监测系统可以有效地整合，自动监测设备的运行管理参照《固定污染源烟气（SO₂、NOₓ、颗粒物）排放连续监测技术规范》（HJ 75-2017）执行。

CO₂浓度手工监测可使用非分散红外吸收法参照《固定污染源废气 二氧化碳的测定 非分散红外吸收法》（HJ 870-2017）、傅里叶变换红外光谱法参照《固定污染源废气气态污染物（SO₂、NO、NO₂、CO、CO₂）的测定便携式傅里叶变换红外光谱法》（征求意见稿）、可调谐激光法等。

流量手工监测使用皮托管压差法参照《固定污染源排气中颗粒物测定与气态污染物采样方法》（GB/T 16157-1996）、三维皮托管法参照《Flow Rate Measurement with 3-D Probe》（EPA Method 2F）、超声波法、热平衡法、光闪烁法等。

碳核查过程中所需排放量核算的相关参数测定按照《中国发电企业温室气体排放核算方法与报告指南（试行）》（发改办气候〔2013〕2526号）执行。其中，化石燃料低位发热量（GJ/t,GJ /万Nm³）、单位热值含碳量（tC/TJ）和碳氧化率（%）的测定应按照《煤的发热量测定方法》（GB/T 213-2008）、《石油产品热值测定法》（GB/T384-81）（1988年确认）、《天然气能量的测定》（GB/T 22723-2008）等相关标准执行。

（四）监测频次

采用自动监测时，频次应满足《固定污染源烟气（SO₂、NOₓ、颗粒物）排放连续监测技术规范》（HJ 75-2017）要求，试点期间总运行时间不少于180天；手工监测频次不低于1次/月，用于与自动监测设备的比对校验；核算过程所需相关参数测定频次按照《中国发电企业温室气体排放核算方法与报告指南（试行）》（发改办气候〔2013〕2526号）中规定执行。

（五）质量控制和量值溯源

自动监测设备的安装调试、验收、日常维护质量控制要求参照《固定污染源 烟气（SO_2、NO_X、颗粒物）排放连续监测系统技术要求及检测方法》（HJ 76-2017）和《固定污染源 烟气（SO_2、NO_X、颗粒物）排放连续监测技术规范》（HJ 75-2017）中规定执行，确保自动监测设备运行稳定；开展手工监测应事前做好培训等工作，确保监测人员熟练操作。相关仪器设备需进行检定/校准，并及时维护，保证设备的准确度和稳定性；委托监测时应选择具有相关资质的检测检验机构。

为保证全国试点监测结果的可比性，试点监测所用标准气体由中国环境监测总站联合中国计量科学研究院统一研制。此外，由于烟气流量/流速的数据直接影响温室气体排放量的计算结果，烟气流量/流速监测仪优先量值溯源至国家计量基准。其他相关温湿度、压力等监测仪也应溯源至国家计量基准。

二、钢铁行业

（一）监测项目

钢铁行业温室气体监测项目包括CO_2排放浓度、烟气流量等相关烟气参数；碳核查中核算法所需的低位发热量、单位热值含碳量、碳氧化率、熔剂和电极消耗量、外购含碳原料、固碳产品产量等。

（二）点位布设要求

全流程钢铁企业涉及工序工段较多，主要的碳排放节点分布在烧结、球团机头、焦炉烟囱、高炉热风炉、转炉、电炉、轧钢加热炉、热处理炉、自备电厂、石灰窑等位置，以某全流程不锈钢生产企业监测为例，监测点位见表5-3。其他类型钢铁企业可参照执行。

表5-3 某全流程不锈钢生产企业监测点位汇总表

序号	所属工序	点位名称	排气筒编号	现阶段监控污染物	是否自动监测	主要原料/燃料	监测项目*
1	炼铁-炼焦	焦炉烟囱	按照排污许可证中点位编号填写，例如DA001	指对应排气筒中须监控的污染物，例如氮氧化物、二氧化硫、颗粒物等	指监控污染物排放是否采用自动在线设备监测	洗精煤/高炉煤气	1，2
2	炼铁-烧结	烧结机头排气筒				石灰石/焦炉煤气、煤粉、焦粉	1，2，3
3	炼铁-炼铁	高炉热风炉排气筒				焦炭/无烟煤、高炉煤气	1，2，3
4	炼钢	电炉排气筒				废钢/焦炉煤气、天然气	1，2，3，4，5
5	炼钢	氩氧脱碳炉排气筒				钢水	1，4，5
6	轧钢-热轧	加热炉排气筒				焦炉煤气、高炉煤气、转炉煤气、天然气	1，2
7	轧钢-冷轧	热处理炉排气筒				天然气	1，2
8	轧钢-冷轧	退火炉排气筒				焦炉煤气	1，2
9	自备电厂	锅炉排气筒				高炉煤气、焦炉煤气	1，2
10	石灰窑	石灰窑排气筒				石灰石/煤粉	1，2，3

序号	所属工序	点位名称	排气筒编号	现阶段监控污染物	是否自动监测	主要原料/燃料	监测项目*
备注	*监测项目： 1. 二氧化碳排放浓度和相关烟气参数（烟气温度、湿度、流速、压力）； 2. 化石燃料消耗量、低位发热量、固体燃料收到基元素碳含量、气体燃料各气体组分含量； 3. 熔剂纯度和消耗量； 4. 生产过程含碳原料消耗量和含碳量； 5. 电极消耗量和含碳量； 6. 固碳产品产量和含碳量。						

监测点位设置参数、采样口设置规范化、监测平台设置等同火电行业中要求。

（三）监测方法

自动监测设备的运行管理，CO_2排放浓度、流量手工监测同火电行业。

排放量核算相关参数测定按照《中国钢铁生产企业温室气体排放核算方法与报告指南（试行）》（发改办气候〔2013〕2526号）执行，详见表5-4。

表5-4 钢铁行业排放量核算相关参数监测方法

监测项目	参考监测方法
化石燃料低位发热量，单位热值含碳量，碳氧化率	按照工艺过程使用化石燃料的种类，参考《煤的发热量测定方法》（GB/T 213-2008）、《石油产品热值测定法》（GB/T 384-81）（1988年确认）、《天然气能量的测定》（GB/T 22723-2008）等相关标准执行
含铁物质含碳量	参考《钢铁及合金碳含量的测定管式炉内燃烧后气体容量法》（GB/T 223.69-2008）、《钢铁及合金总碳含量的测定感应炉燃烧后红外吸收法》（GB/T 223.86-2009）、《铬铁和硅铬合金碳含量的测定 红外线吸收法和重量法》（GB/T 4699.4-2008）、《硅铁碳含量的测定 红外线吸收法》（GB/T 4333.10-2019）、《钨铁化学分析方法红外线吸收法测定碳量》（GB/T 7731.10-1988）、《钒铁碳含量的测定红外线吸收法及气体容量法》（GB/T 8704.1-2009）、《磷铁碳含量的测定红外线吸收法》（YB/T 5339-2015）、《磷铁碳含量的测定气体容量法》（YB/T 5340-2015）等相关标准执行

监测项目	参考监测方法
含碳原料中的熔剂（石灰石和白云石）	参考《石灰石及白云石化学分析方法第9 部分：二氧化碳含量的测定 烧碱石棉吸收重量法》（GB/T 3286.9-2014）
其他相关参数	参考《中国钢铁生产企业温室气体排放核算方法与报告指南（试行）》（发改办气候〔2013〕2526号）

（四）监测频次

自动监测频次应满足《固定污染源烟气（SO_2、NO_X、颗粒物）排放连续监测技术规范》（HJ 75-2017）要求，试点期间总运行时间不少于180天；手工监测频次不低于1次/月，用于与自动监测设备的比对校验；核算过程所需相关参数测定频次按照《中国钢铁生产企业温室气体排放核算方法与报告指南（试行）》执行。

（五）质量控制和量值溯源

自动监测设备的质量控制要求参照《固定污染源烟气（SO_2、NO_X、颗粒物）排放连续监测系统技术要求及检测方法》（HJ 76-2017）和《固定污染源烟气（SO_2、NO_X、颗粒物）排放连续监测技术规范》（HJ 75-2017）中规定执行。

手工监测中的有组织监测质量控制要求参照《固定污染源监测质量保证与质量控制技术规范（试行）》（HJ/T 373-2007），无组织监测质量控制要求参照《大气污染物无组织排放监测技术导则》（HJ/T 55-2000）中规定执行。

监测过程中相关人员管理，标准物质的溯源，使用的仪器设备等的质量控制要求同火电行业。

三、石油天然气开采行业

（一）监测项目

石油天然气开采行业根据其工艺特点选择监测逃逸、工艺放空以及火炬燃烧排放的CH_4浓度，其中逃逸排放的CH_4浓度通过地面手工监测形式开展，工艺放空和火炬燃烧排放使用核算方法计算，并与卫星遥感、走航、无人机等手段测得的场站整体CH₄排放情况进行比对验证。同步对核算法所需的火炬气CH₄浓度、流量和碳氧化率，天然气井的无阻流量和排放气中的CH₄浓度等开展监测。

（二）点位布设要求

根据油气田的布局以及工艺结构特点，监测范围应覆盖油气田生产全流程，包括油气勘探、开采、储运、处理等。排气筒监测点位布设应满足《固定污染源排气中颗粒物测定与气态污染物采样方法》（GB/T 16157-1996）、《固定源废气监测技术规范》（HJ/T 397-2007）；无组织散逸温室气体监测点位布设应满足《大气污染物无组织排放监测技术导则》（HJ/T 55-2000）等相关标准要求。

（三）监测方法

1. 地面监测

油气田勘探、开采、储运、处理等环节产生的无组织散逸CH₄，手工监测时可使用气相色谱法《环境空气 总烃、甲烷和非甲烷总烃的测定 直接进样-气相色谱法》（HJ 604-2017）、傅里叶变换红外光谱法《Vapor Phase Organic and Inorganic Emissions by Extractive FTIR》（EPA Method 320）、非分散红外吸收法等。

泄漏和敞开液面甲烷排放检测方法可参照《泄漏和敞开液面排放的挥发性有机物检测技术导则》（HJ 733-2014）执行。

环境空气CH₄浓度手工监测可使用光腔衰荡光谱法《大气甲烷光腔衰荡光谱观测系统》（GB/T 33672-2017）、离轴积分腔输出光谱法《温室气体 二氧化碳和甲烷观测规范 离轴积分腔输出光谱法》（QX/T 429-2018）等。

排气筒流量手工监测可使用皮托管压差法《固定污染源排气中颗粒物测定与气态污染物采样方法》（GB/T 16157-1996）、三维皮托管法《Flow Rate Measurement with 3-D Probe》（EPA Method 2F）、超声波法、热平衡法、光闪烁法等。

2. 遥感监测

针对油田井场及联合站的单一典型排放源（泄漏点/火炬/异常工况）的源强估算方法主要有：基于大流量采样器（Hi-flow Sampler）的等效CH₄排放量监测方法，基于高斯模型反演的排放源强估算方法《Geospatial Measurement of Air Pollution, Remote Emissions Quantification》（EPA OTM 33A），基于物料平衡的排放强度估算方法。

针对油气生产过程中火炬这一重点排放源，使用可见光红外热成像辐射检测（VIIRS）遥感数据和高空间分辨率卫星影像，对试点企业作业区火炬位置、数量及强度进行识别。

利用卫星遥感数据对试点企业生产区域高排放数据点（>100kg/h）进行筛查，记录高CH_4排放源异常排放发生的频率及持续时间，对比分析异常值对CH_4核算数据的影响。

3. 排放量核算相关参数监测

排放量核算相关参数监测按照《中国石油天然气生产企业温室气体排放核算方法与报告指南（试行）》（发改办气候〔2014〕2920号）执行。其中，碳氧化率（%）的测定按照《石油产品热值测定法》（GB/T 384-81）（1988年确认）、《天然气能量的测定》（GB/T 22723-2008）等相关标准执行，化石燃料含碳量的测定应遵循《GB/T 476 煤中碳和氢的测量方法》《SH/T 0656 石油产品及润滑剂中碳、氢、氮测定法（元素分析仪法）》《GB/T 13610天然气的组成分析气相色谱法》或《GB/T 8984气体中一氧化碳、二氧化碳和碳氢化合物的测定（气相色谱法)》等相关标准，其中对煤炭应在每批次燃料入厂时或每月至少进行一次检验。

（四）监测频次

有组织排放、无组织排放及泄漏和敞开手工监测，频次不低于1次/季度；其他监测方法，如车载、无人机、遥感等监测频次根据现场实际条件确定，一般同一设施的监测频次在试点期间应高于3次，每次监测时长1天以上。

（五）质量控制和量值溯源

有组织排放、无组织排放监测中的质量控制和量值溯源要求同火电行业。

四、煤炭开采行业

（一）监测项目

煤炭开采行业关注井工开采、露天开采等矿后活动及废弃矿井的CH_4排放浓度，井工开采的通风流量等相关参数。测算结果需与卫星遥感、走航、无人机等手段测得的矿区整体CH₄排放情况进行比对印证。

（二）点位布设要求

井工开采CH₄浓度、流量等传感器布设应满足《煤矿安全监控系统及检测仪器使用管理规范》（AQ 1029-2019）要求；如需开展手工监测，手工监测点位与其布设在同一点位。

露天开采点位布设应满足《大气污染物无组织排放监测技术导则》（HJ/T 55-2000）要求。

矿后活动煤样采集可参照《商品煤样人工采取方法》（GB/T 475-2008）、《煤炭机械化采样 第1部分：采样方法》（GB/T 19494.1-2004）等相关标准执行，确保煤样的代表性。

（三）监测方法

1. 地面监测

井工开采CH₄浓度和流量传感器的性能、使用和管理应满足《煤矿安全监控系统及检测仪器使用管理规范》（AQ 1029-2019）要求。CH₄浓度地面监测中涉及的有组织排放、无组织排放监测方法参考石油天然气开采行业中要求。

采集洗选前后、入库时和出厂前的煤种，监测其中的CH₄吸附量，计算矿后活动CH₄排放量。CH₄吸附量测定方法可参照《煤层瓦斯含量井下直接测定方法》（GB/T 23250-2009）和《煤的甲烷吸附量测定方法（高压容量法)》（MT/T 752-1997）等相关标准执行。

2. 遥感监测

遥感监测采用卫星遥感与走航协同监测的方法，实现煤矿排放源的源强估算。CH₄排放速率的反演计算采用《环境影响评价技术导则大气环境》（HJ 2.2-2018）推荐的AERMOD预测模型。

卫星遥感监测：使用甲烷监测卫星遥感数据（精度优于20ppb）和高分辨率卫星影像（分辨率优于2m），监测矿区及周边CH₄柱浓度空间分布时，应结合三维风场信息，利用高斯扩散模型法估算煤矿区域排放源强。

走航监测：走航监测所使用的甲烷监测仪应满足《环境空气和废气 总烃、甲烷和非甲烷总烃便携式监测仪技术要求及检测方法》（HJ 1012-2018）要求；走航监测所使用的卫星定位系统应满足《道路运输车辆卫星定位系统车载终端技术要求》（JT/T 794-2019）和《道路运输车辆卫星定位系统平台技术要求》（GB/T 35658-2017）要求；走航监测所使用的风速风向仪应满足风速分辨率不大于0.1m/s,风向分辨率不大于0.1°，输出频率大于等于1Hz的要求。

走航监测过程适宜在风力4级以下，无降雨、无扬尘天气开展，每天观测时间宜选在大气边界层发展比较好的时段，即每天上午10点到下午4点。在对目标区域开展CH_4走航监测前，应先通过地面监测和卫星遥感监测，掌握矿区内主要CH_4排放源的排放量及分布情况，根据矿区地形、设施、道路情况，规划走航监测路线，一般应沿矿区内部、矿坑边界或矿区道路进行监测，按照《大气污染物无组织排放监测技术导则》（HJ/T 55-2000）要求，尽量接近监测目标，在目标CH_4排放源周边及其下风向处进行监测。

（四）监测频次

自动监测频次应满足《固定污染源烟气（SO_2、NO_X、颗粒物）排放连续监测技术规范》（HJ 75-2017）要求，试点期间总运行时间不少于180天；有组织排放、无组织排放手工监测频次不低于1次/月；其他监测方法，如车载、无人机、遥感等监测频次根据现场实际条件确定，一般同一设施的监测频次在试点期间应多于3次，每次监测时长1天以上。

（五）质量控制和量值溯源

井工开采CH_4排放量监测使用的传感器、标准气体等在满足安全要求的前提下，优先溯源至国家标准；其他有组织排放、无组织排放监测中的质量控制和量值溯源要求同火电行业。

五、废弃物处理行业

（一）监测项目

根据废弃物处理行业处理类型的分类，重点监测废弃物填埋和污水处理过程中的CH_4和N_2O排放量，废弃物焚烧处理过程中的CO_2、CH_4和N_2O排放量。

（二）点位布设要求

点位布设时监测范围要覆盖废弃物处理的全流程，重点关注温室气体产生过程和关键节点。有组织温室气体监测点位布设应满足《固定污染源排气中颗粒物测定与气态污染物采样方法》（GB/T 16157-1996）、《固定源废气监测技术规范》（HJ/T 397-2007）要求；无组织散逸温室气体监测点位布设应满足《大气污染物无组织排放监测技术导则》（HJ/T 55-2000）等相关标准要求。

（三）监测方法

自动监测方法同火电行业。

有组织手工监测采用静态箱法、气相色谱法《固定污染源废气 总烃、甲烷和非甲烷总烃的测定 气相色谱法》（HJ 38-2017）、傅里叶变换红外光谱法《Vapor Phase Organic and Inorganic Emissions by Extractive FTIR》（EPA Method 320）、非分散红外吸收法等。

无组织逸散排放手工监测可使用光腔衰荡光谱法《大气甲烷光腔衰荡光谱观测系统》（GB/T 33672-2017）、离轴积分腔输出光谱法《温室气体 二氧化碳和甲烷观测规范 离轴积分腔输出光谱法》（QX/T 429-2018）等。

（四）监测频次

自动监测频次应满足《固定污染源烟气（SO_2、NO_x、颗粒物）排放连续监测技术规范》（HJ 75-2017）要求，试点期间总运行时间不少于180天；手工和静态箱法监测频次不低于1次/月。

（五）质量控制和量值溯源

1. 设备检定校准、核查与维护保养

用于碳监测相关的监测设备直接影响监测数据的准确性，在正式使用前，需在专业计量机构进行检定/校准；在日常使用时，为确保设备状态良好、稳定、可靠，须在使用前对其进行核查（如采样流量、标准气体核查等）；使用后，需用零气进行清洗并校准零点，避免下次使用时的交叉污染；为保证仪器设备的稳定性应定期维护和保养（如清洗管路、更换过滤装置等）。

2. 布点要求

根据废弃物处理工艺不同，处理单元的差异，设置不同的采样方法，如手工监测、静态箱法、气袋法。对于布点可以分三个阶段进行，第一阶段通过密集布点进行预监测，判断排放规律；第二阶段根据规律适当减少布点数量，保障采集样品的代表性，提高监测效率；第三阶段根据现场实际情况，从代表性布点中选取一定比例的点位（如10%），进行平行样品的采集，进一步确保分析准确有效。

3. 样品保存

需要盛装气体样品时，盛装的铝箔气袋等气体采样容器在使用前需经过3次高纯氮气清洗，避免污染干扰，并且注意密封避光保存，尽快分析测定。

4. 人员要求

涉及采样及检测分析的相关人员应经过充分的岗前专业知识培训，做到持证上岗。

5. 便携式监测与实验室监测比对

在使用便携式设备正式开展监测前，应进行一次便携设备监测与实验室监测比对测试，以验证便携式监测设备的准确性，监测方法可参照《固定污染源烟气（SO_2、NO_X、颗粒物）排放连续监测技术规范》（HJ 75-2017）和《固定污染源烟气（SO_2、NO_X、颗粒物）排放连续监测系统技术要求及检测方法》（HJ 76-2017）中关于比对监测的要求执行。

第二节　城市大气温室气体及海洋碳汇监测

开展城市大气温室气体及海洋碳汇监测工作是生态环境部碳监测评估试点工作方案的重要内容，根据试点城市的监测需求、基础条件、技术能力等差异初步将试点城市分为三类，即综合试点城市、基础试点城市、海洋试点城市，各类试点城市选取见表5-5。

表5-5 各类试点城市汇总表

类别	城市名称
综合试点城市	上海、杭州、宁波、济南、郑州、深圳、重庆和成都
基础试点城市	唐山、太原、鄂尔多斯、丽水和铜川
海洋试点城市	盘锦、南通、深圳和湛江

一、综合试点城市

（一）监测项目

综合试点城市的温室气体监测技术要求较为全面，综合试点城市根据自身在温室气体排放空间分布、温室气体组成成分、各自地理位置等特点，分为必测项目和选测项目，其中，碳同位素（$^{14}CO_2$）采用手工监测，HFCs、PFCs、SF_6、NF_3采用手工或在线监测，其他项目采用在线监测。监测项目详见表5-6。

表5-6 综合试点城市监测项目

必测项目	选测项目
高精度CO_2、高精度CH_4、高精度CO、高精度气象参数（风向和风速、温度、湿度、气压、降水量）、至少1个点位监测碳同位素（$^{14}CO_2$）、无人机遥感监测CO_2浓度、无人机遥感监测CH_4浓度、走航车移动监测CO_2浓度、走航车移动监测CH_4（柱）浓度	边界层高度、风速的垂直廓线、生态系统CO_2/CH_4通量、地基遥感CO_2/CH_4（柱）浓度、N_2O、HFCs、PFCs、SF_6、NF_3、碳同位素（$^{13}CO_2$）

（二）点位布设要求

综合试点城市进行温室气体监测点位布设时要以区分本地CO_2排放和区域传输为目标，兼顾区分CO_2人为源和自然源需要，综合考虑城市海陆地形特征、气候条件、大气中CO_2浓度空间分布等因素。点位布设过程中可通过无人机及走航观测进行路线设计，为选点提供数据支撑和对照监测依据，支撑卫星遥感监测结果校验。点位按功能不同分为城区点位和背景点位。

城区点位用于监测本地CO_2排放影响，为提高布设点位的代表性可运用走航监测、无人机遥感监测、卫星遥感监测和模型分析获得城市CO_2大气浓度空间分布。根据CO_2大气浓度空间分布情况在高值带、中值带和低值带分别布设至少2个点位。点位应能够代表所在梯度带的平均浓度水平，监测点位在该区域应具有一定相对高度，尽可能反映整体的CO_2空间分布。

背景点位用于区分本地CO_2排放和区域背景水平，应布设在城区外围并考虑主导风向且具有一定相对高度。其中沿海城市的背景点应考虑海陆风影响，布设海洋背景点和内陆背景点；山地城市的背景点应考虑山谷风的影响，布设山地背景点。

（三）采样要求

1. 点位选择要求

此项监测工作点位的选择与空气质量监测点位的选择要求基本相同，考虑到周边环境或地面大气环流等因素对温室气体监测可能产生的干扰，监测点周边环境应尽可能开阔，避免靠近人为和自然温室气体排放源以及受局地环流影响的区域。采样口周围水平面应保证360°的开阔捕集空间。

2. 采样平台

为保证监测数据的代表性和准确性，需将采样设备布置在高空，可优先选择新建铁塔或利用已有的通信塔等塔基平台上采样。

3. 采样高度

采样口距塔基的相对高度应在50～100米，以保证采集到混合充分的样气。监测区域下垫面情况简单的，可适度将采样高度调整到30～50米。

4. 采样系统

采样系统应具有除水功能，需使用惰性材料，配备稳压罐和多口阀。应适当预留采样口和仪器进样口，以备分别支持垂直梯度采样和方法比对。

（四）监测方法

按照《城市大气温室气体及海洋碳汇监测试点技术指南》要求，视情况选择以下方法开展监测。监测项目及监测方法见表5-7。

表5-7 综合试点城市监测项目方法表

序号	监测项目	监测方法
1	CO_2	①光腔衰荡光谱法，参照《大气二氧化碳（CO_2）光腔衰荡光谱观测系统》（GB/T 34415-2017） ②离轴积分腔输出光谱法，参照《温室气体二氧化碳测量离轴积分腔输出光谱法》（GB/T 34286-2017） ③气相色谱法，参照《气相色谱法本底大气二氧化碳和甲烷浓度在线观测方法》（GB/T 31705-2015） ④高精度非分散红外吸收法（NDIR） ⑤高精度傅里叶变换红外光谱法（FTIR）
2	CH_4	①光腔衰荡光谱法，参照《大气甲烷光腔衰荡光谱观测系统》（GB/T 33672-2017） ②离轴积分腔输出光谱法，参照《温室气体甲烷测量离轴积分腔输出光谱法》（GB/T 34287-2017） ③气相色谱法，参照《气相色谱法本底大气二氧化碳和甲烷浓度在线观测方法》（GB/T 31705-2015） ④高精度非分散红外吸收法（NDIR） ⑤高精度傅里叶变换红外光谱法（FTIR）
3	N_2O	①光腔衰荡光谱法 ②离轴积分腔输出光谱法 ③气相色谱法，参照《Analytical Methods for Atmospheric SF_6 Using GC-μECD》（WMO/GAW Report No.222），与SF_6同时分析 ④高精度傅里叶变换红外光谱法（FTIR）
4	HFCs和PFCs	自动采样（或手工罐采样）—低温预浓缩—气相色谱质谱法，参照Medusa:A Sample PreconcentrationandGC/MS Detector System for in Situ Measurements of Atmospheric Trace Halocarbons, Hydrocarbons, and Sulfur Compounds（Miller et al., 2008）建立分析方法 HFCs至少包括二氟甲烷、三氟甲烷、五氟乙烷、1,1,1,2-四氟乙烷、1,1,1-三氟乙烷、1,1-二氟乙烷等氢氟烃。PFCs至少包括四氟化碳、六氟乙烷、八氟丙烷、八氟环丁烷等全氟碳化物

序号	监测项目	监测方法
5	SF$_6$	①自动采样（或手工罐采样）—低温预浓缩—气相色谱质谱法，参照 Medusa:A Sample Preconcentration and GC/MS Detector System for in Situ Measurements of Atmospheric Trace Halocarbons, Hydrocarbons, and Sulfur Compounds（Miller et al., 2008）建立分析方法，可与HFCs、PFCs 和NF$_3$ 同时测定 ②气相色谱法，参照《Analytical Methods for Atmospheric SF$_6$ Using GC-μECD》（WMO/GAW Report No.222）
6	碳同位素（$^{14}CO_2$）	手工采样—加速器质谱法 采样方法可参考中国科学院地球环境研究所等高校院所相关研究，试点城市可与委托测试单位研究其他方法
7	地基遥感 CO$_2$/CH$_4$ 柱浓度	傅里叶变换红外光谱法
8	CO	① 光腔衰荡光谱法 ② 离轴积分腔输出光谱法 ③ 气相色谱法 ④ 高精度非分散红外吸收法（NDIR） ⑤ 高精度傅里叶变换红外光谱法（FTIR）
9	碳同位素（$^{13}CO_2$）	同位素光谱法，可选择光腔衰荡光谱法、离轴积分腔输出光谱法或高精度傅里叶变换红外光谱法（FTIR）进行在线分析。同位素质谱法，手工采样，采用同位素质谱仪进行实验室分析
10	走航CO$_2$/CH$_4$（柱）浓度	非分散红外吸收法（NDIR）、光腔衰荡光谱法、傅里叶变换红外光谱法，可采用高密度网格化固定点位监测和连续移动监测
11	无人机 CO$_2$/CH$_4$ 浓度	利用无人机搭载温室气体专用载荷，采用非分散红外吸收法（NDIR）实时监测

（五）监测频次

自动监测项目每日24小时连续监测；手工监测每周采样一次。在监测点位布设前，可开展无人机及走航加密观测试验，监测点位确定后每季度开展一次对照监测。

（六）质量控制和量值溯源

1. 质量控制要求

高精度CO_2、CH_4、CO和N_2O监测对监测系统精密度要求较高，一般可采用在线高频校准的方式通过高频修正系统漂移提升测量系统整体精密度。CO_2、CH_4、CO和N_2O两次校准间漂移不超过0.2ppm、5ppb、5ppb和0.3ppb，有条件的站点可将系统精密度进一步提升至两次校准间漂移不超过0.1ppm、2ppb、2ppb和0.1ppb。其他监测方法和监测项目的数据质量目标根据试点经验确定。

试点城市应根据质量目标要求分别制定相应的质量控制计划，包含仪器性能要求、安装验收要求、运行维护与质量控制要求，包括校准频次、方法、合格标准等。

2. 量值溯源要求

CO_2、CH_4等主要温室气体试点监测项目量值溯源工作，由中国环境监测总站联合中国计量科学研究院共同开展我国主要温室气体国家基准/标尺的研制、维持与国际比对，逐步构建量值准确、统一的环境温室气体监测量值溯源体系，保障监测数据与国际权威机构等效可比。其他配套气象监测仪器等应溯源至相关计量基/标准。

3. 准确度审核

中国环境监测总站负责试点城市监测点位准确度审核，一般采用标气审核或现场比对核查等形式进行。试点需建立完善环境空气温室气体监测准确度审核技术规范，用以评价各类点位的数据质量。

二、基础试点城市

（一）监测项目

基础试点城市监测项目包括高精度CO_2、高精度CH_4、高精度CO、高精度气象参数（风向和风速、温度、湿度、气压、降水量）、碳同位素（$^{14}CO_2$），无人机遥感监测CO_2浓度、无人机遥感监测CH_4浓度、走航车移动监测CO_2浓度、走航车移动监测CH_4浓度。其中，碳同位素（$^{14}CO_2$）采用手工监测，其他项目采用在线监测。

（二）点位布设要求

基于城市主导风向，结合走航及无人机遥感监测分析，在城市主导风向和次主导风向的上、下风向各布设1个点位，形成环绕城市的、沿主导风向上下游对称的监测点位，点位数量不少于4个。点位应在当地具有一定相对高度。有条件的城市根据地理和常年的气象风场分布情况，可研究适当增加其他方位的上、下风向点位，尽可能全面地估算城市CO_2排放通量。点位布设之初，可设计无人机及走航观测路线，为选点提供数据支撑和对照监测依据，同时支撑卫星遥感校验。

（三）其他要求

基础试点城市的温室气体监测工作与综合试点城市温室气体监测要求基本相同，故相应的采样要求、监测方法、监测频次、质量控制和量值溯源等内容同综合试点城市。

三、海洋碳汇试点

蓝色碳汇属于碳汇的一种，又称"海洋碳汇"或"蓝碳"，是一种利用海洋生物及海洋活动吸收清除大气中的二氧化碳，并将其固定在深海中的过程，与陆地上的"绿色碳汇"相对应。经统计，全球范围内超过55%的经生物固存的碳是储存在蓝碳生态系统中的。其中，海岸带上的红树林、盐沼和海草床等关键生态系统贡献了蓝碳总量的70%。海洋碳汇监测试点工作就是要尝试摸清我国蓝碳的底数，为未来蓝碳的规划开发奠定基础。

（一）监测项目

（1）海岸带生态系统碳储量：滨海湿地、海草床、盐沼地等典型植物各部分碳储量、土壤有机碳含量、土壤容重及厚度等。

（2）海岸带生态系统碳通量：CO_2通量、CH_4通量（选测）。

（3）海岸带生态系统植被状况：种类、范围、面积、地上生物量、地下生物量、凋落物生物量、附生生物量、密度、覆盖度、高度、胸径等。

（4）海岸带生态系统气象及水文状况：光合有效辐射、气温、降雨、土壤温度、土壤含水量、浑浊度、潮汐等。

（5）海藻养殖固（储）碳参数：海藻日净固碳速率、海藻含碳率、有机碳日释放速率等。

（6）海藻养殖状况：海藻养殖种类、养殖面积、养殖方式、养殖周期、养殖产量等。

具体监测过程中的项目及指标选择可依据海洋及海岸带生态系统植被类型和养殖类型的具体情况设置。

（二）点位布设要求

1. 海岸带点位布设及方法

原则上每个生态系统试点项目区需布设3～6条固定样线，每条样线不少于3个点位；通量塔布设的下垫面尽量均质，且有充足的风浪区。植被状况监测采用卫星遥感、无人机遥感和现场调查相结合的方式；碳储量监测采用实测法和模型拟合；碳通量监测主要采用涡度相关法。

2. 海藻养殖区点位布设及方法

根据海藻的养殖方式和养殖区域特点布设监测点位，原则上每个养殖区域监测点位不少于3个。海藻养殖面积以及藻种识别采用卫星遥感、无人机遥感和现场调查相结合的方式；固碳量测算相关参数采用室内模拟结合现场调查的方式；碳储量监测采用现场采样和实验室分析的方式。

（三）采样要求

1. 周边环境

为能采集到具有代表性的样本，采样点应避免靠近受人类活动影响区域。

2. 采样深度/高度

碳储量采样深度原则上为1米，在实际采样中可根据需求确定具体采样深度。碳通量塔高度一般不低于下垫面植被高度的2~3倍。

3. 采样平台

优先在已开展过碳储量及碳通量监测的平台上开展监测。

4. 采样系统

为了保证采样精度和样品的代表性，采样系统应按时维护和校准。

5. 采样样方要求

盐沼生态系统每个站位布设1个调查样方。样方大小根据盐沼植物种类、分布特征确定，一般高大植物或分布不均匀低矮植物样方应为0.5m×0.5m，分布均匀低矮植物样方可为 0.25m×0.25m。若调查样方内植株数量少于10株，需就近重新选择合适样方。

海草床生态系统调查样方因海草物种的不同而有所区别。具体指标及方法如下：生物量取样样方大小为 0.5m×0.5m，取样深度为20~30cm，地上生物量、地下生物量和凋落物样方应一致；凋落物样方可为海草地上生物量样方的一部分，沉积物柱状样直径宜在50~75mm 之间，样方宜采取随机、三角形、直线型方式布置，海草植被平行样方采集不少于3组。为符合生态环境保护的要求，采样过程中应尽量减小对海草床的干扰和破坏。

（四）监测频次

海岸带生态系统监测频次：碳通量及影响因子指标为全年连续监测，其余指标选择生物量最大季节（7—10月）每年开展1次监测。

海藻养殖监测频次：根据海藻养殖种类和养殖周期，安排监测频次，原则上每个周期监测2~3次。

（五）质量控制和量值溯源

1. 质量控制要求

依据《全国林业碳汇计量与监测技术指南（试行）》开展监测数据质量控制。各类湿地植被的总体分类精度不低于80%，各类参数的遥感反演精度不低于70%，碳通量半小时缺失数据应小于10%。

试点监测单位应根据精度要求分别制定相应的质量控制计划，包含仪器设备性能要求、安装验收要求、运行维护与质量控制要求，包括校准频次、方法、合格标准等。有条件的地区可通过运用在线高频校准及时修正仪器漂移，提升监测系统整体的准确度。

2. 准确度核查

国家海洋环境监测中心负责开展试点区域监测点位准确度核查，采用比对核查形式进行，试点建立典型海岸带生态系统和海藻养殖碳汇监测准确度核查技术规范，评价各类点位的数据质量。

第三节　区域大气温室气体及生态系统碳汇监测

区域大气温室气体及生态系统碳汇监测是掌握区域大气主要温室气体浓度、典型区域生态系统固碳效果以及土地利用年度变化的重要途径，是服务支撑国家温室气体清单校核的有效措施。根据生态环境部碳监测评估试点工作方案要求，区域大气温室气体及生态系统碳汇监测主要包括4方面内容，分别为国家背景站地面大气温室气体监测、全国及重点区域温室气体立体遥感监测、重点省份碳排放核算遥感监测、生态试点监测。

一、国家背景站地面大气温室气体监测

（一）监测试点

利用国家环境空气质量背景站在福建武夷山、内蒙古呼伦贝尔、湖北神农架、云南丽江、四川海螺沟、青海门源、山东长岛、山西庞泉沟、广东南岭9个站点开展区域大气温室气体试点监测（监测试点可视工作进展情况适当调整）。

（二）监测项目

9个国家背景站开展监测的项目为高精度CO_2、高精度CH_4。长岛站依托站点位置及仪器设备配备特点同时开展HFCs监测，并探索开展PFCs、SF_6等含氟温室气体

监测。武夷山站根据站点应用现状同时开展HFCs、PFCs、SF_6等含氟温室气体试运行监测。

（三）采样要求

1. 周边环境

采样点周边环境尽可能开阔，避免靠近人为和自然温室气体排放源以及受局地环流影响的区域。采样口周围水平面应保证360°的开阔捕集空间。

2. 采样平台

优先在新建铁塔平台上实现梯度采样，也可在站点附近通信塔或电力塔等现有塔基平台采样。塔基平台应具有一定相对高度。

3. 采样高度

应设置合理的采样高度，以保证采集到混合充分的样气，避免近地面人为和自然温室气体排放源影响以及局地环流的影响。最低采样高度应在采样区域下垫面10米以上，具体高度视采样点所处地形位置和周边环境而定。建议开展垂直梯度采样，在塔基平台不同高度设置采样口。

4. 采样系统

采样系统应具有除水功能，使用惰性材料，配备阀箱和多口阀。应适当预留采样口和仪器进样口，以备分别支持垂直梯度采样和方法比对。

（四）监测方法

按照《区域大气温室气体及生态系统碳汇监测试点技术指南》要求，视具体情况选择以下方法开展监测。监测项目及监测方法见表5-8。

表5-8 国家背景站地面大气温室气体监测项目

序号	监测项目	监测方法
1	CO_2	①光腔衰荡光谱法，按照《大气二氧化碳（CO_2）光腔衰荡光谱观测系统》（GB/T 34415-2017）执行 ②离轴积分腔输出光谱法，按照《温室气体二氧化碳测量离轴积分腔输出光谱法》（GB/T 34286-2017）执行
2	CH_4	①光腔衰荡光谱法，按照《大气甲烷光腔衰荡光谱观测系统》（GB/T 33672-2017）执行 ②离轴积分腔输出光谱法，按照《温室气体甲烷测量离轴积分腔输出光谱法》（GB/T 34287-2017）执行
3	HFCs 和 PFCs	自动采样－低温预浓缩－气相色谱质谱法，按照Medusa:A Sample Preconcentration and GC/MS Detector System for in Situ Measurements of Atmospheric Trace Halocarbons, Hydrocarbons, and Sulfur Compounds（Miller et al., 2008）建立分析方法。HFCs至少包括二氟甲烷、三氟甲烷、五氟乙烷、1,1,1,2-四氟乙烷、1,1,1-三氟乙烷、1,1-二氟乙烷等氢氟烃。PFCs至少包括四氟化碳、六氟乙烷、八氟丙烷、八氟环丁烷等全氟碳化物
4	SF_6	①自动采样－低温预浓缩－气相色谱质谱法，按照Medusa:A Sample Preconcentration and GC/MS Detector System for in Situ Measurements of Atmospheric Trace Halocarbons, Hydrocarbons, and Sulfur Compounds（Miller et al., 2008）建立分析方法，可与HFCs 和PFCs同时测定 ②气相色谱法，参考《Analytical Methods for Atmospheric SF_6 Using GC-µECD》（WMO/GAW Report No.222）

（五）监测频次

每日24小时连续监测。

（六）质量控制和量值溯源

1. 质量控制要求

按照《关于报送国家区域/背景环镜空气质量监测站运行维护记录的通知》（总站

气字〔2017〕333号）和《国家背景环境空气质量监测站运行维护手册》开展质控工作。高精度CO_2、CH_4监测对监测系统精密度要求较高，一般可采用在线高频校准的方式通过高频修正系统修正漂移，提升测量系统整体精密度。高精度CO_2和CH_4两次校准间漂移分别不超过0.1ppm和2ppb。

2. 量值溯源要求

做好CO_2、CH_4等主要温室气体试点监测项目量值溯源工作，联合中国计量科学研究院共同开展我国主要温室气体国家基准/标尺的研制、维持与国际比对，逐步构建量值准确、统一的区域温室气体监测量值溯源体系，保障监测数据与国际基准/标尺等效可比。其他配套气象监测仪器等应溯源至相关计量基/标准。

二、全国及重点区域温室气体立体遥感监测

（一）监测范围

全国尺度及重点区域的温室气体卫星遥感监测，监测的重点范围是京津冀、长三角、珠三角和汾渭平原等地区。同时，在河北香河、安徽合肥等地开展地基遥感监测。

（二）监测项目

根据目前遥感技术发展状况，先期开展CO_2和CH_4柱浓度监测。

（三）监测方法

1. 卫星遥感监测

多源数据融合法：利用GOSAT、OCO、高光谱观测卫星等短波红外高光谱遥感数据，采用最优化估计法（OE）监测温室气体（CH_4、CO_2）柱浓度。

2. 地基遥感监测

傅里叶变换红外光谱法：基于河北香河及安徽合肥地基遥感站，并结合城市需求，新建1～2个地基高塔和转动遥感监测站点，采用傅里叶红外光谱法开展地基温室气体CH_4、CO_2柱浓度监测，监测结果同时作为卫星遥感及无人机等监测结果的校

验依据。

(四)监测频次

全年连续监测，并按年度汇总监测数据。

(五)精度要求

卫星遥感反演精度：CO_2反演精度1～3ppm；CH_4反演精度优于20ppb。
地基遥感反演精度：CO_2反演精度优于1ppm；CH_4反演精度优于10pp。

三、重点省份碳排放核算遥感监测

(一)监测范围

首批选择河北、河南、山东、山西、陕西、内蒙古等6个重点省（区）作为碳排放核算遥感监测试点。

(二)监测项目

根据重点省份监测需求，重点监测CO_2排放量。

(三)监测方法

基于大气污染物及温室气体卫星遥感协同监测数据，结合排放反演模型及多尺度、多分辨率网格嵌套式高分辨率碳同化反演模式系统，获取重点省份CO_2排放情况。

同化反演模式系统采用集合卡尔曼滤波或四维变分等同化算法，同化反演模式系统应具备全球—区域多尺度嵌套的碳CO_2浓度和通量的同步反演、高频融合卫星、地面观测数据的同化能力。

反演目标区域重点省份空间分辨率不低于10公里，时间分辨率为月或年。

反演输入数据所需的温室气体排放清单，可使用国内外认可的全球和区域温室气体排放清单以及各重点省（区）已有的局地温室气体排放清单。

(四)监测频次

全年连续监测，监测数据按年度汇总。

四、生态试点监测

（一）生物量地面试点监测

1. 监测范围

选择森林、草原典型生态系统开展生物量地面监测，其中森林生态系统选择吉林长白山、海南中部山区、云南白马雪山等3个试点区域；草原生态系统选择内蒙古草甸草原、青海三江源高寒典型草原区2个试点区域开展监测。

2. 监测项目

乔木层调查项目包括物种名录、样地内每木胸径、树高、冠幅；灌木层调查项目包括物种名录、株数/多度、盖度、丛幅、高度、基径（地表高度5cm 、10cm 处的树干直径）；草本层调查项目包括物种名录、群落盖度、株数/多度、高度、生物量（干重、鲜重）；另外需调查的项目包括地表凋落物干重、土壤有机碳含量、土壤容重和土壤层厚度。

3. 监测频次

每年在植物生长季开展监测。

4. 技术要求

采用布设植被样方和样线法开展调查。森林生态系统调查样方为20m×20m ，灌木样方为10m×10m或5m×5m，草本样方为1m×1m。每类样方调查至少保证3个重复。

（二）生态系统通量监测

1. 监测范围

在深圳市的赤坳水库、杨梅坑水库两个通量观测站点开展亚热带常绿阔叶林生态通量监测。

2. 监测项目

H_2O/CO_2通量、三维风速、空气温度、气压。

3. 监测频次

全天候自动观测。

（三）土地利用及其变化监测

1. 监测范围

2021年我国陆域范围各类土地利用类型面积。

2. 监测项目

林地、草地、耕地、水域湿地、建设用地、未利用地等六大类26亚类。

3. 监测频次

以年度为监测周期，对土地利用类型开展动态变化监测。

4. 技术要求

采用卫星遥感与地面校验相结合的技术手段开展监测，具体技术要求按照《全国生态环境监测与评价技术方案》和《生态遥感监测数据质量保证与质量控制技术要求》（总站生字〔2015〕163号）中有关规定执行。

（四）承受力脆弱区生态影响监测

1. 监测范围

选取青海省承受力脆弱区为试点开展监测。

2. 监测项目

开展的监测项目包括青海省生态承受力脆弱区生态系统格局监测、当地植被和水体重要生态参数监测、湿地和冰川两种典型生态系统监测、典型区域碳储量监测、气候变化对生态影响的监测。

3. 监测频次

每年1次。

4. 监测内容及技术要求

生态系统格局监测：利用多源卫星遥感影像，运用遥感技术提取生态系统信息，开展森林、灌丛、草地、湿地、农田、城镇等生态系统格局监测，分析各类生态系统的空间分布、面积比例等。

植被状况监测：利用卫星遥感手段，获取植被覆盖度、总初级生产力（GPP）等数据，运用综合分析方法，从宏观层面上开展植被状况及变化监测。

水体监测：以多源卫星遥感数据为基础，运用遥感技术提取水体信息，开展水体空间分布、面积及变化的监测和分析。

典型生态系统监测：针对冰川和湿地两类典型生态系统，综合利用多源卫星遥感数据，开展典型湿地的空间分布、面积及变化的监测；选取阿尼玛卿冰川，开展冰川面积和冰量等监测。

典型区域碳储量监测：主要对典型区域植被和土壤碳储量进行监测。综合利用卫星遥感反演、地面样方调查和资料收集等方法，开展区域植被和土壤碳储量核算关键参数率定校准，实现区域碳储量综合测算与分析。

气候变化对生态的影响监测：结合气候变化数据，采用综合分析方法，分析气候变化对植被、水体和各类生态系统的影响，进而分析生态系统变化对碳储量的影响。

第十八章

碳监测发展方向与思路

第一节 问题与对策

一、存在问题

（一）碳监测技术储备不足

在开展温室气体监测工作时会运用到气候学、生态学、海洋学以及地理学等多方面的知识，因此涉及的学科众多，各个学科之间需进行交叉融合才能更好地解决监测中遇到的技术问题。国内温室气体监测工作起步较晚，相应的学科融合过程尚处在起步阶段。

生态环保部门涉及温室气体监测方法标准仅有《固定污染源废气 二氧化碳的测定 非分散红外吸收法》（HJ 870-2017）、《固定污染源废气 总烃、甲烷和非甲烷总烃的测定 气相色谱法》（HJ/T 38-2017）以及环境空气监测标准《环境空气 总烃、甲烷和非甲烷总烃的测定 直接进样-气相色谱法》（HJ 604-2017）。气象部门发布的《温室气体玻璃瓶采样方法》（QX/T 164-2012）以及CO_2、CH_4监测的相关方法标准或仪器规定（GB/T 31705-2015，GB/T 33672-2017，GB/T 34415-2017，GB/T 34286-2017）虽然可为温室气体背景监测提供借鉴，但要形成系统的温室气体监测技术体系尚不完善。温室气体监测相关的质量控制规范尚未建立，监测过程的规范化不足，涉及温室气体排放的行业排放标准尚不明确，企业排放温室气体的行为缺乏量值管控。

国内外关于温室气体浓度监测设备的种类较多，但还缺少系统的评估，评估内容包括各种监测技术的原理、技术成熟度、适用条件、优缺点、不确定性以及经济成本等。《京都议定书》规定控制的温室气体种类有二氧化碳（CO_2）、甲烷（CH_4）、氧化亚氮（N_2O）、氢氟化碳（HFCs）、全氟化碳（PFCs）和六氟化硫（SF_6）。《京都议定书多哈修正案》将三氟化氮（NF_3）纳入管控范围，使受管控温室气体达到7种。目前只有二氧化碳、甲烷、氧化亚氮具有较为成熟的自动监测仪器，其他4项温室气体国内外均无成熟的自动监测设备，国内虽然有在研产品，但距离商品化和市场化还有一定的距离。

遥感技术应用于温室气体监测，具有视野广阔、获取信息量多、效率高、适应性强等众多优点。国内在应用遥感技术进行温室气体监测的过程中取得了丰硕成果，但仍存在诸多问题：国产碳监测卫星资源匮乏，开展全球及中国温室气体业务化监测难度较大；尚无标准化的温室气体探测卫星地面验证网络，卫星遥感产品精度难以验证；尚未建立基于遥感和地面观测的国家温室气体排放核算体系。突破这些遥感技术发展瓶颈，对国内温室气体监测技术的综合发展至关重要。

（二）监测网络尚未健全

中国气象局现有的7个大气本底观测站，已在世界气象组织全球大气监测计划框架下对温室气体进行了多年的观测，但覆盖区域尚不全面，很难反映出中国全陆域的温室气体本底和地域分布情况。生态环境部利用福建武夷山、内蒙古呼伦贝尔、湖北神农架、云南丽江、广东南岭、四川海螺沟、青海门源、山东长岛、山西庞泉沟、海南永兴岛和美济礁11个国家空气质量背景站开展CO_2、CH_4等温室气体监测，此项工作起步较晚，站内仪器设备、采样铁塔等相关设施有待完善。

海洋大气温室气体监测网络基础能力薄弱，原国家海洋局虽在东海沿岸、西沙、南沙新建立4个海岛/沿岸监测站，但尚未形成覆盖国内近海的监测网络；海水温室气体浓度监测系统尚未建立，原国家海洋局海水温室气体走航监测体系的运行陷于停滞，缺少长时间定点监测。

（三）管理机制有待完善

目前，国内承担温室气体监测相关工作的部门有生态环境部、中国气象局以及国家海洋局所属机构，各有关机构在温室气体监测站点建设、标准研究和数据分析等方面做了大量基础性工作，并均取得了一定的成绩。但由于监测目标任务不一致，承担机构管理不统一，造成部分监测工作权责不明、数据共享不畅通等问题。

排放源温室气体监测的监督机制尚不完善，虽然相关管理部门发布了一系列规范和要求，但仍不够全面具体，对一些影响温室气体监测质量的行为缺乏有力有效的监督惩治措施。监督机制的不完善导致个别企业和第三方机构在进行碳核查过程中对碳监测的质量重视不够，甚至弄虚作假，最终影响碳核查工作的有效开展。这种行业乱象，不仅使企业自身信誉受到损失，同时也使碳排放管理部门承受巨大的管理压力和风险。

二、对策思考

（一）加强碳监测相关技术研究

温室气体监测学科建设要以服务需求为目标，以问题为导向，以科研联合攻关为牵引，以创新人才培养模式为重点，依托科研院所、大专院校等科技创新平台、研究中心，整合多学科人才团队资源，加大对原创性、系统性、引领性研究的支持，着重围绕大气科学、海洋科学、环境科学以及生物科学等为代表的学科进行基础研究，丰富和完善温室气体监测领域的基础理论创新。

在标准与技术规范方面，针对我国温室气体相关监测标准相对缺乏的现状，为了实现科学、规范、有效地开展温室气体监测，落实"统一监测评估"要求，应加大力度开展温室气体监测相关技术与方法的研究。从事温室气体监测和科研的部门、机构需加强合作，针对CO_2、CH_4、N_2O及含氟气体的监测关键技术和难点开展联合攻关，制订完善的技术标准和质量控制标准，推进方法标准化，实现监测规范化，逐步完善我国温室气体监测技术体系。另外，需结合国内各行业温室气体排放的实际情况，制定科学合理的温室气体排放标准，为温室气体排放源的管控提供执行依据。

在仪器设备开发方面，目前气相色谱法测量废气及环境空气中CH_4以及非分散红外光谱法测量废气中CO_2的仪器设备相对成熟，相应的仪器监测标准或技术储备均比较完备。国内相关机构应在现有基础上加大其他温室气体监测仪器设备的研发力度。同时，政府相关部门要引导鼓励研究机构、仪器设备生产企业开发新的方法、技术与设备，并从政策、资金补贴等方面给予适当的支持，共同为完成我国碳排放监测任务做好准备。

在遥感技术应用方面，按照"需求牵引，技术推动"的原则，加强国家温室气体卫星遥感监测能力建设，构建高低轨、主被动、多体制、多星协同的温室气体监测卫星体系，实现全球—区域—城市以及点源的高分辨率、高时频、高精度遥感监测；推动新一代高精度温室气体综合探测业务卫星的研发，对卫星搭载载荷指标进行优化，并提高搭载观测仪器的精度，优化温室气体遥感数据关键模型算法，保证卫星遥感产品的精密度和准确度；加大科研力度、建立创新基地、组织联合攻关，发展基于卫星遥感的国家温室气体清单核算技术体系，包括温室气体卫星遥感反演技术、多源卫星数据同化技术、通量反演技术以及高性能超算技术等。遥感技术与温室气体监测的深度融合与不断完善，将为我国温室气体监测工作注入新的动能。

（二）完善监测网络

有鉴于温室气体监测的特殊性，完善温室气体的监测网络是一项基础性、长期性工作。为解决站点不足、设施不全、技术单一等问题，依据世界气象组织《全球大气监测观测指南》应扩充点位数量，更新增加仪器设备，加强运维质控管理，搭建数据集成应用平台，全面提升温室气体监测分析能力。同时完善地基遥感、卫星遥感和无人机观测等温室气体综合监测手段，支撑"双碳"目标的管理需求，对接全球大气观测网。

继续在国内沿海城市、各大海域选择具有代表性的区域设置海洋大气温室气体监测站点，重点开展海岸带生态系统碳通量、海岸带生态系统气象及水文状况、海水温室气体走航等温室气体相关监测内容，逐步完善海洋大气温室气体监测系统，形成全覆盖、全时段、多尺度、多技术的"天地海空一体化"温室气体立体监测网络。

（三）加强统筹管理

针对温室气体监测实施部门站点建设标准不统一、监测手段不一致和数据资源共享不够等问题，要转变观念转变，加强温室气体监测管理体制机制的创新。从顶层设计开始，统筹监测机构的目标和任务，统筹科研开发与应用监测，逐步理顺各部门之间的职责，建立多渠道、多方式的沟通配合协作机制，整合温室气体监测的能力，促进业务工作和监测技术的无缝衔接。充分发挥各部门的优势，构建架构统一、业务协同、资源共享的温室气体监测体系，推动监测网络"规模化"，实现监测业务标准化。

完善温室气体监测立法，加强排放源碳监测的监督管理，完善社会监督，综合运用法律、经济、政策以及征信系统等方式督促企业和第三方机构依法履行碳监测相关义务。保障温室气体监测工作健康、有序发展，为碳达峰和碳中和目标的实现提供技术支持。

第二节 碳监测"十四五"发展目标

"十四五"规划作为中国开启全面建设社会主义现代化国家新征程的第一个五年规划，要在巩固全面建成小康社会成果的基础上，为实现第二个百年奋斗目标打下坚实基础。在应对气候变化的总体战略部署中，"十四五"规划为温室气体监测确立了目标，指明了方向。

一、总体原则

根据目前碳监测技术发展现状，"十四五"碳监测的发展要坚持以下原则：

核算为主，监测为辅。"十四五"期间国家温室气体清单和企业温室气体报告以核算方法结果为准，监测数据作为温室气体排放量的重要辅助校核手段之一。

统一规划，分步实施。统筹规划点位布设，使监测结果更具空间代表性和科学性。加强和完善现有背景地区监测点位的监测能力和技术水平，同时选取有代表性的区域开展试点监测，积累一定经验和技术储备后再考虑扩大监测范围。

提升能力，统一标准。国家温室气体监测体系应注重建立一整套的科学统一的标准规范，对涉及行业或监测行为进行规范，实现与国际对标接轨，确保监测数据科学准确。

科研先行，业务发力。采取急用优先，迭代完善的原则，在现有科研和业务工作基础上，结合当前国家需求，设定工作优先顺序，逐步推动产品的业务化发展，并在实际应用过程中，及时总结经验和不足，对产品进行不断迭代完善。

整合资源，落实责任。生态环境部总体负责，整合中国气象局、海洋局等有关部门已开展的温室气体监测工作，统筹考虑相关部门事权及责任划分，将责任落实到具体部门或单位。

二、阶段性目标

为完成2030年碳达峰和2060年碳中和的愿景目标，"十四五"是一个关键时期。为此国家从网络建设、技术体系、监测手段、平台建设等方面规划了温室气体监测的阶段性目标。

阶段性发展目标见表5-9。

表5-9 碳监测阶段性发展目标

	2021年	2022年	2023年	2024年	2025年
阶段目标	联合相关部门实施"十四五"温室气体"天空地海"监测网络建设方案；构建监测、校核方法以及数据质量控制的技术体系；开展新建站点的选址和升级站点的能力建设等工作	在已完成能力建设的监测站点开展温室气体监测，继续开展其他监测站点的能力建设工作；开发"多源温室气体监测数据集成与应用"平台	优化"多源温室气体监测数据集成与应用"平台；实现全球、全国等不同尺度温室气体浓度时空分布的业务化监测；开展温室气体浓度对中国温室气体清单和企业排放数据的校核工作	提升温室气体浓度监测与校核能力；完成中国应对气候变化履约报告中温室气体浓度校核清单数据的工作	实现"天空地海"一体化温室气体的实时监测；完成温室气体浓度监测数据平台建设；完成多尺度温室气体时空分布分析和温室气体减排效果评估工作

第三节 碳监测发展思路

一、总体思路

中国碳监测"十四五"期间发展规划是以满足国际履约需求和国内应对气候变化工作需求为根本出发点。"十四五"期间，统一规划温室气体监测网络的总体框架，整合国内相关部门和研究机构资源，初步建立"天空地海"一体的包括大气和水体、涵盖温室气体浓度和典型排放源排放量的立体监测网络。加强温室气体监测数据的分析和利用，建立部门间数据共享机制和多源温室气体监测数据集成与应用平台，为温室气体清单和企业排放数据校核、温室气体减排效果评估和多尺度温室气体时空分布分析奠定坚实基础。

二、建设内容

以生态环境部和中国气象局等现有的温室气体监测为基础，整合我国温室气体监测站点和平台，形成国际公认、方法统一、结果可比和数据共享的温室气体监测体系（见图5-2），具体建设内容包括"天空地海"一体化、涵盖温室气体浓度和典型排放源温室气体排放量的监测网络、监测质量保证/质量控制体系和多源温室气体监测数据集成与应用平台等。

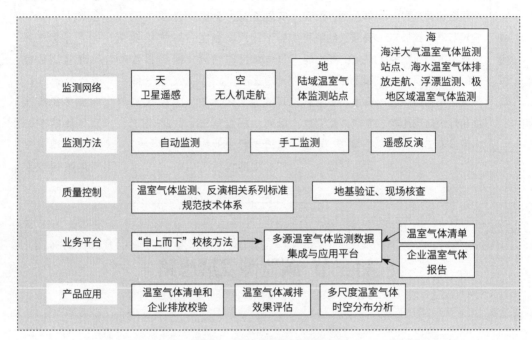

图5-2 立体监测体系示意图

（一）碳监测网络布局

1. 天基监测

监测范围：

全球、全国及城市尺度的卫星遥感监测。

监测指标：

监测二氧化碳（CO_2）、甲烷（CH_4）、氧化亚氮（N_2O）三种温室气体的柱浓度及垂直分布。

监测方法及频次：

卫星遥感反演及多源数据融合，每日监测。

2. 空基监测

监测范围：

京津冀及华北地区重点工业园区的无人机遥感监测。

监测指标：

监测二氧化碳（CO_2）、甲烷（CH_4）、氧化亚氮（N_2O）三种温室气体的浓度及空间分布。

监测方法及频次：

无人机遥感短时低空自动监测，一季度一次。

3. 地基监测

（1）陆域温室气体浓度监测

监测点位：

在中国气象局现有的1个全球本底站和6个区域站的基础上，继续开展温室气体浓度监测；在生态环境部现有11个已开展温室气体（CO_2、CH_4、N_2O）监测的背景站中选择运维条件较好的福建武夷山站和山东长岛站两个站点开展温室气体全项试点监测，即新增氢氟化碳（HFCs）、全氟化碳（PFCs）和六氟化硫（SF_6）和三氟化氮（NF_3）项目监测。选择具备客观条件的福建武夷山站、山东长岛站、湖北神农架站、内蒙古呼伦贝尔站、云南丽江站、青海门源站等背景站开展不同高度的温室气体浓度监测。

监测指标：

除湖北神农架站、内蒙古呼伦贝尔站、云南丽江站、青海门源站监测二氧化碳（CO_2）、甲烷（CH_4）、氧化亚氮（N_2O）之外，其他站点均监测二氧化碳（CO_2）、甲烷（CH_4）、氧化亚氮（N_2O）、六氟化硫（SF_6）、氢氟化碳（HFCs）、全氟化碳（PFCs）和三氟化氮（NF_3）等全项温室气体。

监测方法及频次：

均采用自动连续监测，获取全年的实时监测数据。

（2）地基遥感温室气体柱浓度及垂直分布监测

监测点位：

依托生态环境部现有的11个背景站，并在无云影响、卫星数据覆盖全、气溶胶光学厚度较大的城市区域新建温室气体地基遥感监测站点30个左右，开展温室气体柱浓度及垂直分布监测；拟将其中1个站点数据并入全球碳柱总量观测网（TCCON）。

监测指标：

二氧化碳（CO_2）、甲烷（CH_4）、氧化亚氮（N_2O）、六氟化硫（SF_6）、氢氟化碳（HFCs）、全氟化碳（PFCs）和三氟化氮（NF_3）等七项温室气体。

监测方法及频次：

采用定点自动连续监测，获取全年的实时监测数据；结合激光雷达走航监测，走航监测至少覆盖春、夏、秋、冬四个季节。

（3）典型排放源温室气体排放量监测

监测范围：

选择典型行业开展温室气体排放量监测试点。

监测指标：

烟气CO_2浓度和烟气流量。

监测方法及频次：

自动连续方法。

4. 海基监测

（1）海洋大气温室气体浓度监测

监测点位：

渤海、黄海、东海、南海北部、南海南部以及北部湾海岛上各建立1～2个监测站。

监测指标：

海洋大气中的CO_2、CH_4和N_2O浓度以及气象参数。

监测方法及频次：

自动连续监测，获取全年的实时监测数据。

（2）海水温室气体浓度监测

监测点位：

定点监测：在渤海、黄海、东海、南海北部、南海南部以及北部湾各建立1个监测站位。

走航监测：走航数据覆盖我国近海$1° \times 1°$的网格。

监测指标：

定点监测包括海水中CO_2和CH_4浓度、海水温度、盐度、溶解氧和pH等，走航监测包括海水中CO_2、CH_4和N_2O浓度、海水温度、盐度、溶解氧和pH等。

监测方法及频次：

定点监测采用自动连续方法，获取全年的监测数据；走航监测N_2O采用离散采样的方法，其他参数均采用自动连续方法，至少覆盖春、夏、秋、冬四个航次。

（3）极地区域温室气体监测

监测点位：

在南极和北极现有的监测站中增加极地区域海水和大气温室气体监测设备。

监测指标：

极地区域海水和大气的CO_2、CH_4和N_2O浓度、气象参数、海水温度、盐度、溶解氧和pH等。

监测方法及频次：

海水N_2O采用离散采样的方法，其他参数均采用自动连续的方法，每年至少开展一个月的监测。

（二）质量保证与质量控制

为提高监测质量，在系统总结国内外关于温室气体监测经验和方法的基础上，编制与国际接轨的规范化、标准化技术方法规范和标准。

建立与国际接轨的温室气体质量管理体系，主要包括：为监测体系提供标准气体和进行质量传递的温室气体标准气系列配置和标校系统；建立仪器设备适用性检测、仪器智能接口开发、监测数据有效性判别专家系统、标准器物的供应、保存、溯源解决方案等在内的自动监测质量保证体系；建立与国际接轨并适合我国实际情况、涵盖采样、运输、分析等监测全过程的实验室分析方法和一整套与之相配套的质量保证/质量控制措施。

在利用地基遥感监测网站点数据对反演结果进行比对验证的基础上，降低验证方案的不确定性，包括验证数据获取时间以及空间位置匹配的不确定性，建立科学的验证模型，分析误差来源，通过不断地更新迭代，逐步优化温室气体卫星遥感反演算法及排放量反演算法。在产品精度满足应用需求的基础上，加强大气温室气体遥感监测主要业务方向在监测方法、产品制作及产品验证技术等方面的标准规范建设，完善大气温室气体遥感监测标准规范体系，进而建立完善温室气体遥感监测应用技术等标准规范，提高温室气体卫星遥感产品质量，提升大气温室气体遥感监测业务化水平。

（三）数据集成与应用

温室气体监测数据在未来国家"双碳"目标实现的过程中起着重要的作用，对数据应用在"十四五"期间进行合理规划，使其能够在未来高效率、高质量的服务于企业碳排放管理，服务于国家"双碳"政策以及国际履约与合作的相关工作。

在现有温室气体数据化的基础上，完善温室气体监测数据收集、存储数据库，建立可用于大数据分析的信息化平台；整合温室气体监测数据来源，建立国家气候变化相关部门数据相互交流和共享机制，打破温室气体数据共享壁垒；逐步完成具有远程质量控制功能的质量管理系统，实现对数据的实时质量控制；借助地理信息系统，陆地、海洋生态系统，气候观测系统等现有研究成果，完善用于分析温室气体地域分布、生态系统碳源汇以及与气候变化相关的数据模型；促进生态学、气候学、环境学以及海洋学等多学科融合，形成多学科并举研究温室气体监测数据的局面。

问题与思考

1. 简述碳监测的背景和意义。

2. 国际上开展温室气体监测的依据和要求？

3. 综合试点城市的温室气体监测中的必测项目有哪些？

4. 简述火电行业排放源碳监测的监测项目。

5. 简述钢铁行业碳监测点位布设要求。

6. 石油天然气开采行业碳监测过程中监测方法有哪些？

7. 海洋碳汇试点的监测项目有哪些？

8. 生态环境部发布的针对消耗臭氧层物质监测分析方法有哪些？

第六篇
碳捕集、利用与封存

第十九章

CCUS技术概述

二氧化碳捕集、利用和封存（Carbon Capture, Utilization and Storage, CCUS），是一种用于减缓气候变化、减少二氧化碳排放的技术，也是唯一能够大量减少工业过程中温室气体排放的手段。CCUS技术是在传统二氧化碳捕集和封存（Carbon Capture and Storage, CCS）的基础上引入了CO_2资源化利用发展起来的，即把捕获的CO_2提纯后，投入新的生产过程进行资源化循环再利用。CCUS的概念由中国在2006年的北京香山会议上首次提出，并已在全球范围内得到接受与推广。本章介绍了碳捕集、利用与封存技术的技术特点及应用现状，还介绍了除CCUS外的其他碳减排技术。

第一节 CCUS技术概念

一、CCUS定义

二氧化碳捕集、利用与封存（CCUS）技术是指将CO_2从工业过程、能源利用或大气中分离出来，直接加以利用或注入地层以实现CO_2永久减排的过程。

CCUS技术主要包括捕集、运输、利用与封存。

捕集是指将CO_2从工业生产、能源利用或大气中分离出来的过程。

运输是指将捕集的CO_2通过罐车、船舶和管道等方式，运送到可利用场所或封存场地的过程。

利用是指通过物理、化学以及生物等技术手段，将捕集的CO_2实现资源化利用的过程。根据利用形式的不同，可分为CO_2的地质利用、化工利用和生物利用等。

封存是指通过工程技术手段将捕集的CO_2注入深部地质储层或海洋特定海水层，实现CO_2与大气长期隔绝的过程。

依赖传统的节能减排、提高能效、发展绿色能源等技术方式，只能解决节能降碳的部分问题，无法有效地实现温室气体减排目标。利用CCUS技术可以对能源领域、工业生产过程的碳排放进行有效控制，是钢铁、水泥、电力等"两高"行业实现低碳转型的主要可行技术。同时发展CCUS技术能够加速CO_2资源化利用，增加高附加值的碳转化技术产品，形成具有商业价值的新兴碳产业，为经济社会绿色低碳转型、保障能源安全和"双碳"目标的实现提供支撑。

CCUS技术及主要类型如图6-1所示。

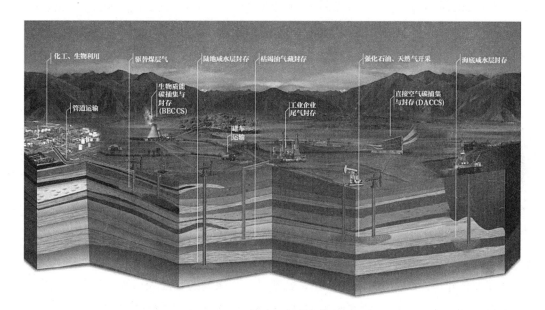

图6-1 CCUS技术及主要类型示意图

注：来自《中国二氧化碳捕集利用与封存（CCUS）年度报告（2021）》。

二、国外CCUS发展现状

根据全球碳捕集与封存研究院（Global CCS Institute，GCCSI）的统计，目前世界上共有CCUS项目超过400个，其中年捕集规模在40万t以上的大规模综合性项目有43个（含目前运行、在建和规划的项目）。大规模综合性项目个数及CO_2捕集量主要集中在北美和欧洲，占62%；其次是澳大利亚和中国。

美国2020年新增12个CCUS商业项目。运营中的CCUS项目增加至38个，约占全球运营项目总数的一半，CO_2捕集量超过3000万吨。美国CCUS项目种类多样，主要应用在水泥制造、燃煤发电、燃气发电、垃圾发电、化学工业等领域。半数左右的项目已经不再依赖CO_2强化采油技术（EOR）得到收益，这得益于美国政府发布的碳捕集与封存优惠政策，即45Q条款。美国CCUS项目可以通过联邦政府的45Q税收抵免政策获得政府财政支持，该举措为CCUS项目的顺利开展提供了有力的资金保障。此外，2020年美国能源部投入2.7亿美元支持CCUS项目，极大地鼓励了CCUS项目的发展。2021年1月15日，美国发布45Q条款最终法规，抵免资格分配制度更加灵活，明确私人资本投资CCUS项目可获得抵免资格，这种方式可以确保CCUS项目的现金流长期稳定，降低了项目财务风险，使新的CCUS项目得以实施。

欧盟2020年有13个商业CCUS项目正在运行，其中爱尔兰1个，荷兰1个，挪威4个，英国7个。另有约11个项目计划在2030年前投运，其主要设施集中在欧洲北海周围。欧洲的CCUS项目由于制度成本以及公众接受度等因素，进展较为缓慢。与美国不同，欧洲CCUS项目的CO_2减排价值主要依靠欧盟碳交易市场（EU-ETS）和EOR来体现。2020年前，欧洲碳交易市场的CO_2价格较低，该市场对CCUS项目的支持力度有限。碳交易市场的碳价不确定性也影响了企业对CCUS投资的判断。2020年欧洲绿色协议（European Green Deal）和欧洲气候法案（Climate Law）将2050年净零排放的目标变成了政治目标和法律义务。这使得欧洲将会采取更加积极的政策来支持CCUS。2020年6月，欧洲创立的创新基金（Innovation Fund），被认定为欧洲未来CCUS项目的主要公共资金来源，该基金规模为100亿欧元。

由于地质条件限制，日本本土没有可用于驱油（EOR）的油气产区，其EOR项目多在海外建设，例如美国的Petra Nova项目，东南亚的驱油项目等。日本CCS全流程项目有2016年开始运行的苫小牧项目。广岛的整体煤气化联合循环发电（IGCC）项目已经开始了CO_2捕集，并准备在今后开展CO_2利用的实证试点。日本政府在2020年宣布了2050年净零排放的目标，同年议会通过了成长战略并且制定了施行计划。CCUS作为14个重点领域之一，经济产业省为其制定了在水泥、燃料、化工和电力领域的普及路线图。

除CCUS外，生物质能碳捕集与封存（BECCS）和直接空气碳捕集与封存（DACCS）技术在国外受到了高度重视。BECCS是指将生物质燃烧或转化过程中产生的CO_2进行捕集、利用或封存；DACCS则是直接从大气中捕集CO_2，并将其利用或封存。此两项技术的经济指标在一定程度上优于CCUS，但相关技术尚需完善，英国、瑞典相继推出了BECCU技术试点来减少碳排放。

三、中国CCUS发展潜力

我国于2019年发布了《中国碳捕集利用与封存技术发展路线图》来推动CCUS

技术发展，目前各技术环节均取得了显著进展，部分技术已经应用于实际生产中。

捕集技术：各代CO_2捕集技术成熟程度差异较大，第一代碳捕集技术（燃烧后捕集、燃烧前捕集、富氧燃烧）发展趋于成熟，但成本和能耗偏高、缺乏广泛的大规模示范工程经验是制约该代技术发展的瓶颈；而第二代技术（如新型膜分离、新型吸收、新型吸附、增压富氧燃烧等）仍处于实验室研发或小试阶段，该技术成熟后其能耗和成本会比第一代技术降低30%以上，2035年前后有望大规模推广应用。燃烧后捕集技术是目前最成熟的捕集技术，可用于大部分火电厂的脱碳改造。燃烧前捕集系统相对复杂，整体煤气化联合循环（IGCC）技术是典型的可进行燃烧前碳捕集的系统。富氧燃烧技术是最具潜力的燃煤电厂大规模碳捕集技术之一，产生的CO_2浓度较高（约90%～95%），更易于捕获，可用于新建燃煤电厂和部分改造后的火电厂。

输送技术：在现有CO_2输送技术中，罐车运输和船舶运输技术已达到商业应用阶段，主要应用于规模10万吨/年以下的CO_2输送。中国已有的CCUS示范项目规模较小，大多采用罐车输送。华东油气田和丽水气田的部分CO_2通过船舶运输。管道输送尚处于中试阶段，吉林油田和齐鲁石化采用陆上管道输送CO_2。海底管道运输的成本比陆上管道高40%～70%，由于此工程项目需在海底作业，相关技术尚需完善。

利用与封存技术：在CO_2地质利用与封存技术中，CO_2地浸采铀技术已经达到商业应用阶段，强化采油技术（EOR）已处于工业示范阶段，强化咸水开采技术（EWR）已完成先导性试验研究，驱替煤层气技术（ECBM）已完成中试阶段研究，矿化利用已经处于工业试验阶段，强化天然气、强化页岩气开采技术尚处于基础研究

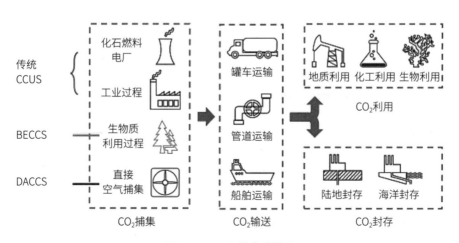

图6-2 CCUS技术路线图

注：来自《中国二氧化碳捕集利用与封存（CCUS）年度报告（2021）》。

阶段。中国CO_2-EOR项目主要集中在东部、北部、西北部以及西部地区的油田附近及中国近海地区。CO_2化工利用技术已经实现了较大进展，电催化、光催化等新技术大量涌现，但在燃烧后CO_2捕集系统与化工转化利用装置结合方面仍存在一些技术瓶颈尚未突破。CCUS技术路线如图6-2所示。

中国已具备大规模捕集利用与封存CO_2的工程能力，正在有序开展大规模CCUS示范与产业化集群建设，提高捕集、压缩、运输、注入、封存等全链条技术单元之间的兼容与集成优化，加快突破全流程示范的相关技术瓶颈。2021年7月，中石化正式启动建设我国首个百万吨级CCUS项目（齐鲁石化-胜利油田），有望建成为国内最大CCUS全产业链示范基地。

中国已投运或建设中的CCUS示范项目约为40个，捕集能力300万吨/年，多以石油、煤化工、电力行业小规模的捕集驱油示范为主，缺乏大规模的多种技术组合的全流程工业化示范。CCUS项目分布如图6-3所示。2019年以来，CCUS示范项目在捕集、地质利用与封存、化工利用和生物利用等方面均取得新的进展。典型项目包括：国家能源集团国华锦界电厂新建15万吨/年燃烧后CO_2捕集与咸水层封存项目，中海油丽水36-1气田CO_2分离、液化及制取干冰项目，20万吨/年微藻固定煤化工烟气CO_2生物利用项目，1万吨/年CO_2养护混凝土矿化利用项目和3000吨/年碳化法钢渣化工利用项目等。

图6-3 中国CCUS项目分布图

注：来自《中国二氧化碳捕集利用与封存（CCUS）年度报告（2021）》。

第二节 碳捕集技术

一、碳捕集的类型

碳捕集（Carbon Capture）是指将排放源产生的或空气中的CO_2通过特定方式进行收集的过程。碳捕集技术按照CO_2的来源途径可分为工业废气碳捕集、环境空气碳捕集（DAC）、生物质碳捕集等3大类。工业废气碳捕集为传统碳捕集方式，包括燃烧前捕集、燃烧后捕集和富氧燃烧等，采用不同的手段将工业过程中产生的CO_2捕集起来。环境空气碳捕集（DAC）是从大气中直接捕获CO_2的过程。生物质碳捕集指捕集生物质燃烧或转化过程中产生CO_2的过程。

（一）工业废气二氧化碳捕集

当前针对燃煤电厂、水泥厂、发酵厂、矿石加工等行业工业废气中的CO_2捕集技术发展较快。工业生产过程中CO_2的排放主要来自燃煤发电和其他工业过程中化石燃料的使用。根据碳捕集与燃烧过程的先后顺序，传统碳捕集方式主要包括燃烧前捕集、燃烧后捕集和富氧燃烧等。

1.燃烧前捕集

电力、煤化工、天然气开采、钢铁、水泥等行业中CO_2的工业分离过程属于燃烧前捕集。其中，电力行业燃烧前捕集技术应用较为成熟。电力行业是利用煤气化和重整反应，在燃烧前将燃料中的含碳组分分离出来，转化为以H_2、CO和CO_2为主的水煤气，水煤气再经转化变为CO_2和H_2，然后利用相应的分离技术将CO_2从中分离，经过压缩捕集随后储存，H_2作为清洁燃料使用。目前此技术应用于以煤气化为核心的整体煤气化联合循环电站。技术路线如图6-4所示。

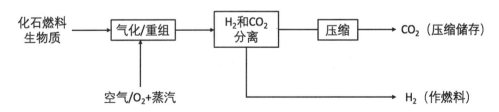

图6-4 燃烧前捕集技术路线图

整体煤气化联合循环电站（Integrated Gasification Combined Cycle，IGCC）由

两大系统组成，即煤的气化与净化系统和燃气—蒸汽联合循环发电系统。煤的气化与净化系统的主要设备有气化炉、空分装置、煤气净化设备（包括硫的回收装置）；燃气—蒸汽联合循环发电系统的主要设备有燃气轮机发电设备、余热锅炉、蒸汽轮机发电设备。IGCC的工艺过程如下：煤经气化成为中低热值煤气，合成气经过净化，除去煤气中的硫化物、氮化物、粉尘、CO_2等杂质，CO_2经提纯捕集后压缩输送至封存场地。主要成分为H_2的清洁气体燃料，送入燃气轮机的燃烧室燃烧释放能量。IGCC工作原理及设备构成见图6-5。

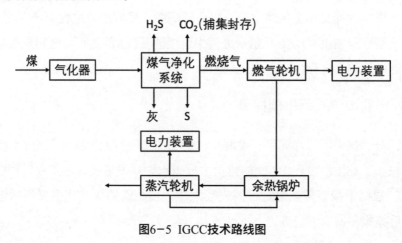

图6-5 IGCC技术路线图

2. 燃烧后捕集

燃烧后捕集是指从燃烧设备排放的烟气中捕集、分离CO_2的过程，类似于烟气污染物的末端治理措施，原有生产工艺无须大规模改造即可应用。该方法适用于各类新建、改建、扩建电厂的CO_2减排，可处理不同浓度的气源，技术相对成熟。技术路线为：化石燃料燃烧后产生的烟道气冷却后通过吸收装置吸收，吸收后的富CO_2溶液进入解吸装置解吸，此时CO_2从吸收剂中分离出来进入捕集装置，吸收剂进入再生装置进行再生以循环利用。其技术路线如图6-6所示。

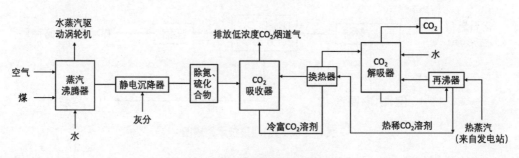

图6-6 燃烧后捕集技术路线图

3. 富氧燃烧

富氧燃烧是指采用高浓度氧气与燃料进行燃烧，是一种节能燃烧技术。富氧燃烧捕集技术采用空分系统制取高浓度O_2（>95%），然后将燃料与氧气一同输送到专门的纯氧燃烧炉中进行燃烧，经热萃取后，烟气中主要成分是CO_2和水蒸气，部分烟气重新回注燃烧炉燃烧，一方面降低燃烧温度，另一方面进一步提高烟气中CO_2浓度，最终排放烟气中的CO_2浓度可达95%以上，可直接捕集利用。富氧燃烧路线如图6-7所示。

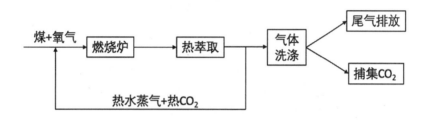

图6-7 富氧燃烧技术路线图

相对于富氧燃烧而言，常规燃烧后CO_2捕集技术的主要问题是烟气中的CO_2含量较低，分离过程能耗较大且设备一次性投入较高。富氧燃烧由于在制氧的过程中绝大部分氮气已被分离，燃烧产物主要成分是CO_2和H_2O，可不必分离而直接加压液化回收处理，从而显著降低CO_2的捕集能耗。目前，大型的富氧燃烧技术仍处于研究阶段，该技术面临的最大难题是制氧技术的投资和能耗太大，迄今为止还缺乏廉价低耗的适用技术。

对比燃烧前、燃烧后、富氧燃烧等三种捕集方式，其技术特点对比信息见表6-1所示。燃烧前与燃烧后捕集技术国内外应用较为广泛。燃烧前捕集技术在降低能耗方面具有较大潜力，国内外许多IGCC电厂已开始使用。燃烧后捕集技术相对成熟，其中广泛采用的CO_2分离方式是化学吸收法，缺点是能耗较高。我国近年来在碳捕集技术上主要围绕低能耗吸收剂选择、捕集技术工艺优化等关键技术开展研究，并取得了阶段性成果。

表6-1 CO$_2$捕集技术特点对比表

捕集技术	使用电厂	优势	劣势	技术成熟度	
				国际	国内
燃烧前	IGCC电厂	捕集能耗相对于燃烧后捕集低，若同IGCC电厂匹配，改造费用低	只能同IGCC电厂匹配，目前IGCC电厂投资高昂，在我国的装机容量很低，只适用于新建电厂	特定条件可行	研究
燃烧后	煤粉电厂	与现有电厂匹配性较好，无需对发电系统本身做过多改造，适用于老式电厂的改造	捕集过程能耗较大，发电效率损失较大，改造投资费用较高	特定条件可行	研究/中小规模示范
富氧燃烧	煤粉电厂	产生的CO$_2$浓度较高，容易进行分离和压缩，几乎没有分离的能耗	对应纯氧燃烧技术的锅炉耐热性要求较高，氧气提纯的能耗较大，成本较高	示范	研究/小规模示范

（二）环境空气二氧化碳捕集

空气中直接捕集CO$_2$（Direct Air Capture, DAC）是指通过工程系统从环境空气中去除CO$_2$的技术。其技术原理为：空气中CO$_2$通过吸附剂进行捕集，完成捕集后的吸附剂通过改变热量、压力或温度进行吸附剂再生，再生后的吸附剂再次用于CO$_2$捕集，而纯CO$_2$则被储存起来。DAC工艺一般由空气捕集模块、吸收剂或吸附剂再生模块、CO$_2$储存模块三部分组成。DAC在工业领域的发展还处于初步阶段。限制DAC发展的主要因素之一为成本过高，目前大多以小试或中试为主。DAC技术关键在于高效低成本吸收/吸附材料的设计与高效低成本设备的开发。

DAC与烟气捕集相比，主要区别在于CO$_2$的浓度不同。从空气中捕集CO$_2$是从一个体积巨大的混合气体中分离出一种极稀浓度组分的过程，空气中的CO$_2$含量仅为0.04%，单纯靠物理过程捕集空气中的CO$_2$难度很大，必须选用合适的吸收剂高效吸收。目前化学吸收与固体吸附法是DAC的主流技术，强碱吸收剂NaOH、KOH和Ca(OH)$_2$等能够高效地从空气中吸收CO$_2$，这些吸收剂吸附过程条件温和，能耗也相对较低。吸附剂的吸附和解吸性能是制约空气捕集CO$_2$技术发展的关键，若能找到能耗低、再生能力强、吸附性能高、反应温和的理想吸附剂，空气捕集CO$_2$技术将会取得更大的进展。

除工业废气碳捕集和环境空气碳捕集技术外，生物质能碳捕集技术也备受关注。生物质能碳捕集技术,是指将生物质燃烧或转化过程中产生的CO_2进行捕集。由于生物质本身通常被认为是零碳排放，即生物质燃烧或转化产生的CO_2与其在生长过程吸收的CO_2相当，因此经捕集封存后的CO_2，在扣除相关过程中的额外排放之后就成为负排放的CO_2。

二、捕集分离技术

CO_2捕集分离技术是CCUS技术的重要环节，对采用燃烧前及燃烧后捕集的系统，其共性关键技术是对烟气中不同浓度CO_2的分离。混合气体中分离CO_2的方法有：溶剂吸收法、吸附法、膜分离法及深冷分离法等。

（一）溶剂吸收法

CO_2溶剂吸收法是利用CO_2在溶液中的溶解度与其他组分的溶解度不同来达到分离目的。按照吸收过程的物理化学原理（吸收过程中CO_2与吸收溶剂是否发生化学反应）主要分为化学吸收法和物理吸收法。

1. 化学吸收法

化学吸收法的原理是，原料气中的CO_2与吸收剂发生化学反应，将气体中的CO_2吸收，吸收剂经加热后将CO_2重新分解出来。目前较为成熟的化学吸收法工艺多基于乙醇胺类水溶液，如单乙醇胺法（MEA法）、二乙醇胺法（DEA法）和甲基二乙醇胺法（MDEA法）等。近年来新发展的化学吸收法工艺包括：混合胺法、空间位阻胺法以及冷氨法等。

化学吸收法适用于气体中CO_2浓度较低时的CO_2分离，多应用于燃烧后捕集。化学吸收法是目前工业中应用最多的脱碳的方法，在合成氨、尿素生产中已广泛应用。但在电厂烟气CO_2分离脱除方面仅有少数工业示范，主要原因在于电厂在增设烟气CO_2吸收分离脱除系统后，电厂的初投资和发电成本大幅上升，且CO_2脱除成本较高。

2. 物理吸收法

物理吸收法的原理是，在加压条件下用有机溶剂吸收CO_2等酸性气体，对含有酸性气体的有机溶剂进一步分离，从而脱除CO_2。典型物理吸收法有聚乙二醇二甲醚法、低温甲醇洗等。

物理吸收技术一般在低温、高压下进行操作，由于吸收剂的吸收能力强，用量较少，吸收剂再生可采用降压或常温气提的方法，无须加热，相较于化学吸收法，其能耗较低，且溶剂不腐蚀设备。但由于CO_2在溶剂中的溶解符合亨利定律，在温度恒定的条件下，CO_2在溶剂中的溶解度与其平衡压力是正比关系，因此这种方法仅适用于IGCC电厂等CO_2分压较高的烟道气，且去除CO_2程度不高。

化学吸收法和物理吸收法原理不同，适用环境不同，成本投入不同，各有优缺点。两种吸收方法的特点如表6-2所示。

表6-2 不同吸收方法基本特点对比表

方法名称	基本原理	类型	应用行业	优点	缺点
物理吸收法	基于亨利定律，CO_2在吸收剂中的溶解度会随压力或温度改变	N-甲基吡咯烷酮法、聚乙二醇二甲醚法、低温甲醇法、碳酸丙烯酯法	排放CO_2浓度较高的行业，如IGCC电站、天然气开采、煤化工等	选择性强、吸收量大、操作简单	吸收或再生能耗和成本较高，致使运行成本偏高
化学吸收法	CO_2与吸收剂发生化学反应，形成不稳定的盐类，经加热，重新释放出CO_2	氨水溶液吸收法、热钾碱法、有机胺吸收法、锂盐吸收法	排放CO_2浓度较低的行业，如常规燃煤电厂、天然气开采等	工艺成熟、选择性好、吸收效率高	吸收剂再生热耗较大、操作成本高、设备投资较大

（二）吸附法

吸附法是通过固体吸附剂在一定条件下对CO_2进行选择性吸附，而后通过恢复条件将CO_2解吸，从而达到分离CO_2的目的。一个完整的吸附工艺通常分为吸附和解吸两个过程。根据吸附剂与吸附质相互作用的不同，可分为物理吸附和化学吸附。根据解吸方法不同可分为变压吸附、变温吸附。吸附法分离CO_2的主要优点是工艺流程简单，缺点是分离率较低，具有较高CO_2选择性的吸附剂较少，用于电力行业时，吸附法成本较高。

1. 物理吸附法

物理吸附是在低温条件下靠分子间作用力将CO_2聚集在吸附剂表面，这种作用力较弱，对吸附剂的分子结构影响不大。目前研究较多的物理吸附剂是多孔固体材料，包括活性炭、分子筛、活性氧化铝等，利用表面的孔道将CO_2吸附到固体表面。这些吸附剂具有无毒、比表面积大以及相对价廉、易得的优点，较多应用于常温或低温吸附，但存在吸附选择性低、吸附容量低的缺点。但吸附剂易再生，吸附及解吸操作通常采用能耗较低的变压吸附法。

2. 化学吸附法

化学吸附是CO_2与吸附剂表面的化学基团发生化学作用从而将CO_2聚集在吸附剂表面，这种作用力较强，对吸附剂的分子结构影响较大。一般而言，吸附剂与CO_2的结合力越强，CO_2的吸附容量越大，选择性越好，对吸附过程越有利，但同时解吸过程越难，再生能耗越高。化学吸附剂主要有金属氧化物、类水滑石化合物以及表面改性多孔材料等，这些吸附剂选择性较好，但吸附剂再生比较困难，吸附剂解吸再生操作须采用能耗较高的变温吸附法。

物理吸附法和化学吸附法的作用原理不同，两种吸附方法的特点如表6-3所示。

表6-3 不同吸附方法的基本特点对比表

方法名称	基本原理	应用行业	优点	缺点
物理吸附法	利用沸石、分子筛等固体吸附剂对CO_2进行选择性吸附，改变温度、压力等实现CO_2解吸	合成氨、制氢、天然气开采等	工艺流程简单、能耗低、成本可控	吸附剂容量有限、选择性低
化学吸附法	以固体材料吸附或化学反应来分离与回收混合气中的CO_2组分	制氢、天然气开采等	工艺流程简单、CO_2选择吸附性较好、去除效率较高	性能受吸附-解吸次数、温度等因素影响较大

3. 变温吸附法

变温吸附法根据待分离的组分在不同温度下的吸附容量差异而实现分离。工艺流程采用升温、降温的循环操作，在低温下，吸附剂吸附CO_2，在高温下，被吸附的CO_2得以脱附。在CO_2脱附后，吸附剂得以再生，冷却后可再次用于吸附。变温吸附法吸附剂容易再生，工艺简单、无腐蚀，但存在吸附剂再生能耗大、装备占地面积庞大、工艺过程时间长等缺点。

4. 变压吸附法

变压吸附法根据吸附剂对不同气体在不同压力下的吸附容量或吸附速率存在差异，而实现不同气体的分离。通过改变压力循环操作，使得在高压下CO_2被吸附，在低压下，被吸附的CO_2脱附，吸附剂得以再生。变压吸附主要有两种途径，一种是高压吸附，减压脱附；另一种是真空变压吸附，即在高压或常压吸附，真空条件下脱附。为实现连续分离气体混合物，通常采用多个吸附床，并循环变动各吸附床的压力。变压吸附法工艺过程简单，适应能力强，能耗低，但吸附容量有限、吸附解吸操作频繁、自动化程度要求较高。

（三）膜分离法

膜分离法主要有常规膜分离和膜接触器分离两种。

1. 常规膜分离法

常规膜分离法利用选择透过性的膜来分离混合气体，在分离复合膜的两种或多种推动力（如压力差、浓度差、电位差、温度差等）的作用下，混合气体从原料侧通过复合膜传递到渗透侧，通过这一过程混合气体得到分离、提纯、浓缩或富集。

膜分离法利用特定材料制成的薄膜对不同气体渗透率不同来分离气体。膜分离材料有无机膜、有机聚合物膜和混合基质膜。有机膜的选择性及渗透性较高，但在机械强度、热稳定性及化学稳定性上不及无机膜。常见的膜材料包括：碳膜、二氧化硅膜、沸石膜等。膜分离法需要较高的操作压力，不适用于常规燃煤电站中CO_2的分离。膜分离法装置紧凑，占地少，且操作简单，具有较大的发展前景。其缺点是现有膜材料的CO_2分离率较低，难以得到高纯度的CO_2，要实现一定的减排量，往往需要多级分离过程。

2. 膜接触器法

膜接触器技术属于一类广义的膜过程，是膜分离技术与化学吸收技术结合且不通过两相的直接接触而实现相间传质的新型膜分离过程。膜接触器通常用中空纤维膜把两种流体隔开，两流体接触面在膜孔出口处，组分通过扩散传质穿过接触界面进入膜的另一侧。传质过程分3步进行：从进料相进入膜，然后扩散通过膜，接着从膜下游传递到接收相，如图6-8所示。

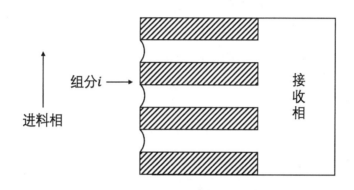

图6-8 膜接触器传质过程示意图

膜接触器的分离性能取决于组分在两相中的分配系数，而膜本身则没有分离功能，因此膜接触器用的膜材料不需要对流体有选择性，只充当两相间的一个界面。膜接触器的推动力是浓度差，因此只需要很小的压力差即可实现膜分离过程。与传统吸收分离设备如填料塔、喷淋塔相比，膜接触器运行灵活且能源消耗更低，更具经济性。目前国内外关于膜接触器应用于分离CO_2的气体分离膜和膜接触器有了一定的研究，但目前真正具有经济性的成套技术还很少，尚无工业应用。

常规膜分离法和膜接触技术的基本特点如表6-4所示。

表6-4 不同膜分离法基本特点对比表

方法名称	基本原理	类型	应用行业	优点	缺点
常规膜分离法	利用膜材料对不同气体渗透速率的差异	无机膜、有机聚合物膜、混合基质膜	制氢、天然气开采等	工艺简单、能耗较低、投资小	CO_2纯度较低、膜材料持久性较差
膜接触器技术	膜接触器与化学吸收相结合实现对CO_2的选择性分离	膜接触器：中空纤维膜接触器；吸收液：采用普通化学吸收过程所采用的吸收液	制氢、天然气开采等	装置简单、接触面积大、选择性较高	膜材料持久性较差

（四）深冷分离法

深冷分离法又称低温精馏法，是通过加压降温的方式使气体液化以实现CO_2的分离。该方法在高压和极低温度的条件下，先将原料气各组分冷凝液化，再根据各组分间相对挥发度的差异，采用精馏操作脱除CO_2。目前深冷分离法主要用于分离回收油田伴生气中的CO_2。传统低温精馏脱碳技术的缺点是在温度较低的精馏塔顶部容易形成CO_2固体，从而导致精馏塔堵塞。近年来，深冷分离法不断优化和改进工艺，其中比较典型的有Ryan-Holmes（R-H）技术和CryoCell®技术，较好地解决了上述工艺问题。

R-H工艺是由美国Koch Process Systems（简称KPS）公司开发，是通过在精馏塔的冷凝器中额外加入C3~C5等烃类组分（以正丁烷居多）来避免固体CO_2的形成。该技术的缺点是工艺流程复杂，设备投资和运行费用高，能耗高。

CryoCell®技术是利用CO_2独特的固化特性来脱除天然气中CO_2的一种低温精馏分离技术。这项技术由Cool Energy公司开发，并联合Shell等公司在澳大利亚西部建立了示范工程。该技术流程为：原料气经脱水处理后，经冷却降温至刚好高于CO_2凝固点；冷却后的液体通过节流膨胀阀，以三相混合物状态进入分离塔；在分离塔顶部得到净化后的甲烷气体，而在分离塔底部会同时得到液态CO_2和少量CO_2固体；CO_2固体经再沸器加热熔化后与分离得到的液态CO_2混合，最终得到液态CO_2。CryoCell®技术的工艺流程见图6-9。

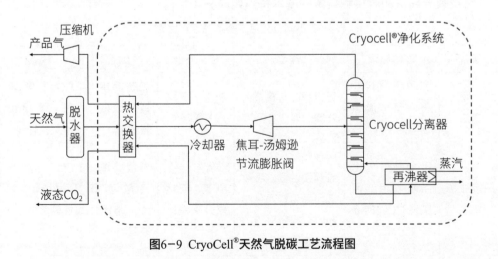

图6-9 CryoCell®天然气脱碳工艺流程图

深冷分离法是在液态下对CO_2进行分离，分离出的CO_2更利于运输和储存。同时此方法不使用化学或物理吸附剂，不存在吸附腐蚀的问题。缺点在于深冷过程中能耗较大，且设备投资较大。

综上所述，溶剂吸收法、吸附法、膜分离法及深冷分离法等碳捕集分离技术各有优缺点，但这些技术目前尚未成熟，均没有得到广泛的应用，难以实现商业化。

三、示范应用进展

我国CO_2捕集示范项目主要在火电、天然气开采、煤化工等行业，所采用的捕集技术包括燃烧前捕集、燃烧后捕集和富氧燃烧捕集。目前已建成数套10万吨级以上的CO_2捕集示范装置，其中最大的捕集能力可以达到80万吨/年。火电行业包括9个燃煤电厂碳捕集示范项目，其中包括6个常规电厂燃烧后捕集项目、2个IGCC电厂燃烧前捕集项目以及1个富氧燃烧项目。这些项目通常采用以醇胺为吸收剂的化学吸收法来进行CO_2分离。天然气开采过程中伴生气分离亦是采用化学吸收法。而CO_2排放浓度较高的煤化工示范项目则通常采用物理吸收法，以低温甲醇洗和变压吸附为主。捕集示范项目如表6-5所示。

表6-5 国内部分CCUS捕集示范项目一览表

项目名称	地点	工业类型	捕集技术	分离技术	封存/利用	捕集规模 (万吨/年)	投运年份	运行状态
华能高碑店电厂	北京	燃煤电厂	燃烧后	化学吸收法	—	0.3	2008	运行中
华能上海石洞口捕集示范项目	上海	燃煤电厂	燃烧后	化学吸收法	工业利用与食品应用	12	2009	间歇式运行
中石化胜利油田驱油 (EOR) 项目	东营	燃煤电厂	燃烧后	化学吸收法	EOR	4	2010	运行中
中投投重庆双槐电厂碳捕集示范项目	重庆	燃煤电厂	燃烧后	化学吸收法	焊接保护气、电厂发电机氢冷置换	1	2010	运行中
连云港清洁煤能源动力系统研究设施	连云港	燃煤电厂	燃烧前	—	放空	3	2011	运行中
国电集团天津北塘热电厂CCUS项目	天津	燃煤电厂	燃烧后	化学吸收法	食品应用	2	2012	运行中
华中科技大学35兆瓦富氧燃烧示范项目	武汉	燃煤电厂	富氧燃烧	—	工业应用	10	2014	间歇式运行
华能绿色煤电IGCC电厂捕集、利用和封存项目	天津	燃煤电厂	燃烧前	化学吸收法	放空	10	2015	运行中

续表

项目名称	地点	工业类型	捕集技术	分离技术	封存/利用	捕集规模（万吨/年）	投运年份	运行状态
华润电力海丰碳捕集测试平台	海丰	燃煤电厂	燃烧后	—	—	2	2019	运行中
山西清洁碳研究院烟气CO$_2$捕集及转化碳纳米管示范项目	大同	燃煤电厂	燃烧后	—	碳纳米管	0.1	2020	运行中
大庆油田驱油（EOR）示范项目	大庆	天然气开采	燃烧前（伴生气分离）	化学吸收法	EOR	20	2003	运行中
中石油吉林油田CCS-EOR示范项目	松原	天然气开采	燃烧前（伴生气分离）	化学吸收法	EOR	80	2008	运行中
国家能源集团鄂尔多斯咸水层封存项目（神华10万吨/年CO$_2$捕集与封存项目）	鄂尔多斯	煤制油	燃烧前	物理吸收	咸水层	10	2011	暂停
延长石油陕北煤化工5万吨/年CO$_2$捕集与示范	榆林	煤制气	燃烧前	物理吸收	EOR	5	2013	运行中
中联煤驱煤层气项目	沁水	—	—	—	ECBM	—	2004	运行中

383

续表

项目名称	地点	工业类型	捕集技术	分离技术	封存/利用	捕集规模（万吨/年）	投运年份	运行状态
中石油华东油气田CCUS全流程示范项目	东台	化工厂	燃烧前	—	EOR	10	2005	运行中
中联煤驱煤层气项目	柳林	—	—	—	ECBM	—	2012	运行中
克拉玛依敦华石油-新疆油田驱油项目	克拉玛依	甲醇厂	燃烧前	化学吸收法	EOR	10	2015	运行中
中石化中原油田CO₂-EOR项目	濮阳	化肥厂	燃烧前	化学吸收法	EOR	50	2015	运行中
长庆油田驱油项目	榆林	甲醇厂	燃烧前	—	EOR	5	2017	运行中
海螺集团芜湖白马山水泥厂5万吨级CO₂捕集与纯化示范项目	芜湖	水泥厂	燃烧前	化学吸收法	食品应用	5	2018	运行中
中国核工业集团有限公司通辽地浸采铀项目	通辽	—	—	—	EUL	—	—	—

第三节 碳利用与封存技术

一、碳利用与封存的类型

（一）碳利用技术类型

碳利用（Carbon Utilization）是利用CO_2的理化性质，将捕集的CO_2提纯后投入新的生成过程循环再利用的过程。碳利用的方式主要有CO_2的资源化利用和地质封存利用。

1. CO_2资源化利用

目前，CO_2的资源化利用方式主要有化工利用、电化学利用、生物利用和矿化利用。CO_2还可以应用于日常生活中的冷藏冷冻、食品包装、焊接、饮料和灭火材料等方面，但这些过程所使用的CO_2最终会继续排放到大气中，从总体来看这对减缓气候变化的并没有实质上的贡献，这里不再详细介绍。

（1）化工利用

在特定催化剂和反应条件下，CO_2可以与许多物质反应，用于生产化工产品。目前已经实现了CO_2大规模化学利用的商业化技术主要包括二氧化碳与氨气合成尿素、二氧化碳与氯化钠生产纯碱、二氧化碳与环氧烷烃合成碳酸酯以及二氧化碳合成水杨酸技术等。

（2）电化学利用

熔盐电解转化CO_2为碳基材料被认为是一种新的CO_2利用途径。在450℃～800℃的熔盐体系下，通过调控反应途径和采用不同电极材料和催化剂，能够将CO_2电化学转化为高附加价值的碳纳米材料，实现碳纳米管、石墨烯及硫掺杂碳的制备。2020年底，世界首套从煤电厂烟气捕集CO_2，并转化为碳纳米管的百吨级工业化系统由山西清洁碳研究院在山西大同大唐云冈热电厂建成并运行。

（3）生物利用

生态系统中植物的光合作用可以吸收CO_2，利用某些单细胞微藻吸收CO_2是生物利用最直接的一种方式。微藻生长周期短、光合效率高，通过光合作用可积累相当于细胞干重50%～70%的油脂，是最具潜力的油脂生物质资源。微藻生长过程中会吸收大量CO_2，微藻固碳是利用微藻光合作用将CO_2转化为微藻自身生物质从而固定碳元

素。再通过诱导反应使微藻自身生物质转化为油脂，经提炼加工生产出生物柴油，理论上每生产1吨微藻可吸收CO_2达1.83吨。

（4）矿化利用

CO_2矿化利用实质是模拟自然界岩石化学风化，将CO_2转化为稳定的碳酸盐类化合物。这种方法既能固定大气CO_2，生成具有工业附加值的碳酸盐产品，又能实现环境友好。能够矿化利用的原材料包括天然富钙、镁硅酸盐矿物，工业碱性固废、废液，盐湖中的氯化镁资源等。根据矿化反应过程可将CO_2矿化反应分为直接矿化法和间接矿化法。直接法是利用矿化原料与CO_2进行一步碳酸化反应，得到碳酸盐产物；间接法是指先用某种媒介将矿化原料转化为中间产物，然后与CO_2发生反应，最终生成固体碳酸盐。该技术优点是环境风险小、可实现永久封存，缺点是反应速率低、反应条件苛刻、设备成本高。

2. CO_2地质封存利用

CO_2地质封存利用技术既是一种封存技术，也是一种生产技术，在实现碳封存的同时，利用CO_2的理化性质可以用于提高石油和天然气的生产，提高出油率和出气率。而传统的CO_2地质封存是指利用地下适合的地质体进行CO_2深部封存，封存介质主要包括深部不可采煤层、深部咸水层和枯竭油气藏等。CO_2地质封存利用是指将CO_2注入上述地质体内，在提高地下矿物开采效率的同时，实现了CO_2的地质封存，而且对地表生态环境影响很小，具有较高的安全性和可行性。

地质封存利用的主要方式有CO_2强化采油技术（CO_2-EOR）和强化煤气层开采技术，利用CO_2强化石油开采技术最为成熟，是目前唯一达到商业化水平的地质封存利用技术。

（1）强化石油开采技术

CO_2强化采油技术（CO_2-EOR）是通过把捕集来的CO_2注入到油田中驱油，使即将枯竭的油田再次采出石油，提高原油采收率。CO_2驱油技术主要有混相驱替和非混相驱替。CO_2混相驱替是利用CO_2将原油中的轻质组分萃取或气化，形成CO_2与原油中轻质烃的混合相，从而降低界面张力，提高原油采收率；非混相驱替是把CO_2溶解于原油中，降低原油粘度和界面张力，改善原油流动性，从而提高采收效率。实际工程中，非混相驱替技术的应用较少。驱油过程如图6-10所示。

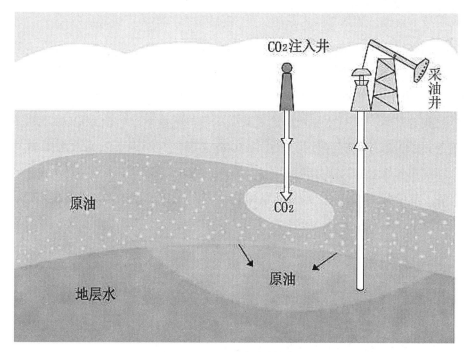

图6-10 CO₂驱油技术示意图

（2）强化煤气层开采技术

煤体表面吸附CO_2的能力是CH_4的2倍，利用这一特点将CO_2压注到煤层中来驱替CH_4，从而提高煤层气采收率，并实现CO_2的封存。CO_2注入煤层后开始流动，导致煤层孔隙流体压力和有效应力发生变化，同时CO_2在其波及区域内竞争吸附并置换出煤岩表面的CH_4。CH_4的脱附与CO_2的吸附导致煤岩力学强度减弱，体积膨胀，进而影响煤层的孔隙度、渗透率等物理参数，煤层渗流发生变化。吸附—渗流—力学性质3个过程紧密相关，互相耦合，共同提高采收率。据估算，我国300～1500m埋深内煤层的CO_2储存潜力为120.78亿吨，主要分布在新疆北部、陕北—鄂尔多斯、山西北部和中部、黑龙江东部、安徽北部、贵州西北部等地的矿区。

（二）碳封存技术类型

碳封存（Carbon Storage）是将CO_2捕集、压缩后运输到选定地点长期封存的方法。二氧化碳的封存有许多方式，常见的主要有地质封存、海洋封存和化学封存。

地质封存是将CO_2注入地下的地质构造中，如油田、天然气储层、含盐地层和不可采煤层等。海洋封存是将CO_2通过轮船或管道运输到深海海底进行封存。化学封存是利用CO_2与金属氧化物发生反应生成稳定的碳酸盐从而将CO_2永久性地固定。与碳封存利用技术比较，碳封存技术只能实现CO_2的封存，不能产生经济效益。

1. 地质封存

CO_2地质封存除了强化采油封存和强化煤层气开采封存技术外，还包括地层深部含盐水层封存技术，其基本原理是通过封闭构造内的咸水吸收CO_2从而实现CO_2的固定。理想的CO_2封存地层深度为1200～1500m之间，并与地下饮用水源隔离。据估算，我国深部含盐水层的封存潜力巨大，1000～3000m深部含盐水层的CO_2储存潜力在1435亿吨，其中柴达木盆地、塔里木盆地的CO_2封存能力均在100亿吨以上；鄂尔多斯盆地的CO_2封存潜力在60亿～80亿吨，可作为未来实施碳封存项目的重点考察区域。

2. 海洋封存

海洋面积广阔、体量巨大，可作为全球最大的CO_2贮库，在全球碳循环中扮演了重要角色。目前关于海洋封存CO_2的研究结果表明，CO_2的封存主要包括四种形式：一是将压缩的CO_2气体直接注入深海1500m以下，以气态、液态或者固态的形式封存在海洋水柱之下，其中固态CO_2的封存效率最高；二是将CO_2注入海床沉积层中，封存在沉积层的孔隙水之下；三是利用CO_2置换强化开采海底天然气水合物；四是利用海洋生态系统吸收和存储CO_2。但也有研究认为由于洋流的影响，注入深海的液态CO_2会导致海水酸化，危及海洋生态系统的平衡。目前虽然深海封存理论上潜力巨大，具有一定的可行性，但仍处于理论研究和模拟实验阶段，封存成本很高，在经济技术可行性和对海洋生物的影响上还需要更进一步的研究。

3. 化学封存

化学封存是指通过一系列繁杂的化学反应将CO_2转变成部分稳定的碳酸盐，进而实现长久封存CO_2的目标。化学封存技术是一种新的CO_2封存技术，其经济效益和减排效率都有着无法预测性。

二、研究应用进展

（一）CO_2资源化利用

在化工利用方面，CO_2作为原料用于生产各种化学品是最成熟的碳利用技术，已初具规模。据统计，全球每年近1.1亿吨CO_2用于化工生产，其中尿素生产是化工利用中CO_2消耗量最大的行业，每年利用CO_2超过7000万吨；其次是无机碳酸盐生产，每年消耗CO_2达3000万吨；在甲醇生产中利用CO_2加氢还原合成CO，每年消耗CO_2达600万吨。另外，在药物合成方面，可利用CO_2合成药物中间体水杨酸和碳酸丙烯酯等，每年消耗约2万吨。

在生物利用方面，利用CO_2制生物柴油是一个重要的发展方向。美国从1976年就启动了微藻能源研究，美国蓝宝石公司开发出了成套微藻能源技术，微藻示范养殖规模达到300英亩，微藻生产原油成本达到86美元/桶，具备了进一步产业化的基础。目前国内的研究已取得了突破性进展，中科院青岛能源所经过多年研究，已筛选了产油微藻藻株10余株，其中2株具有良好的产业化前景。同时研究建立了高效、低成本、可规模化的微藻高密度培养工艺，开发了微藻细胞经济高效连续气浮采收技术和直接从湿藻中提取油脂技术，大大降低了能耗和成本。

在矿化利用方面，目前仍处于试验阶段。国外一些研究人员开发了基于氯化物的CO_2矿物碳酸化反应技术、湿法矿物碳酸法技术、干法碳酸法技术等；中国科学院过程工程研究所在四川达州开展了5万吨/年钢渣矿化工业验证项目；浙江大学等在河南强耐新材股份有限公司开展了CO_2深度矿化养护制建材万吨级工业试验项目；四川大学联合中国石油化工集团等公司在低浓度尾气CO_2直接矿化磷石膏联产硫基复合肥技术研发方面取得良好进展，具备了进一步推广应用的基础。

（二）CO_2封存利用

在CO_2封存利用技术中，强化石油开采技术最为成熟，是目前唯一达到商业化水平的地质封存利用技术。国际上强化石油开采技术发展较快，从CO_2驱油的基础理论、室内试验到矿产实践已系统配套。在CO_2腐蚀控制技术方面，国外对CO_2腐蚀的主要影响因素及腐蚀防护措施等进行了深入的研究，已经可以在工程上提供有明显防腐效果的缓蚀剂、防护涂料等产品。国内的强化石油开采技术起步较晚，还处于先导试验阶段，在驱油理论研究、CO_2腐蚀研究等方面有待提高。

目前CO_2强化煤层气开采技术总体上仍处于试验阶段。美国伯灵顿公司在圣胡安盆地北部设立了4口注入井，当前正在进行储层模拟试验和经济性评价。加拿大阿尔伯塔研究院早在2002年就完成了CO_2强化煤层气开采先导性试验，相关技术开始在国际上推广。我国中联煤层气公司通过与阿尔伯塔研究院等国际机构合作，于2004年在山西沁水盆地建成并投入运行，开始进行相关试验，并取得了较为满意的结果。

（三）地质封存与海洋封存

目前利用陆地深部含盐水层封存CO_2技术尚处于试验阶段，国内外有多个项目正在实施。挪威Statoil公司于1966年在北海的Sleipner天然气田建成世界上第一个CO_2含盐水层封闭的试验平台；国家能源集团于2011年在鄂尔多斯建成了10万吨/年咸水层CO_2地质封存项目并投入运行，该公司将煤制油化工生产过程产生的CO_2经捕集压缩后运输至封存地进行咸水层封存，目前已完成了30万吨CO_2的注入目标。

海洋封存的实际研究进展落后于陆地封存。一方面，海洋封存的成本明显高于陆地封存，且海洋封存存在泄漏的风险。另一方面，海洋施工具有特殊性，海上作业进行的深度钻井、地震勘探、海底挖沟填埋和管道铺设等的施工技术难度大、投资高。但由于海洋封存潜力巨大，仍有很大的发展前景。2021年，由中国海洋石油集团开发的国内首个海上CO_2封存示范工程启动，该项目计划将CO_2储存在南海珠江口盆地的海底储层中，预计每年可封存二氧化碳约30万吨。

第四节 其他碳减排方式

随着气候变化影响逐渐加剧，减排目标日益紧迫，在充分利用当前CCUS技术的基础上，迫切需要开发利用各种类型的降碳技术实现协同减排降碳。生物固碳和生物质能利用作为碳减排的重要技术补充，正逐步受到重视。

一、生物固碳

生物固碳是指自养的生物吸收无机碳，转化成有机物的过程。生物固碳提高了生态系统的碳吸收和储存能力，减少了CO_2在大气中的浓度。与CCUS技术相比，生物固碳不需要CO_2的分离、捕集、压缩等，从而可以节省成本。

（一）生物固碳方式

常见的固碳方式有两种，一种是光合作用，可以进行光合作用的生物主要有：绿色植物，光合细菌，红藻、绿藻、褐藻等真核藻类以及原核生物蓝藻等，光合作用生物通过自身的各种转化酶吸收转化CO_2；另一种是化能合成作用，如硝化细菌利用氧化氨合成有机物等。固碳过程主要通过以下6种途径，分别是：卡尔文循环（CBB）、还原性三羧酸循环(rTCA)、还原性乙酰辅酶A途径（W-L循环）、3-羟基丙酸/4-羟基丁酸（3HP/4HB）、3-羟基丙酸、二羧酸/4-羟基丁酸（DC/4HB）。

最普遍的CO_2固定途径是卡尔文循环，它广泛存在于地球上绿色植物、蓝藻、真核藻类、紫色细菌和一些变形菌门中，这种固碳途径的固碳效率最低。3HP/4HB循环、3HP循环、DC/4HB循环多见于光合细菌中的一些极端嗜热嗜酸菌，其中有部分极端细菌3HP/4HB循环中的酶可以耐受较高的温度，具有一定的开发前景。rTCA、DC/4HB循环和W-L循环仅存在于部分厌氧生物中。

（二）生物固碳分类

生物固碳可分为海洋生物固碳、陆地生物固碳。绿色植物通过光合作用固定CO_2是生物固碳的主要方式。

在海岸带生态系统中，红树林、海草床和盐沼等是海洋固碳的主力军。红树林由于水热环境优越，植被生产力较高，并且地下根系周转较为缓慢，较高的CO_2沉积速率和较低的有机物分解速率使得红树林固碳能力较高。海草床通过减缓水流促进颗粒碳沉降，固碳量巨大、固碳效率高、碳存储周期长。盐沼湿地是位于陆地和开放海水或半咸水之间，伴随有周期性潮汐淹没的潮间带上部生态系统，盐沼土壤由于通气性差，地温低且变幅小等各种环境因素，有着较高的碳沉积速率和固碳能力。除此之外，海洋中鱼类、大型海藻、贝类和微型生物在固碳方面也发挥着一定作用。

森林生态系统是陆地生物固碳的主体，也是陆地上最大的"碳库"。我国陆地生态圈巨大的碳汇能力主要来自于我国重要林区，尤其是西南林区的固碳贡献，同时我国东北林区在夏季也有非常强的碳汇作用。全球陆地生态系统碳汇存在较大不确定性，该不确定性主要来源于干旱区生态系统，干旱区生态系统占全球陆地面积的41%，相较于湿润区生态系统，干旱区土壤微生物固碳的相对贡献更大。但当前碳评估模型仅包括植物固碳，忽略了土壤微生物固碳，为科学衡量陆地生态系统碳汇带来了不确定性。

（三）不同植物的固碳能力

陆地植被中植物种类的不同，其固碳能力各有差异。反应植物固碳能力的两个重要指标是单位叶面积日固碳量和单位覆盖面积日固碳量。单位叶面积日固碳量，是指植株单位面积叶片在单位时间内所固定二氧化碳的质量（克/（平方米·日）），这一指标虽然反映了植物固碳能力，但因为不同种类植物形态特征变化较大，植株单位覆盖(或称投影)面积上叶片总面积值(通常用叶面积指数来表示)存在较大差异，不能直接衡量区域植被的固碳能力高低。单位覆盖面积日固碳量表示植物整株单位投影面积上所有叶片在单位时间内所固定二氧化碳的质量（克/（平方米·日）），这一指标基于单位叶面积日固碳量和叶面积指数计算而来，更具直接参考价值。

园林植物中，按照常见园林植物的生理、结构及外部形态差异，可分为常绿乔木、落叶乔木、常绿灌木、落叶灌木、藤本植物、草本花卉6种类型。六类植物的单位叶面积日固碳量由大到小的顺序为：草本花卉>落叶灌木>落叶乔木>常绿灌木>常绿乔木>藤本植物，而单位覆盖面积日固碳能力排序则为：草本花卉>落叶乔木>常绿灌木>落叶灌木>常绿乔木>藤本植物。

大型水生植物中，从植株的不同部位来看，叶比茎的固碳能力强；从植株的整体来看，固碳能力依次为：睡莲>大藻>狐尾藻>美人蕉>再力花>泽泻>水鳖>香菇草>梭鱼草>花叶芦竹>水竹。固碳能力最强的为睡莲，其次为大藻，固碳能力最弱的为水竹，从生活类型分析，浮水植物的固碳增汇能力最好，漂浮植物次之，挺水植物最差。

陆地生态系统中，具有高固碳能力的植物数量越多，植被固碳效益就越高，可通过增加高固碳能力的植物种群个体数量，直接扩大高固碳能力植物的覆盖面积，来提升植被的固碳能力。

二、生物质能

生物质能作为自然界可再生资源中唯一的"零碳"能源，其产生过程及使用过程受到广泛关注。"零碳"能源指的是在能源生产、使用过程中不增加二氧化碳排放的能源，常见的有太阳能、风能、潮汐能、核能、沼气等，氢能和生物质能作为"零碳"能源中的新兴力量，是当前国际能源转型的关键补充。氢能的使用前景广阔，但受到制氢技术制氢效率、制氢成本的限制，制氢技术还需要不断地完善和创新。

（一）生物质能的利用

生物质是指通过光合作用而形成的各种有机体，包括所有的动植物和微生物。而所谓生物质能，就是太阳能通过光合作用贮存CO_2，转化为生物质中的化学能，即以生物质为载体的能量。人类历史上最早使用的能源是生物质能，它直接或间接地来源于绿色植物的光合作用，可转化为常规的固态、液态和气态燃料，是一种可再生能源，同时也是唯一一种可再生的碳源。

在自然界生物质能是以绿色植物为纽带实现的碳循环，自然界的碳经过光合作用进入到生物界，生物界的碳通过三个主要途径即燃烧、降解和呼吸又回到自然界，从而构成碳元素循环链，国际上称生物质能为零碳能源。与生物质能相比，化石燃料是通过燃烧或降解把存在于地下的固定碳释放出来，并以CO_2的形式累积于大气环境从而造成温室效应。

生物质能的利用主要有直接燃烧、热化学转换和生物化学转换等3种途径。生物质的直接燃烧在今后相当长的时间内仍将是国内生物质能利用的主要方式；生物质的热化学转换是指在一定的温度和条件下，使生物质汽化、炭化、热解和催化液化，以生产气态燃料、液态燃料和化学物质的技术；生物质的生物化学转换包括有生物质—沼气转换和生物质—乙醇转换等。在生物化学转化法中，沼气利用是较为普遍的一种生物质能利用方式，有机物质在厌氧环境中通过微生物发酵产生以甲烷为主要成分的可燃性混合气体，即沼气；乙醇转换是利用生物质中的糖质、淀粉和纤维素等经发酵制成乙醇。

生物质能不仅具有零碳能源属性，还将作为负碳能源发挥作用。在生物质能利用过程中，如果增加碳收集和储存过程，还能够创造负碳排放，可以成为环境修复的方式之一。

（二）生物质能应用现状

生物质能作为新型能源利用方式，被赋予重要能源战略定位。与风能、太阳能等其他可再生能源相比，生物质能通过发电、供热、供气等方式，在工业、农业、交通、生活等多个领域发挥着重要作用。全球各国通过制定相应政策法规推动生物质能综合发展。

美国是农业生产和农产品供应大国，生物质储量庞大。在生物质资源研发与利用方面，美国尤其重视发展生物液体燃料，在生物质能其他领域也走在世界前列。截至2020年，美国生物质发电装机约为1600万千瓦，总发电量为640亿千瓦时；在液体燃料方面，美国是世界上较早发展燃料乙醇的国家，且已经成为世界上主要的燃料乙醇生产国和消费国，2019年，其燃料乙醇产量约占全球产量的50%。美国生物柴油始于20世纪90年代，2019年美国生物柴油量占全球的14%，位列第二。

巴西2018年生物质能发电装机容量约为1470万千瓦，发电量达到540亿千瓦时。巴西也是燃料乙醇的生产大国，燃料乙醇主要的生产原料为甘蔗。巴西是甘蔗的种植大国，甘蔗在生产燃料乙醇的同时产生了大量的甘蔗渣，利用甘蔗渣发电是巴西生物质发电的主要利用形式，据统计，蔗糖行业提供的发电量超过200亿千瓦时。

德国在欧洲生物质发电装机容量上处于领先地位，2020年德国生物质发电装机容量约为1040万千瓦，发电量约为510亿千瓦时，占德国总发电量的9.2%。德国注重沼气资源的开发，2020年沼气发电装机容量约为750万千瓦，发电量约为330亿千瓦时。

在北欧，林业资源丰富，生物质供热已经成为地区供热的主要方式，主要采用热电联产的形式。瑞典、丹麦、芬兰持续推动生物质能供热实施，减少了对化石燃料的依赖。

目前国内主要生物质资源年产生量约为34.94亿吨，生物质资源作为能源利用的开发潜力为4.6亿吨标准煤，可实现碳减排量约为2.18亿吨。2020年，国内生物质发电装机2962.4万千瓦，发电量达到1326亿千瓦时（是2012年发电量的3.93倍），其中，垃圾焚烧发电累计发电量约为778亿千瓦时，发电量较多的省份为广东、浙江、江苏、山东、安徽等；农林生物质发电量约510亿千瓦时，发电量较多的省份为山东、安徽、黑龙江、广西、江苏等；沼气发电累计发电量为37.8亿千瓦时，发电量较多的省份为广东、山东、浙江、四川、河南。截至2020年底，全国生物质发电在建容量1027.1万千瓦，其中，垃圾焚烧发电624.5万千瓦，占在建容量的60.8%。2012—2020年全国生物质发电量见图6-11。

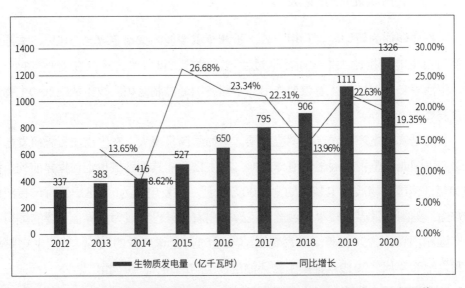

图6-11　2012—2020年全国生物质发电累计量计发电量对比图（单位：亿千瓦时）

注：来自《3060零碳生物质能发展潜力蓝皮书》。

第二十章

CCUS技术工艺

第一节　碳捕集典型工艺

工业碳捕集实质是将烟气中的CO_2分离出来并进行压缩存储，避免其排放到大气中去。商业化的二氧化碳捕集技术已经运营了一段时间，技术发展的较为成熟，其中最常用的碳分离技术是化学吸收技术和物理吸收技术。

一、化学吸收工艺

（一）工艺流程

化学吸收法是目前应用较为广泛的燃烧后脱除CO_2的技术。该法适合于烟气排放过程中CO_2分压中等或较低的行业。对于燃煤烟气来说，其CO_2分压低、烟气流量大，基于化学反应的烟气CO_2分离回收工艺是一种比较好的选择。

其原理为：利用吸收剂溶液对混合气体进行洗涤来分离CO_2。CO_2与吸收剂在吸收塔内进行化学反应而形成一种弱联结的中间体化合物，然后在还原塔内加热富CO_2吸收液使CO_2解吸出来，同时吸收剂得以再生。通常CO_2化学吸收系统由5部分组成，分别为吸收装置、解吸装置、能量交换装置、系统动力装置以及系统辅助装置。可采用的吸收和解吸装置有填料塔、中空纤维膜接触器和超重力旋转床等，其中，填料塔是十分成熟的吸收装置，已经商业化运行多年，广泛应用于吸收分离领域。

典型的吸收剂有乙醇胺、热碱溶液、氨水等。化学吸收工艺为：经过除尘、脱硫等处理后的烟气，经初步冷却和增压后，从吸收塔下部进入，吸收剂由塔顶喷射，烟气与吸收剂溶液在塔内逆向接触。烟气中的CO_2与吸收剂发生化学反应，脱除了CO_2的烟气从吸收塔上部排出。而吸收了CO_2的富CO_2吸收液在贫富液热交换器中，与稀CO_2吸收液进行热交换后，被送入再生塔中解吸再生。富液中结合的CO_2经加热被释放，再经过冷凝和干燥后进行压缩，以便于输送和储存。再生塔底的贫液经过重沸器加热送入气提塔再次解吸。经反复解吸后的稀CO_2吸收液，经过贫富液换热器换热，贫液冷却到所需的温度，从吸收塔顶喷入，进行下一轮的吸收，详见图6-12。

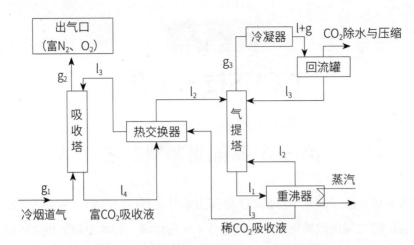

图6-12 典型化学吸收法分离CO₂工艺流程图

（二）典型案例

案例1

中国石化集团公司胜利油田于2010年建成了4万吨/年燃煤电厂烟气二氧化碳捕集、输送与驱油封存全流程示范项目并投运，该项目为国内首个CCUS全流程工程，包括CO_2捕集、输送、地质封存、驱油、采出液地面集输处理等工程内容，2010年工程整体投运，设计运行时间为20年。该项目CO_2捕集规模为4万吨/年，烟气CO_2捕集率大于80%，最终产品纯度为99.5%，捕集运行成本小于200元/吨。

该项目为世界上首套以燃煤电厂CO_2捕集与驱油联用的工业示范工程，CO_2捕集工程总投资4000余万元，碳捕集工程气源为胜利燃煤电厂的烟气尾气，由于用于驱油的二氧化碳纯度要求较高（99%），增大了捕集难度。该项目采用自主研发的成套CO_2捕集纯化技术，捕集过程采用有机胺（MSA）化学吸收工艺，通过CO_2与化学吸收剂的可逆反应实现CO_2捕集，该CO_2捕集溶剂及工艺较常规MEA工艺再生能耗降低20%，同时吸收剂损耗有大幅下降，捕集成本同比降低35%。

案例2

华润电力海丰电厂CCUS测试平台二氧化碳捕集装置自2018年1月正式开工建设，

2019年5月正式投产，标志着中国首个也是亚洲第一个基于超临界燃煤电厂的燃烧后碳捕集示范项目建成。该项目位于广东省深汕特别合作区，总投资约1亿元，CO_2捕集规模为2万吨/年。

该项目为基于超临界燃煤机组的多线程碳捕集测试平台，拥有胺液吸收法和膜分离法两套技术，胺液吸收与膜分离单元以并行方式建设，两种方法可以在碳捕集测试平台上同时进行测试。胺法部分的工艺流程主要由吸收和再生两个部分组成，最后可得到99%纯度的二氧化碳气体，捕集能力为50t/d。膜分离法主要依靠膜对烟气中气体分子的选择性和渗透率的不同来分离、提纯CO_2，通过三级膜分离，最后可得到95%纯度的二氧化碳气体，捕集能力为16.4t/d，其核心技术胺液和分离膜分别采用荷兰壳牌与美国MTR公司的技术，技术成熟但成本均较高，不利于规模化应用，未来可进一步为成熟技术探寻降低成本的解决方案，放大创新技术效益。在CO_2利用与封存方面，海丰电厂毗邻南海，具有利用二氧化碳进行海水微藻养殖的天然条件，同时与南海北部油田有很好的源汇匹配关系，具有利用二氧化碳驱油提高海上油藏采收率以及地质封存减排的条件，未来可进一步推动CCUS一体化工业应用。

二、物理吸收工艺

（一）工艺流程

物理吸收工艺适用于生产工艺过程产生尾气中二氧化碳含量较低的行业，决定物理吸收效果的关键在于确定优良的吸收剂。吸收剂应具备以下特性：对二氧化碳的溶解度大、选择性好，沸点高、无腐蚀、无毒性、化学性能稳定。常见吸收剂有丙烯酸酯、N-甲基-2-D吡咯烷酮、甲醇、乙醇、聚乙二醇及噻吩烷等高沸点有机溶剂。

以低温甲醇为吸收剂的物理吸收工艺目前应用较广，大都用于煤化工项目废气处理，工艺流程为：原料气经脱氨脱水处理后，先后进入H_2S吸收塔和CO_2吸收塔，经贫甲醇溶液洗涤吸收除去H_2S、CO_2等组分后，净化气由CO_2吸收塔塔顶引出送入后续工段。吸收了H_2S和CO_2的甲醇富液经中压闪蒸塔闪蒸出溶解的H_2及少量CO_2等气体，经压缩送入原料气中回收有效成分。从中压闪蒸塔下部出来的富甲醇溶液送入CO_2解吸塔，富甲醇溶液在解吸塔中闪蒸出大部分溶解的CO_2，塔顶得到CO_2产品气，塔底得到CO_2含量较低的富H_2S甲醇溶液；富H_2S甲醇溶液经加热装置加热后送入热再生塔，热再生塔顶得到H_2S浓度较高的酸性气，塔底得到的贫甲醇溶液，送入

CO_2吸收塔循环使用，塔底含水甲醇废液经处理达标后排出系统，详见图6-13。

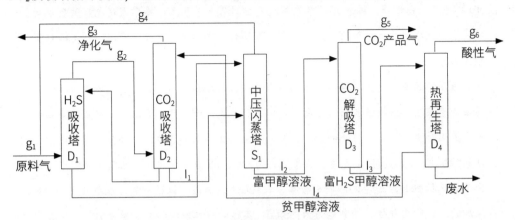

图6-13 低温甲醇洗工艺流程图

（二）典型案例

国家能源集团在内蒙古鄂尔多斯地区建设的神华10万吨/年CO_2捕集与封存项目，于2011年正式投运。该项目的CO_2捕集气源为中国神华煤制油化工有限公司生产过程排放的CO_2，该公司主要从事以煤制油与煤化工业务为主的相关业务，于2008年建成世界首套百万吨级煤炭直接液化示范工厂。该厂的煤制氢装置采用低温甲醇洗技术，在进行H_2S浓缩和再生前设置两级闪蒸提高H_2回收率，尾气中排放的CO_2含量约占87.6%。神华10万吨/年CO_2捕集与封存项目将煤制氢阶段产生的CO_2捕集提纯后封存至煤炭直接液化厂以西约11km处地下2495m的咸水层，该项目于2011年1月成功实现现场试注作业，2011年3月进入正式注入阶段，每年注入10万吨CO_2，至2014年4月完成30万吨CO_2的注入目标，共捕集尾气近35.6万吨。

第二节 碳利用典型工艺

工业利用封存CO_2实质上是将CO_2作为反应物生产含碳化工产品，从而达到封存的目的。这些含碳化工产品包括尿素、甲醇的生产，也可应用于园艺、冷藏冷冻、食品包装、焊接、饮料和灭火材料等方面。我们日常生活中所饮用的碳酸饮料就是最常见的用法。据统计，目前全球的CO_2利用量是每年约1.2亿吨，其中大多数是用于生产尿素。

一、化工利用工艺

（一）工艺流程

尿素是由碳、氮、氧、氢组成的有机化合物。用CO_2生产尿素是CO_2在化学工业利用中规模最大的应用方式，工业上采用CO_2与液氨为原料生产尿素，通常将合成氨与合成尿素结合，将合成氨过程产生的CO_2送入尿素生产工段，提高尿素产能。

1. 合成氨

生产合成氨首先要制造含有氮、氢混合气的原料气。用于制造原料气的原料按照物理状态可分为固体燃料、液体燃料和气体原料三种，固体原料主要有煤（无烟煤、烟煤、褐煤等）和焦炭，液体燃料主要有重油、渣油、石脑油等，气体燃料主要有焦炉气、天然气、石油炼厂气等。当前我国合成氨工业发展中最先进的技术是采用天然气与空气为原料进行合成氨生产。生产工艺有合成气生产单元、合成气净化提纯单元、氨气合成单元等，其中最典型的合成气生产单元主要应用天然气-水蒸汽转化技术。

以天然气为原料的蒸汽转化法合成氨，步骤包括：脱硫——一段转换——二段转换——高低温转换——脱碳——甲烷化——压缩——合成氨，主要生产工艺流程为：天然气先经脱硫，然后通过二次转化，再分别经过一氧化碳变换、二氧化碳脱除等工序，得到的氮氢混合气，其中尚含有少量一氧化碳和二氧化碳，经甲烷化作用除去后，制得氢氮摩尔比为3的纯净气，经压缩机压缩进入氨合成回路，制得产品合成氨。合成氨工艺流程如图6-14所示。

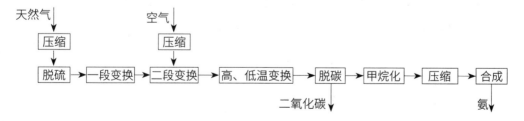

图6-14 天然气合成氨工艺流程图

2. 合成尿素

工业上由NH_3与CO_2直接合成尿素分四个步骤进行：（1）NH_3与CO_2原料供应及净化；（2）NH_3与CO_2合成尿素；（3）尿素熔融液与未反应生成尿素物质的分离和回

收；（4）尿素溶液的加工。尿素生产工艺流程如图6-15所示。

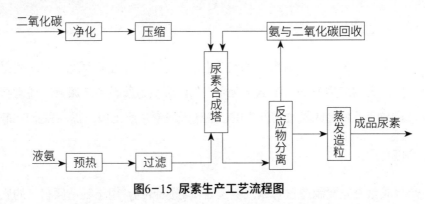

图6-15 尿素生产工艺流程图

尿素生产工艺是根据尿素合成的方式来分类的，大致分为不循环法、部分循环法、半循环法、全循环法（水溶液全循环法和甲铵溶液全循环法）和气提法。气提法是全循环法的发展，包括CO_2气提法、氨气提法、变换气气提法等，在简化流程、热能回收，延长运转周期和减少费用等方面较水溶液全循环法优越。

目前，世界上最普遍的制尿素工艺是气提法。作为尿素生产大国，中国的尿素厂数量为世界之最，产量和产能都居于世界榜首。

为处理未反应的氨和二氧化碳，可以将合成熔融物加热分解，使气体逸出。而用二氧化碳在合成压力下将尿素熔融物气提，使其中的甲胺分解，返回合成系统，就称为二氧化碳气提法。二氧化碳气提法的生产步骤可分为四个阶段：

（1）原料二氧化碳的压缩和液氨的加压；

（2）在合成塔中进行尿素的合成和在高压下用CO_2气提合成反应液，并将反应液中未反应的CO_2与氨的大部分气提出来，并返回尿素合成塔中重新利用；

（3）将气提后溶液降低压力并加热，继续进下一步回收未反应CO_2与氨，并将冷凝吸收下来的回收液送至尿素合成塔，此回收称为循环过程；

（4）尿素溶液的蒸发和造粒。

该方法的主要特点如下：

（1）合成回路中氨过剩量低，合成塔NH_3/CO_2分子比为2.953：1，降低了合成塔操作压力；

（2）用CO_2气作气提剂，气提效率高，气提后溶液只需一次减压至低压分解系统，因此工艺流程简短；

（3）原料CO_2气脱H_2，安全性好；

（4）由于气提效率高，合成系统压力低，动力消耗低。

（二）典型案例

中海石油天野化工有限责任公司位于内蒙古自治区呼和浩特市，现有设计年产30万吨合成氨、52万吨尿素装置，最初合成氨工艺中采用炼油减压渣油为原料，合成气净化采用低温甲醇洗工艺，尿素生产装置采用氨气提工艺。2005年合成氨装置由炼油减压渣油改为天然气为原料，设置并改造二氧化碳回收装置，将合成氨过程中产生的含CO_2混合气经低温甲醇洗工艺提纯后，供给尿素生产，尿素生产装置增加$CO_2$400m^3/h，日增产尿素20t，尿素按照500元/吨计算，年生产时间300天，尿素年产值增加300万元。尿素装置采用合成氨工序中回收的CO_2后，外排的二氧化碳量减少300m^3/h，降低了生产成本。

二、强化采油技术

二氧化碳地质利用是指将二氧化碳注入地下，利用地下矿物或地质条件生产或强化有利用价值的产品，且相对于传统工艺可减少二氧化碳排放的过程。目前，二氧化碳地质利用主要包括二氧化碳强化石油开采、二氧化碳驱替煤层气、二氧化碳强化天然气开采、二氧化碳增强页岩气开采、二氧化碳增强地热系统、二氧化碳铀矿浸出增采、二氧化碳强化深部咸水开采。二氧化碳强化石油开采是利用最广泛的一种方式。

（一）工艺流程

CO_2强化采油技术是以CO_2为驱油介质提高石油采收率的技术，也称为CO_2驱油技术与提高原油采收率技术（CO_2-EOR），具有适用范围大、驱油效率高的特点。

CO_2驱油技术主要有混相驱替和非混相驱替，两者的区别在于地层压力是否达到最小混相压力，当注入地层的压力高于最小混相压力时，实现混相驱替；当达不到最小混相压力时，实现非混相驱替。混相驱替与非混相驱替的注气方式相同，一般压注方式为：CO_2经捕集液化运输至油田，储液罐中的液态CO_2经喂液泵升压后，进入CO_2压注泵，再次增压后进入换热器加热。随后高压CO_2经气阀组配注至各CO_2注气井。压力泵吸入段有压力损失，为保证压力泵的正常工作，在液态CO_2进入压注泵前设置了喂液泵。为防止地层中原油析蜡及低温对套管的应力伤害，注入的液态CO_2温度应不低于0℃。CO_2压注工艺如图6-16所示。

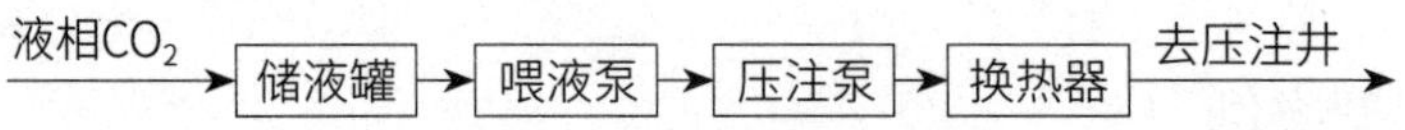

液相CO_2 → 储液罐 → 喂液泵 → 压注泵 → 换热器 → 去压注井

图6-16 CO_2压注工艺流程图

（二）典型案例

2014年中美共同发表了《中美气候变化联合声明》，明确提出推进碳捕集、利用和封存重大示范，选定陕西延长石油集团煤化工CCUS项目为中美双边合作项目。

陕西延长石油集团在鄂尔多斯地域同时拥有煤、油、气，拥有建设一体化CCUS项目的基础。陕西延长石油集团于2012年在靖边油田开展煤化工CCUS示范项目，该项目为全球首个集煤化工CO_2捕集、油田CO_2驱油与封存为一体的CCUS项目。该项目的煤化工厂和油田处于同一地域，CO_2运输成本较低，煤化工的CO_2捕集属于燃烧前捕集，工业尾气中的CO_2浓度较高（>80%）。该项目的捕集装置利用低温甲醇洗工艺捕集煤化工尾气排放中的高浓度CO_2，采用氨吸收法对油田采出气中的CO_2进行分离提纯，已建成的捕集装置捕集能力可达5万吨/年，捕集成本小于100元/吨。驱油封存工程中的靖边乔家洼CO_2驱先导试验区于2012年9月投注第一口CO_2注气井，截止至2017年5月，建成注入井组5个，单井平均日注15～20吨液态CO_2，累计注入7.3万吨，有较好的增油效果。驱油封存工程第二期在吴起油田开展CO_2混相驱提高采收率试验，2014年8月已完成5个井组的CO_2注入和地面注采集输工作，2015年注入规模达到36个井组，年注CO_2达30万吨，年封存CO_2量18万吨。

三、矿化利用技术

（一）工艺流程

CO_2矿化利用是将CO_2与矿物进行反应，形成新生矿物，并将CO_2固定在新生矿物中，特别是生成碳酸盐矿物，在固定CO_2的同时还能产生附加收益。

CO_2矿化利用典型工艺是磷石膏与CO_2反应"一步法"制硫铵与碳酸盐，工艺流程如图6-17所示。首先经捕集的二氧化碳与氨水在碳化槽内反应生成得到碳铵，生成的碳铵溶液一部分与磷石膏反应生成硫酸铵、碳酸铵的混合浆料，另一部分与中和段产生的尾气返回碳化槽继续吸收二氧化碳。混合浆料通过充分反应后，下层经过滤洗涤后得到碳酸钙滤饼，干燥后即得到附产物碳酸钙，上层硫铵、碳铵溶液采用稀硫酸中和得到硫铵晶浆，所产生的尾气返回至碳化槽继续反应。硫铵晶浆通过结晶、离心分离、干燥等步骤后得到硫酸铵产品。分离产物返回硫铵反应器重新利用。

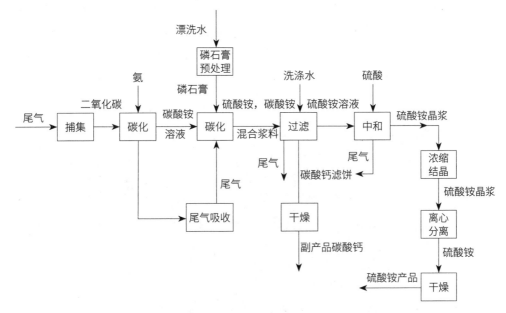

图6-17 CO$_2$矿化工艺流程图

（二）典型案例

2012年，中国石油化工集团与四川大学共同启动了普光气田CO$_2$矿化磷石膏工业示范工程，开展了CO$_2$矿化利用的新途径。2013年，四川大学和中国石化宣告成立"CCU（二氧化碳捕集和利用）及CO$_2$矿化利用研究院"，该研究院是全球首个CO$_2$捕集及资源化利用研究院，主要研究方向是CO$_2$捕集、利用技术开发及应用，CO$_2$矿化利用研究与推广应用等，目前矿化利用已进入实施阶段，中石化南京工程有限公司等单位和四川大学联合开展的"尾气CO$_2$直接矿化磷石膏联产硫基复肥工艺开发"项目现已完成中试。该试验利用瓮福集团磷肥厂排出的磷石膏废渣对中石化普光气田天然气净化过程中排放的CO$_2$进行矿化处理，中试试验关键指标为：尾气CO$_2$吸收率达75%，磷石膏转化率超过92%。核算结果表明，1吨磷石膏矿化0.25吨CO$_2$，联产硫酸铵0.78吨、碳酸钙0.58吨。

第三节 碳封存典型工艺

碳封存指的是以捕集碳并安全存储的方式来取代直接向大气中排放CO_2的技术。碳封存研究开始于1977年，近年来才有了迅速的发展。碳封存的主要方式是地质封存、海洋封存、化学封存三种重点封存方式。但碳封存有成本高、风险大的特点，为了阻止以后发生环境问题，应该重视实施过程中的风险防范，未来CCUS技术的重心是CO_2捕集的低成本化和碳封存的低风险化。

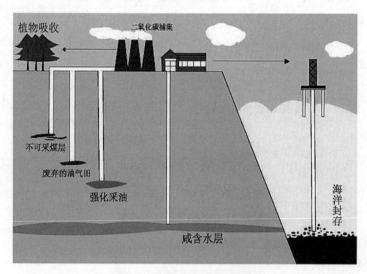

图6-18 碳封存方式示意图

一、地质封存

地质封存是指把CO_2送入海底盐沼池、油气层、煤井等不一样的地质体中。为了使CO_2维持在超临界状态，通常将CO_2地质封存储存的深度定为800米以下。咸水层封存是地质封存的一种典型工艺。

（一）技术原理

咸水层通常是指富含高浓度盐水（卤水）的地下深部的沉积岩层，该类地层在全球范围内分布广泛，且不适合作为饮用水或农业用水，是封存CO_2的有利场所。目前世界上已投产运营的商业级大规模二氧化碳封存项目仍以油气藏为主，但咸水层的分布广、封存潜力大，应用前景更为广阔。

当把二氧化碳以超临界或液体状态注入地下深部咸水层后，二氧化碳在浮力及注入压力的双重作用下，由注入井逐渐向周围扩散，如图6-19所示。注入咸水层的CO_2主要有三种存在形式，其中一部分在扩散过程中会被咸水层上覆的泥制盖层封隔，在毛细力的作用下被土壤吸附，封存在土壤中；一部分与水、岩石矿物反应生成碳酸盐矿物形式的稳定化合物实现CO_2的封存；封存量最大的一种形式是CO_2进一步溶解于咸水中，与咸水层中的物质反应生成重碳酸根离子，同时在上部盖层的作用下确保CO_2长期留在储层中。

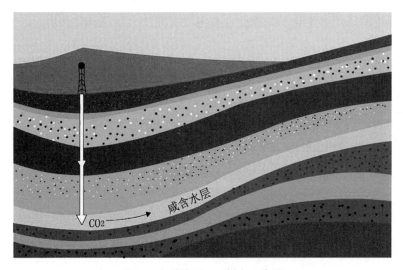

图6-19 咸水层CO_2封存示意图

（二）典型案例

    依托于国家能源集团鄂尔多斯咸水层封存项目的CO_2封存装置，国家能源集团启动国华锦界电厂15万吨/年CO_2捕集与咸水层封存项目，该项目主要是捕集神华国华锦界电厂600MW亚临界燃煤机组燃烧排放废气中的CO_2，并将其封存到咸水层中，是国内首个燃煤电厂燃烧后CO_2捕集——咸水层封存全流程示范项目。项目实施目的在于研究先进化学吸收法CO_2捕集工艺，捕集过程采用新技术集成工艺，以复合胺吸收剂为主工艺进行设计，同时考虑兼容有机相变吸收剂、离子液体捕集工艺。封存过程利用神华煤制油公司已建成的CO_2封存装置进行咸水层地质封存。2019年7月，该项目完成现场施工招标。

二、海洋封存

（一）技术原理

海洋封存主要有溶解型和湖泊型两种封存方式，是指将CO_2通过管道或者船舶运送并储存在深海的海洋水或者深海海床上。溶解型海洋封存即将CO_2运送到深海中，使其自然分解然后变成自然界碳循环的组成部分；湖泊型海洋封存是指将CO_2送到3000米的深海里，因为海水密度比CO_2的密度小，所以会在海底变成液态，成为CO_2湖，进而推迟了CO_2分解到环境中的程序。但又因为没有完备的海洋封存技术，严重威胁了海洋中的环境和生物，为此此项技术没有办法大范围推广利用。

（二）典型案例

Sleipner项目是挪威国家石油公司1996年于北海展开的，其封存气体来自油田伴生气，封存气体将被送入气藏上面的盐水层，预计封存量是2000万吨，每吨CO_2的埋存成本是17美元。截至目前，封存的气体既无特别变动，也无外泄痕迹。

第二十一章

CCUS项目环境风险评估

第一节 环境风险评估内容与方式

CCUS作为一项新兴的应对气候变化技术，其在实施过程中会带来一定的环境影响和环境风险的不确定性。为保护环境和维护公众利益，2016年6月，生态环境部印发《二氧化碳捕集、利用与封存环境风险评估技术指南（试行）》（以下简称《指南（试行）》），将CCUS项目纳入我国环境影响评价制度中。该《指南（试行）》规定了一般性的原则、内容以及框架性程序、方法和要求；规范和指导二氧化碳捕集、利用与封存项目的环境风险评估工作，明确其环境影响和封存可靠性。

一、适用范围

环境风险评估（ERA）指对CCUS项目建设、运行期间及场地关闭后发生的可预测突发性事件或事故（一般不包括人为破坏及自然灾害）引起CO_2及其他有毒有害、易燃易爆等物质泄漏，或突发事件产生的新的有毒有害物质，所造成的对人群健康与环境影响和损害进行评估，并提出防范、应急与减缓措施。

《指南（试行）》适用于陆上新建或改扩建二氧化碳捕集、地质利用与地质封存项目的环境风险评估，不适用于二氧化碳化工利用和生物利用项目的环境风险评估。

二、评估流程

二氧化碳捕集、利用与封存环境风险评估流程分六步进行，分别是：（1）确定环境风险评估范围；（2）系统地识别潜在的环境风险源和环境风险受体；（3）确定环境本底值；（4）开展环境风险评估；（5）确定环境风险水平，对环境风险水平不可接受的项目，针对存在的问题，调整工程设计方案，进行再评估，直至环境风险降至可接受风险水平；（6）对环境风险水平评估为可接受水平的项目，采取环境风险防范及应急措施。如图6-20所示。

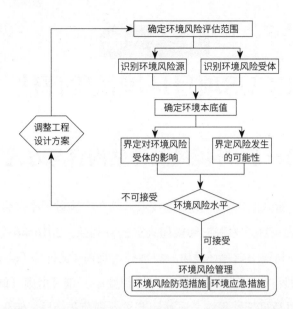

图6-20 二氧化碳捕集、利用与封存环境风险评估流程图

注：引自生态环境部《二氧化碳捕集、利用与封存环境风险评估技术指南（试行）》。

三、评估范围

CCUS项目从时间和空间两个维度进行环境风险评估。

在时间范围上，对于捕集环节，评估时间包括捕集设备的建设期和运行期；对于运输环节，评估时间包括管道的建设期和运行期，公路、铁路和船舶运输的运行期；对于地质利用与封存环节，评估时间包括注入前、注入中、场地关闭及关闭后。

在空间范围上，对于捕集环节，评估范围是二氧化碳排放源场界内及场界外的一定范围；对于运输环节，评估范围包括运输路线、管线及其一定范围内的地上和地下空间；对于地质利用与封存环节，评估范围包括可能会受到注入活动影响的地上和地下空间。

四、风险识别

（一）环境风险源识别

风险识别涵盖了CCUS所有的技术环节。其中，捕集环节的环境风险源指与捕集过程相关的环境风险物质及设备；运输环节环境风险源指与运输载体相关的设备及二氧化碳和/或其他物质泄漏；地质利用与封存环节的环境风险源包括二氧化碳和/或其他环境风险物质，地面集输配套设备，既有或新增井筒及其他可能的泄漏通道。环境风险源主要评估内容如表6-6所示。

表6-6 环境风险源评估内容一览表

CCUS环节	主要环境风险源	评估内容	内容说明
捕集环节	与捕集过程相关的环境风险物质及设备	捕集规模和捕集量	一般捕集规模越大，实际捕集量越大，使用的环境风险物质也越多，环境风险越高
		捕集设备材质	一般材质耐腐蚀性能力越弱，环境风险越高
		捕集工艺和环境风险物质	不同捕集工艺涉及的环境风险物质不同，如燃烧前捕集和燃烧后捕集技术所使用的吸收剂类型不同，对应的环境风险也有所不同
		二氧化碳气流纯度	相对于高纯度的二氧化碳气流，含有杂质的气流将加剧环境风险
运输环节	与运输载体相关的设备及二氧化碳和/或其他物质泄漏	运输方式	管道运输的环境风险相对最低，铁路次之，船舶和公路泄漏的环境风险较高
		运输设备材质	一般材质耐腐蚀性能力越弱，环境风险越高
		运输路线	运输设备所经区域地质条件越稳定，人为破坏越少，环境敏感目标越少，环境风险越低
		运输规模	二氧化碳运输量越大，环境风险越高
地质利用与封存环节	二氧化碳和/或其他环境风险物质，地面集输配套设备，既有或新增井筒及其他可能的泄漏通道	地质结构特性	如果封存区域内的断层、局部缺陷、裂隙等越少，环境风险越低
		二氧化碳注入参数	如果注入压力过高、注入量过大或注入速度过快，环境风险较高
		井的数量和深度	封存区域内新增和既有井的数量越多、深度越深，环境风险相对越高
		二氧化碳运移	如果注入地质结构中的二氧化碳超出封存区域，环境风险将会升高

CCUS环节	主要环境风险源	评估内容	内容说明
地质利用与封存环节	二氧化碳和/或其他环境风险物质，地面集输配套设备，既有或新增井筒及其他可能的泄漏通道	工程施工	如果工程施工严格按照相关标准，则发生事故的概率较低，环境风险较低
		资源开采活动	如果封存区域及周边一定范围内存在资源开采活动，环境风险较高
		机械材质	如果采用的各种材料设备均符合二氧化碳长期封存的性能要求，环境风险较低

（二）环境风险受体识别

环境风险受体主要包括土壤、地表水、地下水、环境空气等环境介质及涉及的人群、动植物和微生物，具体评估内容如表6-7所示。

表6-7 环境风险受体主要评估内容一览表

环境风险受体	评估内容说明
环境介质	评估范围内大气、土壤、地表水、地下水等环境质量的变化
人群	评估范围内人群出现生理性不适、意识丧失等健康问题的情况
动植物	评估范围内动植物分布、丰度和生理生态行为的变化
微生物	评估范围内微生物数量和种群的变化

五、确定环境本底值

根据环境标准和监测等确定环境本底值。

（1）根据项目工艺流程筛选并确定特征污染物。

（2）确定常规污染物、特征污染物及二氧化碳的环境本底值。

（3）关于特征污染物的监测方法，首选国内标准推荐的方法，如果国内没有相关标准，可参考国际权威组织和科研机构提供的方法并明确方法来源。

（4）关于特征污染物和二氧化碳的环境本底值可以通过资料收集（已有的污染状况调查、科学研究或其他法律认可的途径）和现场监测确定，要求所确定的环境本底值能反映评价范围内的年内变化。

六、环境风险评估

该《指南（试行）》中以类比法或专家打分法确定环境风险发生的可能性，以环境本底值为基准开展影响界定工作，推荐采用以定性评估为主的风险矩阵法进行环境风险水平评估。

（一）环境风险可能性界定

二氧化碳捕集、利用与封存过程中，发生泄漏事故等环境风险的可能性分为5类，具体内容如表6-8所示。

表6-8 可能性界定一览表

可能性类别	描述	要求
几乎不可能	可能性非常小，未有先例，但存在理论上的可能性	通过类比法或专家打分法确定可能性类别，或提供充分的科学证据并经专家论证
不太可能	在项目的全生命周期内发生的可能性较小	
可能	在项目的全生命周期内可能发生	
很可能	在项目的全生命周期内，可能发生不止一次	
几乎确定	很可能每年都发生	

（二）影响界定

将对环境风险受体的影响分为五类：轻微、轻度、中度、重度、严重，具体内容如表6-9所示。

表6-9 环境风险受体影响界定一览表

影响	影响程度
轻微	土壤/地下水/地表水/环境空气中的环境指标未超过项目所在地环境质量标准/环境本底值或二氧化碳浓度超过本底值，且对环境风险受体无持续性的影响
轻度	土壤/地下水/地表水/环境空气中的环境指标未超过项目所在地环境质量标准/环境本底值或二氧化碳浓度超过本底值，且对所在地环境风险受体有一定的不利影响，可以修复

影响	影响程度
中度	土壤/地下水/地表水/环境空气中的部分环境指标超过项目所在地环境质量标准/环境本底值，或二氧化碳浓度超过本底值，且对所在地环境风险受体有一定的不利影响，可以修复
重度	土壤/地下水/地表水/环境空气中的部分环境指标超过项目所在地环境质量标准/环境本底值，或二氧化碳浓度超过本底值，且对所在地环境风险受体有一定的不利影响，难以修复
严重	土壤/地下水/地表水/环境空气中的绝大部分环境指标超过项目所在地环境质量标准/环境本底值，或二氧化碳浓度超过本底值，且对所在地环境风险受体有严重的不利影响并造成不可逆的损害

（三）环境风险水平评估

针对土壤/地下水/地表水/环境空气中的每一种受体，均需按照环境风险矩阵法确定风险水平，以其中风险级别最高的作为环境风险水平评估的最终结论，环境风险评估矩阵如表6-10所示。对于环境风险水平评估为中等风险水平及以上的项目，其环境风险水平为不可接受，应进行详细的系统诊断，并再次评估项目的环境风险水平，直至达到低风险水平及以下。

表6-10 环境风险评估矩阵一览表

影响可能性	轻微	轻度	中度	重度	严重
几乎确定	中等风险	高风险	高风险	超高风险	超高风险
很可能	低风险	中等风险	高风险	高风险	超高风险
可能	低风险	中等风险	中等风险	高风险	高风险
不太可能	低风险	低风险	中等风险	中等风险	高风险
几乎不可能	超低风险	低风险	低风险	低风险	中等风险

七、环境风险管理

对于环境风险水平评估为低风险的项目，其环境风险水平为可接受，应进一步采取环境风险管理措施。环境风险管理措施包括环境风险防范措施和环境风险事件的应急措施。具体环境风险防范措施见表6-11，环境风险事件的应急措施见表6-12。

表6-11 环境风险防范措施一览表

CCUS环节	主要措施
捕集环节	安装环境背景监测系统，连续监测环境风险物质的泄漏与排放
	做好与环境风险物质相关的运输、贮存、处置等相关设备防腐工作，制定防腐措施，定期检测腐蚀情况
	明确捕集的二氧化碳纯度，掌握含有的杂质成分和比例
运输环节	针对二氧化碳突发性和缓慢性泄漏，制定详细的工程补救措施和管理措施，并根据风险水平上报管理部门登记管理
	与人口密集区、资源开采区、环境敏感区等确定合理的环境防护距离，并确保运输的安全防护工作
	制定与运输相关设备的防腐措施，定期检测腐蚀情况
	制定管道压力监测计划
地质利用与封存技术	根据二氧化碳长期地质封存的特点，制定严格的工程建设和设备选择标准
	制定环境监测计划（包括常规污染物监测、特征污染物监测和二氧化碳监测），环境监测包括环境本底值监测、注入运营期监测、场地关闭和关闭后的长期监测4个阶段，以此作为判断二氧化碳是否发生泄漏的依据，确保二氧化碳地质利用与封存长期、有效且安全
	针对二氧化碳突发性和缓慢性泄漏，制定详细的工程补救措施和管理措施，并根据风险水平上报管理部门登记管理
	与人口密集区、资源开采区、环境敏感区等保持合理的环境防护距离并采取必要的防护工程措施

表6-12 环境风险事件应急措施一览表

主要措施	具体要求
制定应急预案	在开展突发环境事件风险评估和应急资源调查的基础上制定突发环境事件应急预案，并按照分类分级管理的原则，报县级以上环境保护主管部门备案。确保应急预案制定满足以下要求：符合国家相关法律、法规、规章、标准和编制指南等规定；符合本地区、本部门、本单位突发环境事件应急工作实际；建立在环境敏感点分析基础上，与环境风险分析和突发环境事件应急能力相适应；应急人员职责分工明确、责任落实到位；预防措施和应急程序明确具体、操作性强；应急保障措施明确，并能满足本地区、本单位应急工作要求；预案基本要素完整，附件信息正确；与相关应急预案相衔接
建立应急指挥体系	成立领导小组并安排专职人员负责应急，定期开展应急演练，撰写演练评估报告，分析存在问题，并根据演练情况及时修改完善应急预案。事故发生后应立即报告相关部门，并确保事故发生后的紧急上报体系畅通有序
做好信息公开	针对二氧化碳运输路线、管线、利用与封存地点的分布，向社会公示安全指南，避免在管道和封存区域范围内建设施工。设置危险警报监测器及时发出特征污染物和二氧化碳的泄漏警报。按照有关规定，采取便于公众知晓和查询的方式公开项目环境风险防范工作开展情况、突发环境事件应急预案及演练情况、突发环境事件发生及处置情况，以及落实整改要求情况等环境信息
做好人员培训	将应急培训纳入单位工作计划，对从业人员定期进行突发环境事件应急知识和技能培训，并建立培训档案，如实记录培训的时间、内容、参加人员等信息
人员疏散撤离	出现突发环境事件时，应当立即启动突发环境事件应急预案，采取切断或者控制污染源以及其他防止危害扩大的必要措施，及时通报可能受到危害的单位和居民，组织人员疏散撤离，并向事发地县级以上环境保护主管部门报告，接受调查处理
开展应急监测	制定应急监测计划，包括对地下水、地表水、大气等的监测。及时向本级人民政府和上级环境保护主管部门报告监测结果
事故现场处理	应急处置期间，企业事业单位应当服从统一指挥，全面、准确地提供本单位与应急处置相关的技术资料，协助维护应急现场秩序，保护与突发环境事件相关的各项证据

第二节 环境风险评估问题与思路

一、面临的问题

CCUS作为一种碳减排技术，在我国受到了很大的关注，开展环境风险评估是保障CCUS技术健康发展的关键支撑。《二氧化碳捕集、利用与封存环境风险评估技术指南（试行)》的发布和实施，进一步优化了中国CCUS技术发展路线。但当前CCUS项目环境风险评估的发展仍面临一些问题和困难。

第一，风险评估指南欠完善，评价标准缺失。现有评估流程推荐采用定性风险矩阵法评价环境风险，通过类比法或专家打分确定风险发生的可能性大小，主观性较强；对环境风险受体的影响分为轻微、轻度、中度、重度及严重5类，其划分依据为将环境中的CO_2含量与环境本底值进行对比，定性确定其影响程度，评价标准不够精确。

第二，地质基础数据匮乏，定量评价难度大。对于CCUS-EOR项目，其封存环境为生产中或枯竭的油气田，经过多年的勘探研究，其地震、地质、测井等资料中的基础数据较为丰富；但对于其他形式的封存如咸水层封存、地热储层封存，其基础地质资料相对匮乏。CCUS项目本身存在极大的不确定性，如地下储层特征的表征、现场操作尤其是封存场地未来的变化趋势等，这些变化都加大了环境风险定量评价的难度。

第三，缺乏危险物质临界量标准，CO_2评价体系待完善。由于CCUS项目泄漏气体主要为CO_2，而其本身又不在国际、国内规定的污染物行列，因此其临界量的参考值难以找到合适的参考标准，无法进行精准评价。

第四，CCUS环境风险事故后果分析方法可操作性不高。CCUS项目环境风险的不确定性除了受事故发生的概率影响外，更因为地下封存地质体本身的不确定性增大了风险评价的难度。不仅如此，因CO_2气体本身的稳定性，迄今世界上已经建成CCUS项目发生泄漏事故的较少，没有可对比的案例用来研究CCUS事故发生的概率。因此进行环境风险评价时，除了考虑事故发生的概率，应该加强事故后果分析，以弥补对其自身不确定性导致的风险评价的不准确性。现有试行评估流程中的事故后果分析通过环境受体影响结果与环境本底值进行比较，但是没有明确给出环境本底值参考特定的标准或法规，在实际操作中弹性较大。

二、思路与对策

第一，完善风险评估指南，丰富风险评价方法。现有试行评估流程中采用类比法和专家打分方法确定风险可能性，其主观性相对较大，且未明确给出界定环境受体影响程度的方法。根据国际经验，CCUS风险评价相关政策指南大多数采用定量评价或定量与定性相结合的方法来确定环境风险发生的可能性，因此建议采用建模的方法进行风险分析。常用的方法有RISCS（Risk Interference Subsurface CO_2 Storage）建模法、层次分析法（AHP）、CF（Certification）法等。这些定量评价方法的应用需要大量的基础数据支撑，因此应加强风险识别步骤中的资料收集，特别是关于封存场地的地质、物理化学和生物特征的相关资料的收集。

第二，完善CO_2监测及评价体系，夯实CCUS风险评估工作基础。在对各行业CCUS项目充分调研的基础上，出台CCUS项目中CO_2监测及评价的工作程序与技术导则，制定危险物质临界量标准，进一步规范和完善与CO_2监测相关的方法及评价标准体系，支撑CCUS环境风险评估的实施工作。

第三，强化保障机制，推动CCUS环境风险评估发展。CCUS环境风险评估的发展和完善还需要国家顶层设计的大力支持和地方政府的不断探索。中国是CCUS项目大国，且各类CCUS技术种类齐全，应积极推进各类CCUS项目的环境风险评估工作，为CCUS环境管理积累经验和数据，在环境基础数据缺乏的情况下，推动CCUS环境风险评估的进一步发展。

问题与思考

1. 传统碳捕集技术有哪些？这些技术当前的发展瓶颈是什么？
2. 简述捕集分离技术的主要类型。
3. 简述碳利用与封存技术的主要类型及应用进展。
4. 简述碳封存利用技术和碳封存技术的原理、区别。
5. 生物质能利用的途径有哪些？

主要参考文献

[1]   曹伯勋.地貌学及第四纪地质学[M].武汉:中国地质大学出版社,1995.

[2]   中华人民共和国国务院新闻办公室.中国应对气候变化的政策与行动白皮书[R].2021.

[3]   联合国政府间气候变化专门委员会.气候变化与土地:IPCC 关于气候变化、荒漠化、土地退化、可持续土地管理、粮食安全及陆地生态系统温室气体通量的特别报告[R].2019.

[4]   联合国政府间气候变化专门委员会.2021气候变化:自然科学基础[R].2021.

[5]   世界气象组织.2019年全球气候状况[R].2019.

[6]   世界气象组织.2020年全球气候状况[R].2020.

[7]   世界气象组织.全球季节性气候最新通报[R].2021.

[8]   中大咨询研究院.全球碳排放现状与挑战[R].2021.

[9]   能源基金会.家庭低碳生活与低碳消费行为调研报告[R].2020.

[10]   丁一汇.气候变暖 我们面临的灾害和问题[J].中国减灾,2003,02.

[11]   历史上地球的重大气候变化.[EB/OL].滁州气象,2020-10-07. https://www.czqxj.net.cn/list_qihou_1.

[12]   卢露.碳中和背景下完善我国碳排放核算体系的思考[J].绿色经济,2021,12.

[13]   邝兵.碳排放核查员培训教材 [M].北京:中国标准出版社,2015.

[14]   孟早明,葛兴安.中国碳排放权交易实物 [M].北京:化学工业出版社,2017.

[15]   ICAP. Emissions Trading Worldwide: Status Report 2021. Berlin: International Carbon Action Partnership,2021.

[16]   国际碳行动伙伴组织(ICAP).全球碳排放权交易市场进展:2021年度报告执行摘要 [R].柏林:国际碳行动伙伴组织,2021.

[17]   李涛.北美地区碳排放交易机制经验与启示[J].海南金融,2021(06):83-87.

[18]   绿色金融系列16——中国碳交易市场发展现状[EB/OL].2021-10-31[2021-12-31]. https://baijiahao.baidu.com/s?id=1715091110019440372&wfr=spider&for=pc.

[19]   陈晓燕.碳交易与碳金融市场——低碳经济发展的资金机制[J].科技创新与应用,2015(10):259-261.

[20] 刘铭, 孙铭君, 彭红军. 我国林业碳汇融资发展对策研究[J]. 中国林业经济, 2019（04）: 1-4+8. DOI:10.13691/j.cnki.cn23-1539/f.2019.04.001.

[21] 中国网. 我国初步具备主要温室气体含量全球监测能力[EB/OL]. 2018-01-15[2021-12-31]. http://news.china.com.cn/2018-01/15/content_50228702.htm.

[22] 中国新闻网. 气象局: 将进一步加强温室气体相关监测和研究[EB/OL]. 2018-01-15[2021-12-31]. https://www.chinanews.com.cn/cj/2018/01-15/8424383.shtml.

[23] 中国气象局科技与气候变化司. 2016年中国温室气体公报[EB/OL]. 2018-01-17[2021-12-31]. http://www.cma.gov.cn/root7/auto13139/201801/t20180117_460485.html

[24] 中华人民共和国自然资源部. 中国应对气候变化的政策与行动[EB/OL]. 2010-04-02[2021-12-31]. http://www.mnr.gov.cn/zt/hd/dqr/41earthday/zfhd/201004/t20100402_2055322.html.

[25] 方精云,于贵瑞,任小波,刘国华,赵新全.中国陆地生态系统固碳效应——中国科学院战略性先导科技专项"应对气候变化的碳收支认证及相关问题"之生态系统固碳任务群研究进展[J].中国科学院院刊,2015,30（06）:848-857+875.

[26] Yang Y, Yang Q, Sun X, et al. A Comparative Research of the Simulation Capability of NOAH, SHAW, and CLM Models in Semi-Arid Areas of Northwestern China[J]. Climatic and Environmental Research, 2016.

[27] 郭丽娟.东北东部森林碳循环过程的集水区尺度模拟[D].东北林业大学,2013.

[28] 龚元,纪小芳,花雨婷,张银龙,李楠.基于涡动相关技术的森林生态系统二氧化碳通量研究进展[J].浙江农林大学学报,2020,37（03）:593-604.

[29] 中国气象局科技与气候变化司. 2017年中国温室气体公报[EB/OL]. 2019-04-30[2021-12-31]. http://www.cma.gov.cn/root7/auto13139/201904/t20190430_523535.html.

[30] 中华人民共和国生态环境部. 2019年中国海洋生态环境状况公报[EB/OL]. 2020-06-03[2021-12-31]. https://www.mee.gov.cn/hjzl/sthjzk/jagb/.

[31] 中华人民共和国生态环境部. 碳监测评估试点工作方案[Z]. 2021-09-21.

[32] 生态环境监测司,中国环境监测总站,卫星环境应用中心,国家海洋环境监测中心.国内外温室气体监测调研报告[R].北京,2021.

[33] 国家应对气候变化战略研究和国际合作中心,中国环境监测总站,生态环境部卫星环境应用中心,国家海洋环境监测中心,国家环境分析测试中心.温室气体监测专项研究报告[R]. 北京, 2021.

[34] 崔金星, 刘明明. 碳监测的概念演变及其法律价值[C]. 可持续发展·环境保护·防灾减灾——2012年全国环境资源法学研究会（年会）论文集. [出版者不详], 2012: 49-53.

[35] 刘毅, 王婧, 车轲, 等. 温室气体的卫星遥感——进展与趋势[J]. 遥感学报, 2021, 25（01）: 53-64.

[36] 江苏生态环境. 走进碳达峰碳中和卫星遥感技术实现温室气体高精度监测[EB/OL]. 2021-07-29. https://www.sohu.com/a/480296734_121106832.

[37] 丁一汇. 构建全球气候变化早期预警和防御系统[J]. 可持续发展经济导刊, 2020（Z1）: 44-45.

[38] 陈健华, 鲍威, 陈亮. 碳排放评价数据库及工具研究[J]. 质量与认证, 2014（01）: 56-58. DOI:10.16691/j.cnki.10-1214/t.2014.01.007.

[39] 杨延征, 马元丹, 江洪, 等. 基于IBIS模型的1960—2006年中国陆地生态系统碳收支格局研究[J]. 生态学报, 2016, 36（13）: 3911-3922.

[40] 周迪. 不同草地利用方式对内蒙古典型草原温室气体通量和草地生态系统碳平衡的影响[D]. 内蒙古大学, 2018.

[41] 余涛, 廉培勇, 宋希明. 林业碳汇研究发展进展与展望[J]. 南方农业, 2016, 10（09）: 102-104. DOI:10.19415/j.cnki.1673-890x.2016.09.060.

[42] 北京和碳环境技术有限公司. 温室气体排放清单编制浅析[EB/OL]. 2018-12-3. http://www.peacecarbon.com/cn/content/?517.html.

[43] 王献红. 二氧化碳捕集和利用[M]. 北京:化学工业出版社, 2016: 39-56.

[44] 陆诗建. 碳捕集、利用与封存技术[M]. 北京: 中国石化出版社, 2020: 190-193.

[45] 王高峰, 秦积舜, 孙伟善. 碳捕集、利用与封存案例分析及产业发展建议[M]. 北京: 化学工业出版社, 2020: 13-23.

[46] 蔡博峰, 李琦, 张贤, 等. 中国二氧化碳捕集利用与封存（CCUS）年度报告（2021）——中国CCUS路径研究[R]. 生态环境部规划院, 中国科学院武汉岩土力学研究所, 中国21世纪议程管理中心, 2021.

[47] 雷英杰. 中国二氧化碳捕集利用与封存（CCUS）年度报告（2021）发布——建议开展大规模CCUS示范与产业化集群建设[J]. 环境经济, 2021（16）:3.

[48] 蔡博峰, 李琦, 林千果, 等. 中国二氧化碳捕集利用与封存（CCUS）年度报告（2019）——中国CCUS路径研究[R]. 生态环境部规划院, 气候变化与环境政策研究中心, 2020.

[49] 蔡博峰, 庞凌云, 曹丽斌, 等.《二氧化碳捕集、利用与封存环境风险评估技术指南（试行）》实施2年（2016—2018年）评估[J]. 环境工程, 2019, 37（02）: 1-7. DOI:10.13205/j.hjgc.201902001.

[50] 张杰, 郭伟, 张博, 等. 空气中直接捕集CO_2技术研究进展[J]. 洁净煤技术, 2021, 27（2）:12.

[51] 王栋. CO_2捕集与资源化利用技术研究进展[J]. 化工环保, 2021, 41（04）: 481-484.

[52] 陈璐菡, 徐金球, 孙志国. CO_2捕集技术的研究进展[J]. 上海第二工业大学学报, 2020, 37（01）:

8-16. DOI:10.19570/j.cnki.jsspu.2020.01.002.

[53] 王静，龚宇阳，宋维宁，等.碳捕获、利用和封存（CCUS）技术发展现状及应用展望[EB/OL]. 2021-07[2021-12.31]. http://www.craes.cn/xxgk/zhxw/202107/W020210715614159269764. pdf.

[54] 刘楠楠.多孔介质中气驱油动力机理及应用研究[D].中国地质大学（北京），2020. DOI:10.27493/d.cnki.gzdzy.2020.000079.

[55] 吉洋，牛贵锋，罗昌华.水气交替注入工艺研究及在渤海油田应用[J].石油矿场机械，2015, 44（12）：52-54.

[56] 李新宇，唐海萍.陆地植被的固碳功能与适用于碳贸易的生物固碳方式[J].植物生态学报,2006（02）:200-209.

[57] 郜晴，马锦义，邵海燕，等.不同生活型园林植物固碳能力统计分析[J].江苏林业科技，2020, 47（02）：44-47.

[58] 雷秋晓，史义存，苏子义，等.制氢技术的现状及发展前景[J].山东化工，2020, 49（08）：72-75. DOI:10.19319/j.cnki.issn.1008-021x.2020.08.024.

[59] 张贤，李阳，马乔，刘玲娜.我国碳捕集利用与封存技术发展研究[J].中国工程科学，2021,23（06）：70-80.

[60] 王潇.浅议我国煤炭进出口现状和发展趋势[J].科技视界，2018（30）：205-206. DOI:10.19694/j.cnki.issN2O95-2457.2018.30.090.

[61] 崔文鹏，刘亚龙，卫巍，等.尾气二氧化碳直接矿化磷石膏理论与实践[J].能源化工，2015, 36（03）：53-56.

[62] 王维波，汤瑞佳，江绍静，等.延长石油煤化工CO₂捕集、利用与封存（CCUS）工程实践[J].非常规油气，2021, 8（02）：1-7+106. DOI:10.19901/j.fcgyq.2021.02.01.

[63] 王剑力.低温甲醇洗气体净化工艺的应用[J].石化技术，2021, 28（09）：7-8.

[64] 高涛，次会玲.CO₂汽提法尿素生产工艺研究[J].河北化工，2012, 35（06）：38-41.

[65] 邵辉，田斌斌，巫克勤，等.油田CO₂驱提高采收率技术及现场实践分析——评《化学驱提高石油采收率》[J].新疆地质，2021, 39（01）：171.

[66] 薛华.草舍油田CO₂驱地面工艺技术研究及应用[J].石油规划设计，2014, 25（05）：30-32+36+50.

[67] 赵思琪.磷石膏分解渣捕集二氧化碳矿化及过程机理研究[D].昆明理工大学，2018.

[68] 耿彦民.碳排放纳入环境影响评价体系分析[C].第十八届长三角科技论坛环境保护分论坛（上海市环境科学学会2021年学术年会）暨上海市环境科学学会第八届会员代表大会论文集[M].

[出版者不详], 2021:229-232. DOI:10.26914/c.cnkihy.2021.022848.

[69] 洪宗平, 叶楚梅, 吴洪, 等.天然气脱碳技术研究进展[J/OL]. 化工学报: 1-26 [2021-12-30]. http://kns.cnki.net/kcms/detail/11.1946.TQ.20210825.1332.002.html.

[70] 朱文渊.合成氨装置酸性气用于尿素装置的研究[J]. 大氮肥, 2021, 44（03）: 213-216.

[71] 樊涛.NHD脱硫脱碳工艺在合成氨装置的应用[J]. 中国石油和化工标准与质量, 2019, 39（24）: 211-212.

[72] 刁玉杰, 马鑫, 李旭峰, 等.咸水层CO_2地质封存地下利用空间评估方法研究[J]. 中国地质调查, 2021, 8（04）: 87-91. DOI:10.19388/j.zgdzdc.2021.04.09.

[73] 孟猛, 邱正松, 刘均一, 等.注超临界CO_2开发煤层气技术研究进展[J]. 煤炭科学技术, 2016, 44（01）: 187-195. DOI:10.13199/j.cnki.cst.2016.01.032.

[74] 常彬杰.低温甲醇洗技术在神华煤制氢装置中的应用[J]. 神华科技, 2009, 7（03）: 80-83.

附录

碳减排政策与技术文件目录

1. 政策法规类

文件名称	发布时间	发布机构
中国21世纪议程——中国21世纪人口、环境与发展白皮书	1994年3月	国务院
可再生资源法	2005年2月	全国人大常委会
中国应对气候变化国家方案	2007年6月	国务院
关于积极应对气候变化的决议	2009年8月	全国人大常委会
关于启动省级温室气体清单编制工作有关事项的通知	2010年9月	生态环境部
"十二五"温室气体排放工作方案	2011年12月	国务院
清洁发展机制项目运行管理办法（修订）	2011年8月	国家发展和改革委员会
关于开展碳排放权交易试点工作的通知	2011年10月	国家发展和改革委员会
清洁生产促进法	2012年修订	全国人大常委会
温室气体自愿减排交易管理暂行办法	2012年6月	国家发展和改革委员会
"十二五"国家碳捕集利用与封存科技发展专项规划	2013年2月	国家科技部
关于推动碳捕集、利用和封存试验示范的通知	2013年4月	国家发展和改革委员会
国务院关于加快发展节能环保产业的意见	2013年8月	国务院
关于加强碳捕集、利用和封存试验示范项目环境保护工作的通知	2013年10月	生态环境部
关于加强应对气候变化统计工作的意见	2013年12月	生态环境部
2014—2015年节能减排低碳发展行动方案	2014年5月	国务院

文件名称	发布时间	发布机构
关于进一步促进资本市场健康发展的若干意见	2014年5月	国务院
碳排放权交易管理暂行办法	2014年12月	国家发展和改革委员会
强化应对气候变化行动——中国国家自主贡献（INDCs）	2015年6月	国务院
关于落实全国碳排放权交易市场建设有关工作安排的通知	2015年11月	国家发展和改革委员会
工业企业温室气体排放核算和报告通则	2015年11月	国家发展和改革委员会
关于切实做好全国碳排放权交易市场启动重点工作的通知	2016年1月	国家发展和改革委员会
能源技术革命创新行动计划（2016—2030年）	2016年4月	国家发展和改革委员会
关于进一步规范报送全国碳排放权交易市场拟纳入企业名单的通知	2016年5月	国家发展和改革委员会
关于构建绿色金融体系的指导意见	2016年8月	中国人民银行、财政部等七部委
全国碳排放权交易市场建设方案（发电行业）	2017年12月	国家发展和改革委员会
国民经济行业分类	2017年修订	国家质量监督检验检疫总局、国家标准化管理委员会
建设项目环境保护管理条例	2017年修订	国务院
关于做好2016年、2017年度碳排放报告与核查及排放监测计划制定工作的通知	2017年12月	国家发展和改革委员会
中华人民共和国环境影响评价法	2018年修订	全国人大常委会
节约能源法	2018年修订	全国人大常委会
循环经济促进法	2018年修订	全国人大常委会
关于做好2018年度碳排放报告与核查及排放监测计划制定工作的通知	2019年4月	生态环境部

续表

文件名称	发布时间	发布机构
关于做好全国碳排放权交易市场发电行业重点排放单位名单和相关材料报送工作的通知	2019年5月	生态环境部
中国碳捕集、利用与封存技术发展路线图	2019年10月	国家科技部
建设项目环境影响评价分类管理名录	2020年11月	生态环境部
碳排放权交易管理办法（试行）	2020年12月	生态环境部
2019—2020年全国碳排放权交易配额总量设定与分配实施方案（发电行业）	2020年12月	生态环境部
纳入2019—2020年全国碳排放权交易配额管理的重点排放单位名单	2020年12月	生态环境部
2018年度减排项目中国区域电网基准线排放因子	2020年12月	生态环境部
2019年度减排项目中国区域电网基准线排放因子	2020年12月	生态环境部
新时代的中国能源发展白皮书	2020年12月	国务院
关于统筹和加强应对气候变化与生态环境保护相关工作的指导意见	2021年1月	生态环境部
关于加快建立健全绿色低碳循环发展经济体系的指导意见	2021年2月	国务院
关于印发《企业温室气体排放报告核查指南（试行）》的通知	2021年3月	生态环境部
关于加强企业温室气体排放报告管理相关工作的通知	2021年3月	生态环境部
碳排放权登记管理规则（试行）	2021年5月	生态环境部
碳排放权交易管理规则（试行）	2021年5月	生态环境部
碳排放权结算管理规则（试行）	2021年5月	生态环境部
关于加强高耗能、高排放建设项目生态环境源头防控的指导意见	2021年5月	生态环境部

文件名称	发布时间	发布机构
环境影响评价与排污许可领域协同推进碳减排工作方案	2021年6月	生态环境部
关于开展重点行业建设项目碳排放环境影响评价试点的通知	2021年7月	生态环境部
关于印发《碳监测评估试点工作方案》的通知	2021年9月	生态环境部
关于完整准确全面贯彻新发展理念做好碳达峰碳中和工作的意见	2021年9月	生态环境部
碳监测评估试点工作方案	2021年9月	生态环境部
关于在产业园区规划环评中开展碳排放评价试点的通知	2021年10月	生态环境部
"三线一单"减污降碳协同管控试点工作方案（征求意见稿）	2021年10月	生态环境部
中国应对气候变化的政策与行动白皮书	2021年10月	生态环境部
2030年前碳达峰行动方案	2021年10月	生态环境部
关于做好全国碳排放权交易市场第一个履约周期碳排放配额清缴工作的通知	2021年10月	生态环境部
关于做好全国碳排放权交易市场数据质量监督管理相关工作的通知	2021年10月	生态环境部
关于积极鼓励第三方审核机构参与降碳产品价值核证工作的通知	2021年12月	生态环境部

2. 技术标准、指南类

技术标准、指南（国际）	发布时间	发布机构
温室气体核算体系：企业价值链（范围三）标准	2011年11月	世界资源研究所
温室气体核算体系：产品寿命周期标准	2011年11月	世界资源研究所
温室气体核算体系：企业核算与报告标准	2011年12月	世界资源研究所
欧盟针对EU-ETS设施的温室气体监测和报告指南	2013年10月	欧盟
城市温室气体核算国际标准（GPC）	2014年12月	世界资源研究所
2006年国家温室气体清单指南（2019修订版）	2019年5月	IPCC
技术标准、指南（国家）	发布时间	发布机构
规划环境影响评价技术导则（试行）	2003年9月	生态环境部
开发区区域环境影响评价技术导则	2003年9月	生态环境部
规划环境影响评价条例	2009年8月	国务院
省级温室气体清单编制指南（试行）	2011年5月	国家发展和改革委员会
温室气体资源减排项目审定与核证指南	2012年10月	国家发展和改革委员会
中国发电企业温室气体排放核算方法与报告指南（试行）	2013年10月	国家发展和改革委员会
首批10个行业企业温室气体排放核算方法与报告指南（试行）	2013年10月	国家发展和改革委员会
中国发电企业温室气体排放核算方法与报告指南（试行）	2013年10月	国家发展和改革委员会
中国电网企业温室气体排放核算方法与报告指南（试行）	2013年10月	国家发展和改革委员会
中国钢铁生产企业温室气体排放核算方法与报告指南（试行）	2013年10月	国家发展和改革委员会

技术标准、指南（国家）	发布时间	发布机构
中国化工生产企业温室气体排放核算方法与报告指南（试行）	2013年10月	国家发展和改革委员会
中国电解铝生产企业温室气体排放核算方法与报告指南（试行）	2013年10月	国家发展和改革委员会
中国镁冶炼企业温室气体排放核算方法与报告指南（试行）	2013年10月	国家发展和改革委员会
中国平板玻璃生产企业温室气体排放核算方法与报告指南（试行）	2013年10月	国家发展和改革委员会
中国水泥生产企业温室气体排放核算方法与报告指南（试行）	2013年10月	国家发展和改革委员会
中国陶瓷生产企业温室气体排放核算方法与报告指南（试行）	2013年10月	国家发展和改革委员会
中国民航企业温室气体排放核算方法与报告格式指南（试行）	2013年10月	国家发展和改革委员会
碳汇造林项目方法学（R-CM-001-V01）	2013年10月	国家林业局
第二批4个行业企业温室气体排放核算方法与报告指南（试行）	2014年12月	国家发展和改革委员会
中国石油天然气生产企业温室气体排放核算方法与报告指南（试行）	2014年12月	国家发展和改革委员会
中国石油化工企业温室气体排放核算方法与报告指南（试行）	2014年12月	国家发展和改革委员会
中国独立焦化企业温室气体排放核算方法与报告指南（试行）	2014年12月	国家发展和改革委员会
中国煤炭生产企业温室气体排放核算方法与报告指南（试行）	2014年12月	国家发展和改革委员会
建筑碳排放计量标准	2014年12月	中国工程建筑协会

技术标准、指南（国家）	发布时间	发布机构
第三批10个行业企业温室气体排放核算方法与报告指南（试行）	2015年7月	国家发展和改革委员会
造纸和纸制品生产企业温室气体排放核算方法与报告指南（试行）	2015年7月	国家发展和改革委员会
其他有色金属冶炼和压延加工业企业温室气体排放核算方法与报告指南（试行）	2015年7月	国家发展和改革委员会
电子设备制造企业温室气体排放核算方法与报告指南（试行）	2015年7月	国家发展和改革委员会
机械设备制造企业温室气体排放核算方法与报告指南（试行）	2015年7月	国家发展和改革委员会
矿山企业温室气体排放核算方法与报告指南（试行）	2015年7月	国家发展和改革委员会
食品、烟草及酒、饮料和精制茶企业温室气体排放核算方法与报告指南（试行）	2015年7月	国家发展和改革委员会
公共建筑运营单位（企业）温室气体排放核算方法和报告指南（试行）	2015年7月	国家发展和改革委员会
陆上交通运输企业温室气体排放核算方法与报告指南（试行）	2015年7月	国家发展和改革委员会
氟化工企业温室气体排放核算方法与报告指南（试行）	2015年7月	国家发展和改革委员会
工业其他行业企业温室气体排放核算方法与报告指南（试行）	2015年7月	国家发展和改革委员会
二氧化碳捕集、利用与封存环境风险评估技术指南（试行）	2016年6月	生态环境部
建设项目环境影响评价技术导则 总纲	2016年12月	生态环境部

技术标准、指南（国家）	发布时间	发布机构
基于项目的温室气体减排量评估技术规范通用要求（GB/T33760-2017）	2017年5月	国家质量监督检验检疫总局、国家标准化管理委员会
工业企业污染治理设施污染物去除协同控制温室气体核算技术指南（试行）	2017年9月	生态环境部
国家重点节能低碳技术推广目录	2018年1月	国家发展和改革委员会
环境影响评价技术导则 大气环境	2018年7月	生态环境部
规划环境影响评价技术导则 总纲	2019年12月	生态环境部
环境影响评价技术导则 地表水环境	2018年9月	生态环境部
企业温室气体排放报告核查指南（试行）	2021年3月	生态环境部
重点行业建设项目碳排放环境影响评价试点技术指南（试行）	2021年7月	生态环境部
规划环境影响评价技术导则 产业园区	2021年9月	生态环境部
重点行业温室气体排放监测试点技术指南	2021年9月	生态环境部
城市大气温室气体及海洋碳汇监测试点技术指南	2021年9月	生态环境部
区域大气温室气体及生态系统碳汇监测试点技术指南	2021年9月	生态环境部
企业温室气体排放核算方法与报告指南 发电设施（2022年修订版）	2022年3月	生态环境部
碳金融产品（JR/T 0244-2022）	2022年4月	中国证券监督管理委员会
技术标准、指南（地方）	发布时间	发布机构
河北省化工生产企业温室气体排放核算方法与报告指南（试行）	2015年9月	河北
重庆市建设项目环境影响评价技术指南—碳排放评价（试行）	2021年1月	重庆

技术标准、指南（地方）	发布时间	发布机构
重庆市规划环境影响评价技术指南—碳排放评价（试行）	2021年1月	重庆
电子信息产品碳足迹核算指南	2021年6月	北京
浙江省建设项目碳排放评价编制指南（试行）	2021年7月	浙江
山西省重点行业建设项目碳排放环境影响评价编制指南（试行）	2021年9月	山西
海南省规划碳排放环境影响评价技术指南（试行）	2021年9月	海南
海南省建设项目碳排放环境影响评价技术指南（试行）	2021年9月	海南
陕西省煤化工行业建设项目碳排放环境影响评价技术指南（试行）	2021年9月	陕西
陕西省煤电行业建设项目碳排放环境影响评价技术指南（试行）	2021年9月	陕西
河北省钢铁行业建设项目碳排放环境影响评价试点技术指南（试行）	2021年11月	河北
江苏省重点行业建设项目碳排放环境影响评价技术指南（试行）	2021年11月	江苏
沈阳市建设项目碳排放环境影响分析技术指南（试行）	2021年12月	沈阳市
广东省石化行业建设项目碳排放环境影响评价编制指南（试行）（征求意见稿）	2022年2月	广东